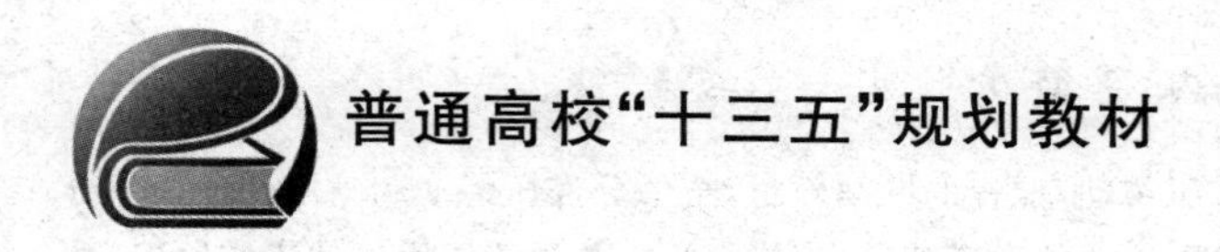

液压与气压传动

吴向东　李卫东　主编

北京航空航天大学出版社

内 容 简 介

本书为普通高等院校机械类专业“液压与气压传动”课程的统编教材，全书分液压传动和气压传动两部分内容。第1～7章为液压传动内容，主要包括：液压传动的理论基础（流体力学）；各种液压元件的工作原理、性能特点和典型结构；常用基本回路的原理性能和应用；典型液压系统和系统设计的方法与步骤，并用实例加以说明；液压伺服系统的一般工作原理及其动静态特性分析的基本方法与步骤。第8～11章为气压传动内容，主要包括：气压传动理论基础；气源装置和各种气压元件的工作原理、典型结构；气压传动常用基本回路的原理和应用。

本书可作为高等院校机械类制造相关专业“液压与气压传动”课程的教材或参考书，也可供工厂和研究单位技术人员学习、参考之用。

图书在版编目(CIP)数据

液压与气压传动 / 吴向东，李卫东主编. -- 北京 ：北京航空航天大学出版社，2018.8

ISBN 978-7-5124-2663-4

Ⅰ. ①液… Ⅱ. ①吴… ②李… Ⅲ. ①液压传动－高等学校－教材②气压传动－高等学校－教材 Ⅳ. ①TH137②TH138

中国版本图书馆 CIP 数据核字(2018)第185479号

液压与气压传动

吴向东　李卫东　主编

责任编辑　张冀青　孙兴芳

*

北京航空航天大学出版社出版发行

北京市海淀区学院路37号(邮编100191)　http://www.buaapress.com.cn

发行部电话：(010)82317024　传真：(010)82328026

读者信箱：goodtextbook@126.com　邮购电话：(010)82316936

北京时代华都印刷有限公司印装　各地书店经销

*

开本：787×1 092　1/16　印张：19　字数：486千字

2018年8月第1版　2018年8月第1次印刷　印数：3 000册

ISBN 978-7-5124-2663-4　定价：49.00元

前　言

本书介绍了液压与气压传动的基本理论、基本概念，介绍了常用的液压元件、气压元件、典型液压回路、气压回路，以及液压传动在机床、压力机械、飞机等装备中的具体应用实例和液压系统的设计方法。通过本书的学习，读者可以掌握基本的液压与气压传动知识，熟悉常用液压与气压元件的功能特性，学会分析和设计液压与气压传动系统，熟悉从事液压和气压传动相关工作的技能。

为使读者更好地掌握相关知识，针对每章内容，设计了相应的例题和习题，使学生通过做题，更好地掌握流体力学、液压传动和气压传动知识。

本教材从2015年开始在“液压传动”课程中试用，同时使用的还有相配套的教学课件，课件采用网页形式，配以大量的动画、视频和照片，二者结合使用，教学效果更好。

本书由吴向东、李卫东担任主编，其中第1、7章由关世伟编写，第2章由李卫东、吴向东编写，第3章由王秀凤、李卫东编写，第4、5章由张建斌、吴向东编写，第6章由马俊功编写，第8～11章由张建斌编写。全书第1,2,4～11章由吴向东校阅，第3章由李卫东校阅。此外，万敏、李万国对本教材内容也提出了宝贵意见。本书的出版也得到了北京航空航天大学教务处、机械学院和北京航空航天大学出版社的大力支持，在此一并致谢。

由于时间仓促，书中如有疏漏及不妥之处，请读者批评指正。

编　者

2018年7月

目　录

第1章　绪　论

1.1　流体力学和液压传动的基本概念

像固体力学一样，流体（气体和液体）力学也是力学的一个重要分支，它主要研究流体本身的静止状态和运动状态，以及流体和固体界壁间有相对运动时的相互作用和流动的规律。

液压传动是依靠液体的压力能，在受控的状态下实现能量传递和转换的技术。

流体力学属科学范畴，而液压传动则属技术范畴。流体力学是液压传动的基础，液压传动是流体力学的具体应用。因此，学习液压传动之前掌握一些流体力学的基本知识是十分必要的。

1.2　液压传动的工作原理及其特性

1.2.1　液压传动的工作原理

图1-1是一个液压传动试验装置，图1-2是这一试验装置的简化模型。在这个试验装置中，两个活塞（活塞1和活塞2）分别置于两个油缸（油缸1和油缸2）内部，两个油缸与活塞形成的封闭腔体内充满了油液并通过一根油管连通。假设活塞与油缸之间的摩擦力等于零，活塞与油缸之间的间隙不产生泄漏。利用这个试验装置完成两个试验就可以初步了解液压传动的工作原理。

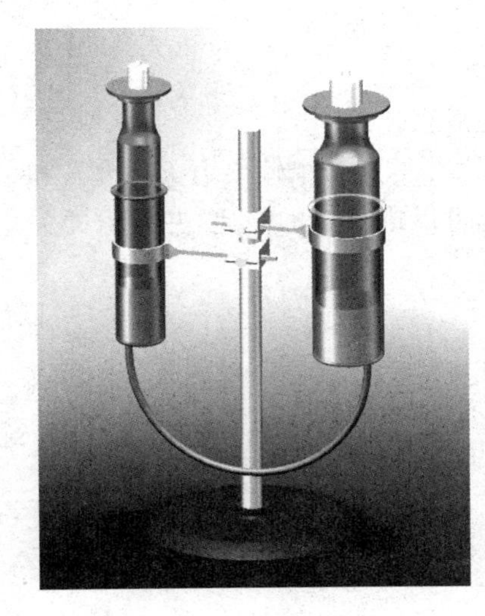

图1-1　液压传动试验装置

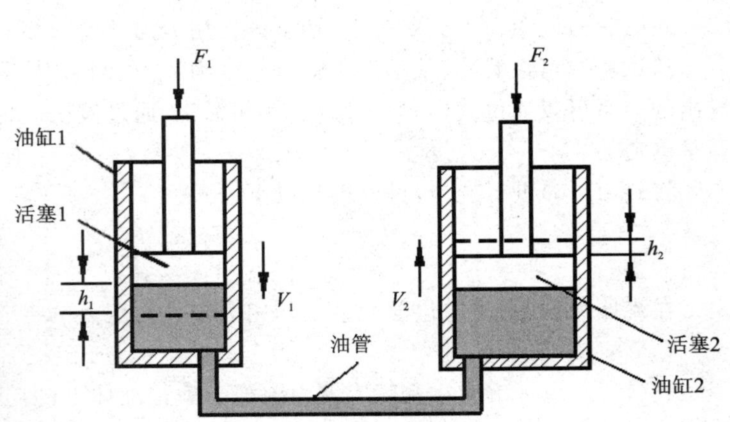

图1-2　液压传动工作原理图

试验一 使活塞1匀速向下移动一段距离 h_1，测量活塞2的上升距离 h_2。经过计算可以得到如下关系式：

$$\frac{h_2}{h_1}=\frac{A_1}{A_2} \tag{1-1}$$

式中：A_1 为活塞1的面积；A_2 为活塞2的面积。

式(1-1)说明活塞的位移与活塞的面积成反比。将式(1-1)等号左侧的分子和分母分别除以时间 t 可以得到另一个关系式，即

$$\frac{v_2}{v_1}=\frac{A_1}{A_2} \tag{1-2}$$

式中：v_1 为活塞1的运动速度；v_2 为活塞2的运动速度。

式(1-2)说明活塞的速度与活塞的面积也成反比。

从试验一可以看到：从活塞1输入一个位移便可以从活塞2得到一个输出位移，从活塞1输入一个速度也可以从活塞2得到一个输出速度，输入和输出的关系可以通过式(1-1)和式(1-2)确定。换句话说，通过液压油可以传递运动，并且运动的关系是确定的。

将式(1-2)进行变换，可以得到以下公式

$$A_1v_1=A_2v_2 \tag{1-3}$$

在流体力学中，将单位时间内流过某截面液体的容积定义为流量 $Q=V/t=Ah/t=Av$。因此，式(1-3)可以改写成

$$Q_1=Q_2 \tag{1-4}$$

这说明油缸1的流量与油缸2的流量相等。事实上，式(1-4)是一个具有普遍性的方程，叫做连续性方程，在本书流体力学部分还将进一步阐述。

试验二 在活塞1和活塞2上分别施加力 F_1 和 F_2，并使活塞保持平衡状态。经过计算可以得到如下关系式：

$$\frac{F_1}{F_2}=\frac{A_1}{A_2} \tag{1-5}$$

式中：A_1 为活塞1的面积；A_2 为活塞2的面积。

式(1-5)说明在平衡状态下，活塞的作用力与活塞的面积成正比。

从试验二可以看到：从活塞1输入一个力 F_1 便可以从活塞2得到一个输出力 F_2，输入和输出的关系可以通过式(1-5)确定。换句话说，通过液压油也可以进行力的传递，并且力的关系是确定的。

将式(1-5)进行变换，可以得到以下公式：

$$\frac{F_1}{A_1}=\frac{F_2}{A_2} \tag{1-6}$$

在流体力学中，将单位面积上的作用力定义为压力 $p=F/A$。因此，式(1-6)可以改写成

$$p_1=p_2 \tag{1-7}$$

式(1-7)应理解为在密闭容器内施加于静止液体上的压力以等值传到液体各点，即帕斯卡原理。

通过试验一和试验二可知，液体既可以传递运动也可以传递力，并且传递关系是确定的。将式(1-4)与式(1-7)相乘可以得到

$$p_1Q_1 = p_2Q_2 \tag{1-8}$$

在流体力学中，$pQ=(F/A)\times Av=Fv$ 即为液压功率。式(1-8)说明，通过液压油也可以进行能量的传递。功率的传递既包含了运动的传递也包含了力的传递，在没有能量损失的情况下，输入功率等于输出功率。因此液压传动被定义为依靠液体的压力能，在受控的状态下实现能量传递和转换的技术。

1.2.2　液压传动的工作特性

通过压力和流量的定义，可以得到液压传动的两条重要的工作特性：

① 液体压力只随负载的变化而变化，与流量无关；

② 负载的运动速度只随输入的流量而变化，与压力无关。

由此可见，调节 p 和 Q 可以满足工作机构中的力和速度的要求。p 和 Q 是液压传动中两个最基本的参数，好比是固体力学中力 F 和速度 v，电学中的电压 U 和电流 I。

1.3　液压传动系统示例——液压千斤顶

千斤顶是一种起重高度小(小于 1 m)的最简单的起重设备。它有机械式和液压式两种，如图 1-3 所示。千斤顶主要用于厂矿、交通运输等部门作为车辆修理及其他起重、支撑等工作。其结构轻巧坚固、灵活可靠，一人即可携带和操作。千斤顶作为一种使用范围广泛的工具，采用优质的材料铸造，以保证千斤顶的质量和使用寿命。图 1-4 所示为液压千斤顶的工作原理图。

图 1-3　液压千斤顶

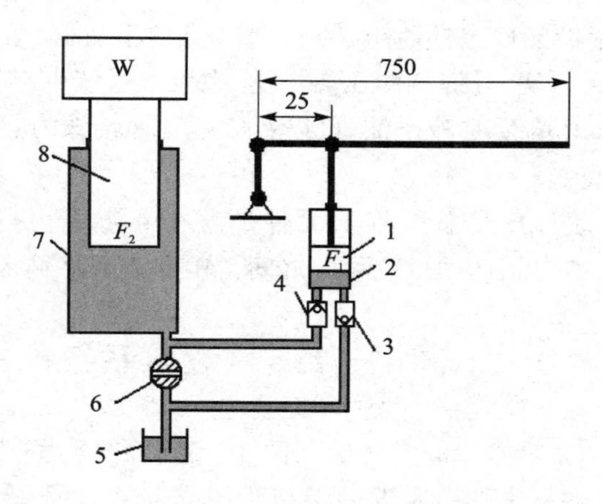

1—小活塞；2—小油缸；3、4—单向阀；5—油箱；6—截止阀；7—大油缸；8—大活塞

图 1-4　液压千斤顶原理图

图 1-4 中，大油缸 7 和大活塞 8 组成举升液压缸。杠杆手柄、小活塞 1、小油缸 2、单向阀 3 和 4 组成手动液压泵。如提起手柄使小活塞向上移动，小活塞下端油腔容积增大，形成局部真空，这时单向阀 3 打开，通过吸油管从油箱 5 中吸油；用力压下手柄，小活塞下移，小活塞下腔压力升高，单向阀 3 关闭，单向阀 4 打开，下腔的油液经管道输入举升油缸 7 的下腔，迫使大活塞 8 向上移动，顶起重物。再次提起手柄吸油时，单向阀 4 自动关闭，使油液不能倒流，从而

保证了重物不会自行下落。不断地往复扳动手柄，就能不断地把油液压入举升缸下腔，使重物逐渐地升起。如果打开截止阀 6，举升缸下腔的油液通过管道、截止阀 6 流回油箱，重物就向下移动。这就是液压千斤顶的工作原理。

通过对上面液压千斤顶工作过程的分析，可以初步了解到液压传动的基本工作原理。液压传动是利用有压力的油液作为传递动力的工作介质。压下杠杆时，小油缸 2 输出压力油，是将机械能转换成油液的压力能。压力油经过管道及单向阀 4，推动大活塞 8 举起重物，是将油液的压力能又转换成机械能。大活塞 8 举升的速度取决于单位时间内流入大油缸 7 之中的油液多少。由此可见，液压传动是一个不同能量的转换过程。

1.4 液压传动系统组成

液压系统是由液压元件组成的，根据液压元件的用途，可以将液压元件分成动力元件、执行元件、控制元件、辅助元件和工作介质。

① 动力元件就是液压泵。液压泵向液压系统提供压力油，是动力的来源。从能量传递和转换的角度来看，动力元件是将机械能转换成液压能的装置。液压泵通常由电动机来驱动，个别情况下也有用人力驱动的。

② 执行元件包括液压缸和液压马达。在压力油的推动下，执行元件完成对外做功，驱动工作部件。从能量传递和转换的角度来看，执行元件是将液压能转换成机械能的装置。

③ 控制元件指的是各种阀。如溢流阀（压力阀）、节流阀（流量阀）、换向阀（方向阀）等，分别控制液压系统油液的压力、流量和液流方向，以满足执行元件对力、速度和方向的要求。

④ 辅助元件包括油箱、油管、管接头、滤油器、蓄能器和压力表等，分别起储油、输油、连接、储存压力能、过滤和测压等作用，在液压系统中起辅助作用。

⑤ 工作介质是液压油，可以看成是一种特殊的液压元件。工作介质在液压系统中起传递动力作用。

从系统的角度来看，动力元件是输入端，执行元件是输出端，而控制元件和辅助元件则主要分布在动力元件和执行元件之间。由动力元件输入的能量通过工作介质传递到执行元件。

1.5 液压系统的图形符号

图 1-5 是磨床的实物图。图 1-6(a)和(b)分别是液压传动系统工作原理的半结构图和职能符号图。观察图 1-6 可以看到，半结构图更加形象易读，而职能符号图则更加简洁。在工程设计中广泛采用的是职能符号图，在职能符号图难以表达清楚的场合也可以使用半结构图。半结构图多用于教学。在国家标准 GB/T 786.1—2009 中对液压元件图形符号做了详细的规定。

图 1-5 磨 床

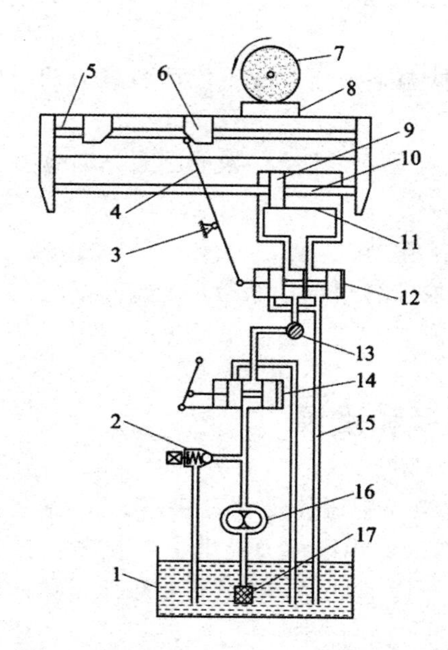

1—油箱；2—溢流阀；3—铰链；4—换向杆；5—工作台；
6—挡块；7—砂轮；8—工件；9—活塞；10—活塞杆；
11—液压缸；12—换向阀；13—节流阀；14—开停阀；
15—油管；16—液压泵；17—滤油器

(a)

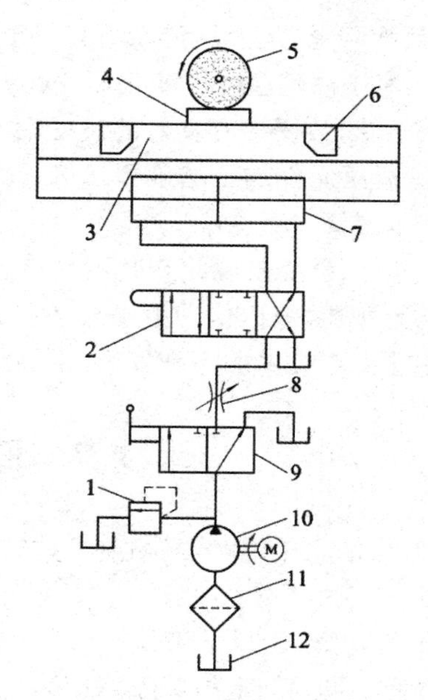

1—溢流阀；2—换向阀；3—工作台；4—工件；
5—砂轮；6—挡块；7—液压缸；8—节流阀；
9—开停阀；10—液压泵；11—滤油器；12—油箱

(b)

图1－6 磨床液压传动工作原理图

1.6 液压传动的优缺点

1. 优 点

① 能方便地进行无级调速，调速范围大。

② 在相同输出功率前提下，其体积小、质量轻、惯性小、动作灵敏，在体积或质量相近的情况下，其输出功率大，能传递较大的扭矩或推力(如万吨水压力等)。

③ 控制和调节简单、方便、省力，易实现自动化控制和过载保护。

④ 可实现无间隙传动，运动平稳。

⑤ 因传动介质为油液，故液压元件有自我润滑作用，使用寿命长。

⑥ 液压元件实现了标准化、系列化、通用化，便于设计、制造和推广使用。

⑦ 可以采用大推力的液压缸和大扭矩的液压马达直接带动负载，从而省去了中间的减速装置，使传动简化。

2. 缺 点

① 有泄漏，且液压油有一定的可压缩性，难以实现定比传动。

② 液压传动中的“液压冲击和空穴现象”会产生很大的振动和噪声。

③ 在能量转换和传递过程中，由于存在机械摩擦、压力损失、泄漏损失，因而易使油液发

热，总效率降低，故液压传动不宜用于远距离传动。

④ 液压油随温度的变化而变化，故不宜在高温及低温下工作。液压传动装置对油液的污染亦较敏感，故要求有良好的过滤设施。

⑤ 液压元件加工精度要求高，一般情况下又要求有独立的能源（如液压泵站），这些可使产品成本提高。

⑥ 液压系统出现故障时不易追查原因，不易迅速排除。

综上所述，液压传动由于其优点比较突出，故在工农业各个部门获得广泛应用。它的某些缺点随着生产技术的不断发展、提高，正在逐步得到克服。

1.7 液压传动的应用和发展

17 世纪，法国科学家帕斯卡（B. Pascal）提出静止液体中流体传动定律，奠定了液体静力学基础。英国科学家牛顿（I. Newton）针对粘性流体运动的内摩擦力提出了牛顿粘性定律。

18 世纪，瑞士科学家欧拉（L. Euler）提出了连续介质的概念，建立了无粘性流体运动的欧拉方程。同时，瑞士科学家伯努利（D. Bernoulli）从能量守恒定律出发，得到了流体定常运动下流速、压力、高度之间的关系——伯努利方程。这两个方程是流体动力学作为一个学科分支建立的标志。1795 年，英国工程师布拉默（J. Bramah）应用帕斯卡原理发明了水压机，用于打包、榨油等，如图 1-7 所示。

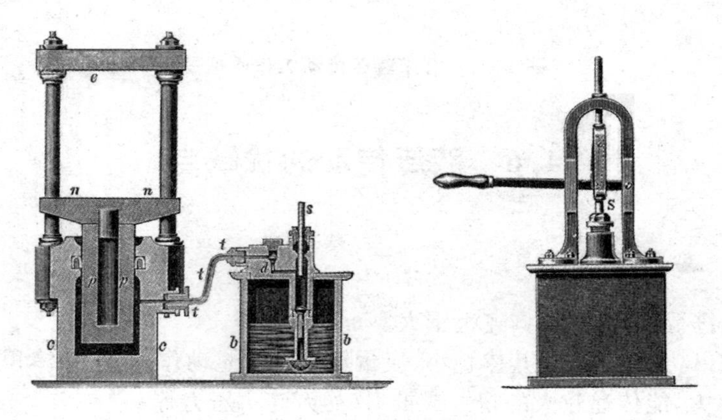

图 1-7 布拉默水压机

19 世纪，法国科学家纳维（C. L. M. Navier）建立了粘性流体运动的基本方程。英国科学家斯托克斯（G. G. Stokes）又以更合理的方式导出这组方程，即 N-S 方程。英国科学家雷诺（O. Reynolds）发现流体的层流和紊流两种状态，建立了湍流基本方程——雷诺方程。19 世纪中期，英国开始把水压机用于锻造，水压机遂逐渐取代了超大型蒸汽锻锤。这一时期水压机得到了广泛应用。图 1-8 是锻造水压机，图 1-9 是手动消防泵。

进入 20 世纪，由于石油工业的兴起，出现了粘度适中、润滑性好、耐蚀性好的各种矿物油，科学家们开始研究将矿物油取代水作为液压传动的工作介质。其中具有代表意义的是：1905 年，美国人詹尼（Janney）利用矿物油作为工作介质，设计制造了第一台液压柱塞泵及由其驱动的油压传动装置，并将其应用于军舰的炮塔装置上。1922 年，瑞士人托马（H. Thoma）发明了径向柱塞泵，随后斜盘式轴向柱塞泵、径向液压马达、轴向变量马达等相继出现。1936 年，威克斯(Vickers)提出了先导式溢流阀，使液压传动装置、液压控制元件的性能不断提高，结构日益丰富，应用范围也越来越广泛。

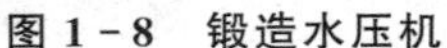

图 1-8　锻造水压机

图 1-9　手动消防泵

20 世纪 40 年代电液伺服控制技术最早运用在飞机上，50—60 年代开始发展，60 年代以后各种新结构的伺服阀相继出现。

随着微电子技术、计算机、现代控制理论的发展，并与液压技术的紧密结合，使液压传动与控制发展成为十分成熟的技术，在各生产领域得到广泛应用。

21 世纪的今天，液压传动在工农业生产及军工等各部门的应用已经十分广泛。在机床设备上，主要是利用其可以实现无级变速、自动化程度高、能实现换向频繁的往复运动的优点，多用于进给传动装置、往复运动传动装置、辅助装夹装置等，如图 1-10 所示。在工程机械、压力机械上，多利用其结构简单、输出功率大的特点，如图 1-11～图 1-13 所示。在航空装置上，采用它的原因是液压设备自重轻、体积小。飞机的操纵系统和起落架的减震、收放装置都有液压传动的应用，如图 1-14、图 1-15 所示。

图 1-10　液压车床

图 1-11　液压机

图 1-12 推土机

图 1-13 挖掘机

图 1-14 Su-33 舰载机

图 1-15 起落架

习 题

1. 什么是液压传动？液压传动的两个工作特性是什么？

2. 液压传动系统有哪些基本组成部分？举例说明各组成部分的作用。

3. 以液压千斤顶说明为什么两缸面积之比等于力之比，等于速度之反比？

4. 一液压千斤顶，柱塞直径 35 mm，活塞直径 12 mm，作用在活塞上的作用力 32 N，每压下一次，小活塞缸行程 22 mm。求：

(1) 最大起重力 w 是多少？

(2) 手柄每压下一次，重物升起多高？

(3) 当没有重物时，柱塞缸内部工作压力 p 是多少？

5. 液压传动与机械传动相比有哪些优缺点？

第2章　流体力学基础

液压传动是以液体作为工作介质来传递运动和动力的一种传动形式。在液压传动系统中，常用的工作介质为液压油和水溶液，但在国防工业部门和机床工业部门中应用较为广泛的主要是液压油。因此，本章主要介绍液压油的主要物理性质，重点介绍液压油运动过程的力学规律，为后续液压传动部分的学习奠定基础。

在流体力学中，我们不是处理单独的质点，而是研究连续的介质。即假设流体是由无限多个一个紧挨着一个的流体质点组成的，流体质点之间没有任何间隙，这种假定称作连续介质假定。根据这个假定就可以把油液的运动参数和热力学参数看作是时间和空间的连续函数，从而可用解析数学去描述这种流体的运动规律，以解决工程实际问题。事实上，我们不必去留意每一个质点或小液滴的运动轨迹，而是要关心：在固定的坐标系中空间某些点上流体的速度、加速度和热力学参量随时间变化的函数关系是什么。

液压油同其他流体一样，没有确定的几何形状。液压油静止时不能承受切应力的作用，它在受切应力作用时，会产生连续不断的变形，即表现出流动性。液压油能承受压应力的作用。当流体四周同时受到压应力作用时，它具有弹性的性质。此外，液压油基本上不能承受拉应力作用，这是因为流体分子间内聚力很小。

流体力学有五个基本变量：三个速度分量和两个热力学参量。压力（压强）、温度、密度、焓和熵中的任何两个热力学参量都足以确定流体的热力学状态，因此也可以确定其他的热力学参量。一旦确定了速度矢量和两个热力学参量随时间和空间变化的函数，就可以完全确定流体的流场。因此需要五个独立的方程，通常是三个运动方程的分量方程，一个连续方程和一个能量方程。为了用三个量（压力、温度、密度）来描述能量方程，我们还会引入一个物态方程。在这种情况下，一共有六个方程和六个变量。

2.1　液压油的物理性质

下面要介绍的液压油的物理性质（密度、压缩性、粘性）都是与流体力学特性关系很密切的性质。其中，密度和压缩性是与液压油的热力学性质有关的物理量，粘性是与液压油运动学性质有关的参数，了解它们有助于建立必要的液压油运动数学模型。

2.1.1　流体的密度

单位体积流体内所含有的质量称为密度，用符号 ρ 表示。设有一均质流体的体积为 V，所含有的质量为 m，则其密度为

$$\rho=\frac{m}{V} \tag{2-1}$$

当流体在不同时刻和不同位置密度不相同时，某空间位置处某时刻的密度可以表示为

$$\rho=\lim_{\Delta V\to 0}\frac{\Delta m}{\Delta V} \tag{2-2}$$

流体的密度将随着它们所在处的压力和温度而变化，而压力和温度又都是空间位置和时间的函数，因此，密度的一般形式为

$$\rho=\rho(x,y,z,t)$$

由于液体的密度随着压力和温度的变化改变极小，因此，本章中如无特别说明，我们将忽略密度的变化而令 ρ 为常数。

2.1.2 流体的压缩性

流体的压缩性的定义：流体的压缩性是指流体受压力作用时其体积减小的性质。

流体的压缩性的度量：流体压缩性的大小可以用体积压缩系数 K 来表征。

一定体积 V_0 的流体，当压力增大 Δp 时，体积减小了 ΔV，则体积压缩系数 K 为

$$K=-\left(\frac{\Delta V}{V_0}\right)\Big/\Delta p \tag{2-3}$$

式中：$\Delta V/V_0$ 表示流体的体积相对变化量；负号表示 ΔV 与 Δp 的变化方向相反，即压力增加时，体积是减小的，反之亦然。

流体压缩性的大小也可以用体积弹性模量来表征。体积弹性模量是压缩系数 K 的倒数，用符号 E 表示，即

$$E=1/K \tag{2-4}$$

流体的压缩系数和体积弹性模量的值都是随压力和温度而变化的。对液体来说，它们的变化很小，一般忽略不计。

纯液体的压缩系数很小，即其体积弹性模量很大。例如，压力为$(1\sim500)\times10^5$ Pa 时，纯水的平均体积弹性模量约为 2.1×10^3 MPa，纯液压油的平均体积弹性模量则在$(1.4\sim2)\times10^3$ MPa 范围内。如果液体中含有未溶解的气体，则其体积弹性模量就会有很大的降低。在一定压力下，油液中混有 1%的气体时，其体积弹性模量将降低为纯油的 30%左右。如果混有 4%的气体，则其体积弹性模量仅为纯油的 10%左右。由于油液在使用中很难避免不混入气体，因此工程上常将油液的 E 值取为 700 MPa。

如无特别指明，一般 E 值都表示等效体积弹性模量，也即是综合考虑了盛放液压油的封闭容器（包括管道）受压变形引起的容积变化、液压油本身的可压缩性及混入油中的气体的可压缩性。为了叙述简单，将 E 值称为液体的体积弹性模量。

液体的可压缩性在工程应用上往往表现为“液压弹簧效应”，如图 2-1 所示，当对活塞一端施加的外力变化量为 ΔF 时，由于液体是可压缩的，活塞便会沿受力方向产生一个位移量 Δl，使容器中的液体受到压缩。外力消除后，被压缩的液体就会膨胀，活塞就会向反方向移动 Δl，恢复到原来位置。这一现象与机械弹簧受力变形的情况类似，被称之为“液压弹簧效应”。度量液压弹簧刚度的量称为液压弹簧的刚性系数，用 K_h 表示。其大小可按如下方法计算。

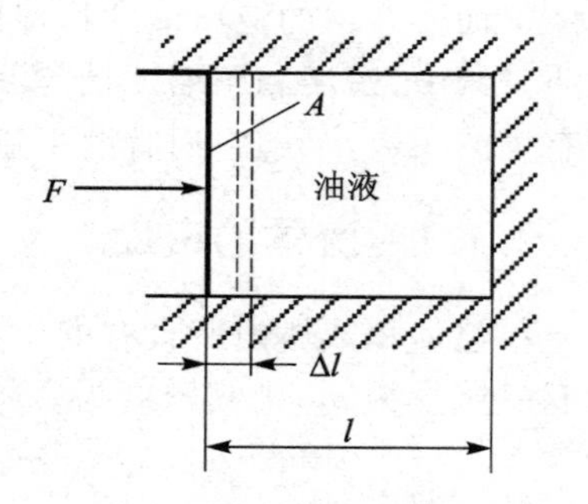

图 2-1 液压弹簧的刚性计算简图

由式(2-4)得出与活塞接触处流体的压力或压强的变化量为

$$\Delta p = -\left(\frac{\Delta V}{V_0}\right)\Big/K = -\left(\frac{\Delta l \cdot A}{V_0}\right)\Big/K$$

活塞对流体作用力的增量为

$$\Delta F = \Delta p A = -A\left(\frac{\Delta V}{V_0}\right)\Big/K = -\left(\frac{EA^2}{V_0}\right)\Delta l$$

因此可以定义液压弹簧刚性系数 K_h 如下：

$$K_h = -\frac{dF}{dl} = \lim_{\Delta V \to 0}\frac{\Delta F}{\Delta l} = \frac{EA^2}{V_0} \tag{2-5}$$

式中：A 为活塞的有效面积；Δl 为活塞的微小位移量；ΔF 为作用在活塞上外力的变化量。

一般在进行液压系统静态分析计算时，不考虑液体的压缩性。但在动态分析计算时，例如进行液压系统动态性能和液压冲击最大压力峰值的计算，必须重视油的可压缩性的影响。“液压弹簧效应”还是造成液压传动装置产生低速爬行的一个重要原因。

2.1.3　流体的粘性

1. 粘性及其表示方法

流体的粘性是指流体在外力作用下流动时液体分子间的内聚力阻碍分子间的相对运动而产生内摩擦力的性质。流体内部产生相对运动时才呈现出粘性。静止液体不具有粘性。

以图 2-2 所示的两块平行平板流动情况为例观察粘性的作用。上平板以速度 u_0 相对于下平板向右运动，下平板固定不动。经测量平板某法线 y 上各点的流速发现，紧贴在上平板上极薄的一层液体的流体分子在平板表面的附着力作用下与平板相同的速度 u_0 随上平板一起向右运动。紧贴在下平板上极薄的一层液体粘附在下平板上保持静止。中间各层液体流速则由零逐渐增加，流动快的流层会拖动流动慢的流层，而流动慢的流层又阻止流动快的流层流动，这样层与层之间就因为存在粘性而产生了内摩擦力。这种摩擦力是产生在两流层接触表面之间的剪切力，因此，流体的粘性可说成是决定流体抵抗其所受剪切力能力的一种性质。

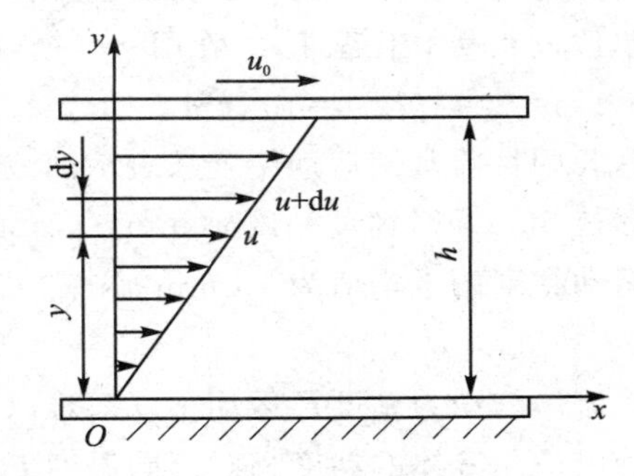

图 2-2　液体粘性示意图

实验还表明，流体层相对运动时产生的内摩擦力的大小与流体的粘性、接触面积以及流速沿法线的变化率（即速度梯度）有关，其数学表达式为

$$F_f = A\mu\frac{du}{dy} \tag{2-6}$$

式中：F_f 为流体层相对运动时的内摩擦力；μ 为液体粘性的比例系数；A 为流层之间的接触面积；$\frac{du}{dy}$ 为流层相对运动时的速度梯度。

内摩擦力 F_f 除以接触面积 A，即得液体内的切应力 τ 为

$$\tau = \frac{F_f}{A} = \mu\frac{du}{dy} \tag{2-7}$$

式(2-7)又称为牛顿液体内摩擦定律。当速度梯度变化时,μ 为不变常数的流体称为牛顿流体,μ 为变数的流体称为非牛顿流体。除高粘性或含有大量特种添加剂的液体外,一般的液压用流体均可看作是牛顿流体。

流体的粘度是表示流体粘性大小程度的参数。流体的粘度有三种表示方法:

(1) 动力粘度(绝对粘度)

动力粘度以 μ 表示,就是式(2-6)中的粘性比例系数,它直接表示了流体内摩擦力的大小。其物理意义为:两相邻流动层以单位速度梯度流动时,在单位接触面积上所产生的内摩擦力的大小,即

$$\mu = \left| \frac{\tau}{\mathrm{d}u/\mathrm{d}y} \right|$$

μ 的国际单位为 N·s/m² 或 Pa·s。这个单位很大,工程上一般用 P(泊,是纪念法国生理学家泊肃叶而命名的)和 cP(厘泊)来表示,1 Pa·s=10 P=1 000 cP。20 ℃时水的动力粘度正好是 1 cP。

(2) 运动粘度

运动粘度以 ν 表示,它是动力粘度与密度的比值,即

$$\nu = \frac{\mu}{\rho} \tag{2-8}$$

因为这个量不含力,只有长度和时间的量纲,因此称为运动粘度,其国际单位是 m^2/s。这个单位也很大,工程上一般用 St(斯,是纪念英国物理家斯托克斯而命名的)和 cSt(厘斯),1 $m^2/s=10^4$ St$=10^6$ cSt。

我国目前常用运动粘度来表示油液的粘度,普通机械油的牌号就是用该油液在 40 ℃(旧国标是 50 ℃)时运动粘度 ν(mm^2/s,cSt)的平均值来表示的。例如,10 号机械油就是指该油的运动粘度的平均值为 10 mm^2/s(10 cSt)。

(3) 相对粘度

流体的动力粘度及运动粘度都难以直接测量,一般多用于理论分析和计算。相对粘度是一种以被测液体的粘度相对于同温度下水的粘度之比值来表示粘度大小的一种表示方法。相对粘度按其测试方法的不同有多种名称。我国习惯采用恩氏粘度,用符号$°E_t$ 表示。恩氏粘度是在某标定温度(如 20 ℃或 50 ℃)下将 200 cm^3 的被测油液在自重作用下从恩氏粘度计中直径为 2.8 mm 的小孔流出的时间 t_1(s)与 200 cm^3 蒸馏水在 20 ℃时从恩氏粘度计中流出所需时间 t_2(s)之比,即

$$°E_t = \frac{t_1}{t_2} \tag{2-9}$$

恩氏粘度计只能用来测定比水粘度大的液体。恩氏粘度与运动粘度的换算关系如下:

$$\nu = \left(7.31°E_t - \frac{6.31}{°E_t}\right) \times 10^{-6}\ m^2/s \tag{2-10}$$

2. 温度和压力对粘度的影响

液压油的粘度随温度的升高而减小,这是因为液体的粘性是由于分子之间的相互作用力而引起的,这种作用力随着温度升高引起分子间的距离增大而减小。液体粘度随温度变化的

特性也称为粘温特性。由于油液粘度的变化直接影响液压系统的工作性能，因此希望粘度随温度的变化越小越好。当其运动粘度不超过 $76\times10^{-6}\ \mathrm{mm^2/s}$、温度在 30～150 ℃范围内变化时，可用下式计算温度为 40 ℃时的运动粘度：

$$\nu_t=\nu_{40}\left(\frac{40}{t}\right)^n \tag{2-11}$$

式中：ν_t 为温度为 t℃时油液的运动粘度；ν_{40} 为温度为 40 ℃时油液的运动粘度；n 为根据油液种类而定的常数，其值可参考表 2-1。

表 2-1　指数 n 的数值

$\nu_{40}/(\mathrm{mm^2\cdot s^{-1}})$	2.5	6.5	12	21	30	38	45	52	60	68	76
n	1.39	1.59	1.72	1.99	2.13	2.24	2.32	2.42	2.49	2.52	2.56

我国常用液压油的粘度与温度的关系可参阅国产液压油粘度温度曲线，如图 2-3 所示。

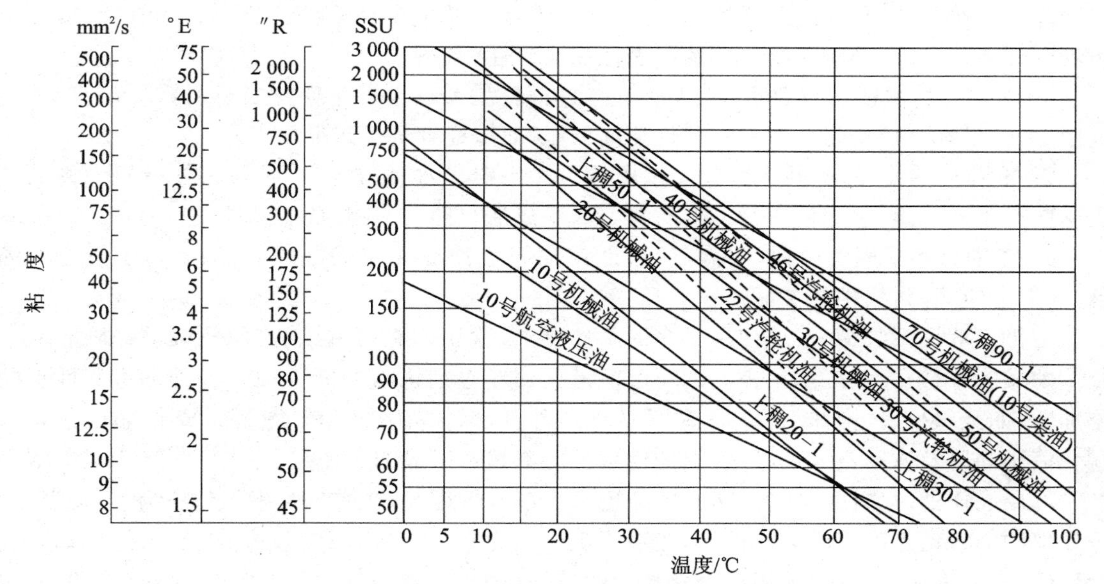

°E—恩氏粘度；″R—商用雷氏秒；SSU—国际赛氏秒

图 2-3　国产液压油粘度温度曲线

液压油的粘度随压力的升高而变大，其原因是由于分子之间距离缩小时内聚力增大所致。其关系可用以下公式表示：

$$\nu_p=\nu_0\mathrm{e}^{bp} \tag{2-12}$$

式中：ν_0 为压力为 10^5 Pa 时液体的运动粘度；ν_p 为压力为 p(相对压力)时的运动粘度；p 为油液的压力(10^5 Pa)；b 为根据液体种类不同而定的系数，一般 $b=0.002\sim0.003\ (1/10^5\ \mathrm{Pa})$。

若压力变化不大(变化值在 5 MPa 以下)，液体的粘度变化甚微，可忽略不计。如果压力变化大于 20 MPa，则液体粘度的变化就不容忽视了。

2.1.4　对液压油的要求和选用

在机床液压传动中，液压油既是传递动力的介质，又是润滑剂，液压油还可以将系统中的热量扩散出去。在这三点作用中前两点是主要的。

随着液压技术的日益广泛应用，液压系统的工作条件、周围环境以及所控制的对象也越来越复杂，因此，要保证液压系统工作可靠、性能优良，对液压油必须提出以下几项要求：

① 应该具有合适的粘度，且粘温特性要好，即粘度随温度的变化要小。如果粘性过大，液压油流动时阻力大，功率损失大，则系统效率低。反之如果粘度过小，将引起泄漏增加，系统效率随之也要降低。

② 可压缩性要小，即体积弹性模量要大，释放空气性能要好。因为液压油中混入空气时，将大大降低液压油的体积弹性模量，也使系统的动态性能指标降低。

③ 润滑性能要好，保证在不同的压力、速度和温度的条件下都能形成足够的油膜强度。

④ 具有较好的化学稳定性，不易氧化和变质，以免造成元件或机件的损坏，影响系统的正常工作。

⑤ 液压油的质量应纯净，应尽量减少机械杂质、水分和灰尘的含量。因为水混入液压油中会降低液压油的润滑性、防锈性，其他杂质混入液压油中也会堵塞节流小孔和缝隙，或导致运动部件卡死，从而影响系统工作的可靠性和准确性。

⑥ 对密封材料的影响要小，液压油对密封材料的影响主要是使密封材料产生溶胀、软化或硬化，结果都会使密封装置的密封性能降低，从而造成系统泄漏增加。

⑦ 抗乳化性要好，不易起泡沫。液压油中如果混入水，则在液压泵及其他液压元件的作用下会产生乳化液，引起液压油的变质、劣化，生成油泥和沉淀物，从而降低使用寿命。

⑧ 流动点和凝固点要低，闪点（明火能使油面上油蒸气闪燃，但液压油本身不燃烧的温度）和燃点应高，防火性能要好。

在机床液压系统中，目前使用最多的是矿物油，常用的有机械油、汽轮机油等。随着液压技术的发展，对液压油提出了更高的要求。液压油经过精炼或在其中加入各种改善其性能的添加剂，如抗氧化、抗泡沫、抗磨损、防锈等的添加剂，以提高其使用性能。如精密机床液压油、稠化液压油以及航空液压油等，它们的使用性能都超过一般的机械油。

选用液压油时，首先考虑的是它的粘度。在确定粘度时，还应该考虑工作压力、环境温度、工作部件的运动速度等因素。例如，当系统工作压力较大、环境温度较高、工作部件运动速度较低时，为减少泄漏，最好采用粘度较大的液压油。此外，各类液压泵对液压油的粘度有一定的许用范围。最大粘度主要取决于该类液压泵的自吸能力，而最小粘度则主要考虑液压油的润滑与泄漏。各类液压泵的许用粘度范围可查阅有关液压手册。几种国产液压油的主要质量指标见表 2-2。

表 2-2 几种国产液压油的主要质量指标

牌号 \ 主要指标		运动粘度/cSt（50 ℃）	闪点（开口）/℃（不低于）	凝点/℃（不高于）	酸值/(mg KOH · g^{-1})（不大于）	机械杂质/%
汽轮机油	22号	20～30	180	−15	0.02	无
	30号	28～32	280	−10	0.02	无

续表 2-2

牌号 \ 主要指标		运动粘度/cSt (50 ℃)	闪点(开口)/℃ (不低于)	凝点/℃ (不高于)	酸值/(mg KOH·g^{-1}) (不大于)	机械杂质/%
机械油	10 号	7～13	165	−15	0.14	0.005
	20 号	17～23	170	−15	0.16	0.005
	30 号	27～33	180	−10	0.20	0.007
	40 号	37～43	190	−10	0.35	0.007
精密机床液压油	20 号	17～23	170	−10		无
	30 号	27～33	170	−10		无
	40 号	37～43	170	−10		无
稠化液压油	上稠 20-1	12.51	163.5	−33	0.237	无
	上稠 30-1	18.67	185.5	−49	0.131	无
	上稠 50-1	40.56	174	−48.5	0.123	无
	上稠 90-1	60.81	217	−27.5	0.063	无
航空液压油	10 号	10	92	−70	0.05	无

2.2　静止液体力学

本节主要讨论静止液体的平衡规律以及这些规律的应用。所谓“静止液体”是指液体内部质点与质点之间无相对运动。至于盛装液体的容器，不论它是静止的或是运动的，都没有关系。通过本章的学习，要求弄清什么是静止液体，静止液体中压力由哪几部分组成，静止液体中的能量描述方法和分布规律如何，只在重力作用下的静止液体的等压面是什么形状，帕斯卡原理的实质何在等基本问题。

2.2.1　静压力(或称压力)及其性质

作用在液体上的力有表面力和质量力。单位面积上作用的表面力称为应力，它有法向应力和切向应力。当液体静止时，液体质点间没有相对运动，不存在摩擦力，不呈现粘性，所以静止液体表面力只有法向力。由于液体质点间的内聚力非常小，不能受拉，所以法向力总是向着液体表面的内法线方向作用的。习惯上称它为压力(或压强)，用公式表示为

$$p=\frac{F}{A} \tag{2-13}$$

式中压力 p 的国际标准单位为 Pa，力 F、面积 A 的国际标准单位分别为 N、m^2。

如果液体中各点的压力是不均匀的，则液体中某一点的压力可写为

$$p=\lim_{\Delta A\to 0}\left(\frac{\Delta F}{\Delta A}\right)$$

此外，液体的压力还有如下性质，即静止液体内任意点处的压力在各个方向上都相等。

2.2.2 在重力作用下静止液体中的压力分布

在重力作用下的静止液体，其受力情况如图 2-4 所示。要了解液体内任意点 A 的压力，可从自由液面向下取一高度为 h，底面积为 ΔA 的微小圆柱体，它在重力及周围压力作用下处于平衡状态，于是有

$$p\Delta A = p_0\Delta A + F_G$$

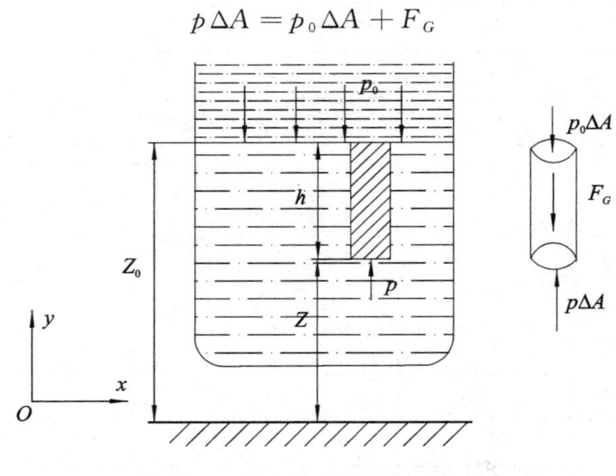

图 2-4　重力作用下的静止液体

式中：F_G 为液柱质量，即

$$F_G = \rho g h \cdot \Delta A$$

代入上式并化简得

$$p = p_0 + \rho g h \tag{2-14}$$

式中：p_0 为作用于流体表面上的压力。

由式(2-14)可以看出：

① 静压力由两部分组成：液面上的压力 p_0 和液柱重量产生的压力 $\rho g h$。当液面上只有大气压力 p_a 作用时，则 A 点处静压力为

$$p = p_a + \rho g h \tag{2-15}$$

② 静止液体内的压力沿深度呈直线分布。

③ 离液面深度相同处各点的压力都相等。压力相等的所有点组成的面叫做等压面。在重力作用下静止液体中的等压面是一个水平面。

为了更清晰地说明静压力的分布规律，将式(2-14)按坐标 Z 变换一下，即以 $h = Z_0 - Z$ 代入式(2-14)，整理后得

$$Z + \frac{p}{\rho g} = Z_0 + \frac{p_0}{\rho g}$$

对于某一基准面来说，自由液面的高度 Z_0 及压力 p_0 均是常数，所以

$$Z + \frac{p}{\rho g} = Z_0 + \frac{p_0}{\rho g} = 常数$$

式中：Z 为单位液体具有的位能，简称比位能，位置水头；$\frac{p}{\rho g}$ 为单位液体具有的压力能，简称比压能，压力水头。

上式表明，静止液体内任意一点的比位能和比压能之和等于其他任意点处这两个量之和。

2.2.3　压力的表示方法及单位

液体压力通常有绝对压力、相对压力（表压力）和真空度三种表示方法，如图 2-5 所示。

在地球表面上，一切物体都受大气压力的作用，而且是自平衡的，因此绝大多数的压力表测得的压力值均为高于大气压力的那部分压力，即相对压力，又称表压力。绝对压力是以绝对真空为基准来进行度量的，由式（2-14）所表示的压力即是绝对压力。

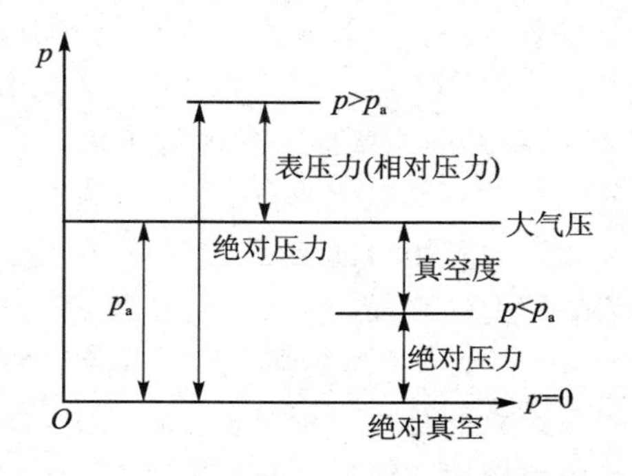

图 2-5　绝对压力、相对压力和真空度

如果液体中某点的绝对压力小于大气压力，就说这一点具有真空，不足大气压力的部分数值称为该点的真空度。因此，真空度就是负的相对压力，其最大值不超过一个大气压。

绝对压力、相对压力及真空度三者之间关系为

绝对压力＝相对压力＋大气压力

真空度＝大气压力－绝对压力＝负的相对压力

压力的单位在国际单位制（SI）中为牛/米^2（N/m^2），称为帕斯卡，简称帕（Pa），是为纪念法国著名学者帕斯卡而命名的。工程上常用单位 bar（巴），1 bar＝10^5 Pa≈1 个标准大气压。

2.2.4　帕斯卡原理——静压传递原理

由静力学基本方程式（2-14）可知，盛放在密闭容器内的液体，当外加压力 p_0 发生变化时，只要流体仍然保持原来的静止状态，则液体中任一点的压力均将发生同样大小的变化。也就是说，在密闭的容器内，施加于静止液体上的压力将等值同时传到液体各点，这就是静压传递原理，或帕斯卡原理。

根据帕斯卡原理可以推导出推力与负载之间的关系。如图 2-6 所示，图中垂直液压缸、水平液压缸的截面积分别为 A_1 和 A_2，活塞上作用的负载与推力分别为 F_1 和 F_2。由于两个液压缸互相连通构成一个密闭容器，按帕斯卡原理，$p_1=p_2$，于是

$$F_2=\frac{A_2}{A_1}F_1 \tag{2-16}$$

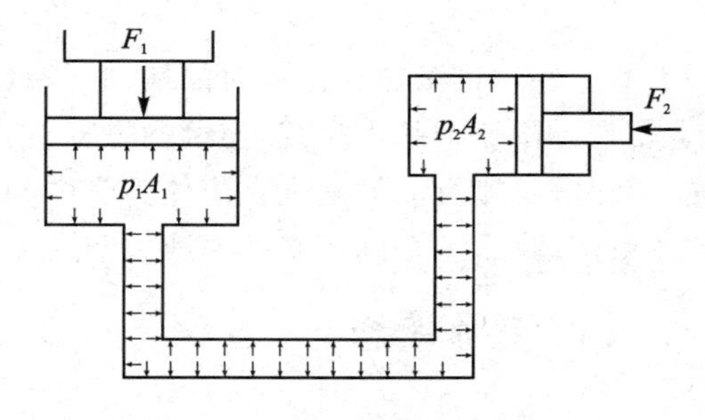

图 2-6　帕斯卡原理应用实例

只要 F_2 满足公式（2-16）就可推动负载 F_1，如果没有负载 F_1，不计其他各种阻力，不论怎样推动水平液压缸的活塞，也不能在液体中形成压力。这就充分说明液压系统中的压力是由负载决定的，这是液压传动中的一个基本概念。

2.2.5 液体静压力作用在固体壁面上的力

当静止液体和固体壁面相接触时，固体壁面上各点在某一方向上所受的静压作用力的总和，就是液体在该方向上作用于固体壁面上的力。在计算静止液体对固体壁面作用力时，作用力的方向是沿着接触表面的内法线方向。

如果固体壁面为一平面，不计重力作用，即忽略 ρgh 项，平面上各点处的静压力大小相等，则作用在固体壁面上的力等于静压力与承压面积的乘积，即 $F=pA$，其作用力的方向垂直于壁面。

如果承受压力的表面为曲面，因为压力总是垂直于承受压力的表面，所以作用在曲面上各点的压力不平行，但是大小仍然相等，计算曲面上的合力时，必须要明确计算的是哪一个方向上的力，以图 2-7 为例计算静压力作用在液压缸缸筒右半壁上 x 方向的力。

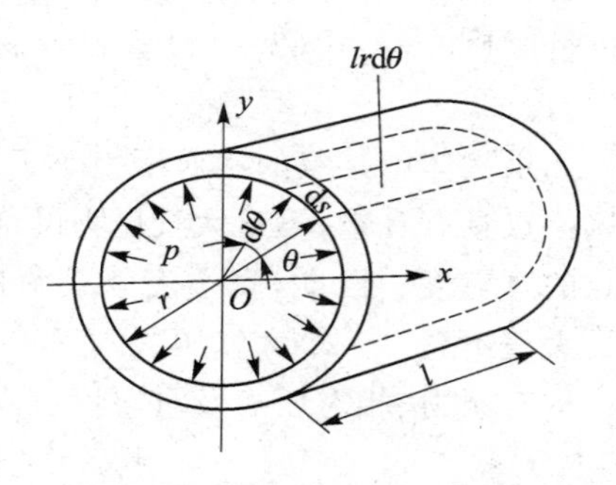

图 2-7 液压缸受力计算图

设 r 为液压缸的内半径，l 为液压缸的有效长度，在液压缸上取一微小窄条面积 $\mathrm{d}A$，则 $\mathrm{d}A=l\mathrm{d}s=lr\mathrm{d}\theta$，静压力作用在这微小面积上的力 $\mathrm{d}F$ 在 Z 方向的投影为

$$\mathrm{d}F_x=\mathrm{d}F\cos\theta=p\,\mathrm{d}A\cos\theta=plr\cos\theta\mathrm{d}\theta$$

液压缸右半壁上 x 方向的总作用力为

$$F_x=\int_{-\frac{\pi}{2}}^{\frac{\pi}{2}}\mathrm{d}F_x=\int_{-\frac{\pi}{2}}^{\frac{\pi}{2}}plr\cos\theta\mathrm{d}\theta=2lrp$$

其值等于静压力与曲面在垂直面上投影面积 $2lr$ 的乘积。由此可以得出如下的结论：曲面上液压作用力在某一方向上的分力等于静压力与曲面在该方向投影面积的乘积。

2.3 流动液体力学

本节主要讨论液体在流动时的运动规律、能量转换和流动液体对固体壁面的作用力等问题，主要是讨论三个基本方程：连续性方程、伯努利方程和动量方程。它们分别是质量守恒定律、能量守恒定律及动量定理在流体力学中的表达形式。前两个用来解决压力、流速及流量之间的关系问题，后一个则用来解决液体与固体壁面之间相互作用力的问题。

2.3.1 基本概念

1. 理想液体、恒定流动和一维流动

理想液体是一种假想的、没有粘性、不可压缩的液体。事实上，实际液体是既有粘性也可压缩。之所以作这种假设是因为液体在流动时考虑粘性的影响会使问题变得相当复杂。而液体的可压缩性又很小。为了方便分析问题，先作这样的假设以推导出一些基本方程，然后再通过实验来修正或补充这些方程。

按液体运动时液体中任意一点处的参数与时间的关系，可分为恒定流动（稳定流动、定常

流动或非时变流动）和非恒定流动。恒定流动是指液体运动参数仅是空间坐标的函数，不随时间的变化，即在任何时间内，通过空间某一固定点的各液体质点的速度、压力和密度等参数都保持某一常数；否则就称为非恒定流动。研究液压系统静态性能时，可以认为液体作恒定流动，但在研究其动态性能时则必须按非恒定流动来考虑。

通常流体的运动都是在三维空间内进行，运动参数是三个坐标的函数，称这种流动为三维流动或三元流动。以此类推即有二维流动和一维流动。其中一维流动最简单，然而严格地说，一维流动要求液流截面上各点处的速度矢量应该完全相同，但是这种情况在现实中极少见。当管道截面积变化很缓慢、管道轴心线的曲率不大、管道每个截面取液流速度平均值时，一般都将流体近似地按一维流动处理。

2. 流线、流束和通流截面

流线是某一瞬时液流中一条条标志其质点运动状态的曲线，在流线上各点处的瞬时液流方向与该点的切线方向重合，如图 2-8 所示。对于恒定流动，流线形状不随时间而变化。由于液流中每一点处在每一瞬时只能有一个速度，因此流线不能相交，也不能转折，它是一条条光滑的曲线。

如果通过某截面 A 上所有各点画出流线，这些流线的集合就构成流束，如图 2-9 所示。因为流线不能相交，所以流束内外的流线均不能穿越流束的表面。当面积无限小时，这个流束称为微小流束。微小流束截面上各点处的运动速度可以认为是相等的。

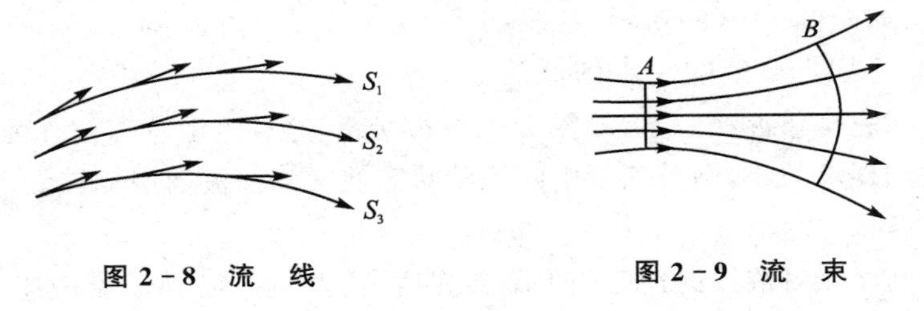

图 2-8　流　线　　　**图 2-9　流　束**

流束中与所有流线正交的截面称为通流截面，如图 2-9 的 A 面和 B 面所示，截面上每点处的流动速度都垂直于这个面。

3. 流量及平均流速

单位时间内流过某通流截面的液体体积称为流量。对微小流束而言，通流截面 $\mathrm{d}\boldsymbol{A}$ 上的各点流速 $\boldsymbol{u}$ 被认为是相等的，因此通过 $\mathrm{d}A$ 的微小流量为

$$\mathrm{d}Q = \boldsymbol{u} \cdot \mathrm{d}\boldsymbol{A}$$

对此进行积分，可以得到流经通流截面 $\boldsymbol{A}$ 的总流量为

$$Q = \int_A \mathrm{d}Q = \int_A \boldsymbol{u} \cdot \mathrm{d}\boldsymbol{A}$$

为了得到 Q 的值，必须先知道流速 u 在整个通流截面上的分布规律，这实际上是很难求得的。为便于解决问题，在液压传动中常采用一个假想的平均流速来求流量，认为通流截面上所有各点的流速均等于平均流速 v，即

$$Q = \int_A \mathrm{d}Q = \int_A \boldsymbol{u} \cdot \mathrm{d}\boldsymbol{A} = \boldsymbol{A}v \tag{2-17}$$

故平均流速 v 为

$$v=\frac{Q}{A} \tag{2-18}$$

2.3.2 流体的流动状态和雷诺数

实际流体是有粘性的。当物理参数不同时流体会呈现出不同的流动情况。19 世纪末，英国物理学家雷诺通过大量的实验发现，液体的流动具有两种基本的状态，即层流和紊流。其实验装置如图 2-10 所示，水箱 4 由进水管 2 不断地供水，多余的水由隔板 1 上部流出，以便保持实验过程中水位的恒定。在水箱下部装有玻璃管 6 和开关(水龙头)7，在玻璃管进口处放置与颜色水箱 3 相连的小导管 5。

实验时，首先将开关 7 打开，然后打开颜色水导管的开关，并通过开关 7 来调节玻璃管 6 中水的流速。当流速较低时，颜色水的流动是一条与管子轴线平行的清晰的线状流，和大玻璃管中的清水互不混杂，如图 2-10(a)所示，这说明管中的水流是分层的，此流动状态被称为层流。逐渐开大开关 7，当玻璃管中的流速增大至某一值时，颜色水流便开始抖动而呈波纹状态，如图 2-10(b)所示，这表明层流开始被破坏。再进一步增大水的流速，颜色水流便和清水完全掺混在一起，如图 2-10(c)所示，这种流动状态被称为紊流。

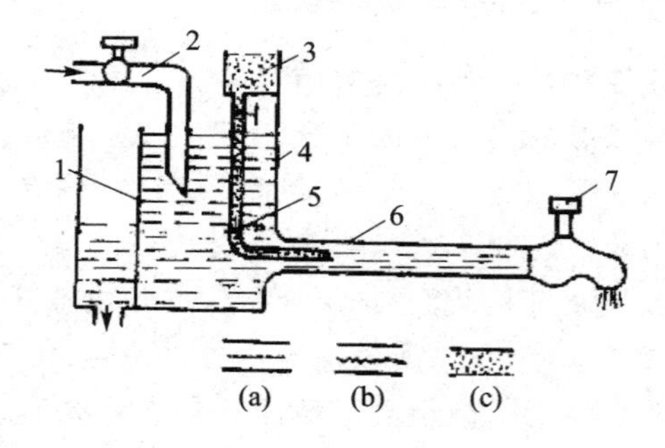

图 2-10 实验装置

如果将开关 7 逐渐关小，则玻璃管中的流动状态便又从紊流向层流转变，只是其流速的临界值不相同而已。

由层流过渡到紊流时液体的速度叫上临界速度，由紊流过渡到层流的速度称为下临界速度。在上、下临界速度之间，液流处于过渡状态，可以称为变流，变流是一种不稳定的流态，一般按紊流处理。

由相似理论可以得出：层流与紊流是两种性质不同的流动状态。层流时粘性力起主导作用，惯性力与粘性力相比不大，液体质点受粘性的约束，不能随意运动；紊流时惯性力起主导作用，液体质点在高速流动时粘性不能再约束它。

实验证明，液体在圆管中的流动状态与管内平均流速、管径及液体粘度有关。雷诺从一系列的实验中发现：不论平均流速 v、管径 d 及液体运动粘度 ν 如何变化，液流状态仅与无量纲组合数 vd/ν 有关，这个组合数叫雷诺数，用 Re 表示，即

$$Re=\frac{vd}{\nu} \tag{2-19}$$

工程上常用一个临界雷诺数 Re_{cr} 来判别流动状态是层流还是紊流。当 $Re<Re_{cr}$ 时为层流，当 $Re>Re_{cr}$ 时为紊流。表 2-3 为常见液流管道的临界雷诺数 Re_{cr}。

对于非圆截面的管道，Re 可用下式计算：

$$Re=\frac{4vR}{\nu} \tag{2-20}$$

式中，R 为通流截面的水力半径，它等于液流的有效面积 A 和它的湿周（液体与管道接触的有效截面的周长）χ 之比，即

$$R = A/\chi$$

例如，正方形每边长为 b，则湿周为 $\chi=4b$，面积为 $A=b^2$，则水力半径为

$$R=\frac{b^2}{4b}=\frac{b}{4}$$

通流截面相同的管道，其水力半径与管道形状有关。圆形管道水力半径最大，同心圆环截面的水力半径最小。水力半径大小对管道通流能力的影响很大，水力半径大，表明液流与管道壁接触少，通流能力大；水力半径小，表明液流与管壁接触多，通流能力小，容易堵塞。

表 2－3　常见液流管道的临界雷诺数

管道的形状	Re_{cr}
光滑的金属圆管	2 000～2 320
橡胶软管	1 600～2 000
光滑的同心环状缝隙	1 100
光滑的偏心环状缝隙	1 000
带环槽的同心环状缝隙	700
带环槽的偏心环状缝隙	400
圆柱形滑阀阀口	260
锥阀阀口	20～100

一般液压传动系统所用的液体为粘度较大的矿物油，且管中流速不大，所以多属于层流。只有当液流流经阀口或弯头等处时才会形成紊流。

2.3.3　连续方程

连续方程是质量守恒定律在流体力学中的表达形式。假设液体是不可压缩的，而且是作恒定流动，则液体的流动过程遵守质量守恒定律，即在单位时间内流体流过通道任意截面的液体质量相等。

如图 2－11 所示，液体在管内流动，任意取两通流截面 A_1 和 A_2。在管内取一微小流束，面积分别为 dA_1 和 dA_2，流速为 u_1 和 u_2，因为是恒定流动，所以流束形状不随时间变化，即液体不会穿过流束的侧面流入或流出；又因为液体不可压缩，所以 $\rho_1=\rho_2=\rho$。根据质量守恒定律，在 dt 时间内流过两个微小通流截面的液体质量相等，即

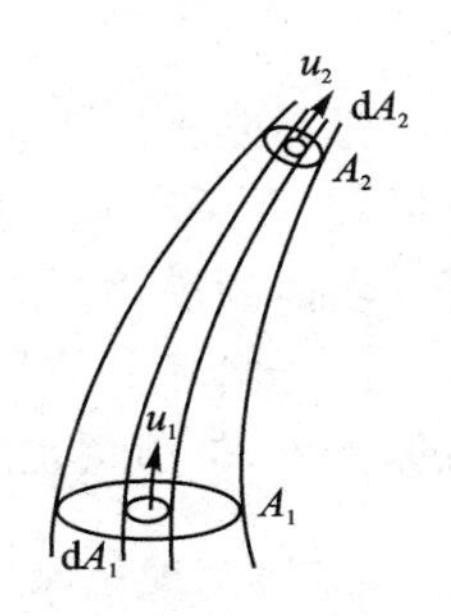

图 2－11　连续性方程简图

$$\rho u_1 \mathrm{d}A_1 \mathrm{d}t=\rho u_2 \mathrm{d}A_2 \mathrm{d}t$$

化简上式得

$$\mathrm{d}Q=\boldsymbol{u}_1\cdot \mathrm{d}\boldsymbol{A}_1$$

对整个流管，则有

$$\int_{A_1} \boldsymbol{u}_1 \cdot \mathrm{d}\boldsymbol{A}_1 = \int_{A_2} \boldsymbol{u}_2 \cdot \mathrm{d}\boldsymbol{A}_2$$

以通流截面 A_1 和 A_2 的平均速度 v_1 和 v_2 来表示，则有

$$A_1 v_1 = A_2 v_2 = 常数$$

由上式得流量连续方程为

$$Q_1 = Q_2 = Q = 常数 \tag{2-21}$$

或

$$\frac{v_1}{v_2} = \frac{A_2}{A_1} \tag{2-22}$$

流量连续方程表明：在不可压缩的恒定流动的液流中，通过各通流截面的流量相等，或通流截面面积与平均流速成反比。

例 2-1 某液压系统，两个液压缸串联，缸 1 的活塞是主运动，缸 2 的活塞对外克服负载（从动运动），如图 2-12 所示。已知小活塞的面积 $A_1=14\ \mathrm{cm}^2$，大活塞的面积 $A_2=40\ \mathrm{cm}^2$。连接两液压缸管路的流量 $Q=25\ \mathrm{L/min}$，试求两液压缸的运动速度及速度比。

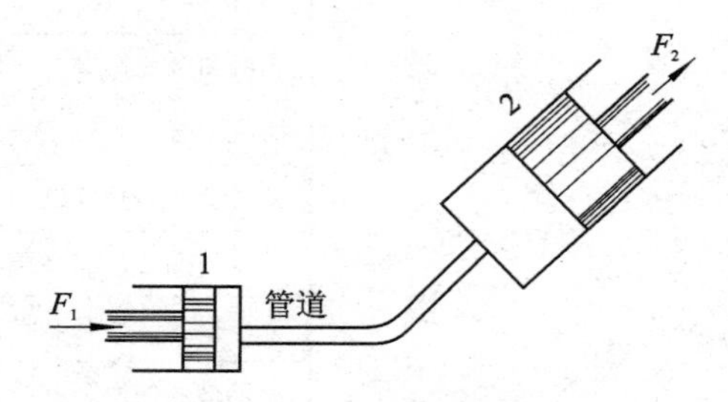

图 2-12 串联油缸计算

解：由式(2-21)和式(2-22)求得小活塞运动速度为

$$v_1 = \frac{Q}{A_1} = \frac{25 \times 1\,000}{14 \times 60}\ \mathrm{cm/s} = 29.76\ \mathrm{cm/s} \approx 30\ \mathrm{cm/s}$$

流进大缸的流量仍为 25 L/min，故 v_2 为

$$v_2 = \frac{Q}{A_2} = \frac{25 \times 1\,000}{40 \times 60}\ \mathrm{cm/s} \approx 10\ \mathrm{cm/s}$$

两个活塞的速度比为

$$i = \frac{v_1}{v_2} = \frac{A_2}{A_1} = \frac{40}{14} = 2.86$$

2.3.4 伯努利方程——流动液体的能量守恒定律

伯努利方程是能量守恒定律在流动液体中的表现形式，要想说明流动液体的能量问题，就必须先研究液体的受力平衡方程，亦即它的运动微分方程。由于实际流体比较复杂，在讨论时先从理想流体入手，然后再扩展到实际流体中去。

1. 流线上理想流体一维流动的运动微分方程

在某一瞬时 t，取微小流束中一微元体，如图 2-13 所示，用 $\mathrm{d}A$ 和 $\mathrm{d}s$ 分别表示它的通流截面和长度。在一维流动的情况下，分析这微元体

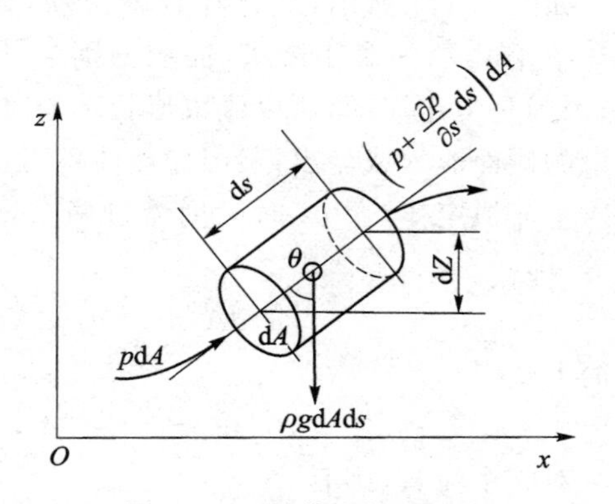

图 2-13 流体上的作用力

的受力情况：质量力为重力，大小为 $\rho g\,\mathrm{d}A\,\mathrm{d}s$，方向垂直向下，与微元体轴线夹角为 θ，微元体所受压力(表面力)为

$$p\,\mathrm{d}A-\left(p+\frac{\partial p}{\partial s}\mathrm{d}s\right)\mathrm{d}A=-\frac{\partial p}{\partial s}\mathrm{d}s\,\mathrm{d}A$$

这一微元体积的惯性力为

$$ma=\rho\mathrm{d}A\,\mathrm{d}s\ \frac{\mathrm{d}u}{\mathrm{d}t}=\rho\mathrm{d}A\,\mathrm{d}s\left(\frac{\partial u}{\partial s}\ \frac{\mathrm{d}s}{\mathrm{d}t}+\frac{\partial u}{\partial t}\right)$$
$$=\rho\mathrm{d}A\,\mathrm{d}s\left(u\ \frac{\partial u}{\partial s}+\frac{\partial u}{\partial t}\right)$$

将流体所受表面力和重力代入牛顿第二定律，得到

$$-\frac{\partial p}{\partial s}\mathrm{d}A\,\mathrm{d}s-\rho g\,\mathrm{d}A\,\mathrm{d}s\cos\theta=\rho\mathrm{d}A\,\mathrm{d}s\left(u\ \frac{\partial u}{\partial s}+\frac{\partial u}{\partial t}\right)$$

化简上式得

$$-g\cos\theta-\frac{1}{\rho}\ \frac{\partial p}{\partial s}=u\ \frac{\partial u}{\partial s}+\frac{\partial u}{\partial t} \tag{2-23}$$

考虑到

$$\cos\theta=\frac{\partial Z}{\partial s} \tag{2-24}$$

将式(2-24)代入式(2-23)中，得理想流体一维流动的运动微分方程(欧拉方程)为

$$g\ \frac{\partial Z}{\partial s}+\frac{1}{\rho}\ \frac{\partial p}{\partial s}+\frac{\partial u}{\partial t}+u\ \frac{\partial u}{\partial s}=0 \tag{2-25}$$

在恒定流动条件下，$\frac{\partial u}{\partial t}=0$；$p$，$Z$，$u$ 只是轴向距离 s 的函数。可以将式(2-25)中偏导数改写成全导数，从而得到理想流体一维恒定流动的运动微分方程(欧拉方程)：

$$g\,\mathrm{d}Z+\frac{\mathrm{d}p}{\rho}+u\,\mathrm{d}u=0 \tag{2-26}$$

由于微小流束的极限是流线，所以上述形式的欧拉方程沿任意一条流线都是成立的。式(2-26)表达了沿任意一条流线液体质点的压力、密度、速度和位移之间的微分关系。

2. 流线上理想流体一维流动的运动积分方程——理想流体的伯努利方程

将式(2-26)沿流线积分，得

$$gZ+\int\frac{1}{\rho}\mathrm{d}p+\frac{1}{2}u^2=常数$$

对于不可压缩的理想液体，$\rho=$常数，再以 g 除各项则有

$$Z+\frac{p}{\rho g}+\frac{u^2}{2g}=常数 \tag{2-27}$$

这就是著名的伯努利方程，方程左端的各项分别代表单位重量液体的位能、压力能和动能，或称比位能、比压能和比动能。该方程实际上是流线上理想流体一维流动的运动积分方程。该方程的物理意义是：理想的不可压缩液体在重力场中作恒定流动时，沿流线上各点的位能、压力能和动能之和是常数。

不难看出，伯努利方程各项都具有长度量纲，因此工程上常用液柱高度(称为水头)来表示

这三部分能量。如图 2-14 所示，微小流束在 1 和 2 的总水头均为 H，而比位能、比压能和比动能三者之间可以互相转换。图中 ac 和 $a'c'$ 表示两截面的压力能和位能，称为静水头，cb 和 $c'b'$ 表示两截面的动能，称为速度水头。

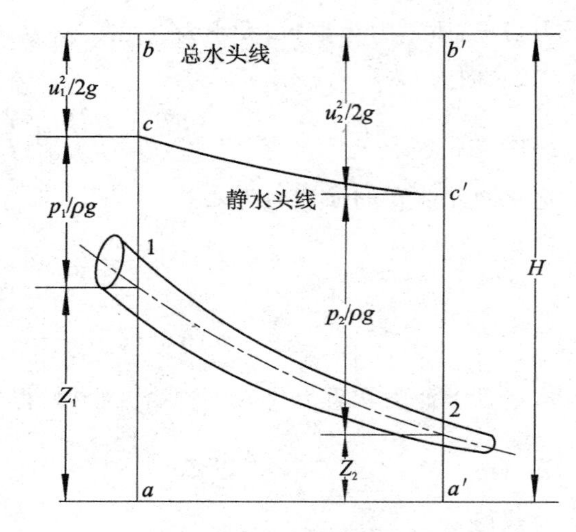

图 2-14 微小流束的水头线

如果流体是在同一水平面内流动，或者流场中 Z 坐标变化与其他参数相比可以忽略不计，则式(2-27)变成

$$\frac{p}{\rho g}+\frac{u^2}{2g}=\text{常数}$$

该式表明，沿流线压力越低，速度越高。

3. 实际流体的伯努利方程

由于实际流体在流动时具有粘性，可产生内摩擦力，所以流体总的能量沿着流动方向逐渐减小。又由于流体在密闭的容器或管道中流动时，还会遇到一些其他局部装置引起的液体运动的扰动，同样也要损失一部分能量。这样，实际流体沿流线上各点的总机械能不再保持为常数。任取两个点，则流线上实际流体的伯努利方程应为

$$\frac{p_1}{\rho g}+Z_1+\frac{u_1^2}{2g}=\frac{p_2}{\rho g}+Z_2+\frac{u_2^2}{2g}+h'_w \tag{2-28}$$

式中：h'_w 表示微小流束上从点 1 到点 2 单位重量液体的损失水头。

总流是由通过其通流截面全部微小流束所组成的。如果求总流的伯努利方程，只要将式(2-28)乘以微小流束上的液体重量 $\rho g\,\mathrm{d}Q$，然后对总流通流截面 A_1 和 A_2 进行积分，即可求得

$$\begin{aligned}&\int_{A_1}\frac{p_1}{\rho g}\rho g\,\mathrm{d}Q+\int_{A_1}Z_1\rho g\,\mathrm{d}Q+\int_{A_1}\frac{u_1^2}{2g}\rho g\,\mathrm{d}Q\\&=\int_{A_2}\frac{p_2}{\rho g}\rho g\,\mathrm{d}Q+\int_{A_2}Z_2\rho g\,\mathrm{d}Q+\int_{A_2}\frac{u_2^2}{2g}\rho g\,\mathrm{d}Q+\int_{A_1-A_2}h'_w\rho g\,\mathrm{d}Q\end{aligned} \tag{2-29}$$

为了简化上式，需引入两个概念：

① 缓变流动。是指流束内的流线夹角很小，几乎平行，因此通流截面总是垂直于流线。对缓变流动而言，每一通流截面都是与流动方向垂直，这样，在每一通流截面上的压力分布可以按静压处理，即

$$Z+\frac{p}{\rho g}=\text{常数}$$

于是公式(2-28)中等式两边前二项分别可写为

$$\int_{A_1}\left(\frac{p_1}{\rho g}+Z_1\right)\rho g\,\mathrm{d}Q=\left(\frac{p_1}{\rho g}+Z_1\right)\int_{A_1}\rho g\,\mathrm{d}Q=\left(\frac{p_1}{\rho g}+Z_1\right)\rho gQ_1$$

$$\int_{A_2}\left(\frac{p_2}{\rho g}+Z_2\right)\rho g\,\mathrm{d}Q=\left(\frac{p_2}{\rho g}+Z_2\right)\int_{A_2}\rho g\,\mathrm{d}Q=\left(\frac{p_2}{\rho g}+Z_2\right)\rho gQ_2$$

② 动能修正系数。由于实际速度在通流截面上是一个变量，这给动能的计算带来了困难，而用平均速度 v 计算的动能代替用实际速度 u 计算的动能必然有偏差，所以引入了动能修正系数 α 进行修正。α 表示用实际速度计算的动能与平均速度计算的动能的比值，由下式给出：

$$\alpha=\frac{\int_A \frac{u^2}{2g}\rho g\,\mathrm{d}Q}{\frac{v^2}{2}\rho\int_A \mathrm{d}Q}=\frac{\int_A u^3\,\mathrm{d}A}{v^3 A} \tag{2-30}$$

不难证明，动能修正系数是大于1的数，其数值与速度分布的均匀程度有关。层流时 α 约为2；紊流时 α 约为1。

引入了缓变流动和动能修正系数 α 之后，式(2-29)简化为

$$\left(\frac{p_1}{\rho g}+Z_1\right)\rho g Q_1+\frac{\alpha_1 v_1^2}{2g}\rho g Q_1=\left(\frac{p_2}{\rho g}+Z_2\right)\rho g Q_2+\frac{\alpha_2 v_2^2}{2g}\rho g Q_2+\int_{A_1-A_2} h'_w \rho g\,\mathrm{d}Q$$

由流量连续方程有 $Q_1=Q_2=Q$，并以 $\rho g Q$ 除上式，得总流上实际流体的伯努利方程为

$$\frac{p_1}{\rho g}+Z_1+\frac{\alpha_1 v_1^2}{2g}=\frac{p_2}{\rho g}+Z_2+\frac{\alpha_2 v_2^2}{2g}+h_w \tag{2-31}$$

式中：α_1 和 α_2 为动能修正系数；h_w 表示单位重量液体从截面 A_1 流到截面 A_2 过程中的能量损失，一般通过计算或实验确定，可写成

$$h_w=\frac{\int_{A_1-A_2} h'_w \rho g\,\mathrm{d}Q}{\rho g Q} \tag{2-32}$$

式(2-31)仍然是能量守恒方程式。

伯努利方程在液压传动和液力传动中是很重要的一个公式，常与连续方程一起来求解系统中的压力和速度等问题。

4. 伯努利方程的应用举例

例2-2　计算从容器侧壁小孔喷射出来的射流速度。

如图2-15所示的水箱侧壁开一小孔，水箱自由液面1-1与小孔2-2处的压力分别为 p_1 和 p_2，小孔中心到水箱自由液面的距离为 h，且 h 基本不变，如果不计损失，求水从小孔流出的速度。(设 $\alpha_1=\alpha_2=1$)

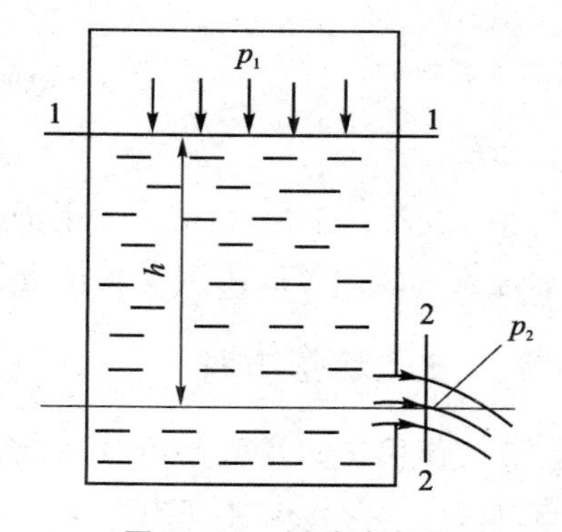

图2-15　侧壁孔出流

解：(1) 列伯努利方程。以小孔中心线为基准，列截面1-1和2-2的伯努利方程：

$$\frac{p_1}{\rho g}+Z_1+\frac{\alpha_1 v_1^2}{2g}=\frac{p_2}{\rho g}+Z_2+\frac{\alpha_2 v_2^2}{2g}+h_w$$

(2) 确定已知条件。按给定条件得到 $Z_1=h$、$Z_2=0$、$h_w=0$。因为小孔截面积≪水箱截面积，故 $v_1 \ll v_2$。可认为 $v_1=0$。

(3) 代入方程求解。将各已知量代入伯努利方程得到

$$\frac{p_1}{\rho g}+h=\frac{p_2}{\rho g}+\frac{v_2^2}{2g}$$

由上式求得小孔处的流速为

$$v_2=\sqrt{2gh+\frac{2g(p_1-p_2)}{\rho g}}$$

例 2-3 推导文丘利流量计的流量公式。

图 2-16 为文丘利流量计，1-1 和 2-2 两通流截面处直径分别为 D_1 和 D_2。现以管轴心线为基准，且取 $\alpha_1=\alpha_2=1$，不计能量损失，列出两截面的伯努利方程，即

$$\frac{p_1}{\rho g}+\frac{v_1^2}{2g}=\frac{p_2}{\rho g}+\frac{v_2^2}{2g}$$

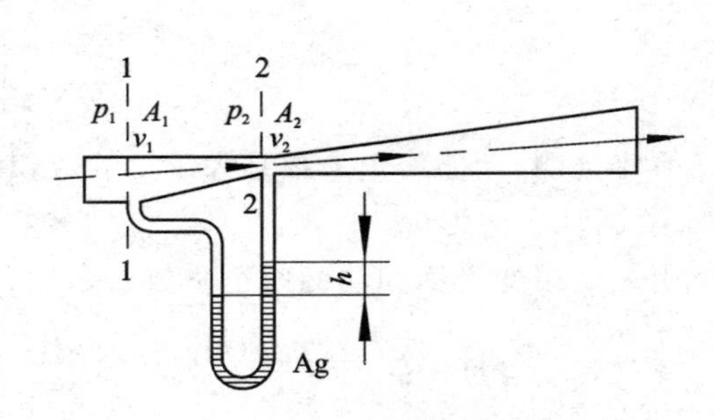

图 2-16 文丘利流量计

由连续方程

$$v_1A_1=v_2A_2=Q$$

代入上式并加以整理得

$$v_1=\sqrt{\frac{2(p_1-p_2)}{\rho\left(\frac{D_1^4}{D_2^4}-1\right)}}$$

由静力学方程可以推导出

$$\begin{aligned}\Delta p=(p_1-p_2)&=h(\rho_{汞}g-\rho g)\\&=h\rho g\left(\frac{\rho_{汞}g}{\rho g}-1\right)\\&=h\rho g\left(\frac{\rho_{汞}}{\rho}-1\right)\end{aligned}$$

式中，h 为测压管的高度差，$\rho_{汞}$ 为水银的密度，ρ 为被测液体的密度。

所通过的流量由下式确定，即

$$Q=vA_1=\frac{\pi D_1^2}{4}\sqrt{\frac{2gh\left(\frac{\rho_{汞}}{\rho}-1\right)}{\frac{D_1^4}{D_2^4}-1}}$$

由上式可以看出，文丘利流量计的参数确定之后，通过流量计的流量只与测压管汞柱高度差 h 有关。因此可以用测 h 值的办法测流量。

2.3.5 动量方程

液流作用在固体壁上的力，用动量方程可以很方便地求解。动量定理指的是作用在物体上的力的大小等于物体在力作用方向上动量的变化率，即

$$\sum \boldsymbol{F}=\sum\frac{\mathrm{d}\boldsymbol{N}}{\mathrm{d}t}=\frac{\mathrm{d}\left(\sum m\boldsymbol{u}\right)}{\mathrm{d}t}$$

将动量定理应用到流动液体上可以推导出流体的动量方程。在总流中沿流线取一段固定

空间，如图2-17中的Ⅰ-Ⅰ至Ⅱ-Ⅱ区域，称为控制体。为了使问题得到简化，设包围控制体的表面就是通流截面Ⅰ-Ⅰ和Ⅱ-Ⅱ以及周面，而周面可以是固体壁面或者是由无数流线组成的液面，因此无流体经此周面流入和流出控制体，流体只能经通流截面Ⅰ-Ⅰ和Ⅱ-Ⅱ流入和流出控制体。

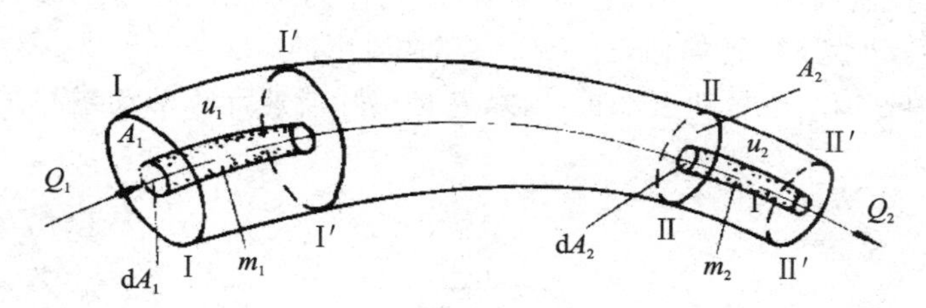

图2-17　控制体与动量方程

在某时刻t，控制体的液体所处的空间区域为Ⅰ-Ⅰ至Ⅱ-Ⅱ段，经dt时间后运动到Ⅰ′-Ⅰ′，至Ⅱ′-Ⅱ′位置，即有Ⅰ-Ⅰ至Ⅰ′-Ⅰ′和Ⅱ-Ⅱ至Ⅱ′-Ⅱ′段流体流入和流出控制体。

液体做恒定流动时，公共段Ⅰ′-Ⅰ′至Ⅱ-Ⅱ的形状、位置、质量与速度等参量都不随时间而变化，所以流体动量不变。因此控制体内的动量增量只是流出与流入流体的动量差，即Ⅰ-Ⅰ至Ⅰ′-Ⅰ′和Ⅱ-Ⅱ至Ⅱ′-Ⅱ′段流体的动量之差。

任取一微小流束如图2-17所示。该微小流束在Ⅰ-Ⅰ和Ⅱ-Ⅱ两截面上的微元面积分别为dA_1和dA_2，流速分别为u_1和u_2，微小流量分别为dQ_1和dQ_2，总流的流量分别为Q_1和Q_2，两截面面积分别为A_1和A_2，则微小流束Ⅰ-Ⅰ′段和Ⅱ-Ⅱ′段的动量分别为

$$m_1\boldsymbol{u}_1=\rho_1\boldsymbol{u}_1u_1\mathrm{d}A_1\mathrm{d}t=\rho_1\boldsymbol{u}_1\mathrm{d}Q_1\mathrm{d}t$$
$$m_2\boldsymbol{u}_2=\rho_2\boldsymbol{u}_2u_2\mathrm{d}A_2\mathrm{d}t=\rho_2\boldsymbol{u}_2\mathrm{d}Q_2\mathrm{d}t$$

流入、流出控制体的流体Ⅰ-Ⅰ至Ⅰ′-Ⅰ′段和Ⅱ-Ⅱ至Ⅱ′-Ⅱ′段的总动量为

$$\sum m_1\boldsymbol{u}_1=\sum\rho_1\boldsymbol{u}_1u_1\mathrm{d}A_1\mathrm{d}t=\left(\int_{A_1}\rho_1\boldsymbol{u}_1u_1\mathrm{d}A_1\right)\mathrm{d}t=\left(\int_{Q_1}\rho_1\boldsymbol{u}_1\mathrm{d}Q_1\right)\mathrm{d}t$$
$$\sum m_2\boldsymbol{u}_2=\sum\rho_2\boldsymbol{u}_2u_2\mathrm{d}A_2\mathrm{d}t=\left(\int_{A_2}\rho_2\boldsymbol{u}_2u_2\mathrm{d}A_2\right)\mathrm{d}t=\left(\int_{Q_2}\rho_2\boldsymbol{u}_2\mathrm{d}Q_2\right)\mathrm{d}t$$

控制体内动量的增量就是Ⅰ-Ⅰ至Ⅰ′-Ⅰ′段和Ⅱ-Ⅱ至Ⅱ′-Ⅱ′段流体的动量差，

$$\mathrm{d}\boldsymbol{N}_c=\left(\int_{Q_2}\rho_2\boldsymbol{u}_2\mathrm{d}Q_2-\int_{Q_1}\rho_1\boldsymbol{u}_1\mathrm{d}Q_1\right)\mathrm{d}t$$

则作用在流体上的外力合力为

$$\sum\boldsymbol{F}=\frac{\mathrm{d}\boldsymbol{N}_c}{\mathrm{d}t}=\int_{Q_2}\rho_2\boldsymbol{u}_2\mathrm{d}Q_2-\int_{Q_1}\rho_1\boldsymbol{u}_1\mathrm{d}Q_1 \tag{2-33}$$

通流截面Ⅰ-Ⅰ和Ⅱ-Ⅱ上各点流速$\boldsymbol{u}_1$和$\boldsymbol{u}_2$的分布一般难以确定，现用两通流截面上的平均流速$\boldsymbol{v}_1$和$\boldsymbol{v}_2$，分别乘以动量修正系数β_1和β_2来代替$\boldsymbol{u}_1$和$\boldsymbol{u}_2$。则式(2-33)改写成

$$\sum\boldsymbol{F}=\int_{Q_2}\rho_2\boldsymbol{u}_2\mathrm{d}Q_2-\int_{Q_1}\rho_1\boldsymbol{u}_1\mathrm{d}Q_1=\rho_2\beta_2\boldsymbol{v}_2Q_2-\rho_1\beta_1\boldsymbol{v}_1Q_1 \tag{2-34}$$

对于不可压缩流体，则有$Q_1=Q_2=Q$，$\rho_1=\rho_2=\rho$，于是上式可以改写成

$$\sum\boldsymbol{F}=\rho Q(\beta_2\boldsymbol{v}_2-\beta_1\boldsymbol{v}_1) \tag{2-35a}$$

一般在计算时常写成投影形式，如求在 x 方向的分量则为

$$\sum F_x = \rho Q(\beta_2 v_{2x} - \beta_1 v_{1x}) \tag{2-35b}$$

式(2-35a)就是流体作恒定流动时的动量方程，从中看出：作用在控制体上的外力合力的大小仅与流出流入控制面的流速和流量有关，与控制体内部流体的运动参数无关。无论所选取的控制体的形状、尺寸及位置如何，这个结论都是适用的。

公式(2-35)中 β_1 和 β_2 是动量修正系数，它是实际流速计算的动量与采用平均流速计算的动量之比，即

$$\beta = \frac{\int_A u^2 \mathrm{d}A}{v^2 A} \tag{2-36}$$

可以推出 β 也是大于 1 的数。工程上常取 β 为 1～1.33，紊流时取 $\beta=1$，层流时取 $\beta=1.33$。

对于非恒定流动，由于控制体内各点的参数均随时间而变化，因此在 $\mathrm{d}t$ 时间内，控制体内的动量增量就不仅仅是流出流入控制体的动量差，而且还要加上控制体内部的动量增量，即

$$\begin{aligned}\mathrm{d}\boldsymbol{N}_c &= \mathrm{d}\left(\sum \rho \boldsymbol{u}_c \mathrm{d}V\right) + \left(\sum m_2 \boldsymbol{u}_2 - \sum m_1 \boldsymbol{u}_1\right) \\ &= \mathrm{d}\left(\int_{CV} \rho \boldsymbol{u}_c \mathrm{d}V\right) + \left(\int_{Q_2} \rho_2 \boldsymbol{u}_2 \mathrm{d}Q_2 - \int_{Q_1} \rho_1 \boldsymbol{u}_1 \mathrm{d}Q_1\right)\mathrm{d}t\end{aligned}$$

式中：$\mathrm{d}V$ 为控制体内任取流体的微元体；$\boldsymbol{u}_c$ 为微元体 $\mathrm{d}V$ 的速度；CV 为控制体的体积。

则此时的作用力为

$$\sum \boldsymbol{F} = \frac{\mathrm{d}\boldsymbol{N}_c}{\mathrm{d}t} = \frac{\mathrm{d}}{\mathrm{d}t}\left(\int_{CV} \rho \boldsymbol{u}_c \mathrm{d}V\right) + (\rho_2 \beta_2 \boldsymbol{v}_2 Q_2 - \rho_1 \beta_1 \boldsymbol{v}_1 Q_1)$$

因此，作非恒定流动的不可压缩流体的动量方程为

$$\sum \boldsymbol{F} = \frac{\mathrm{d}}{\mathrm{d}t}\left(\int_{CV} \rho \boldsymbol{u}_c \mathrm{d}V\right) + \rho Q(\beta_2 \boldsymbol{v}_2 - \beta_1 \boldsymbol{v}_1) \tag{2-37}$$

非恒定流动的不可压缩流体的动量方程在 x 方向的投影为

$$\sum F_x = \underbrace{\left(\frac{\mathrm{d}}{\mathrm{d}t}\int_{CV} \rho u_c \mathrm{d}V\right)_x}_{\text{瞬态液动力}} + \underbrace{\rho Q(\beta_2 v_{2x} - \beta_1 v_{1x})}_{\text{稳态液动力}} \tag{2-38}$$

由式(2-38)可见，当液体作非恒定流动时，作用在控制体上的力由两部分组成：一部分是流体作非恒定流动时，在控制体内流体产生加速运动而引起的(式中第一项)，称为瞬态液动力；另一部分是流体流入流出的动量变化引起的(式中第二项)，称为稳态液动力。

必须注意，液体对壁面作用力的大小和 F 相同，但方向相反。

对于直管或缓变流动的情况，可以用如下公式求瞬态液动力，如图 2-18 所示。

$$F_a = \frac{\mathrm{d}}{\mathrm{d}t}\left(\int_{CV} \rho u \mathrm{d}V\right) = \frac{\mathrm{d}}{\mathrm{d}t}\left(\int_{CV} \rho u \mathrm{d}s \mathrm{d}A\right) = \rho \frac{\mathrm{d}}{\mathrm{d}t}\left(\int_{s_1}^{s_2} \mathrm{d}s \int_A u \mathrm{d}A\right) = (s_2 - s_1)\rho \frac{\mathrm{d}Q}{\mathrm{d}t}$$

或

$$F_a = l\rho \frac{\mathrm{d}Q}{\mathrm{d}t}, \quad l = s_2 - s_1 \tag{2-39a}$$

式中：l 为阻尼长度；s_1，s_2 为沿流向取的液流段坐标值。

下面以液压传动中常用的滑阀为例加深对动量方程的理解。

很多液压阀都是滑阀结构，这些滑阀靠阀芯的移动来改变阀口的大小或启闭，从而控制液流。液流通过阀口时，阀芯所产生的液动力将对这些液压阀的性能产生很大的影响。由前面分析可知，作用在阀芯上的液动力分为稳态液动力和瞬态液动力。

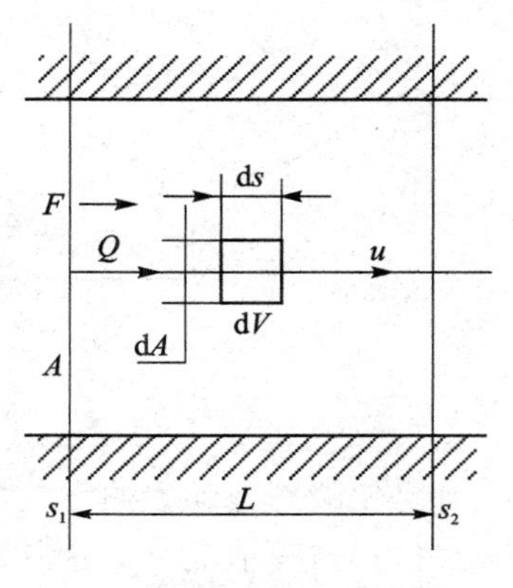

图 2-18　控制体与动量方程

1．稳态液动力（或稳态轴向液动力）

稳态液动力是阀芯移动完毕、开口固定以后，液体流过阀口时因动量的变化而作用在阀芯上的力。图 2-19 给出液流流过阀口的两种情况。取阀芯两凸肩间的容腔中液体作为控制体，由式（2-35b）可求得液流流入或流出阀腔时的稳态液动力为

$$F_s = \rho Q v \cos\theta \tag{2-39b}$$

式中 θ 是射流角，一般取 $\theta=69°$；v 是阀口处的平均流速。

稳态液动力的方向总是指向关闭阀口的方向，使滑阀的工作趋于稳定。

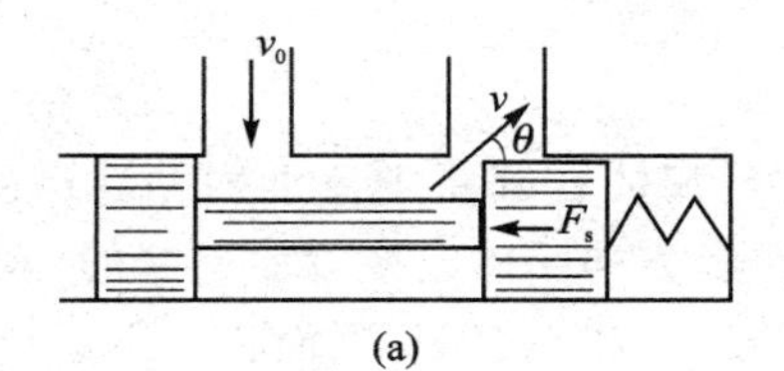

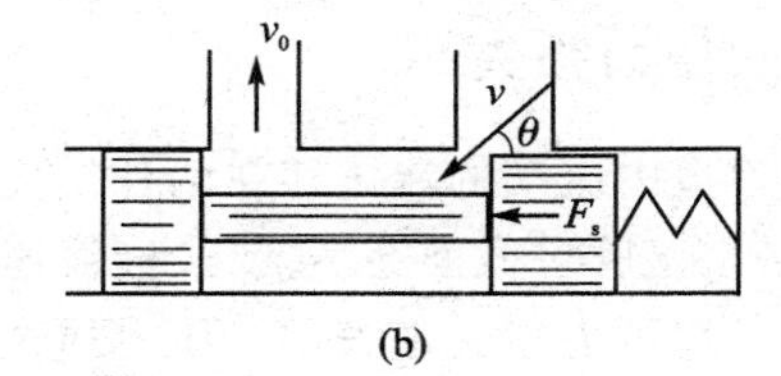

图 2-19　滑阀的稳态液动力

2．瞬态液动力

瞬态液动力是滑阀在移动过程中（即开口大小发生变化时）阀腔中液流因加速或减速而作用在阀芯上的力。这个力只与阀芯移动速度有关（即与阀口开度的变化率有关），与阀口开度本身无关。

图 2-20 表示了阀芯移动时出现瞬态液动力的情况。当阀口开度变化时，阀腔内长度为 l 的那部分油液的轴向速度也发生变化，也就是出现了加速或减速，因此阀芯上就受到了一个轴向的反作用力 F，这就是瞬态液动力。由式（2-39a）可知

$$F_a = l\rho\,\frac{\mathrm{d}Q}{\mathrm{d}t}$$

当阀口前后的压差不变或变化不大时，流量的变化率 $\frac{\mathrm{d}Q}{\mathrm{d}t}$ 与阀口开度的变化率 $\frac{\mathrm{d}x_v}{\mathrm{d}t}$ 成正比。

滑阀上瞬态液动力的方向根据油液流入还是流出阀口而定。图 2-20（a）中油液流出阀口，当阀口开度加大时，长度为 l 的那部分油液加速，开度减小时油液减速。这两种情况下瞬态液动力作用方向都与阀芯移动方向相反，起着阻止阀芯移动的作用，相当于一个阻尼力，并将 l 称为“正阻尼长度”。反之，图（b）的情况油液流入阀口，阀口开度变化时引起液流流速的

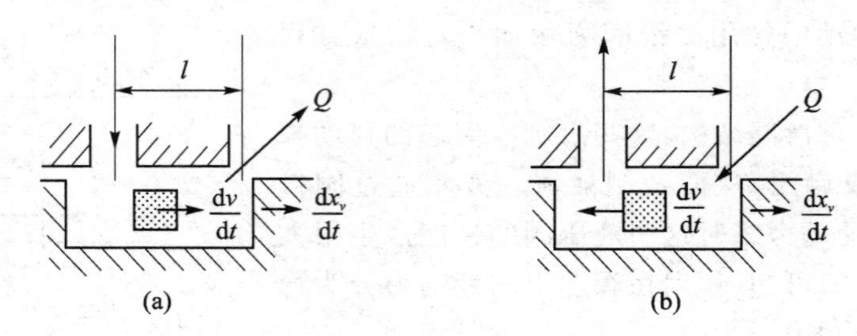

图 2-20 瞬态液动力

变化，都是使瞬态液动力的方向与阀芯移动方向相同，起着帮助阀芯移动的作用，相当于一个负的阻尼力，这种情况下 l 称为“负阻尼长度”。

2.4 流动液体的流量-压力特性

本节前面叙述了流体运动普遍适用的基本规律，并未涉及具体装置（如管路、孔口等）中流体运动的物理本质，此外基本规律中存在的问题，例如伯努利方程中的能量损失的计算、动能修正系数和动量修正系数的计算等并未解决。本节将针对这些问题分别加以叙述。

2.4.1 压力损失

在密封管道中流动的流体存在两种损失：一种是流体在圆管中流动因粘性产生的沿程损失；另一种是由于管道截面突然变化、液流速度大小和方向突然改变等而引起的局部损失。能量损失均可以用压力损失来表示。压力损失大小与流动状态有关，下面将分别进行讨论。

1. 沿程损失

当流体为层流状态时，其流量及沿程压力损失均可由理论公式计算。

(1) 速度分布规律

流体在等径（半径为 R）水平圆管中作恒定层流，如图 2-21 所示。

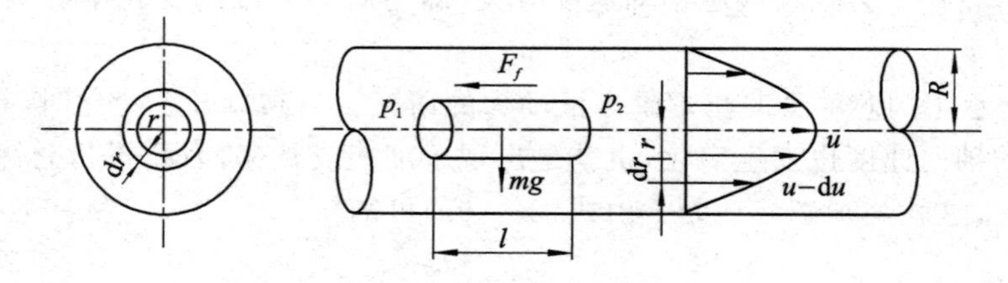

图 2-21 圆管中的层流

在图 2-21 中的管内取出一段半径为 r，长度为 l，与管轴相重合的微小圆柱体，作用在其两端面上的压力分别为 p_1 和 p_2，作用在侧面上的内摩擦力为 F_f。根据力的平衡，有

$$(p_1 - p_2)\pi r^2 = F_f$$

内摩擦力按式(2-6)计算为

$$F_f = -(2\pi r l)\mu \frac{du}{dr}$$

图2-21所示坐标轴中速度梯度$\frac{du}{dr}$为负值，故式中加一负号以使摩擦力为正值。令$\Delta p=p_1-p_2$，将这些关系代入上式，则有

$$\frac{du}{dr}=-\frac{\Delta p}{2\mu l}r \tag{2-40}$$

对式(2-40)进行积分得

$$u=-\frac{\Delta p}{4\mu l}r^2+C$$

积分常数C由边界条件确定，即$r=R$时，$u=0$，则有

$$C=\frac{\Delta p}{4\mu l}R^2$$

从而求得速度分布表达式为

$$u=\frac{\Delta p}{4\mu l}(R^2-r^2) \tag{2-41}$$

式(2-41)是一抛物面方程。最大速度发生在轴线上，即$r=0$处，速度最大，有

$$u_{max}=\frac{\Delta p}{4\mu l}R^2=\frac{\Delta p}{16\mu l}d^2 \tag{2-42}$$

(2) 压力损失与流量的关系

式(2-41)表明，流体在圆管中作层流流动时，速度按对称于管轴的抛物线规律分布。由于速度分布不均匀，为了计算流量，在半径r处取一层厚为dr的微小圆环面积，如图2-21所示，通过此环形面积的流量为

$$dQ=2\pi ur\cdot dr$$

对此式积分得

$$Q=\int_0^R dQ=\frac{\pi d^4}{128\mu l}\Delta p \tag{2-43}$$

或

$$\frac{\Delta p}{l}=\frac{8\mu Q}{\pi R^4}$$

式(2-43)表明，流体在圆管中作层流流动时，流量与管径的四次方成比例，压力差(压力损失)则与管径的四次方成反比，由此可见管径对流量及压力损失的影响是很大的。管中的平均流速v可以表示为

$$v=\frac{Q}{A}=\frac{4Q}{\pi d^2}=\frac{\frac{\pi R^4}{8\mu l}\Delta p}{\pi R^2}=\frac{1}{2}\cdot\frac{\Delta p}{4\mu l}R^2=\frac{1}{2}u_{max} \tag{2-44}$$

由式(2-44)可知，通流截面上的平均流速为管子中心线上最大流速的一半。

(3) 圆管层流的动能修正系数与动量修正系数

由速度分布规律可以计算出通流截面上的实际动能和实际动量，因此可以进一步求出动能修正系数α及动量修正系数β。

$$\alpha=\frac{\int_A u^3 dA}{v^3 A}=\frac{\int_0^R\left[\frac{\Delta p(R^2-r^2)}{4\mu l}\right]^3 2\pi r\,dr}{\left(\frac{\Delta pR^2}{8\mu l}\right)^3\pi R^2}=2$$

$$\beta=\frac{\int_A u^2 \mathrm{d}A}{v^2 A}=\frac{\int_0^R\left[\frac{\Delta p\left(R^2-r^2\right)}{4\mu l}\right]^2 2\pi r \mathrm{d}r}{\left(\frac{\Delta p R^2}{8\mu l}\right)^2 \pi R^2}=\frac{4}{3}\approx 1.33$$

(4) 圆管层流的压力损失计算方法

伯努利方程中 h_w 一项，若仅考虑沿程损失，管径不变且水平安放，则可按式(2-31)求出

$$h_\lambda=h_w=\frac{p_1-p_2}{\rho g}=\frac{\Delta p}{\rho g} \tag{2-45}$$

若管中是层流流动，由式(2-43)可得到管道两截面之间的压力差为

$$\Delta p=\frac{128\mu l}{\pi d^4}Q=\frac{32\mu l}{d^2}v \tag{2-46}$$

将式(2-46)代入式(2-45)中，并经适当变换可得到

$$h_\lambda=\frac{\Delta p}{\rho g}=\frac{64}{Re}\frac{l}{d}\frac{v^2}{2g}=\lambda\frac{l}{d}\frac{v^2}{2g} \tag{2-47}$$

式中：$\lambda=\frac{64}{Re}$为理论上的沿程阻力系数。上式结果由哈根(G. Hagen，德国工程师，1839 年)和泊肃叶(J. L. Poiseuille，法国生理学家，1840 年)分别获得，因此又称哈根-泊肃叶定律(Hagen - Poiseuille law)。在实际情况下，由于管壁附近的流体层因冷却作用而引起局部粘性系数增大，从而使摩擦加大。因此油液在金属圆管和橡胶软管中的沿程损失系数分别为 $75/Re$ 和 $80/Re$。

由式(2-47)可见，流体在管道中流动的能量损失表现为流体的压力损失，即流体下游的压力要小于上游的压力，这个压力差值用来克服流动中的摩擦阻力。在机床液压传动系统中，λ 和 Re 的关系曲线如图 2-22 所示。

流体在直管中做紊流运动时，沿程损失仍按公式(2-47)计算，但 λ 如何取值就相当复杂了，只能按经验公式或实验曲线得到。

当 Re 较低时，由于在管道的管壁附近有一层层流的边界层，把管壁的粗糙度掩盖住，因而管壁粗糙度将不影响流体的流动，这时流体流过一根光滑管，或称水力光滑管，这时 λ 仅与 Re 有关，与粗糙度无关，即 $\lambda=f(Re)$。

当 Re 增大时，层流边界层厚度减薄，小于管壁粗糙度，管壁粗糙度就突出在层流边界层以外，对流体的紊流压力损失产生影响，这时的 λ 将和 Re 以及管壁的相对粗糙度 Δ/d(Δ 为管壁的绝对粗糙度，d 为管的内径)有关，即 $\lambda=f(Re,\Delta/d)$。

在不同的雷诺数范围内，λ 值也可按下列经验公式求出：

$$\lambda=0.032+0.221\,4Re^{-0.237} \quad (3\times10^6>Re>10^5)$$

$$\lambda=0.316\,4Re^{-0.25} \quad (10^5>Re>4\,000)$$

$$\lambda=\left(2\lg\frac{d}{2\Delta}+1.74\right)^{-2} \quad \left(Re>900\frac{d}{\Delta}\right)$$

2. 局部压力损失

局部压力损失是流体流经如阀口、弯头及通流截面变化等局部阻力处所引起的压力损失。流体通过这些局部阻力处时流速大小和方向会产生急剧变化，流体质点间产生撞击，形成死水

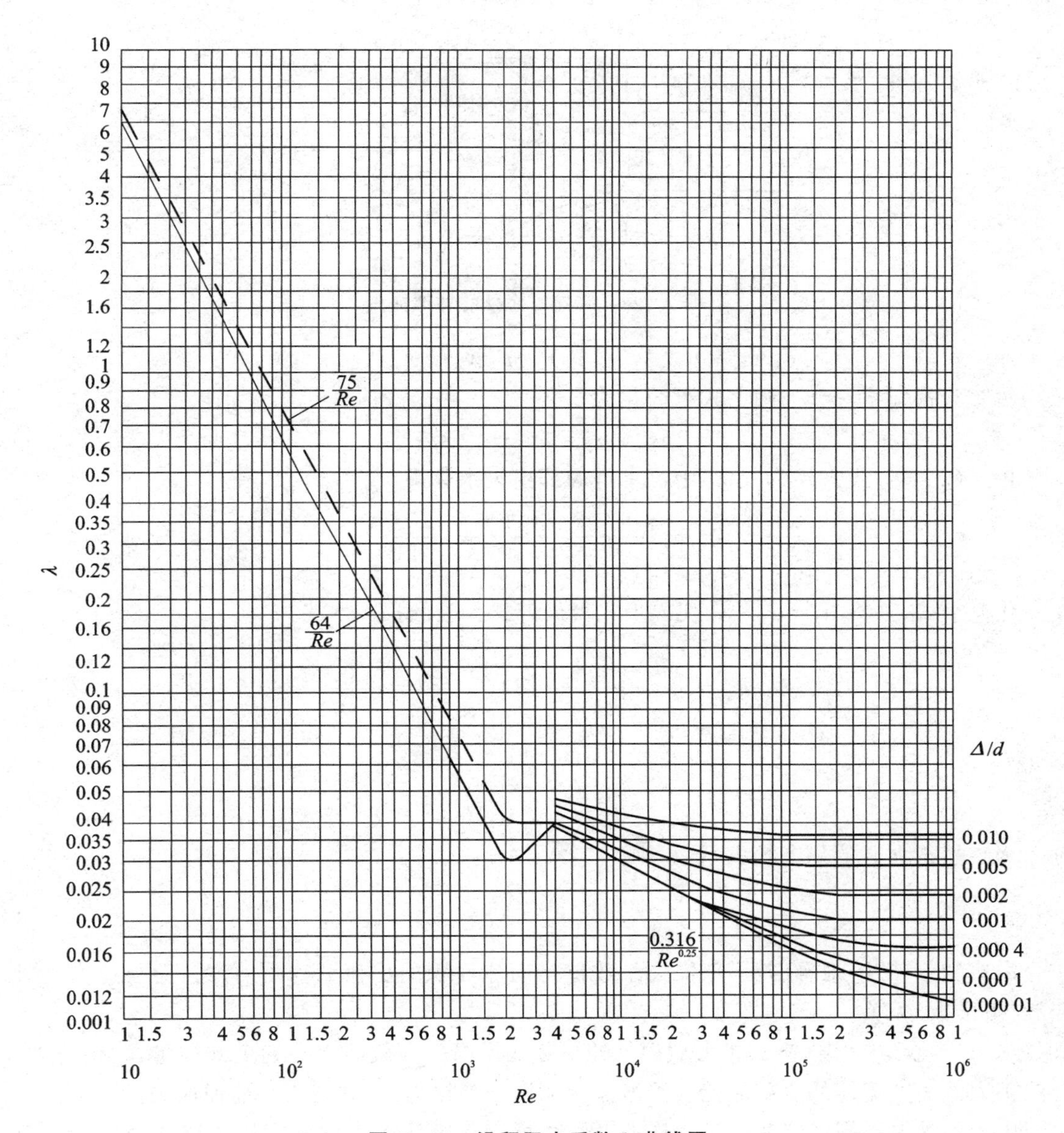

图 2-22　沿程阻力系数 λ 曲线图

旋涡区，从而产生了能量损失。

局部损失除少数几种能在理论上作一定的分析计算外，一般都依靠实验方法求得。

下面以截面突然扩大时的局部损失为例进行计算。如图 2-23 所示，假设是理想流体不可压缩且作恒定流动，因为是紊流，动能修正系数和动量修正系数均取 1，列写截面 1-1 和 2-2 的伯努利方程：

$$\frac{p_1}{\rho g}+\frac{v_1^2}{2g}=\frac{p_2}{\rho g}+\frac{v_2^2}{2g}+h_\zeta \tag{2-48}$$

式中：h_ζ 为单位质量流体的局部压力损失（由于路程短不计沿程损失）。

将选截面 1-1 和 2-2 间的核心区为控制体，根据动量方程，有

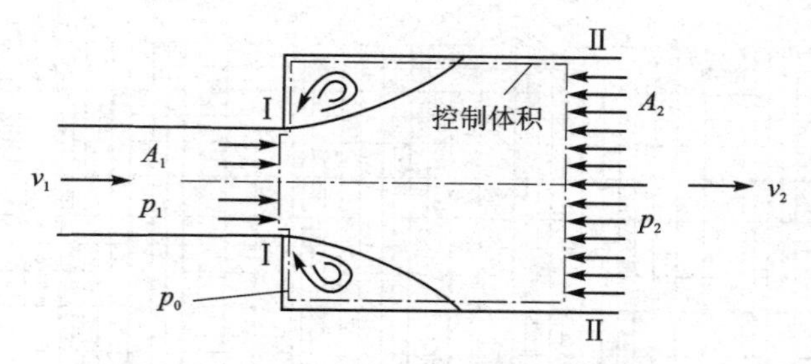

图 2-23 突然扩大处的局部损失

$$p_1A_1+p_0(A_2-A_1)-p_2A_2=\rho Q(v_2-v_1)$$

由实验得知 $p_0\approx p_1$，则上式可简化为

$$p_1-p_2=\rho v_2(v_2-v_1) \tag{2-49}$$

将式(2-49)代入式(2-48)中可求得局部损失水头为

$$h_\zeta=\frac{\rho v_2(v_2-v_1)}{\rho g}+\frac{v_1^2-v_2^2}{2g}$$

化简上式，并将 $v_2=v_1\dfrac{A_1}{A_2}$代入上式得局部扩大处的损失水头为

$$h_\zeta=\frac{(v_1-v_2)^2}{2g}=\left(1-\frac{A_1}{A_2}\right)^2\frac{v_1^2}{2g} \tag{2-50}$$

令

$$\zeta=\left(1-\frac{A_1}{A_2}\right)^2$$

称 ζ 为突然扩大时的局部损失系数，则

$$h_\zeta=\zeta\cdot\frac{v_1^2}{2g} \tag{2-51}$$

由式(2-50)不难看出，局部损失系数仅与通流面积的比值 A_1/A_2 有关，而与速度、粘性(或与雷诺数)无关。

当 A_2 为无限大时，突然扩大截面处的局部能量损失为截面 1 处的全部能量，这说明进入突然扩大截面处流体的全部动能会因液流扰动而全部损失掉，并变为热能而散失。

由于各种局部损失的实质是一样的，因此，可以将突然扩大的局部压力损失公式(2-51)作为普遍的局部压力损失计算公式。

3. 管路系统总能量损失

管路系统中总能量损失等于系统中所有直管沿程能量损失之和与局部能量损失之和的叠加，即

$$\left.\begin{aligned}h_w&=\sum\lambda\frac{l}{d}\frac{v^2}{2g}+\sum\zeta\frac{v^2}{2g}\\\Delta p&=\sum\lambda\frac{l}{d}\frac{\rho v^2}{2}+\sum\zeta\frac{\rho v^2}{2}\end{aligned}\right\} \tag{2-52}$$

上式仅在两相邻局部损失之间的距离大于管道内径 10～20 倍时才是正确的，否则液流受

前一个局部阻力的干扰还没有稳定下来，就又经历后一个局部阻力，它所受扰动将更为严重，因而会使式(2－52)算出的压力损失值比实际数值小。

由前推导的计算压力损失的公式中可以看出，层流直管中的沿程损失与流速 v 成一次方关系，局部损失则与流速的平方 v^2 成正比。因此，为了减少系统中的压力损失，管道中流体的流速不应过高。

为了减少压力损失，还应尽量减少截面变化和管道弯曲，管道内壁力求光滑，油液粘度适当。

2.4.2　流量公式

1. 孔口流量公式

在机床液压传动中，经常装有断面突然收缩的装置，这种装置称为节流装置(如节流阀)，突然收缩处的流动叫节流。一般均采用各种形式的孔口来实现节流。流体流过节流口时要产生局部损失，使系统发热，油液粘度减小，系统的泄漏增加，这是不利的一面。但是这种节流装置能实现对压力和流量的控制。

流体流经小孔的情况，可分为薄壁小孔和细长小孔，介于二者之间的孔叫短孔。它们的流量计算和流量压力特性有相同之处，也有区别。下面将分别进行分析。

(1) 薄壁小孔的流量公式

所谓薄壁小孔是指小孔的长度 l 与直径 d 之比 $l/d \leqslant 0.5$ 的孔。如流量阀中的节流口，静压支承中的小孔节流器都是薄壁孔，一般都将孔口边缘做成刃口形式，如图2－24所示。液流在小孔上游大约 $d/2$ 处开始加速并从四周流向小孔，贴近管壁的流体由于惯性不会作直角转弯而是向管轴中心收缩，从而形成收缩断面，大约在小孔出口 $d/2$ 的地方，形成最小收缩截面 A_e，通常把最小收缩面积与孔口截面积之比称为收缩系数，即

$$C_c = \frac{A_e}{A_0}$$

截面收缩的程度取决于 Re、孔口及边缘形状、孔口离管道及容器侧壁的距离等因素，如圆形小孔，当管道直径与小孔直径之比 $d/d_0 \geqslant 7$ 时，称为完全收缩，此时流束的收缩不受大孔侧壁的影响。反之，当 $d/d_0 < 7$ 时，称为不完全收缩。由于这时管壁与小孔较近，所以侧壁对收缩的程度有影响。

如图2－24所示，小孔前截面Ⅰ－Ⅰ相应参数为 A_1, p_1, v_1；小孔后截面Ⅱ－Ⅱ相应参数为 A_2, p_2, v_2，收缩处参数为 A_e, p_e, v_e。

选取轴心线为参考基准，列写截面Ⅰ－Ⅰ及Ⅱ－Ⅱ的伯努利方程，则有

$$\frac{p_1}{\rho g} + \frac{\alpha_1 v_1^2}{2g} = \frac{p_2}{\rho g} + \frac{\alpha_2 v_2^2}{2g} + \sum h_\zeta$$

取 $\alpha_1 = \alpha_2 = 1$，并且 $v_1 = v_2$，则上式简化为

$$\frac{p_1}{\rho g} = \frac{p_2}{\rho g} + \sum h_\zeta$$

式中：$\sum h_\zeta$ 为流体流经小孔的局部能量损失，它包括两部分：流体流经截面突然缩小时的局部损失 $h_{\zeta 1}$ 和突然扩大时的局部损失 $h_{\zeta 2}$。当收缩截面上的平面流速为 v_e 时，即可写成

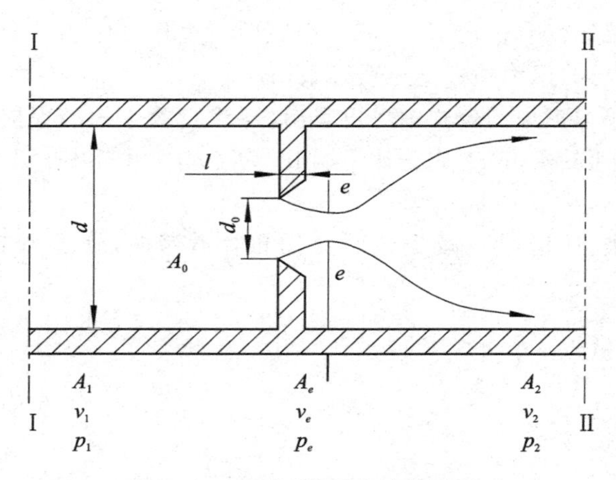

图 2-24 通过薄壁小孔的流量

$$h_\zeta = (\zeta_1 + \zeta_2)\frac{v_e^2}{2g}$$

代入上式,有

$$\frac{p_1 - p_2}{\rho g} = (\zeta_1 + \zeta_2)\frac{v_e^2}{2g}$$

由上式求出

$$v_e = \frac{1}{\sqrt{\zeta_1 + \zeta_2}}\sqrt{\frac{2}{\rho}(p_1 - p_2)} = C_v\sqrt{\frac{2}{\rho}\Delta p} \tag{2-53}$$

又因 $\zeta_2 = \left(1 - \frac{A_e}{A_2}\right)^2$,而$\frac{A_e}{A_2} \ll 1$,故 $\zeta_2 = 1$,因此

$$C_v = \frac{1}{\sqrt{1 + \zeta_1}}$$

式中:C_v 为速度系数,Δp 为小孔前后的压力差 $\Delta p = p_1 - p_2$,由此得流经小孔的流量为

$$Q = A_e v_e = C_c C_v A_0\sqrt{\frac{2}{\rho}\Delta p} = C_d A_0\sqrt{\frac{2}{\rho}\Delta p}$$

式中:C_d 为流量系数,$C_d = C_c C_v$。

流量系数的值由实验确定。图 2-25 给出了在液流完全收缩的情况下,当 $Re \leqslant 10^5$ 时,C_d,C_c,C_v 与 Re 之间的关系;当 $Re > 10^5$ 时,可以认为是不变的常数,计算时取平均值,C_d 为 0.60～0.62。

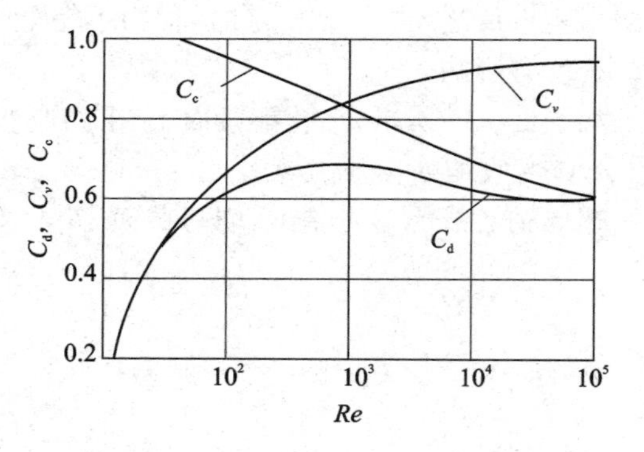

图 2-25 $C_d - Re$,$C_v - Re$ 和 $C_c - Re$ 曲线

从图 2-25 看出,当 Re 较小时,C_d 随 Re 的增大而迅速增大,这是由于粘性起主导作用的结果。它对收缩系数影响较小,而对速度系数 C_v 影响较大,此时 C_d 主要受 C_v 影响,随 Re 增加而迅速增加。当 Re 进一步

增大时，C_d 随 Re 增加而缓慢增加，这是因为此时粘性作用减小而惯性作用增大，直到惯性作用起主导作用时，它对收缩系数影响较大，而对 C_v 影响较小。在 Re 增大到一定值后，粘性作用可以忽略，此时 C_v 趋近 1，C_d 也趋于某一常数。

当液流不完全收缩时，管壁离小孔较近，此时管壁对液流起导向作用，流量系数可增大到 0.7～0.8。

从以上对薄壁小孔的流量公式推导可以看出：流经薄壁小孔的流量 Q 与小孔前后压差 Δp 的 1/2 次方成正比，摩擦阻力作用极小，流量受粘度的影响也很小，因而油温变化对流量影响也很小；此外，薄壁小孔不易堵塞。这些都使得薄壁小孔（或近似薄壁小孔）在流量控制阀中表现出较好的性能。

（2）细长小孔的流量公式

细长小孔一般是指小孔的长径比 $l/d>4$ 时的情况，如液压系统中的导管、某些阻尼孔、静压支承中的毛细管节流器等。

液流在细长孔中流动，一般都是层流，若不计管道起始段的影响，可以应用前面推出的圆管层流的公式(2－43)，即

$$Q=\frac{\pi d^4}{128\mu l}\Delta p=\frac{d^2}{32\mu l}A_0\Delta p=CA_0\Delta p$$

式中：$A_0=\pi d^2/4$ 即细长小孔截面积；$C=d^2/32\mu l$；其他符号同前。

从上式可知，油液流经细长小孔的流量 Q 与小孔前后压差 Δp 的一次方成正比：流量受油液粘性(μ)变化的影响较大，即油温变化引起粘度的变化，从而引起流过细长小孔的流量变化；此外，细长小孔较易堵塞。这些特点都和薄壁小孔不同。

介于薄壁小孔与细长小孔之间的孔，即 $1/2<l/d\leqslant 4$ 时，称为厚壁小孔或称为短孔。这时除流束在入口处有收缩作用外，且收缩结束后流束要扩大，致使扩大后又产生一段沿程损失后才流出。所以，能量损失应为收缩、扩大和沿程三个部分的能量损失之和。应该指出的是，这里的收缩仅发生在孔的内部，液流一旦流出短孔就不再收缩。一般液压系统中的圆柱形外伸管嘴的流出情况，均属此类。

厚壁孔加工起来比薄壁孔容易得多，因此特别适合于作固定节流孔用。流量计算也可采用薄壁小孔的公式，但流量系数 C_d 应根据短管的形状和安装方式不同而作具体计算或查表，若想对这方面深入了解，可参考有关的流体力学专著。

2. 缝隙的流量公式

在液压传动的元件中，适当的缝隙（间隙）是零件间正常相对运动所必需的。间隙对液压元件的性能影响极大。液压系统的泄漏主要是由间隙和压力差决定的，泄漏的增加使系统油温升高效率降低，系统性能受影响。因此应尽可能减少泄漏以提高系统的性能，保证系统正常工作。

缝隙的大小相对于它的长度和宽度小很多，因此缝隙中的流动受固体壁的影响很大，其流动状态一般均为层流。下面以平行平板间的缝隙流量（最常见的缝隙）计算为例进行流量公式推导。

首先考虑两个固定不动的平行平板间的缝隙流量，如图 2－26 所示。

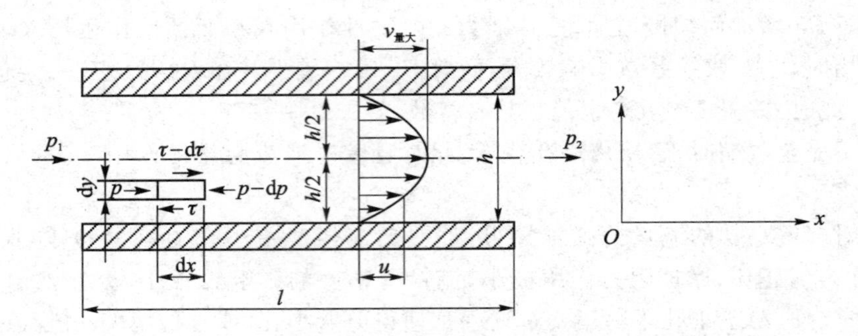

图 2-26 固定不动的两平行平板间缝隙的液流

取微小单元平行六面体($dx \times l \times dy$),受力方程为

$$p\,dy + (\tau - d\tau)dx = (p - dp)dy + \tau\,dx$$

整理后得

$$\frac{d\tau}{dy} = \frac{dp}{dx}$$

应用牛顿内摩擦定律:$\tau = \mu \dfrac{du}{dy}$,可得

$$\frac{dp}{dx} = \mu \frac{d^2 u}{dy^2}$$

$$u = \frac{1}{2\mu} \cdot \frac{dp}{dx} \cdot y^2 + C_1 y + C_2$$

固定板面,$y=0$,$y=h$ 处,$u=0$,当液体做层流运动时,p 是 x 的线性函数,即

$$\frac{dp}{dx} = \frac{p_2 - p_1}{l} = \frac{\Delta p}{l}$$

将上式代入速度计算公式,可得

$$u = \frac{y(h-y)}{2\mu l} \cdot \Delta p$$

由此可计算得到流量为

$$Q = \int_0^h ub\,dy = \int_0^h \frac{y(h-y)}{2\mu l} \Delta p b\,dy = \frac{h^3 b}{12\mu l} \Delta p$$

式中:b 为缝隙的宽度。

有相对运动的平行平板间的缝隙流量,如图 2-27 所示。

运动板面,$y=0$,$u=0$;$y=h$,$u=\pm u_0$。代入上述关系同样可以得到速度和流量的计算公式:

$$u = \frac{\Delta p}{2\mu l}(h-y)y + v_0\left(1 - \frac{y}{h}\right)$$

$$Q = \frac{\Delta p b h^3}{12\mu l} \pm \frac{u_0 b h}{2}$$

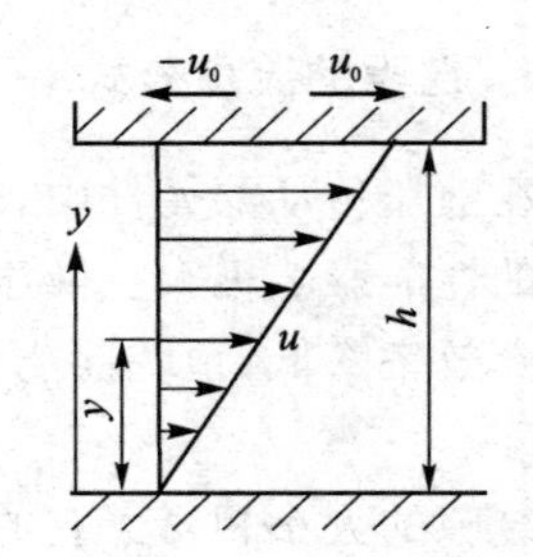

图 2-27 有相对运动的平行平板间缝隙的液流

可见,通过缝隙的流量与缝隙的 3 次方成正比。应严格控制液压元件的间隙。

对于同心圆环的缝隙,只要将缝隙流量公式中的 b 换成圆的周长即可。其他缝隙的流量公式不再推导，如表 2－4 所列，可作为计算各种缝隙流量时选用。

表 2－4　常见缝隙流量公式

项目 种类	计算公式	缝隙的示意图
平行平板缝隙的流量	$Q=6\times10^4\ \dfrac{b\delta^3\Delta p}{12\mu l}$	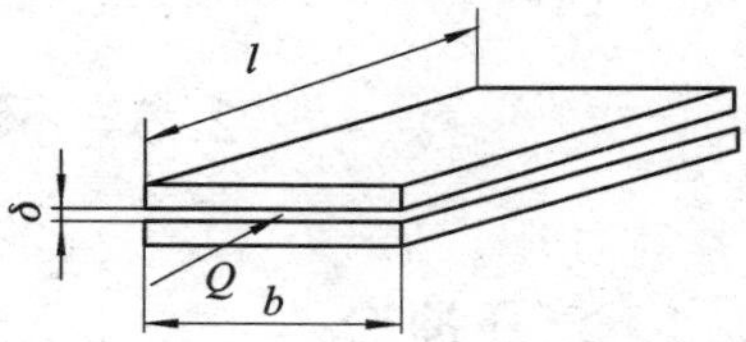
同心环形缝隙的流量	$Q=6\times10^4\ \dfrac{\pi d\delta^3\Delta p}{12\mu l}$	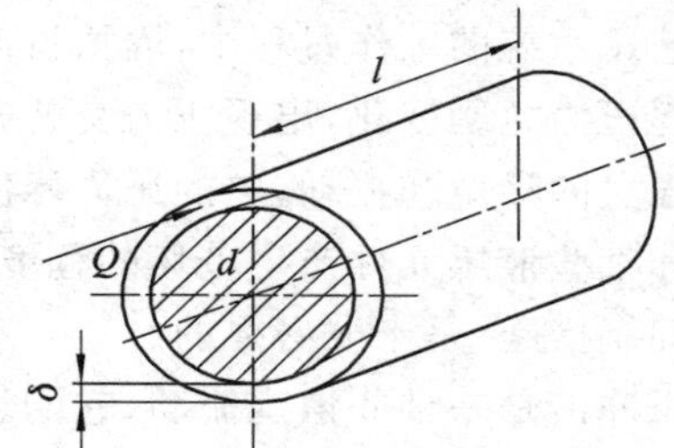
偏心环形缝隙的流量	$Q=6\times10^4\ \dfrac{\pi d\delta^3\Delta p}{12\mu l}\cdot(1+1.5\varepsilon^2)$	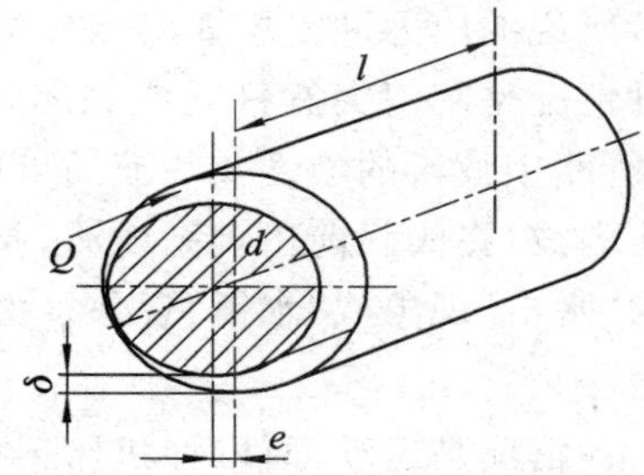
平行圆盘缝隙的流量	$Q=6\times10^4\ \dfrac{\pi\delta^3\Delta p}{6\mu\ln\dfrac{D}{d}}$	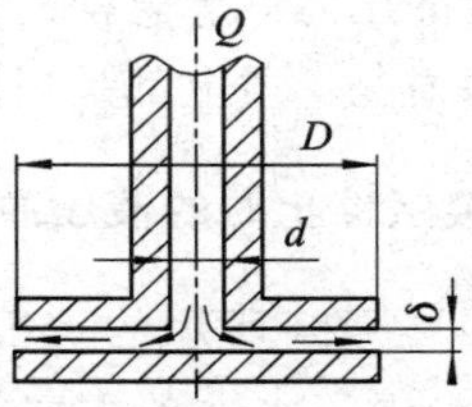

表 2－3 中公式各符号的意义如下：

Q——通过缝隙的流量（L/min）；

b——缝隙宽度（m）；

δ——缝隙的高度（m）；

Δp——缝隙前后压力差（Pa）；

μ——油液的动力粘度（Pa・s）；

l——缝隙的长度（m）；

d——环形缝隙的直径或圆盘的中心孔径（m）；

ε——缝隙的相对偏心率，即内圆柱中心与外圆筒中心的偏心距离 e 对缝隙 δ 的比值，即

e/δ；

D——圆盘外圆直径(m)。

当偏心环形缝隙的偏心率达到最大值，即 $\varepsilon=\dfrac{e}{\delta}=1$ 时，偏心环形缝隙的流量增加为同心环形缝隙的 2.5 倍。

2.5 液压冲击和气穴现象

2.5.1 液压冲击

在液压系统的工作过程中，因执行部件的突然换向或阀门突然关闭以及外负载的急剧变化而引起压力急剧变化，出现压力交替升降的波动过程，这种现象称为液压冲击。液压冲击常伴随着很大的噪声和振动，它的压力峰值有时会大到正常工作压力的几倍至几十倍，甚至足以使管道和某些液压元件产生破坏的程度。因此，弄清液压冲击的本质，估算出它的压力峰值，并研究抑制措施，是十分必要的。

液压冲击是一种非恒定流动，它的瞬态过程相当复杂，本节只是简单分析产生冲击的原因及压力峰值的计算方法。

通常所说的压力冲击主要有两种情况：

一种情况是阀门突然打开或关闭，以及系统中某些元件反应的滞后，使液流突然停止运动，由于管路中液流的惯性及油液的可压缩性等原因，将流体的动能转变为压力能，并迅速逐层形成压力波，在阀门前出现高压波，阀门后出现低压波(从而产生空穴)，这种压力波在水力学中称为“水击”现象或“水锤”现象。由于油液的粘性作用，经过一段时间以后这种压力波逐渐衰减而停止。

另一种情况是运动部件(如机床工作台)突然启动或停止，由于运动部件的惯性使液压缸和相连管道内的压力产生急剧的变化而形成压力波，产生液压冲击。

以上两种情况本质上都是相同的，产生的后果也是相类似的。

1. 液流突然停止时的液压冲击

设有如图 2-28 所示的一根等径直管，其上游与一固定水面的大水池相连，出口经一快速闸门通大气。设管长为 l，截面积为 A。在阀门正常开启的情况下，管中流速为 v_0，压力为 p_0(不计沿程损失)。当阀门突然关闭时，首先是紧靠阀门的一层厚度为 Δl 的液体停止运动，它的动能在极短的时间内转化为压力增量 Δp，同时液体被压缩，压力也升高。如此继续下去，管中液体一层接一层地逐步停止运动。同时压力升高，在停止流动液体形成的高压区和尚在流动液体的原有低压区的分界面(称为增压波面)，以速度 a 向水池方向传递，称为压力波传播。a 是液压冲击波的传播速度，其值等于液

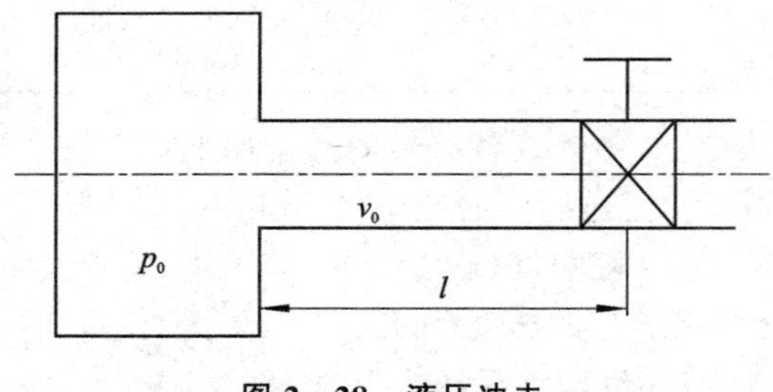

图 2-28 液压冲击

体中声速。

在阀门关闭后的 $t_1=l/a$ 时刻，第一次液压冲击波从阀门传到了管道入口端，此时管中的液体全都停止流动。而且液体处于压缩状态，使管内压力大于水池中的压力，处于一种不平衡状态。于是管中紧邻入口处的第一层厚为 Δl 的液体将会以速度 v_0 向水池冲击。与此同时，该层液体结束了受压状态，液体的压力增量随即消失，恢复到正常压强。这样，管中液体依次结束受压状态，液体高压区和低压区的分界面即为减压波面。在阀门关闭后的 $t_2=2l/a$ 时刻，管内全部液体的压力和体积都恢复了原状。但由于惯性作用，紧靠阀门的液体仍然企图以速度 v_0 流向水池，这就使得紧靠阀门的第一层液体开始受到拉松，因而使压力突然降低 Δp 大小。同样，紧接各层液体依次放松，这就形成一减压波面，并以速度 v_0 向水池方向传去。经 $t_3=3l/a$ 时刻后，减压波面传到管道入口处，管内全部液体都处于低压而且是静止的状态。这时水池中压力大于管中压力，在此压差作用下，液体又由水池向管中冲去。这又使管道入口处的第一层液体首先恢复原来正常情况下的压力和速度，接着依次一层一层地以速度 a 向阀门方向恢复原状。直到 $t_4=4l/a$ 时刻，管内全部液体的压力和速度都恢复到正常情况，即液体仍以速度 v_0 流向阀门，这时若阀门仍然关闭着，则将重复上述四个过程。若无能量消耗，则上述情况将永远继续下去。

实际上由于液体的粘性和管壁变形都将消耗液体的能量，液压冲击产生的能量将逐渐散失，于是压力波将逐渐减弱而直至消失。

最大压力升高值可以按能量守恒定理(或动量守恒定理)进行计算。当阀门突然关闭时，在一无限小 Δt 的时间内紧靠阀门一层液体停止运动，液体的动能转化成液体的弹性能，即

$$\frac{1}{2}\rho Alv_0^2=\frac{1}{2}\Delta pA\Delta l=\frac{1}{2}\Delta p\Delta V=\frac{1}{2}\Delta p^2Al/K$$

所以

$$\Delta p=\rho v_0\sqrt{\frac{K}{\rho}}=a\rho v_0 \tag{2-54}$$

式中：Δp 为液压冲击时压力的升高值；K 为液体的等效体积弹性模量；a 为冲击波在管中的传播速度，$a=\sqrt{K/\rho}$。如果考虑管道材料的弹性模量，则冲击波在管中的传波速度可按下式计算，即

$$a=\sqrt{K/\rho}=\sqrt{\frac{K'/\rho}{1+\dfrac{dK'}{\delta E}}} \tag{2-55}$$

将式(2－55)代入式(2－54)中，则最大压力峰值为

$$\Delta p=\rho v_0\sqrt{\frac{K'/\rho}{1+\dfrac{dK'}{\delta E}}} \tag{2-56}$$

式中：K'为液体的体积弹性模量；d 为管道内径；δ 为管道壁厚；E 为管壁材料的弹性模量。

若将管壁看作是刚体，即 $E=\infty$，而已知水的体积弹性模量 $K'=2.1\times10^9$ Pa，则由式(2－56)可算出冲击波的传播速度约为 1 425 m/s，这就是水中的声速。若考虑管子具有弹性，则液压冲击波的传播速度是水中声速的 $1\Big/\sqrt{1+\dfrac{dK'}{\delta E}}$。

2. 运动部件制动时产生的液压冲击

如图 2-29 所示，活塞以正常运动速度 v_0 带动负载 $\sum m$ 向左运动，当换向阀突然关闭时，油液被封死在油缸两腔及管道中。由于惯性作用，活塞不能立即停止运动，将继续向左运动使左腔内油液受到压缩，压力急剧上升达到某一峰值，产生液压冲击。封闭在右腔的油液因容积扩大并没有油液补充进来将使压力突然降低。当运动部件的动能全部转化为油液的弹性能时，活塞将停止向左运动，此时油液的弹性能将释放出来，使活塞改变其运动方向而向右运动，这样来回运动将持续地振荡一段时间，直到泄漏与摩擦损失耗尽了全部能量为止。

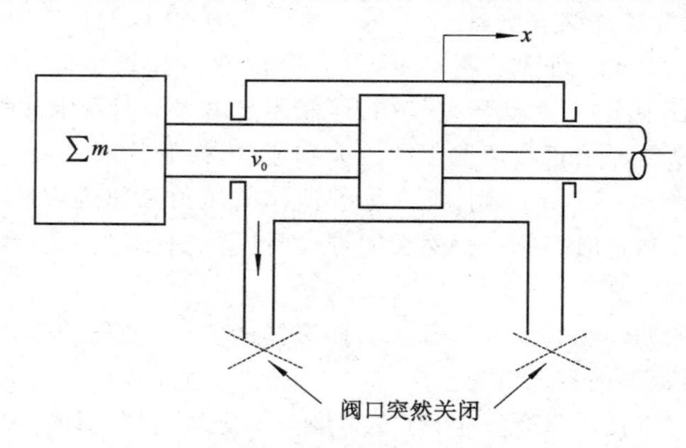

图 2-29　运动部件制动

同样利用能量守恒定律，可以求出冲击压力峰值

$$\frac{1}{2}\sum mv_0^2=\frac{1}{2}K_h\Delta l^2$$

式中：Δl 为关闭阀门后活塞移动的距离；K_h 为液压弹簧刚性系数，由式(2-5)确定。

又

$$\Delta pA=K_h\Delta l$$

将上边各式整理得

$$\Delta p=v_0\sqrt{\frac{\sum m\cdot K}{V}} \tag{2-57}$$

式中，V 为被压缩液体的体积。由式(2-57)可以看出，运动部件质量越大，起始运动速度越大，产生的冲击压力越大，在推导公式(2-57)时，是假设速度减至零，并未考虑其他损失，因此公式是近似的。

对以上两种情况分析得出，液压冲击现象对管道和液压机械都是十分有害的，因此应设法将其消除或减弱，常用的办法有：

① 缓慢关闭阀门。若使阀门关闭时间 $t_c>2l/a$，则当返回的减压波回到阀门时，阀门还在关闭过程中，这后来产生的压力升高值将与返回的减压波相抵消掉一部分。因此，液压冲击压力峰值将减小。

② 缩短管子长度 l，也即使 $t_c=2l/a$ 减小，同样可达到前项所说的效果。

③ 限制管中液体的流速 v_0。

④ 在靠近液压冲击源处安装安全阀、蓄能器等装置。

液压冲击现象并非百害而无一利，事实上人们早已利用液压冲击的能量制成了一种水锤泵，用来扬水。

例 2-4　有一直径 $d=205$ mm，管壁厚度 $\delta=10.5$ mm 的管道，管中水流速度 $v=2$ m/s，此时阀门处的压力 $p=1.5$ MPa；已知水的体积弹性模量 $K=2.1\times10^3$ MPa，管壁材料的弹性模量 $E=10^5$ MPa，若阀门突然关闭，求管壁内产生的应力。

解：由式(2-56)得

$$\Delta p=\rho v_0\sqrt{\frac{K'/\rho}{1+\frac{dK'}{\delta E}}}$$

取 $\rho=1\ 000$ kg/m^3，则有

$$\Delta p=1\ 000\times2\times\sqrt{\frac{2.1\times10^9/1\ 000}{1+\frac{0.205\times2.1\times10^9}{0.010\ 5\times10^{21}}}}\ \text{MPa}=2.44\ \text{MPa}$$

故发生液压冲击时的总压力应为

$$p=p_0+\Delta p=(1.5+2.44)\ \text{MPa}=3.94\ \text{MPa}$$

此时管壁中的应力为

$$\sigma=\frac{pd}{2\delta}=\frac{3.94\times20.5}{2\times1.05}\ \text{MPa}=38.46\ \text{MPa}$$

而正常时管壁中的应力为

$$\sigma=\frac{p_0d}{2\delta}=\frac{1.5\times20.5}{2\times1.05}\ \text{MPa}=14.6\ \text{MPa}$$

2.5.2　气穴(或空穴)

在流动的液体中，如果某一点处的绝对压力低于液体的空气分离压，液体中溶解的空气就会分离出来，产生大量气泡，这就是气穴。另外，当绝对压力低于液体的饱和蒸气压时，液体中会产生大量的蒸气泡，这也是气穴。气穴现象使液压装置产生噪声和振动，使金属表面受到腐蚀。为了说明这种现象的机理，有必要介绍一下液压油的空气分离压和饱和蒸气压。

1. 空气分离压和饱和蒸气压

液压油总是含有一定量的空气。液压油中所含空气体积的百分数称为它的含气量。空气可溶解在液压油中，也可以以气泡的形式混合在液压油中。空气的溶解量和液压油的绝对压力成正比。常用的矿物型液压油，常温时在一个大气压下约含有 6%～12%的溶解空气，溶解空气对液压油的体积弹性模量没有影响。

在一定温度下，当液压油压力低于某值时，溶解在油中的过饱和的空气将会突然地迅速从油中分离出来，产生大量气泡，这个压力称为液压油在该温度下的空气分离压。含有气泡的液压油的体积弹性模量将降低。

当液压油在某温度下的压力低于一定数值时，油液本身将迅速气化，产生大量蒸气气泡，这时的压力称为液压油在该温度下的饱和蒸气压。一般来说，饱和蒸气压相当小，比空气分离压小得多。几种液压油的饱和蒸气压值如表 2-5 所列。

由上述可知，要使液压油不产生大量气泡，它的压力最低不得低于液压油所在温度下的空气分离压。

2. 节流口处的气穴现象

在液压系统中的节流口，在突然关闭的阀门附近，在吸油不畅的油泵吸油口等处，均可能产生气穴。现以图 2-30 所示节流口的喉部为例进行分析。根据伯努利方程可知，该处流速大，压力低，如压力低于该液压油工作温度下的空气分离压，溶解在油中的空气将迅速地分离出来变成气泡。这些气泡随着液流流到高压区时，会因承受不了高压而破灭，产生局部的液压冲击，发出噪声并引起振动。当附在金属表面上的气泡破灭时，它所产生的局部高温和高压会使金属剥落，使表面粗糙，或出现海绵状的小洞穴。节流口下游部位常发生这种腐蚀的痕迹，这种现象称为气蚀。

表 2-5 几种液体的饱和蒸气压

种　类	温度 /℃	饱和蒸气压/Pa
水	20	2 338.4
	50	12 398.9
22 号汽轮机油	20	1.799
	50	0.013
30 号汽轮机油	20	0.387
	50	0.011

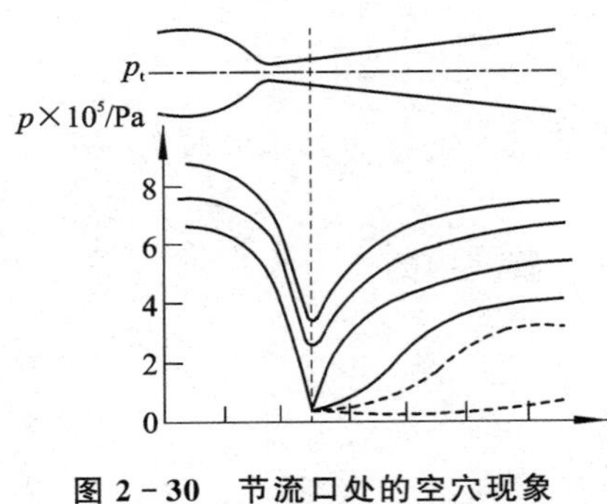

图 2-30 节流口处的空穴现象

其他像液压泵吸油管太细，安装位置太高等都会使吸油口绝对压力过低，即真空度太大，而产生气穴现象，使液压泵输出流量和压力急剧波动，系统无法稳定地工作；严重时会使泵的机件腐蚀，出现气蚀现象。

习　题

1. 什么是液体的粘性和粘度？三种粘度的表示方法及其单位分别是什么？
2. 压力的定义是什么？压力有几种表示方法？它们之间的关系如何？
3. 阐述帕斯卡定律，举例说明其应用。
4. 伯努利方程式的物理意义是什么？其理论式与实际式有什么区别？
5. 液体的层流与紊流的定义是什么？怎样判别？
6. 写出流动液体动量方程的表达式。
7. 如习题图 2-1 所示，有一容器充满了密度为 ρ 的油液，油压力 p 值由水银压力计的读数 h 来确定。现将压力计向下移动一段距离 a，问压力计的读数变化 Δh 为多少？
8. 如习题图 2-2 所示，液压缸直径 $D=150$ mm，柱塞直径 $d=100$ mm，液压缸中充满油液。如果在柱塞上和缸体上的作用下 $F=50\ 000$ N，不计油液自重所产生的压力，求液压缸中液体的压力。

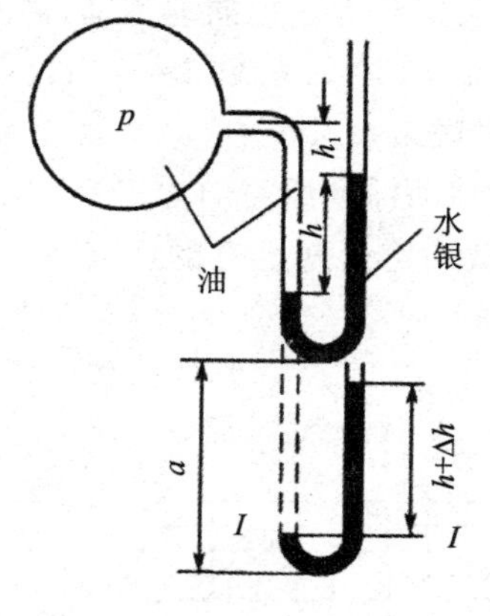

习题图 2-1　水银压力计

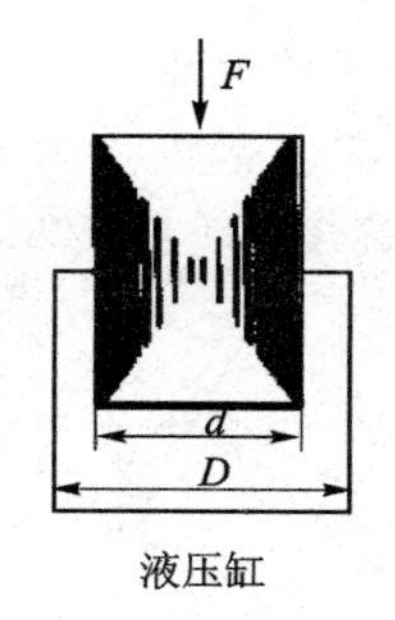

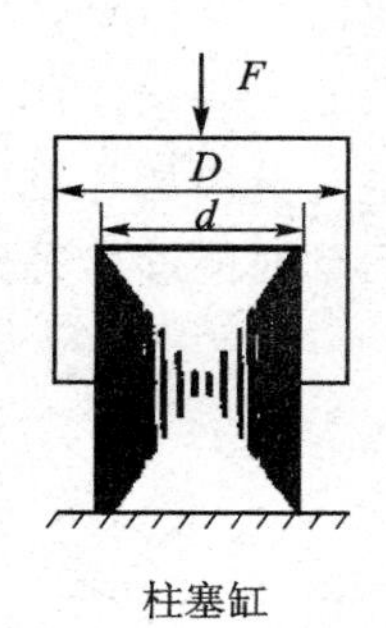

习题图 2-2

9. 如习题图 2-3 所示，一管道输送 $\rho=900\ \mathrm{kg/m^3}$ 的液体，$h=15\ \mathrm{m}$。测得点 1、2 处的压力如下：

① $p_1=0.45\ \mathrm{MPa}$，$p_2=0.4\ \mathrm{MPa}$；

② $p_1=0.45\ \mathrm{MPa}$，$p_2=0.25\ \mathrm{MPa}$。

试确定液流方向。

10. 设大气中有一股流量为 Q、密度为 ρ 的射流以速度 v 射到与水平成 α 角的平板上后分成两股，如习题图 2-4 所示，求平板的力及流量 Q_1 和 Q_2。动量修正系数认为均等于 1。(忽略液体的自重和阻力)

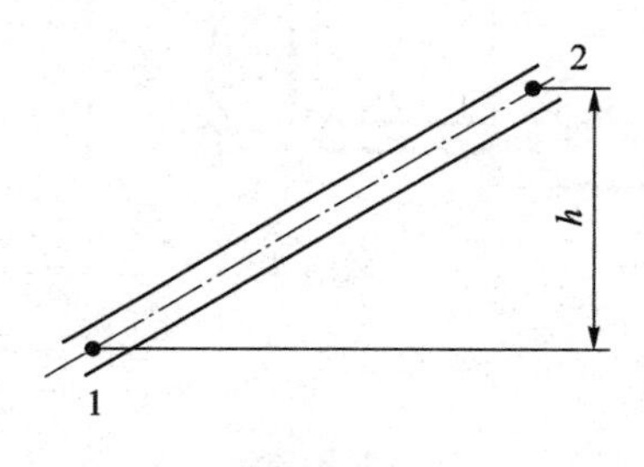

习题图 2-3

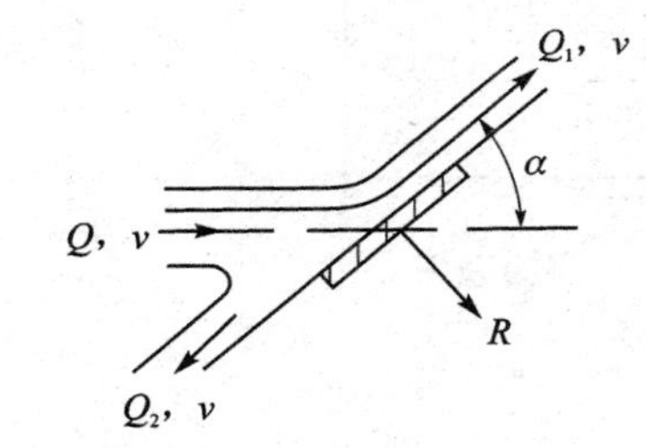

习题图 2-4

11. 如习题图 2-5 所示，用一倾斜管道输送油液，已知 $h=15\ \mathrm{m}$，$p_1=0.45\ \mathrm{MPa}$，$p_2=0.25\ \mathrm{MPa}$，$d=10\ \mathrm{mm}$，$l=20\ \mathrm{m}$，$\rho=900\ \mathrm{kg/m^3}$，运动粘度 $\nu=45\times10^{-6}\ \mathrm{m^2/s}$，求流量 Q。

12. 某圆柱形滑阀如习题图 2-6 所示。已知阀芯直径 $d=20\ \mathrm{mm}$，进口油压 $p_1=9.8\ \mathrm{MPa}$，出口油压 $P_2=9.5\ \mathrm{MPa}$，油液密度 $\rho=900\ \mathrm{kg/m^3}$，阀口流量系数 $C_d=0.62$。求通过阀口的流量。

13. 如习题图 2-7 所示，液压泵从一个大容积的油池中抽吸润滑油，流量 $Q=1.2\times10^{-3}\ \mathrm{m^3/s}$，油液粘度 40 °E，密度 $\rho=900\ \mathrm{kg/m^3}$，求：

(1) 泵在油箱液面以上的最大允许装置高度，假设油液的饱和蒸气压为 2.3 m 高水柱所产生的压力。吸油管长 $l=10\ \mathrm{m}$，直径 $d=40\ \mathrm{mm}$，仅考虑管中的摩擦损失。

(2) 当泵的流量增大一倍时，最大允许装置高度将如何变化？

14. 如习题图 2-8 所示，直径 $D=200$ mm 的活塞在泵缸内等速地向上运动，同时油从不变液位的开敞油池被吸入泵缸。吸油管直径 $d=50$ mm，沿程阻力系数 $\lambda=0.03$，各段长度 $L=4$ m，每个弯头的局部阻力系数 $\zeta=0.5$，突然收缩局部损失系数 $\zeta_{缩}=0.5$，突然扩大局部损失系数 $\zeta_{扩}=1$，当活塞处于高于油池液面 $h=2$ m 时，为移动活塞所需的力 $F=2\ 500$ N。设油液的空气分离压为 0.1×10^5 Pa，密度 $\rho=900\ \text{kg/m}^3$，试确定活塞上升的速度，并求活塞以此速度运动时能够上升到多少高度而不使活塞和油相分离。

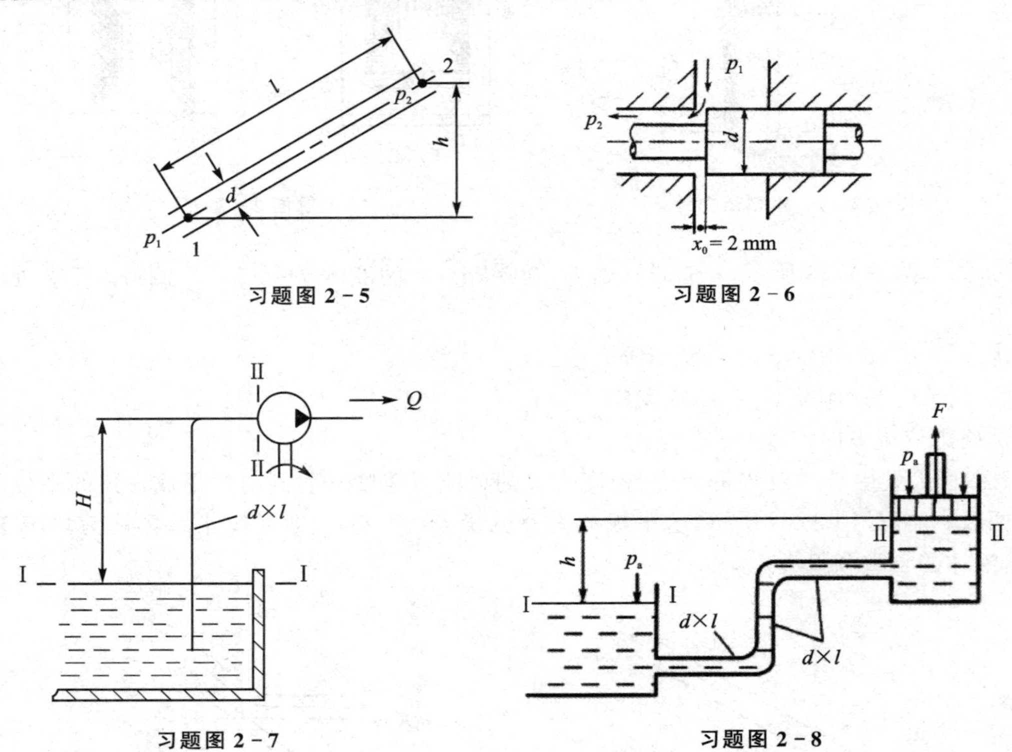

习题图 2-5　　习题图 2-6

习题图 2-7　　习题图 2-8

第3章 液压元件

3.1 液压泵和液压马达

液压泵和液压马达按照其工作原理和结构可分为容积式和非容积式两大类。为获得较高的工作压力,在液压传动应用中通常采用容积式泵和容积式马达,因此本节只介绍容积式泵和容积式马达。

在液压系统中液压泵和液压马达都属于能量转换装置,如图3-1所示。

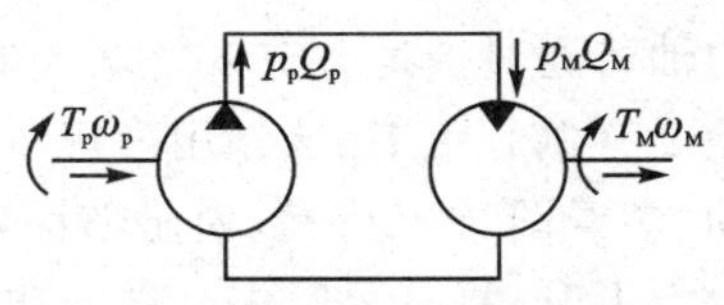

图3-1 能量转换示意图

液压泵是将电动机输出的机械能(电动机轴上的转矩 T_p 和角速度 ω_p 的乘积)转变为液压能(液压泵的输出压力 p_p 和输出流量 Q_p 的乘积),为系统提供一定流量和压力的液体,是液压系统中的动力源。而液压马达是将系统的液压能(液压马达的输入压力 p_M 和输入流量 Q_M 的乘积)转变为机械能(液压马达输出轴上的转矩 T_M 和角速度 ω_M 的乘积),使系统输出一定的转速和转矩,驱动工作部件运动。它与液压缸统称为执行元件,不同之处在于液压马达以回转运动形式输出机械能;而液压缸以直线运动形式输出机械能。关于液压缸的详细内容将在下一节介绍。

3.1.1 液压泵和液压马达的共性

1. 液压泵与液压马达的工作原理

液压泵与液压马达的工作原理简图如图3-2所示。

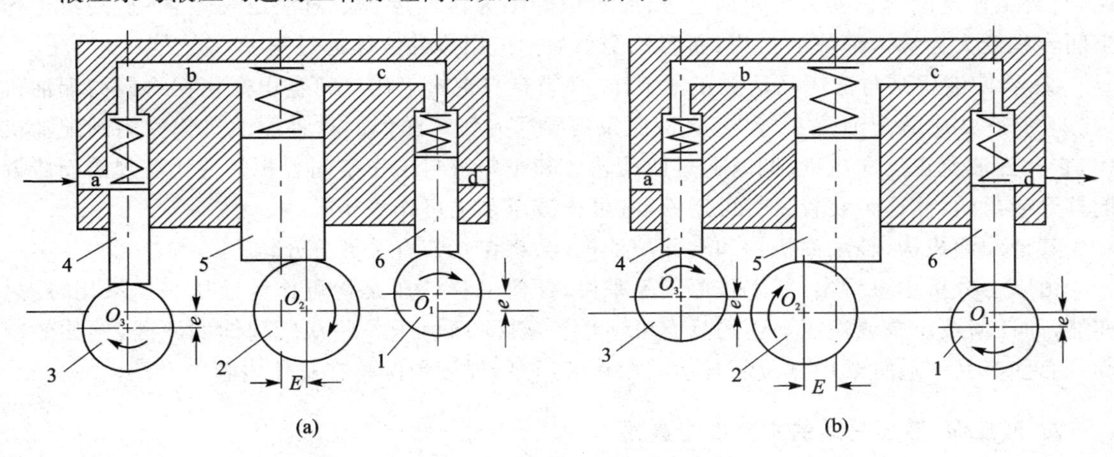

图3-2 液压泵与液压马达的工作原理图

图3-2中1、2、3为三个偏心凸轮,偏心距分别为 e、E。三个凸轮的旋转中心 O_1、O_2、O_3

与同一轴相连。凸轮 1 与 3 控制配油阀 6 与 4;凸轮 2 则与柱塞 5 保持接触(三个凸轮均由弹簧保证与元件 4、5、6 接触)。

当原动机带动轴按顺时针方向转动时,三个凸轮同时随轴一起沿顺时针方向转动。设由图 3-2(a)所示位置开始转动,这时柱塞 5 向下运动,其上腔密封工作空间逐渐变大,形成部分真空;与此同时,凸轮 3 将阀 4 打开,液体即通过 a 口进入,经油道 b 被吸入柱塞 5 上腔,这就是吸油过程。继续转动轴至图 3-2(b)所示位置时,柱塞 5 由凸轮 2 顶着向上运动,其上腔密封工作空间逐渐变小,欲将液体压出;与此同时,凸轮 1 恰好将阀 6 打开(此时凸轮 3 恰好将阀 4 关闭),液体即通过油道 c 由油口 d 压出,这就是压油过程。若轴连续转动,则该装置将不断由油口 a 吸油而不断从油口 d 向外压油,形成连续的吸油和压油过程。显然,若轴逆时针方向转动,则油流将反向,即由油口 d 吸油而从油口 a 向外压油。

不难看出:如果不用原动机驱动凸轮轴,而将有压力的油从图 3-2(a)的油口 a 输入,则该压力油将通过油道 b 进入柱塞 5 的上腔,并在柱塞上端形成迫使柱塞向下运动的作用力,由于凸轮 2 有偏心距 E,该作用力将对凸轮 2 的旋转中心 O_2 形成一转距,使凸轮轴沿顺时针方向转动(参看图 3-2(a));由于惯性,凸轮 2 转至图 3-2(b)所示位置后仍沿顺时针方向转动,使柱塞 5 上升,将其上腔中已做完功的液体通过油道 c 及阀口 d 向外排出;由于凸轮 1 与 3 的相位合适,在进油时阀口 d 是关闭的,而在排油时阀口 a 也是关闭的,以便形成密封工作空间。由此可见,若连续从阀口 a 输入压力油,即可使凸轮轴连续沿顺时针方向转动,并将用过的液体不断地由阀口 d 排出。与液压泵的情况相类似,若输入液压油的方向反向,即由阀口 d 输入而由阀口 a 排出,则凸轮轴的旋转方向也必然反向,即按逆时针方向转动。显然,以上所述即为液压马达的基本工作原理。

由于这种装置是依靠密封工作空间容积的变化来工作的,所以通常也可统称为容积式液压机械(即容积式液压泵与容积式液压马达)。

应当说明,图 3-2 所示结构仅仅是用来说明工作原理的,故只能是示意性的而不是完善的液压泵或液压马达结构,但却可以得到液压泵与液压马达工作的一些极为重要的概念:

① 要构成液压泵与液压马达,首先必须有能形成容积变化的密封工作空间。对液压泵来说,密封工作空间容积变大为吸油过程;而容积变小为压油过程。对液压马达来说,密封工作空间容积变大为输入液体的过程;而容积变小为排出用过的液体的过程。

② 要使液压泵与液压马达能正常工作,必须有与密封工作空间容积变化相协调的配油机构(即图 3-2 中的配油阀 4 与 6),且液压泵需要通大气。图中的这种配油机构称为阀配油机构,它允许液流正反向流动,同时通过两凸轮 3 和 1 与密封工作空间容积的变化有规律而协调地打开或封闭,使这种装置具有可逆性,既可作液压泵也可作液压马达。

其他配油机构(轴配油机构和端面配油机构)将在本节有关部分介绍。

由以上分析不难看出:从工作原理上来讲,任何一种液压泵均可作为液压马达来用,反之亦然,即任何液压泵或液压马达均具有可逆性。实际上,由于一些众所周知的原因(例如效率等),有些产品不适宜既用作液压马达又用作液压泵,详细情况将在具体内容中介绍。

2. 液压泵、液压马达的主要性能参数

如上所述,液压泵和液压马达均为能量转换装置,且都是机械能与液压能的相互转换,因此,有必要把代表机械能的性能参数(转矩 T、转速 n、角速度 ω 等)和代表液压能的性能参数

（压力 p、流量 Q、排量 q 等）加以综合分析和说明它们之间的运算关系。特别要对它们体现在泵和马达上时的异同建立明确的概念，尽量避免在今后运算中出现不应有的错误。此外，在能量转换过程中必然会有一些能量的损失，本教材也以通常的效率来表示这些损失。

为使所介绍的性能参数公式便于记忆，在介绍时均不考虑所用参数的单位，这样可以得到最本质的、不带常系数的运算公式。但在实际应用这些公式时，一定要注意所用的单位，否则将出现很大的运算错误。

(1) 液压泵的主要性能参数

1) 压　力

工作压力 p_p：液压泵实际工作时的输出压力。它取决于外负载的大小和排油管路上的压力损失，而与液压泵的流量无关。

额定压力 p_{np}：液压泵在正常工作条件下，按试验标准规定连续运转的最高压力。

最高允许压力 p_{maxp}：在超过额定压力的条件下，根据试验标准规定，允许液压泵短暂运转的最高压力值。

2) 排量、流量及转矩

排量 q_p(cm^3/r)：液压泵在不考虑泄漏的条件下，每转一周所排出的液体的体积，由液压泵的密封容积结构尺寸决定，与转速无关。排量可以调节的液压泵称为变量泵；排量不可以调节的液压泵则称为定量泵。

流量 Q (m^3/s 或 L/min)：包括理论输出流量 Q_{tp} 和实际输出流量 Q_p。

理论输出流量 Q_{tp}：液压泵在不考虑泄漏的条件下，单位时间内所排出的液体体积，等于排量 q_p 和转速 n_p 的乘积，即

$$Q_{tp}=q_p n_p \tag{3-1}$$

它与密封容积变化的大小和变化的频率有关，与工作压力无关。

实际输出流量 Q_p：液压泵在某一具体工况下，单位时间内所排出的液体体积，等于理论流量 Q_{tp} 减去由于泄漏而造成流量上的损失 ΔQ_p，即

$$Q_p=Q_{tp}-\Delta Q_p \tag{3-2}$$

式中：ΔQ_p 为液压泵泄漏量，与负载压力（或泵的输出油压力 p_p）成正比，即

$$\Delta Q_p=k_p p_p \tag{3-3}$$

式中：k_p 为泄漏系数。

由图 3-3 可见，液压泵的泄漏量随着压力的增加而增加，而液压泵的实际输出流量却随之而减少。

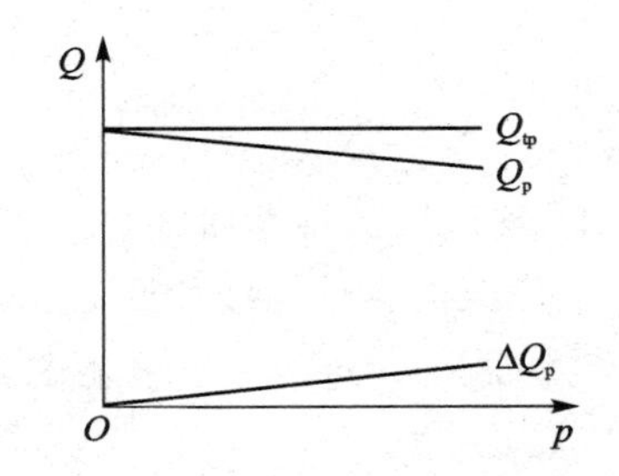

图 3-3　液压泵流量和压力的关系

额定输出流量 Q_{np}：液压泵在正常工作条件下，按试验标准规定（额定压力和额定流量下）必须保证输出的流量。

转矩 T：包括实际输入转矩 T_p 和理论输入转矩 T_{tp}。

实际输入转矩 T_p：驱动液压泵转动的转矩。

理论输入转矩 T_{tp}：理论上能转换为液体压力能的转矩，等于实际输入转矩减去由于机械摩擦而造成转矩上的损失 ΔT_p，即

$$T_{tp}=T_p-\Delta T_p \tag{3-4}$$

3）功率和效率

液压泵由电动机驱动，它的输入量是转矩和转速（角速度），输出量是液体的流量和压力。作为能量转换元件，液压泵的输入输出参数可由图 3－4 表示。

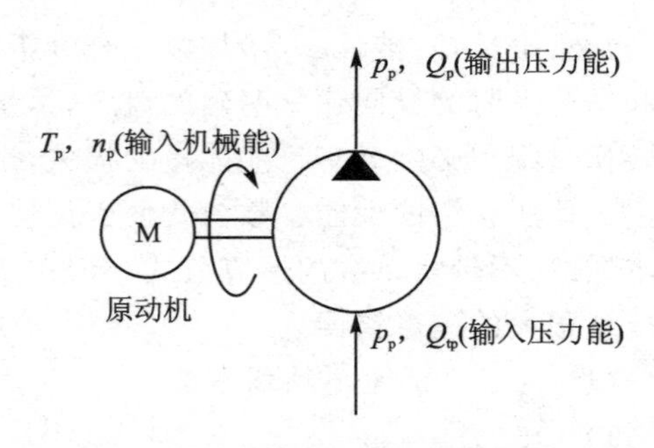

图 3－4 液压泵的输入输出参数

功率：包括实际输入功率 P_{ip}、理论输入功率 P_{tp} 和实际输出功率 P_{op}。

实际输入功率 P_{ip}：为原动机的驱动功率，等于液压泵的实际输入转矩和角速度的乘积，即

$$P_{ip}=T_p\cdot\omega_p=T_p\cdot 2\pi n_p \tag{3-5}$$

理论输入功率 P_{tp}：理论上能转换为液体压力能的功率，等于液压泵的理论输入转矩和角速度的乘积，即：

$$P_{tp}=T_{tp}\cdot\omega_p=p_p\cdot Q_{tp} \tag{3-6}$$

实际输出功率 P_{op}：液压泵的实际输出流量和液压泵口压力的乘积，即

$$P_{op}=p_pQ_p \tag{3-7}$$

效率：液压泵实际输出功率与实际输入功率的比值即为液压泵的效率。因为液压泵在能量转换过程中存在能量损失，其实际输出功率 P_{op} 小于实际输入功率 P_{ip}。

$$\eta_p=\frac{P_{op}}{P_{ip}}=\frac{p_pQ_p}{T_p\omega_p}=\frac{p_pQ_p}{p_pQ_{tp}}\cdot\frac{T_{tp}\omega_p}{T_p\omega_p}=\frac{Q_p}{Q_{tp}}\cdot\frac{T_{tp}}{T_p}=\eta_{Vp}\cdot\eta_{mp} \tag{3-8}$$

式（3－8）表明液压泵的功率损失可分为容积损失和机械损失两部分。

容积损失：主要是由于液压泵的泄漏（内漏）而造成的损失，用容积效率来表示，等于液压泵的实际流量与其理论流量之比值，即

$$\eta_{Vp}=\frac{Q_p}{Q_{tp}}=\frac{Q_{tp}-\Delta Q_p}{Q_{tp}}=1-\frac{k_pp_p}{q_pn_p} \tag{3-9}$$

式（3－9）表明，液压泵的输出压力越高，泄漏系数越大（液体粘度越低）或液压泵的排量越小，转速越低，液压泵的容积效率则越低。

机械损失：主要是由于机械摩擦而造成的损失，用机械效率来表示，等于液压泵的理论输入转矩 T_{tp} 与实际输入转矩 T_p 的比值，即

$$\eta_{mp}=\frac{T_{tp}}{T_p}=\frac{T_{tp}}{T_{tp}+\Delta T_p}=\frac{1}{1+\dfrac{\Delta T_p}{T_{tp}}} \tag{3-10}$$

4）液压泵的特性曲线

液压泵的特性曲线如图 3－5 所示。

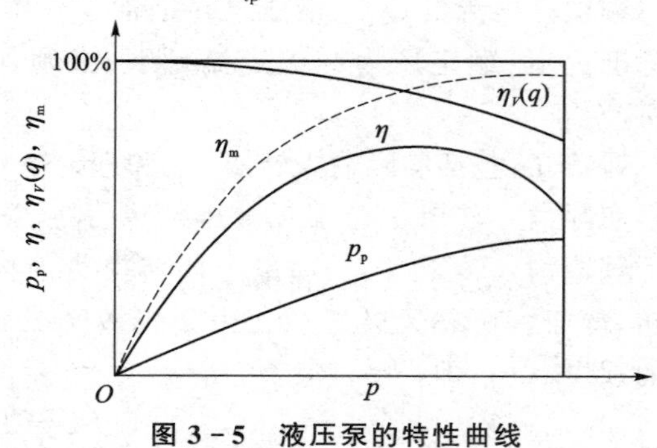

图 3－5 液压泵的特性曲线

（2）液压马达的主要性能参数

1）压　力

工作压力 p_M：液压马达的输入液体的实际压力，它取决于液压马达的负载。

额定压力 p_{nM}：液压马达在正常工作条件下，按试验标准规定连续运转的最高压力。

最高允许压力 p_{maxM}：在超过额定压力的条件下，根据试验标准规定，允许液压马达短暂运转的最高压力值。

2）排量与流量

排量 q_M：液压马达在不考虑泄漏的条件下，每转一周所输入的液体的体积，由液压马达的密封容积结构尺寸决定，与转速无关。排量可以调节的液压马达称为变量液压马达；排量不可以调节的液压马达则称为定量液压马达。

流量 Q：包括理论输入流量 Q_{tM}、额定输入流量 Q_{nM} 和实际输入流量 Q_M。

理论输入流量 Q_{tM}：液压马达在不考虑泄漏的条件下，单位时间内所输入的液体体积，等于排量 q_M 和转速 n_M 的乘积，即

$$Q_{tM}=q_M n_M \tag{3-11}$$

它与密封容积变化的大小和变化的频率有关，与工作压力无关。

实际输入流量 Q_M：液压马达在某一具体工况下，单位时间内所输入的液体体积，等于理论输入流量 Q_{tM} 加上由于泄漏而造成流量上的损失，即

$$Q_M=Q_{tM}+\Delta Q_M \tag{3-12}$$

式中：ΔQ_M 为液压马达泄漏量，与负载压力（或马达的输入油压力 p_M）成正比，即

$$\Delta Q_M=k_M p_M \tag{3-13}$$

式中：k_M 为泄漏系数。

可见，液压马达的泄漏量随着压力的增加而增加，而液压马达的理论输入流量却随之而减少。

额定输入流量 Q_{nM}：液压马达在正常工作条件下，按试验标准规定（额定压力和额定流量下）必须保证输入的流量。

3）功率和效率

液压马达驱动负载运动，它的输入量是液体的流量和压力，输出量是转矩和转速（角速度）。作为能量转换元件，液压马达的输入输出参数可由图3-6表示。

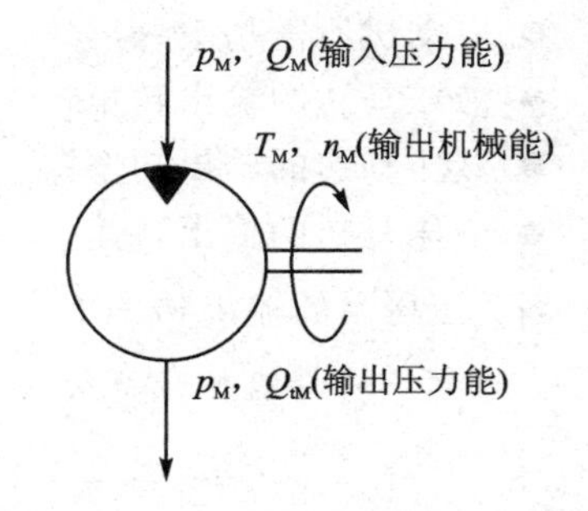

图3-6　液压马达的输入输出参数

功率：包括实际输入功率 P_{iM}、理论输入功率 P_{tM} 和实际输出功率 P_{oM}。

实际输入功率 P_{iM}：液压马达的实际输入流量和液压马达进出口压力差的乘积，即

$$P_{iM}=\Delta p_M Q_M \tag{3-14}$$

理论输入功率 P_{tM}：理论上能转换为机械能的功率，等于液压马达的理论输出转矩和角速度的乘积，即

$$P_{tM}=\Delta p_M\cdot Q_{tM}=T_{tM}\cdot\omega_M \tag{3-15}$$

实际输出功率 P_{oM}：液压马达的实际输出转矩和角速度的乘积，即

$$P_{oM}=T_M\omega_M \tag{3-16}$$

效率：液压马达实际输出功率与实际输入功率的比值即为液压马达的效率。液压马达在能量转换过程中存在能量损失，其实际输出功率 P_{oM} 小于实际输入功率 P_{iM}。

$$\eta_M=\frac{P_{oM}}{P_{iM}}=\frac{T_M\omega_M}{\Delta p_M Q_M}=\frac{T_M\omega_M}{T_{tM}\omega_M}\ \frac{\Delta p_M Q_{tM}}{\Delta p_M Q_M}=\frac{T_M}{T_{tM}}\cdot\frac{Q_{tM}}{Q_M}=\eta_{mM}\cdot\eta_{VM} \tag{3-17}$$

液压马达的功率损失也可分为容积损失和机械损失两部分。

容积损失：主要是由于液压马达的泄漏(内漏)而造成的损失，用容积效率来表示，等于液压马达的理论输入流量与其实际输入流量之比值，即

$$\eta_{VM}=\frac{Q_{tM}}{Q_M}=\frac{Q_M-\Delta Q_M}{Q_M}=1-\frac{\Delta Q_M}{Q_M}=1-\frac{k_M\cdot p_M}{Q_M} \tag{3-18}$$

上式表明：液压马达的输入压力越高，泄漏系数越大(液体粘度越低)或液压马达的实际输入流量越小，液压马达的容积效率则越低。

机械损失：主要是由于机械摩擦而造成的损失，用机械效率来表示，等于液压马达的实际输出转矩 T_M 与理论输出转矩 T_{tM} 的比值，即

$$\eta_{mM}=\frac{T_M}{T_{tM}} \tag{3-19}$$

4）转矩 T

理论输出转矩 T_{tM}：理论上能转换为机械能的转矩，即

$$T_{tM}=\frac{\Delta p_M\cdot Q_{tM}}{2\pi n_M}=\frac{\Delta p_M\cdot q_M}{2\pi} \tag{3-20}$$

例 3-1 一液压泵与液压马达组成的闭式回路如图 3-7 所示，液压泵输出油压 $p_p=10$ MPa，其机械效率 $\eta_{mp}=0.95$，容积效率 $\eta_{Vp}=0.92$，排量 $q_p=10$ mL/r；液压马达机械效率 $\eta_{mM}=0.95$，容积效率 $\eta_{VM}=0.92$，排量 $q_M=10$ mL/r。若不计液压马达的出口压力和管路的一切压力损失，且当液压泵转速为 1 450 r/min 时，试求下列各项：

- 液压泵的输出功率；
- 电动机所需功率；
- 液压马达的输出转矩；
- 液压马达的输出功率；
- 液压马达的输出转速。

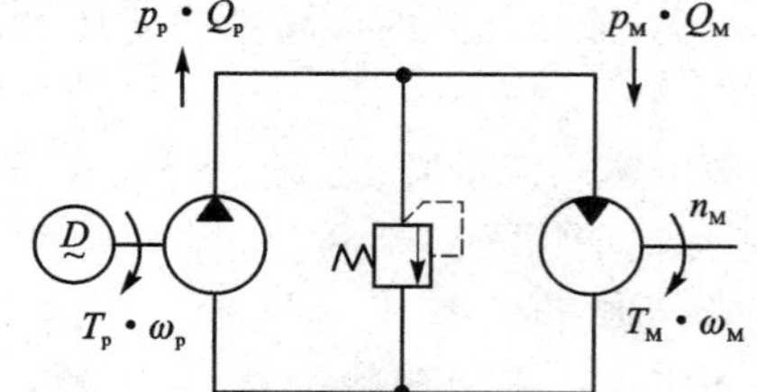

图 3-7 液压泵与液压马达组成的闭式回路

解：液压泵的输出功率 P_{op}

$$P_{op}=p_p\cdot Q_p=p_p\cdot Q_{tp}\cdot\eta_{Vp}=p_p\cdot n_p\cdot q_p\cdot\eta_{Vp}$$
$$=\frac{10\times10^6\times1\ 450\times10\times10^{-6}\times0.92}{60}\ \text{kW}=2.22\ \text{kW}$$

电动机所需功率 P_{ip}

$$P_{ip}=\frac{P_{op}}{\eta_p}=\frac{P_{op}}{\eta_{Vp}\cdot\eta_{mp}}=\frac{2.22}{0.92\times0.95}\ \text{kW}=2.54\ \text{kW}$$

液压马达的输出转矩 T_M

$$T_M=\frac{\Delta p_M\cdot q_M}{2\pi}\cdot\eta_{mM}=\frac{p_p\cdot q_M}{2\pi}\cdot\eta_{mM}=\frac{10\times10^6\times10\times10^{-6}}{2\pi}\times0.95\ \text{Nm}=15.12\ \text{Nm}$$

液压马达的输出功率 P_{oM}

$$P_{oM}=P_{iM}\cdot\eta_M=P_{op}\cdot\eta_M=P_{op}\cdot\eta_{VM}\cdot\eta_{mM}$$
$$=(2.22\times0.92\times0.95)\ \text{kW}=1.94\ \text{kW}$$

液压马达的输出转速 n_M

$$n_M=\frac{Q_{tM}}{q_M}=\frac{Q_M\cdot\eta_{VM}}{q_M}=\frac{Q_p\cdot\eta_{VM}}{q_M}=\frac{n_p\cdot q_p\cdot\eta_{Vp}\cdot\eta_{VM}}{q_M}$$

$$=\frac{1\ 450\times10\times0.92\times0.92}{10}\ \mathrm{r/min}=1\ 227\ \mathrm{r/min}$$

3.1.2　常用液压泵和液压马达介绍

液压泵和液压马达种类繁多，常用的类型如图 3－8 所示。

- 泵
  - 齿轮泵：外啮合、内啮合——定量泵
  - 叶片泵
    - 双作用——定量泵
    - 单作用——变量泵
  - 柱塞泵：轴向、径向——定量泵或变量泵
- 马达
  - 齿轮液压马达：外啮合、内啮合——定量液压马达
  - 叶片液压马达——双作用——定量液压马达
  - 柱塞液压马达：轴向、径向——定量泵或变量液压马达

图 3－8　液压泵和液压马达分类

液压泵和液压马达的图形符号如图 3－9 所示。图(a)为定量液压泵；图(b)为变量液压泵；图(c)为定量液压马达；图(d)为变量液压马达；图(e)为双向定量液压泵；图(f)为双向变量液压泵；图(g)为双向定量液压马达；图(h)为双向变量液压马达。

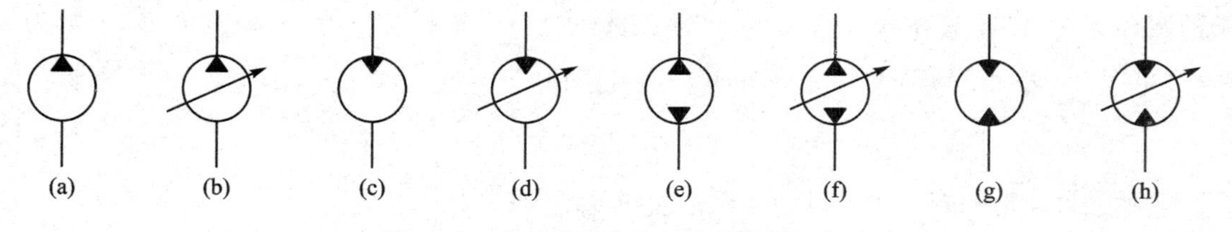

图 3－9　液压泵和液压马达的图形符号

1. 齿轮液压泵和齿轮液压马达

(1) 齿轮液压泵

齿轮液压泵是液压系统中广泛采用的一种液压泵，它是以成对齿轮啮合为运动形式，一般做成定量泵。按结构不同，齿轮液压泵分为外啮合齿轮液压泵和内啮合齿轮液压泵，而以外啮合齿轮液压泵应用最广，下面只介绍外啮合齿轮液压泵。

1) 齿轮液压泵的工作原理

图 3－10(a)和(b)分别为外啮合齿轮液压泵的工作原理图及结构图，它由装在泵体内的一对齿轮所组成，齿轮两侧有端盖，泵体、端盖和齿轮的各个齿间槽组成了许多密封工作腔。当齿轮按图示方向旋转时，右侧吸油腔由于相互啮合的轮齿逐渐脱开，密封工作容积逐渐增大，形成部分真空，因此油箱中的油液在外界大气压力的作用下，经吸油管进入吸油腔，将齿间

槽充满，并随着齿轮旋转，把油液带到左侧压油腔内。在压油区一侧，由于轮齿在这里逐渐进入啮合，密封工作腔容积不断减小，油液便被挤出去，从压油腔输送到压力管路中去。在齿轮液压泵的工作过程中，只要两齿轮的旋转方向不变，其吸、压油腔的位置也就确定不变。这里啮合点处的齿面接触线一直分隔高、低压两腔起着配油作用，因此在齿轮液压泵中不需要设置专门的配油机构。这是它和其他类型容积式液压泵的不同之处。

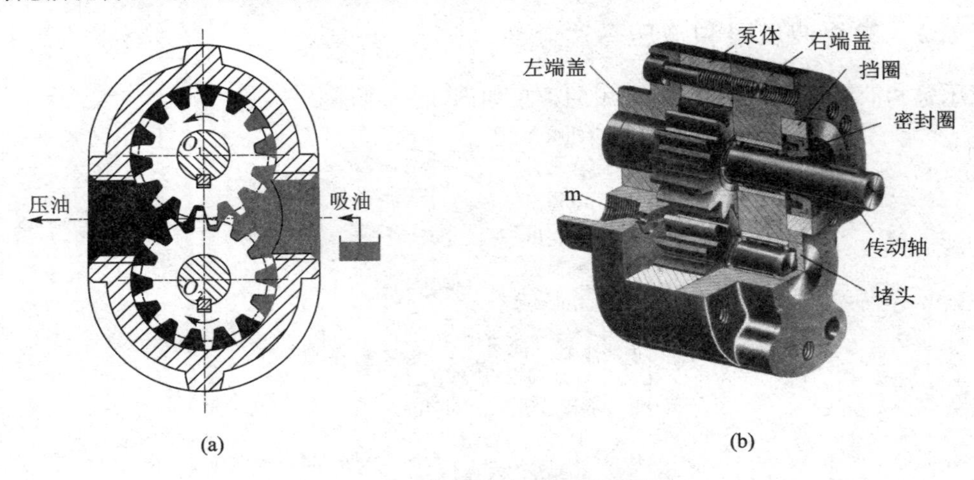

图 3-10 外啮合齿轮液压泵

2）齿轮液压泵的排量和流量计算

排量的精确计算应依啮合原理来进行，近似计算时可认为排量等于它的两个齿轮的齿间槽容积之总和，假设齿间槽的容积等于轮齿的体积，则齿轮液压泵的排量可以近似地等于其中一个齿轮的所有轮齿体积与齿间槽容积之和，即以齿顶圆为外圆、直径为$(z-2)m$ 的圆为内圆的圆环为底，以齿宽为高所形成的环形筒的体积，当齿轮的模数为 m、齿宽为 B、齿数为 z 时，排量为

$$q_p=\frac{\pi}{4}\{[(z+2)m]^2-[(z-2)m]^2\}B=2\pi m^2 zB \tag{3-21}$$

实际上齿间槽的容积比轮齿的体积稍大些，所以通常取

$$q_p=6.66zm^2B \tag{3-22}$$

因此，当驱动齿轮液压泵的原动机转速为 n_p 时，齿轮液压泵的理论输出流量和实际输出流量分别为

$$Q_{tp}=6.66zm^2Bn_p \tag{3-23}$$

$$Q_p=6.66zm^2Bn_p\eta_{Vp} \tag{3-24}$$

以上计算的是齿轮液压泵的平均流量，实际上随着啮合点位置的不断改变，吸、排油腔的每一瞬时的容积变化率是不均匀的，因此齿轮液压泵的瞬时流量是脉动的，设 Q_{maxp}、Q_{minp} 表示最大、最小瞬时流量，则流量脉动率 σ 可用下式表示：

$$\sigma=\frac{Q_{maxp}-Q_{minp}}{Q_p}\times 100\% \tag{3-25}$$

理论研究表明，外啮合齿轮液压泵齿数愈小，脉动率就愈大，其值最高可达 20%以上，内啮合齿轮液压泵的流量脉动率要小得多。

3）齿轮液压泵的结构特点

齿轮液压泵的泄漏、困油和径向液压力不平衡是影响齿轮液压泵性能指标和寿命的三大问题。各种不同齿轮液压泵的结构特点之所以不同，都因采用了不同结构措施来解决这三大问题所致。

● 泄　漏

齿轮液压泵的泄漏比较大，其高压腔的压力油通过三条途径泄漏到低压腔：齿轮端面和端盖之间的轴向间隙、齿轮外圆和泵体内孔之间的径向间隙、轮齿啮合线处的接触间隙。其中通过齿轮端面和端盖之间的轴向间隙泄漏量最大，可占总泄漏量的 75%～80%，因为这里泄漏途径短，泄漏面积大。轴向间隙过大，泄漏量多，会使容积效率降低；但间隙过小，齿轮端面和端盖之间的机械摩擦损失增加，会使泵的机械效率降低。因此设计和制造时必须严格控制泵的轴向间隙。

● 困　油

齿轮液压泵要平稳工作，齿轮啮合的重叠系数必须大于 1，也就是说，要求在一对轮齿即将脱开啮合前，后面的一对轮齿就要开始啮合。就在两对轮齿同时啮合的这一小段时间内，留在齿间的油液困在两对轮齿和前后泵盖所形成的一个密闭空间中，如图 3－11(a)所示。当齿轮继续旋转时，这个空间的容积逐渐减小，直到两个啮合点 A、B 处于节点两侧的对称位置时，如图 3－11(b)所示，这时封闭容积减至最小。由于油液的可压缩性很小，当封闭空间的容积减小时，被困的油液受挤压，压力急剧上升，油液从零件接合面的缝隙中强行挤出，使齿轮和轴承受到很大的径向力；当齿轮继续旋转，这个封闭容积又逐渐增大到如图 3－11(c)所示的最大位置，容积增大时又会造成局部真空，使油液中溶解的气体分离，产生气穴现象。这些都将使齿轮液压泵产生强烈的噪声，这就是齿轮液压泵的困油现象。

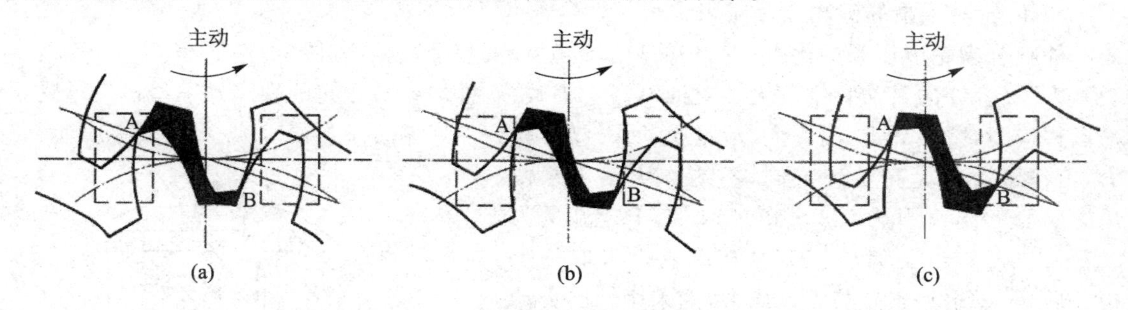

图 3－11　困油现象

消除困油的方法，通常是在齿轮液压泵的两侧端盖上铣两条卸荷槽（如图 3－11 中虚线所示），当封闭容积减小时，使其与压油腔相通（图 3－11(a)）；而当封闭容积增大时，使其与吸油腔相通（图 3－11(c)）。一般的齿轮液压泵两卸荷槽是非对称开设的，往往向吸油腔偏移，但无论怎样，两槽间的距离必须保证在任何时候都不能使吸油腔和压油腔相互串通。

● 径向液压力不平衡

在齿轮液压泵中，作用在齿轮外圆上的压力是不相等的，在压油腔和吸油腔处齿轮外圆和齿廓表面承受着工作压力和吸油腔压力，在齿轮和泵体内孔的径向间隙中，可以认为压力由压油腔压力逐渐分级下降到吸油腔压力。这些液体压力综合作用的结果，相当于给齿轮一个径向的作用力（即不平衡力）使齿轮和轴承受载，如图 3－12 所示。

工作压力越大，径向不平衡力也越大。径向不平衡力很大时能使轴弯曲，齿顶与泵体产生接触，同时加速轴承的磨损，降低轴承的寿命。减小径向不平衡力的主要途径，是在齿轮液压泵的侧盖或座圈上开有压力平衡槽，如图3-13所示，使齿轮和轴承受的径向力获得部分抵消，减小变形。由于高压油很容易漏到低压腔，使泄漏增大，容积效率下降；缩小压油口，通过减小压力油作用在齿轮上的面积来减小径向力，同时适当增大径向间隙，使齿轮在压力作用下，齿顶不能和泵体相接触。

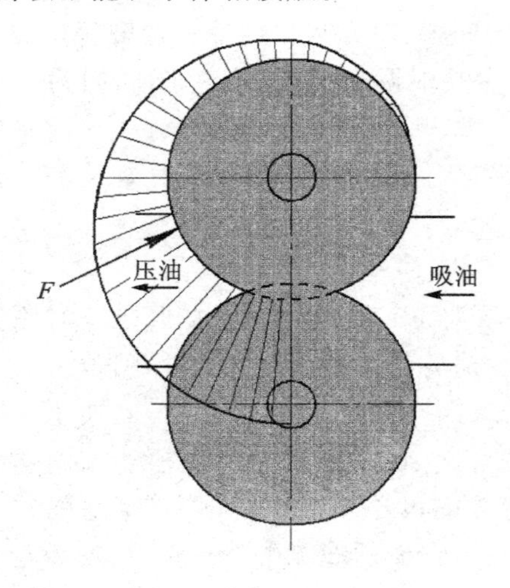

图3-12 齿轮外圆上的压力分布

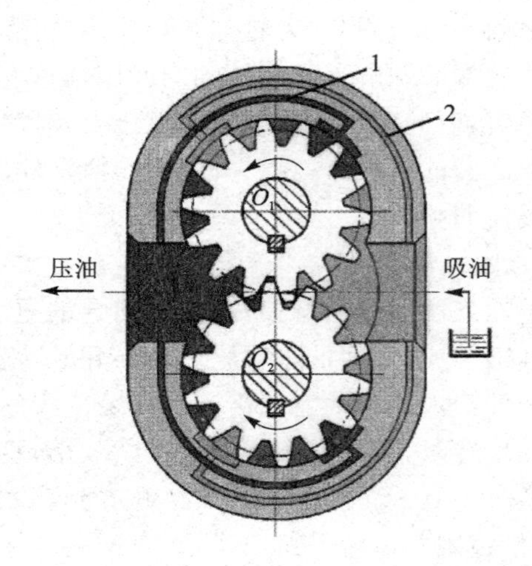

1,2—压力平衡槽

图3-13 减小径向不平衡力

4）齿轮液压泵的优缺点及应用

外啮合齿轮液压泵的优点是结构简单，尺寸小，重量轻，制造方便，价格低廉，工作可靠，自吸能力强（容许的吸油真空度大），对油液污染不敏感，维护容易。它的缺点是一些机件承受不平衡径向力，磨损严重，泄漏大，流量脉动大，噪声较大，工作压力的提高受到限制，不能作为变量泵使用。一般工作压力为（25～175）×10^5 Pa，流量为2.5～200 L/min。齿轮液压泵在结构上采取一定措施后，可以达到较高的工作压力，如采用轴向自动补偿减少轴向泄漏，如图3-14所示。它利用液压泵的出口压力油，引入齿轮轴上的浮动轴套的外侧A腔，在液体压力作用下，使轴套紧贴齿轮轴的侧面，因而可以消除间隙并可补偿齿轮侧面和轴套间的磨损量。在液压泵启动时，靠弹簧来产生预紧力，保证了轴向间隙的密封。轮齿啮合线处的接触间隙，随着液压泵的压力增高，啮合点接触更加紧密，泄漏不会太大。

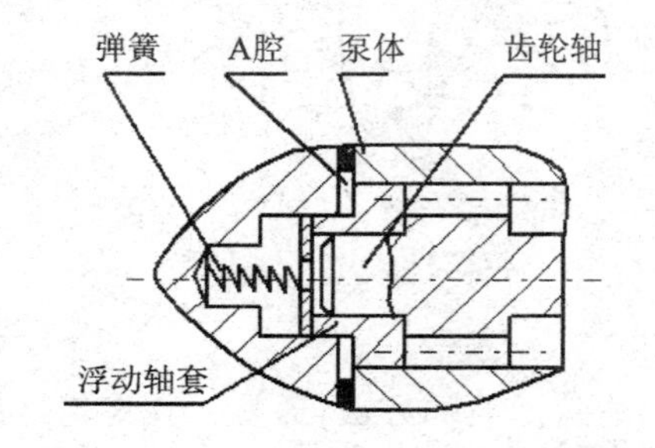

图3-14 齿轮液压泵轴向间隙自动补偿

低压齿轮泵主要用于机床以及补油、润滑和冷却装置等中，中、高压齿轮泵主要用于农林机械、工程机械、船舶机械和航空技术中。

(2) 齿轮液压马达

如果将压力油输入齿轮液压泵，则由于压力油的作用会使齿轮液压泵的轴转动起来，并输出一定的转矩和转速，这样，齿轮液压泵就变成了齿轮液压马达。

1）齿轮液压马达的工作原理

齿轮液压马达的工作原理如图3-15所示。图中P点为两齿轮的啮合点。设齿轮的齿高为h，啮合点P到两齿根的距离分别为a和b。由于a和b都小于h，所以当压力油作用到齿面上时(如图中箭头所示，凡齿面上两边受力平衡部分都未用箭头表示)，在两个齿轮上就各有一个使它们产生转矩的作用力：$pB(h-a)$作用于下齿轮的力和$pB(h-b)$作用于上齿轮的力，其中p为输入油液压力，B为齿宽。在上述力作用下，两齿轮按图示方向回转，并把油液带到低压腔随着轮齿的啮合而排出，同时在液压马达的输出轴上输出一定的转矩和转速。

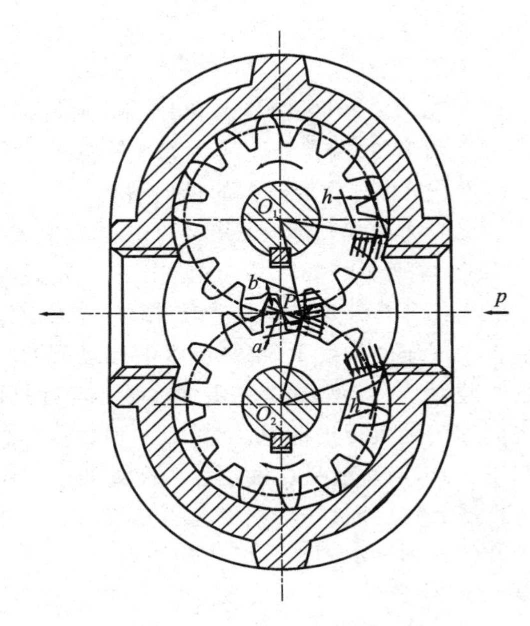

图3-15　齿轮液压马达的工作原理

2）齿轮液压马达的转速和转矩计算

和一般齿轮泵一样，齿轮液压马达由于密封性差，容积效率较低，所以输入的油压不能过高，因而不能产生较大的转矩，并且它的转速和转矩都是随着齿轮啮合情况而脉动的。因此，齿轮液压马达多用于高转速低转矩的液压系统中。

齿轮液压马达平均转速n_M的计算式：

$$n_M=\frac{Q_M\eta_{VM}}{2\pi Zm^2} \tag{3-26}$$

式中：Q_M为输入齿轮液压马达的流量；Z为单只齿轮液压马达的齿数；m为齿轮液压马达的模数；B为齿轮液压马达的齿宽；η_{VM}为齿轮液压马达的容积效率。

齿轮液压马达平均转矩T_M的计算式：

$$T_M=\frac{\Delta p_M Q_M\eta_M}{2\pi n_M} \tag{3-27}$$

式中：Δp_M为齿轮液压马达进出口的压力差；n_M为齿轮液压马达的平均转速；η_M为齿轮液压马达的总效率。

2. 叶片泵和叶片液压马达

(1) 定量叶片泵

叶片泵是靠叶片、转子和定子间构成的容积变化而实现吸油和压油的泵。叶片泵结构紧凑、运转平稳、输油量均匀，噪声较小、寿命较长，在各个工业部门，特别是在机床行业中得到广泛的应用，是各类泵中，应用较广，生产量较大的一种泵。

叶片泵按每转吸排油次数和轴承上所受径向液压力的情况，分为单作用非卸荷式和双作用卸荷式两大类。按其输出流量是否可变，又可分为定量叶片泵(一般为双作用式)和变量叶片泵(单作用式)两类。叶片泵的额定工作压力一般为 70 bar,随着结构和工艺材料的不断改进,叶片泵也逐步向中、高压方向发展。

1) 叶片泵的工作原理

● 单作用式

图 3-16(a)和(b)分别为单作用式叶片泵的工作原理图及结构图,其叶片泵主要由转子 1、定子 2、叶片 3、端盖和配油盘等零件组成。定子内表面呈圆柱形。定子和转子间有一偏心矩 e。转子上开有均匀分布的径向狭槽,叶片就装在狭槽中,并可在槽内滑动。转子旋转时,叶片靠离心力使其顶部始终与定子内表面紧密接触。转子及定子的两侧,各有配油盘紧密贴合。因此,在两个相邻叶片间构成了一个密封容积。当转子按图示箭头(逆时针)方向旋转时,位于右半部分叶片逐渐从槽中伸出,密封工作腔的容积在不断增大,造成局部真空,油箱中的油液在大气压的作用下,由泵的吸油口经配油盘的配油(吸油)窗口(图中虚线弧形槽)进入这些密封腔,把油吸入,这就是吸油过程。与此同时,位于左半部分叶片随着转子的回转被定子内表面逐渐推入转子槽内,密封工作腔的容积在不断减小,腔内油液经配油盘的配油(压油)窗口挤压出泵外,这就是压油过程。在吸油区和压油区之间,各有一段封油区把它们隔开。这种泵的转子每转一周,各个密封容积完成一次吸油和一次压油,它被称为单作用式叶片泵。由于转子及传动轴轴承受来自压油腔作用的径向液压力,限制了油压的提高,故也称为非卸荷式叶片泵。但是,这种泵容易实现变量,只要改变偏心距 e 和偏心方向,便能改变油泵的输油量和输油方向,成为变量叶片泵。

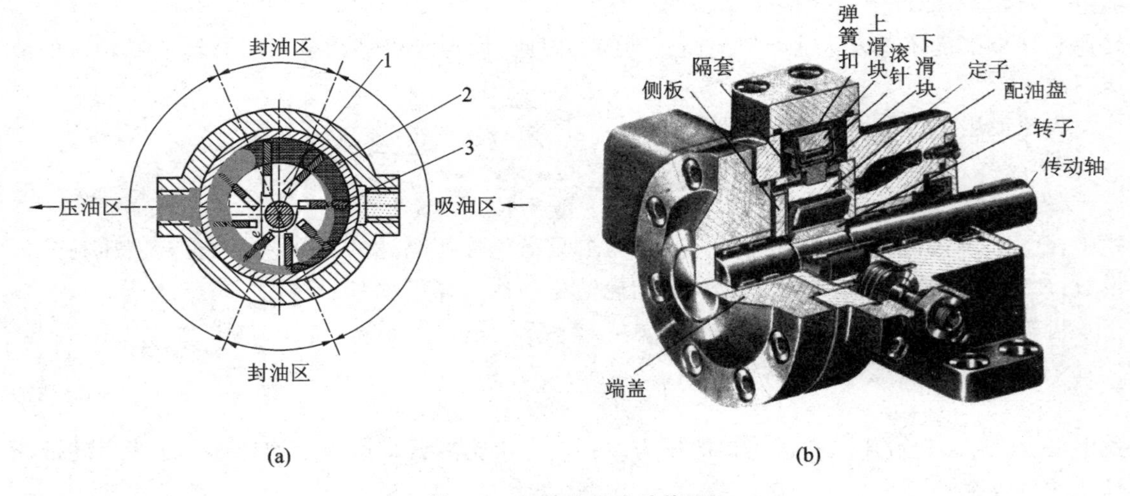

图 3-16 单作用式叶片泵

● 双作用式

图 3-17(a)和(b)分别为双作用叶片泵的工作原理图和结构图,其叶片泵主要由转子 1、定子 2、叶片 3、端盖和配油盘等零件组成。转子和定子同心安放。定子内表面的曲线形状是由两段长半径圆弧、两段短半径圆弧和四段过渡曲线组成。当转子按图示箭头(顺时针)方向旋转时,由于离心力的作用,叶片顶部紧贴在定子内表面上,在短半径圆弧段的叶片跟随转子转动的同时,还逐步向外伸展,于是两叶片间形成的密封容积便逐渐增大,形成了局部真空,油箱中油液在大气压的作用下,经过配油盘上的腰形槽充满叶片间的密封腔。当两叶片转至长

半径圆弧段位置时，密封容积增至最大，于是吸油完毕。当两叶片由长半径处向短半径处转动时，叶片被压入转子，两叶片间的密封容积逐渐减小，于是油液从配油盘的另一腰形槽压出。当两叶片均转至另一侧的短半径圆弧段时，密封容积最小，压油完毕。转子每转一周，每个密封容积完成两次吸油和两次压油过程，所以它被称为双作用式叶片泵。由于转子及传动轴轴承所受的径向液压力正好位置对称，互相抵消，经过改进后，可以做成更高压力的高压叶片泵，故也称为卸荷式叶片泵。但是，这种泵转子和定子是同心的，只能成为定量叶片泵。

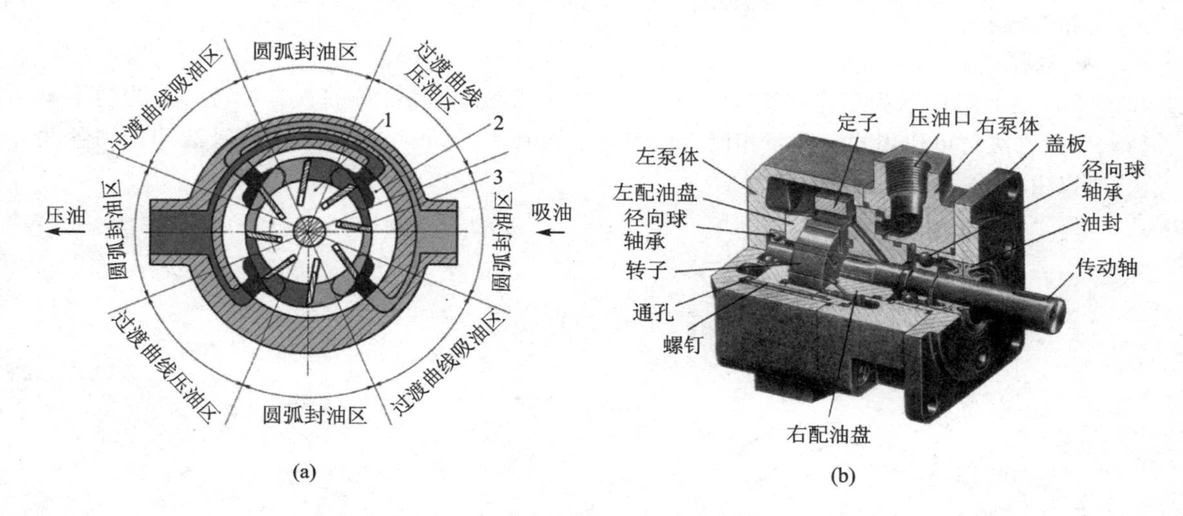

图3-17　双作用式叶片泵

2）叶片泵的排量和流量计算

● 单作用式

图3-18(a)所示为单作用式，V_1、V_2 分别是各密封工作腔在泵回转一周中的最大容积和最小容积，β 是相邻两个叶片间的夹角，e 是定子与转子的偏心距，D 为定子内径，d 为转子直径，b 为叶片宽度。

根据定义，排量为泵回转一周时，每个密封工作腔排出油液的体积与密封工作腔数目的乘积。每个工作腔排出油液的体积等于泵回转一周中，工作腔的最大容积与最小容积之差值，即 $V_1-V_2=\Delta V$。若设叶片数(即密封工作腔数)为 Z，则排量为

$$q_p = Z\Delta V = Z(V_1 - V_2) \tag{3-28}$$

由图3-18(a)可知，最大容积 V_1 可近似等于扇形面积 OA_1B_1 与 $OA'_1B'_1$ 之差再乘以叶片宽度(这里近似地把 OC_1 看成是圆弧 A_1B_1 的半径)；最小容积 V_2 可以近似等于扇形面积 OA_2B_2 与 $OA'_2B'_2$ 之差再乘以叶片的宽度(这里近似地把 OC_2 看成是圆弧 A_2B_2 的半径)。故有

$$V_1 = \pi\left[\left(\frac{D}{2}+e\right)^2 - \left(\frac{d}{2}\right)^2\right]\cdot\frac{\beta}{2\pi}\cdot b \tag{3-29}$$

$$V_2 = \pi\left[\left(\frac{D}{2}-e\right)^2 - \left(\frac{d}{2}\right)^2\right]\cdot\frac{\beta}{2\pi}\cdot b \tag{3-30}$$

由于 $\beta=2\pi/Z$，故得单作用式叶片泵排量为

$$q_p = Z(V_1 - V_2) = 2\pi Deb \tag{3-31}$$

实际流量为

$$Q_p = 2\pi Debn_p \eta_{Vp} \tag{3-32}$$

由式(3－32)可知，叶片泵的流量 Q_p 是偏心量 e 的(一次)函数。对于某一单作用式叶片泵来说，D、d 是确定不变的，n_p 及 η_{Vp} 也基本是常数。这样，流量就唯一地取决于偏心量 e。因此，改变 e 就改变了泵的流量。另外，由图 3－16 可知，当改变偏心量的方向(即把转子相对于定子的向下偏心改为向上偏心)时(转子回转方向不变)，泵的吸油口(吸油区)、排油口(压油区)也相互改变。

● 双作用式

图 3－18(b)所示为双作用式，R、r 分别为定子内表面圆弧部分的长、短半径，r_0 为转子半径。计算方法与单作用式叶片泵相同。由于转子每转一转，每个密封工作腔吸油和排油各两次，所以由图 3－18(b)可得

$$V_1 = \pi(R^2 - r_0^2) \cdot \frac{\beta}{2\pi} \cdot b \tag{3-33}$$

$$V_2 = \pi(r^2 - r_0^2) \cdot \frac{\beta}{2\pi} \cdot b \tag{3-34}$$

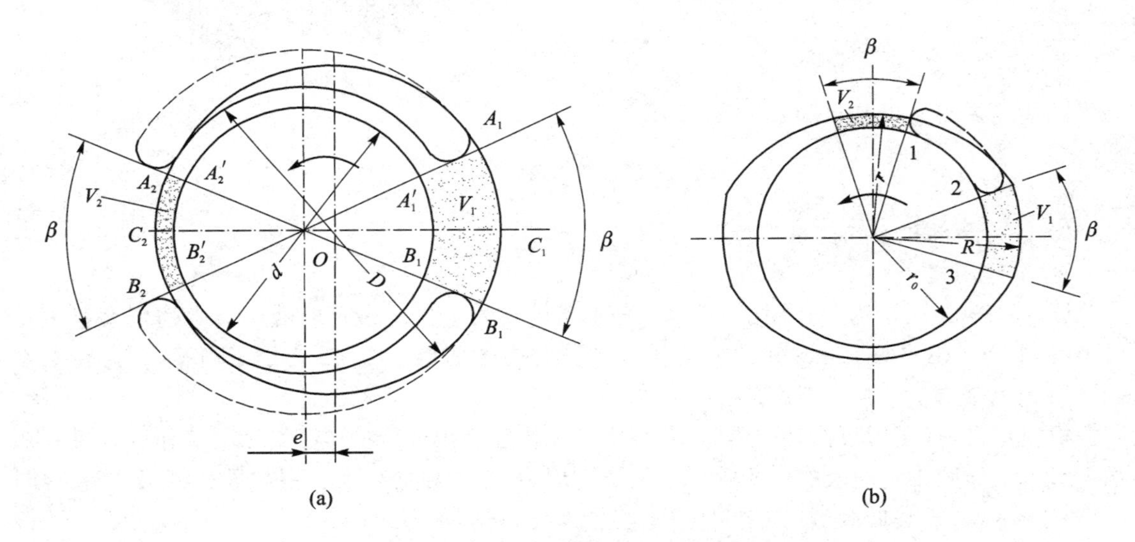

图 3－18 叶片泵的排量、流量计算示图

当不考虑叶片厚度时，叶片泵的排量为

$$q_p = 2\Delta VZ = 2(V_1 - V_2)Z = 2\pi(R^2 - r^2)b \tag{3-35}$$

实际上，由于叶片有一定厚度，叶片所占空间不起输油作用，故若叶片厚度为 S，叶片的倾角为 θ，则转子每转因叶片所占体积而造成的排量损失 q'_p 为

$$q'_p = \frac{2b(R-r)}{\cos\theta} SZ \tag{3-36}$$

参看图 3－19。因此，考虑叶片厚度时叶片泵的排量和实际输出流量分别为

$$q_p = 2b\left[\pi(R^2 - r^2) - \frac{(R-r)}{\cos\theta} SZ\right] \tag{3-37}$$

$$Q_p = 2b\left[\pi(R^2 - r^2) - \frac{(R-r)}{\cos\theta}SZ\right]n_p\eta_{Vp} \tag{3-38}$$

应当指出的是，有的双作用式叶片泵叶片根部的槽与该叶片所处的工作区相通：叶片处于吸油区时，叶片根部的槽与吸油腔相通；叶片处于压油区时，叶片根部槽与压油区相通。这样，叶片在槽中往复运动时，根部槽也在吸油和压油，这一部分输出的油液正好弥补了由于叶片厚度所造成的排量损失。对于这种泵，其排量应按式(3-35)计算。

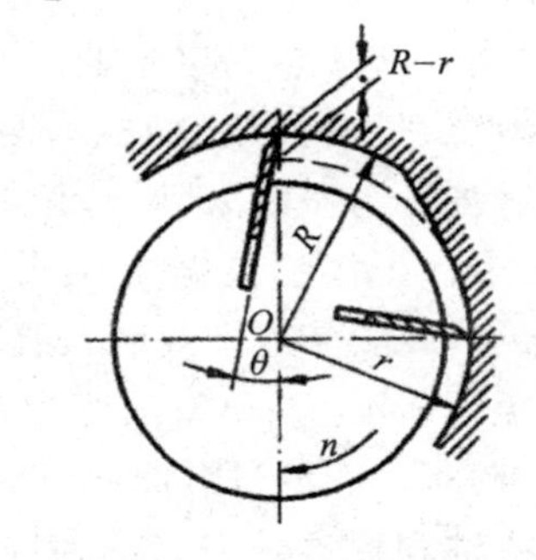

图 3-19　叶片厚度所造成的排量损失

3) 叶片泵的结构特点

① 单作用式

● 叶片倾角

如图 3-20 所示，转子上安装叶片的槽沿着转子的旋转方向后倾 24°，用以保证在吸油区内叶片容易甩出，且紧贴定子内表面。图 3-21 是叶片上的受力情况图。P_1 为叶片与转子一起转动时形成的离心力，它作用在叶片的重心 A 点，方向则为沿转子的半径向外；P_2 为由哥氏加速度(当叶片做回转运动，同时又做向外伸出的运动时，就会形成一哥氏加速度)形成的惯性力，亦作用在 A 点，方向垂直于叶片且与其回转速度反向；P_3 为定子内表面对叶片的摩擦力，作用在叶片顶端 B 点，方向垂直于定子半径，且阻止叶片的转动。分析这三个力的作用，不难得出：如叶片槽按转子旋转方向后倾斜有利于叶片向外伸出，使叶片顶端贴紧定子内表面这样的结论。

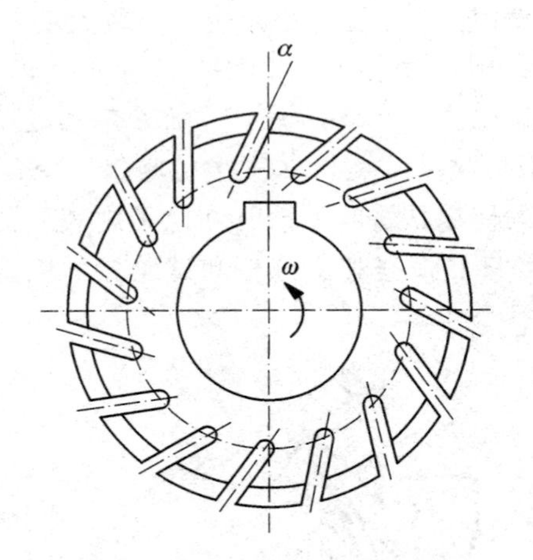

图 3-20　叶片厚度所造成的排量损失

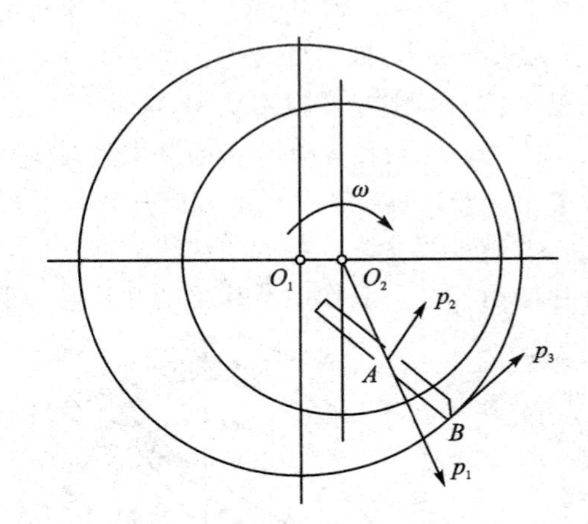

图 3-21　叶片上的受力情况

● 径向力不平衡

单作用式叶片泵在工作时，转子受压油腔的单向液压作用力，使转子承受很大的径向作用力。为了增加叶片上下移动的灵敏度，叶片顶部和根部的受力应基本上是平衡的。叶片底部通过配油盘上的通油槽与叶片所在的工作腔相连，即配油盘使处于压油区的叶片根部通压力油，处在吸油区的叶片根部通低压油，如图 3-22 所示。

② 双作用式

● 定子曲线

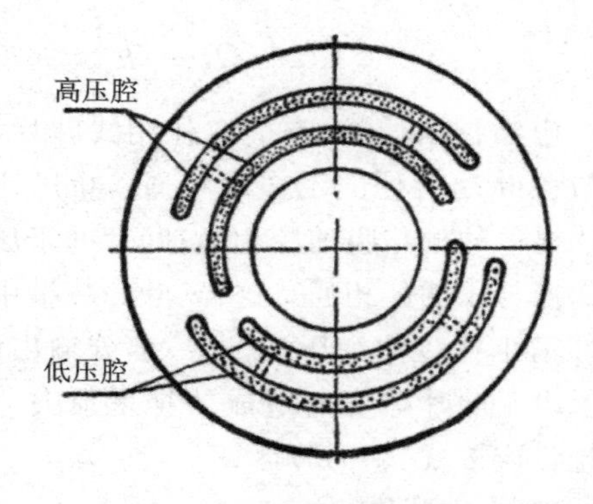

图 3-22 配油盘上的通油槽与叶片所在的工作腔相连

双作用式叶片泵的定子曲线是由八段曲线(四段圆弧和四段过渡曲线)构成。四段圆弧形成了封油区,把吸油区与压油区隔开,起封油作用。即处在封油区的密封工作腔,在转子旋转的一瞬间,其容积既不增大也不缩小,亦即此瞬时既不吸油、不和吸油腔相通,也不压油、不和压油腔相通,把腔内油液暂时“封存”起来。四段过渡曲线形成了吸油区和压油区,完成吸油和压油任务。为使吸油和压油顺利进行,使泵正常工作,对过渡曲线的要求是:能保证叶片贴紧在定子内表面上,以形成可靠的密封工作腔;能使叶片在槽内径向运动时的速度、加速度变化均匀,以减少流量的脉动;当叶片沿着槽向外运动时,叶片对定子内表面的冲击应尽量小,以减小定子曲面的磨损。过渡曲线一般都采用等加速-等减速曲线。为了减少冲击,近年来在某些泵中也有采用正弦、余弦曲线和高次曲线的。

● 叶片倾角

在双作用叶片泵中,叶片在转子槽中的安装并不是沿转子半径方向,而是将叶片顶部朝转子旋转方向往前倾斜了一个角度。其原因可用图 3-23 来解释。当叶片在压油区工作时,定子内表面将叶片向中心顶入,定子内表面给叶片的作用力其方向是沿内表面的法向,所以该力与叶片移动方向的夹角是 α,称为压力角。定子曲线坡度愈陡,压力角就愈大,若叶片沿径向放置(见图 3-23(b)),则定子内表面对叶片的法向作用力 F_N 便与叶片成一个较大的角度 β。F_N 可分为两个分力,即沿叶片方向的分力 F_P 和垂直叶片的分力 F_T,力 F_T 会使叶片弯曲,使叶片在槽中偏斜而引起磨损不均匀,滑动不灵活。当力 F_T 太大时(力 F_T,随 β 角和液压力的增大而增大),甚至会发生叶片折断和卡死现象.所以应将叶片相对转子半径倾斜一个角度 θ,尽量使力 F_N 的方向与叶片运动方向一致。最理想的情况是将叶片槽开在定子内表面的法线方向上。但是过渡曲线上各处的法线方向不同,所以只好根据理论分析和试验探索以选择适当的叶片倾角。国产双作用叶片泵的叶片倾角取 13°。

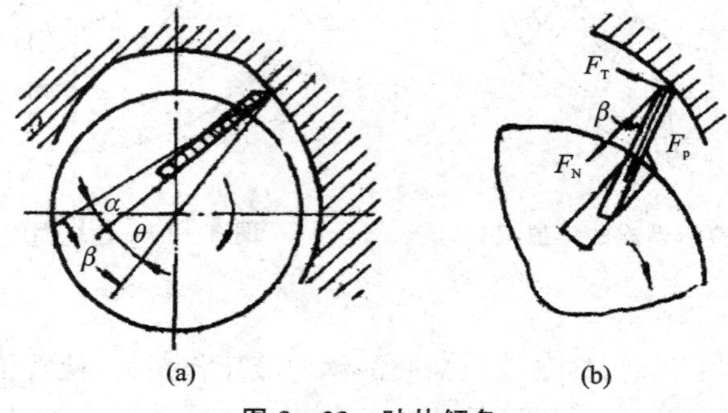

图 3-23 叶片倾角

● 困油问题

叶片泵定子曲线的四段圆弧部分,是叶片间密封容积从吸油→压油,或从压油→吸油的转折处。这段圆弧的包角 β 与转子相邻叶片间的夹角接近于相等。为了防止吸油口与压油口相通，在配油盘上相邻两配油盘窗之间的密封区的中心角应稍大于叶片间夹角，如图 3 - 24 所示。因此，当叶片从定子圆弧部分开始进入压油区时，相邻两叶片间容积缩小，而此时与压油腔还未相通，致使其中的油压剧增，产生困油现象。为了消除困油现象，减小冲击和叶片与定子内表面的磨损，在配油盘窗口上靠近压油区的一边开一条小三角卸荷槽，如图 3 - 25 所示。三角槽还能使叶片间密封中的油液逐步和压油腔相通，避免压力突变引起噪声。

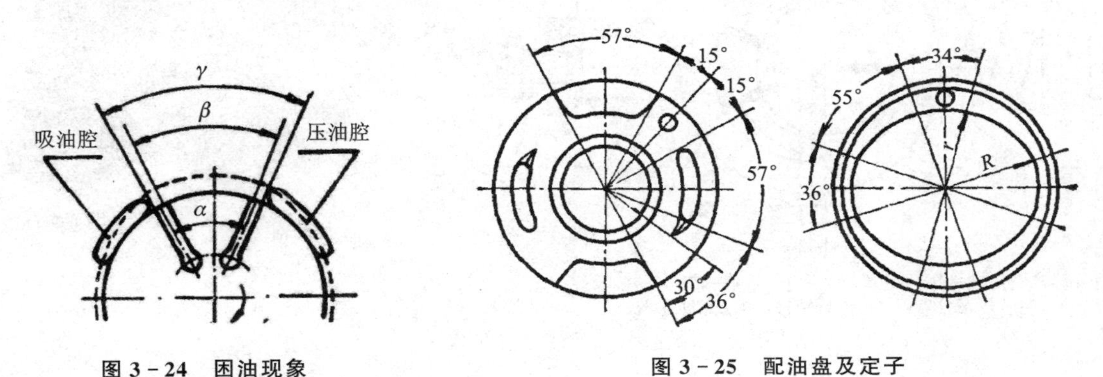

图 3 - 24　困油现象

图 3 - 25　配油盘及定子

4）叶片泵的优缺点及应用

叶片泵是各类泵中应用较广、生产量较大的一种泵。在中、低压液压系统，尤其在机床行业中应用最多。和齿轮泵相比，叶片泵有流量均匀、运转平稳、噪声小、寿命长、轮廓尺寸较小、结构较紧凑等优点，故在精密机床中应用较多。但也存在着自吸能力差、调速范围小、最高转数较低、叶片容易咬死、工作可靠性较差、结构较复杂、对油液污染较敏感等缺点，因此在工作环境较污秽、速度范围变化较大的机械上应用相对较少。此外，在工作可靠性要求很高的地方，如飞机上，也很少应用。

单作用式常做变量泵使用，由于转子及传动轴轴承受来自压油腔作用的径向液压力，限制了油压的提高，其额定压力较低（6.3 MPa），常用于组合机床、压力机械等。双作用式只能做定量泵使用，由于转子及传动轴轴承所受的径向液压力正好位置对称，互相抵消，经过改进后，可以做成更高压力的高压叶片泵，其额定压力可达 14～21 MPa，在各类机床（尤其是精密机床）设备中，如注塑机、运输装卸机械及工程机械等中压系统中得到广泛应用。

（2）变量叶片泵

变量叶片泵为单作用式。变量叶片泵依靠定子和转子间偏心距 e 的变化来改变泵的输出流量的大小。按改变偏心的方式不同，分手动调节变量和自动调节变量；自动调节的变量叶片泵根据压力流量特性的不同，又可分为限压式、恒流量式（其输油量基本上不随压力的高低而变化）和恒压式（其调定压力基本上不随泵的流量变化而变化）三类。目前国内生产比较成熟和使用最多的是限压式变量叶片泵。

1）限压式变量叶片泵的工作原理

限压式变量叶片泵的流量改变是利用压力的反馈作用来实现，它有外反馈和内反馈两种形式。外反馈通用性好，有利于系列的发展，因此下面只介绍外反馈限压式变量叶片泵的工作原理。

图 3 - 26(a)和(b)分别为外反馈限压式变量叶片泵的工作原理图及结构图。

转子的中心 O 固定不动，定子的中心 O_1 可以左右移动，它在左边限压弹簧的作用下被推

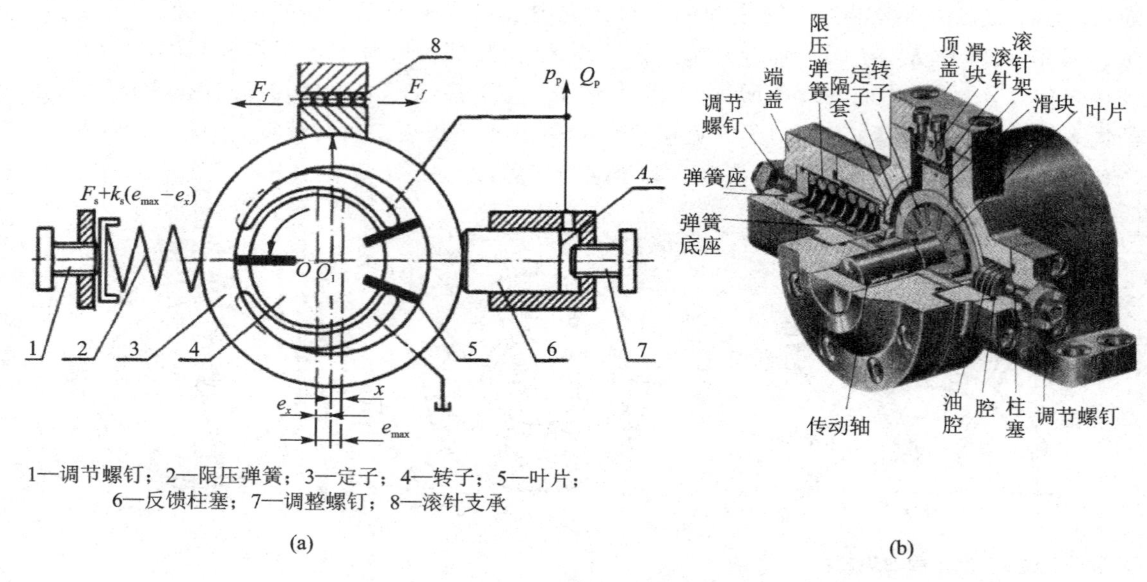

1—调节螺钉；2—限压弹簧；3—定子；4—转子；5—叶片；
6—反馈柱塞；7—调整螺钉；8—滚针支承

(a) (b)

图 3-26 外反馈限压式变量叶片泵

向右端，使相对转子中心 O 有一个偏心量 e_x。当转子以图示方向旋转时，转子上半部为压油腔，下半部为吸油腔，定子在压力油的作用下压在滑块上，滑块由一排滚针支承，以减小摩擦，增加定子的灵活性。定子右侧装有压力反馈的柱塞小油缸，油缸与压油腔连通。设反馈柱塞油缸的有效面积为 A_x，泵的出口压力为 p_p，则通过柱塞作用在定子上的反馈力为 p_pA_x，它平衡限压弹簧的预紧力 F_s（由弹簧左端的螺钉调节）和有压缩弹簧减小偏心量 e_x 的趋势。当负载变化时，p_pA_x 发生变化，定子相对转子移动，使偏心量改变。其工作过程如下：

当泵的工作压力 p_p 小于限定压力 p_B（由反馈柱塞右边的调整螺钉调定）时，$p_pA_x<F_s$，限压弹簧的压缩量不变，定子不作移动，最大偏心量 e_{max} 保持不变，泵输出流量为最大；当泵的工作压力 p_p 升高而大于限定压力 p_B 时，$p_pA_x>F_s$，这时限压弹簧被压缩，定子左移，偏心量减小，泵的流量也相应减小。泵的工作压力愈高，偏心量愈小，泵输出的流量也愈小。当工作压力达到某一极限值 p_c（截止压力）时，则 p_pA_x 值更大，限压弹簧被压缩到最短，定子移到最左端位置，偏心量减至最小，使泵的流量趋近于零，这时泵输出少量流量用来补偿泄漏。这时不管负载再怎样增大，泵的出口压力不会再升高，即泵的最大输出压力受到限制，故称为限压式变量泵。

变量叶片泵与单作用叶片泵相同，在压油腔叶片底部通压力油，在吸油腔叶片底部通低压油，使叶片的顶部和底部受力基本上平衡，避免了在吸油腔定子内表面的严重磨损。

2）外反馈限压式变量叶片泵的静态特性

外反馈限压式变量叶片泵的静态特性主要是指其流量和压力之间的关系，亦称流量-压力特性。

由图 3-26 可知：泵的理论流量 Q_{tp} 与泵的尺寸参数以及偏心距 e_x 的大小有关，泵的泄漏量 ΔQ_p 与压力有关，则泵的实际流量 Q_p 可用下式表示：

$$Q_p=Q_{tp}-\Delta Q_p=K_Q\cdot e_x-k_l\cdot p_p \tag{3-39}$$

式中：K_Q 为单位偏心量所产生的理论流量，其值由泵的尺寸参数决定；k_l 为泄漏系数。

当柱塞小油缸内的液压反馈力小于弹簧预紧力，即 $p_{p}A_{x}<F_{s}$ 时，定子处在最右端位置，这时 $e_{x}=e_{max}$，故有

$$Q_{p}=K_{Q}\cdot e_{max}-k_{l}\cdot p_{p} \tag{3-40}$$

当柱塞小油缸内的液压反馈力大于弹簧预紧力，即 $p_{p}A_{x}>F_{s}$ 时，弹簧产生附加压缩量 $x=e_{max}-e_{x}$，使弹簧作用力增大至 $F_{s}+k_{s}(e_{max}-e_{x})$，考虑支承滑块处有摩擦力，则定子在弹簧力方向上的受力平衡方程式为

$$p_{p}A_{x}\mp F_{f}=F_{s}+k_{s}(e_{max}-e_{x}) \tag{3-41}$$

式中：F_{f} 为滑块支承处的摩擦力(设定子内壁承受液压力的投影面积为 A_{y}，摩擦系数为 f，则有 $F_{f}=p_{p}A_{y}f$)；k_{s} 为限压弹簧的刚度。

在式(3-39)和式(3-41)中消去 e_{x}，整理后得

$$Q_{p}=\frac{K_{Q}}{k_{s}}(F_{s}+k_{s}e_{max\,x})-\frac{K_{Q}}{k_{s}}\left(A_{x}\mp A_{y}f+\frac{k_{s}k_{l}}{K_{Q}}\right)p_{p} \tag{3-42}$$

由式(3-40)和式(3-42)可画出限压式变量泵的 Q_{p}-p_{p} 曲线，如图3-27所示。

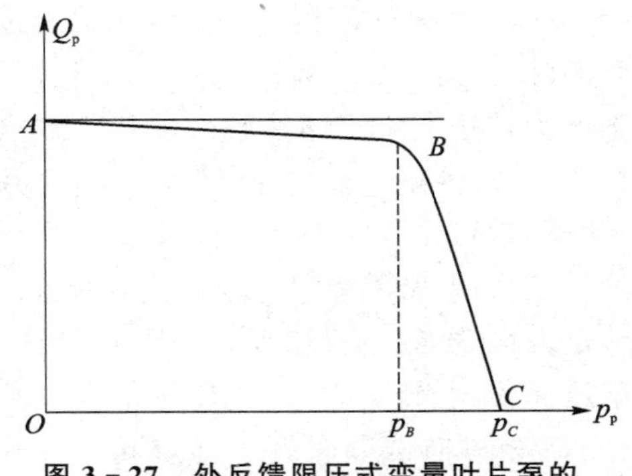

图3-27 外反馈限压式变量叶片泵的流量-压力曲线

图中 AB 段曲线与式(3-40)相对应，表示工作压力小于 p_{B} 时，泵的输出流量为最大，理论输出流量为一常数。B 点称为拐点，p_{B} 表示泵在最大流量保持不变时可达到的最高工作压力(称限定工作压力)。BC 段曲线与式(3-42)相对应，表示工作压力超过限定工作压力 p_{B} 后，泵的输出流量开始随压力的升高而自动减少，直到 C 点为至，这时流量为0，压力为 p_{C}，p_{C} 称极限工作压力(截止压力)。

当 $p_{p}=p_{B}$ 时，式(3-40)和式(3-42)中的流量相等，可得

$$p_{B}=\frac{F_{s}}{A_{x}\mp A_{y}f} \tag{3-43}$$

令式(3-42)中的 $Q_{p}=0$，可得

$$p_{C}=\frac{F_{s}+k_{s}e_{max}}{A_{x}\mp A_{y}f+\dfrac{k_{s}k_{l}}{K_{Q}}} \tag{3-44}$$

泵的最大流量由调整螺钉调节，它可改变 A 点的位置，使 AB 线段上下平移。调节螺钉可调节限定工作压力 p_{B}，可使拐点 B 左右移动，这时 BC 线段左右平移。若改变限压弹簧刚度 k_{s}，则可改变 BC 线段的斜率。在应用时，可根据不同的需要，通过可调环节来获得所要求的流量-压力特性。

限压式变量叶片泵的流量-压力特性正好满足既要实现快速行程又要实现工作进给的工作部件对液压泵的要求。快速行程肘，负载压力低，流量大，可以使泵的工作点落在 AB 线段；工作进给时负载压力升高，流量减小，工作点正好落在 BC 线段。

3) 限压式变量叶片泵的优缺点和应用

限压式变量叶片泵与双作用定量叶片泵相比，结构复杂，尺寸大，相对运动的机件多，轴上

受单向径向液压力大，故泄漏大，容积效率和机械效率较低，流量脉动也较严重，工作压力的提高受到限制。国产限压式变量叶片泵的公称压力为6.3 MPa。但是这种泵的流量可随负载的大小自动调节，故功率损失小，可节省能源，减少发热。由于它在低压时流量大，高压时流量小，特别适合驱动快速推力小、慢速推力大的工作机构。例如在组合机床上驱动动力滑台实现快速趋近—工作进给—快速退回的半自动循环运动，以及在液压夹紧机构中实现夹紧保压等。

(3) 叶片液压马达

由于变量叶片液压马达结构较复杂，相对运动部件多，泄漏较大，容积效率低，机械特性软及调节不便等原因，叶片液压马达一般都制成定量式的，即一般叶片液压马达都是双作用式的定量液压马达。

1) 叶片液压马达的工作原理

叶片液压马达的工作原理如图3-28所示。当压力为p_M的油液从配油窗口进入相邻两叶片间的密封工作腔时，位于进油腔的叶片8、4因两面所受的压力相同，故不产生转矩。位于回油腔的叶片2、6也同样不产生转矩。而位于封油区的叶片1、5和3、7因受压力油作用，另一面受回油的低压作用，故可产生转矩，且叶片1、5的转矩方向与3、7的相反，但因叶片1、5的承压面积大、转矩大，因此转子沿着叶片1、5的转矩方向做顺时针方向旋转。叶片1、5和叶片3、7产生的转矩差就是液压马达的(理论)输出转矩。当定子的长短径差越大、转子的直径越大，以及输入的油压越高时，液压马达的输出转矩也越大。当改变输油方向时，液压马达可以反转，所以叶片在转子中只能径向放置，且在体内装有单向阀，以保证叶片根部都能受压力油作用。所有的叶片泵在理论上均能作为相应的液压马达。其输出转矩T_M取决于输入的油压p_M，输出转速n_M取决于输入的流量Q_M。

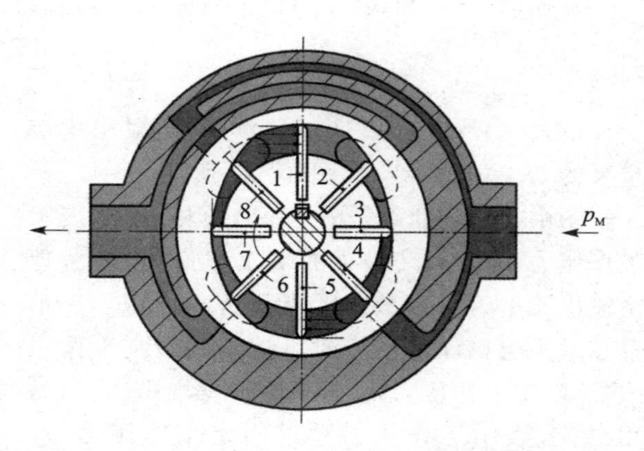

图3-28 叶片液压马达的工作原理图

2) 叶片液压马达的转速和转矩计算

由于叶片液压马达的体积小，转动惯量小，动作灵敏，能适应较高的换向频率，但泄漏较大，不能在很低的转速下工作，所以，一般适用于较高转速、低转矩和要求工作灵敏的场合。

叶片液压马达平均转速n_M的计算式为

$$n_M = \frac{Q_M \eta_{VM}}{2\pi b(R^2 - r^2)} \tag{3-45}$$

式中：Q_M为输入叶片液压马达的流量；b为叶片宽度；R为定子内表面圆弧部分的长半径；r为定子内表面圆弧部分的短半径；η_{VM}为叶片液压马达的容积效率。

叶片液压马达平均转矩T_M的计算式：

$$T_M = \frac{\Delta p_M Q_M \eta_M}{2\pi n_M} \tag{3-46}$$

式中：Δp_M为叶片液压马达进出口的压力差；n_M为叶片液压马达的平均转速；η_M为叶片液压马达的总效率。

3. 柱塞泵和柱塞液压马达

(1) 柱塞泵

柱塞泵是依靠柱塞在其缸体内做往复直线运动时所造成的密封工作腔的容积变化来实现吸油和压油。它密封性能好，容积效率高，可以达到很高的工作压力，且易于实现变量，是高压系统中应用普遍的一种泵。按柱塞的排列方式和运动方向的不同，可分为轴向柱塞泵和径向柱塞泵。

1) 轴向柱塞泵

轴向柱塞泵是柱塞中心线互相平行于缸体轴线的一种泵。根据倾斜元件不同，有斜盘式和斜轴式两种。由于前者结构简单、应用较广，且已成为系列产品，所以下面重点介绍斜盘式轴向柱塞泵。

● 斜盘式轴向柱塞泵的工作原理

图 3-29(a)和(b)分别为斜盘式轴向柱塞泵的工作原理图及结构图。

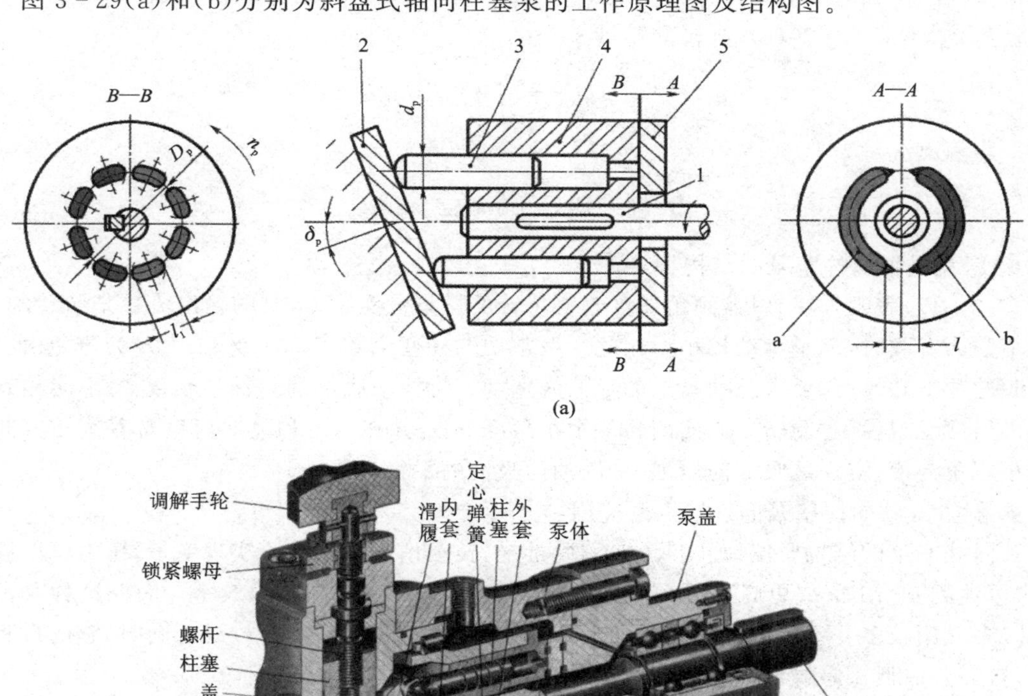

图 3-29　斜盘式轴向柱塞泵

该泵主要由传动轴1、斜盘2、柱塞3、缸体4、配油盘5等零件组成。传动轴1和缸体4固连在一起,缸体上在直径为D_p的圆周上均匀地排列着若干个轴向孔,柱塞在孔内可以自由滑动。斜盘2的轴线与传动轴成δ_p角(称为斜盘倾角)。柱塞靠机械装置(如弹簧等,图中未画出)或底部的低压油作用,使其球形端部紧压在斜盘上。当传动轴按着图示方向带动缸体一起回转时(斜盘和配油盘都不动),柱塞在其自下向上回转的半周内从缸体孔中逐渐向外伸出,柱塞密封工作腔(由柱塞端面与缸体内孔所围成的容腔)容积不断扩大,形成部分真空,将液压油从油箱经油管、进油窗口a吸进来;柱塞在其自上而下回转的半周内又向缸体孔内逐渐缩回,使密封工作腔的容积不断减小,将油液从配油窗口b向外压出。缸体每转一周,每个柱塞就吸油、压油各一次;当缸体连续旋转时,就不断地输出压力油。改变斜盘倾角δ_p,可改变柱塞往复行程的大小,因而也就改变了泵的排量;改变斜盘倾角的倾斜方向(泵的转向不变),可使泵的进、出油口互换,成为双向变量泵。

● 斜盘式轴向柱塞泵的排量和流量计算

柱塞在缸体孔内的最大行程为$l_p = D_p \tan\delta_p$(D_p为柱塞分布圆直径),设柱塞数为Z_p,柱塞直径为d_p,见图3-29(a),则泵的排量q_p为

$$q_p = \frac{\pi}{4} d_p^2 l_p Z_p = \frac{\pi}{4} d_p^2 D_p \tan\delta_p Z_p \tag{3-47}$$

平均输出流量为

$$Q_p = \frac{\pi}{4} d_p^2 D_p \tan\delta_p Z_p n_p \eta_{Vp} \tag{3-48}$$

● 斜盘式轴向柱塞泵的结构特点

式(3-47)表明,改变斜盘倾角即可改变每转的排量。实际上,泵的输出流量是脉动的,当柱塞个数为奇数时,流量脉动较小。因此一般常用的柱塞个数为7、9或11个。为避免由于困油引起的冲击和噪声,要求配油盘上的封油区宽度l与柱塞底部的通油口长度l_1不能相差太大,可以将配油盘顺着旋转方向向前转一个小角度(6°),并在压油和吸油窗口对着旋转方向开一个小三角沟槽,实现从吸油向压油,从压油向吸油的平稳过渡。

● 斜盘式轴向柱塞泵的优缺点及应用

轴向柱塞泵的结构紧凑,径向尺寸小,质量轻,转动惯量小且易于实现变量,压力可以提得很高(可达到40 MPa或更高),可在高压高速下工作,并具有较高容积效率。因此这种泵在高压系统中应用较多。不足的是该泵对油液污染十分敏感,一般需要精过滤。同时,它的自吸能力差,常需要由低压泵供油。

2) 径向柱塞泵

● 径向柱塞泵的工作原理

径向柱塞泵的工作原理如图3-30(a)所示,其结构图如图3-30(b)所示。

柱塞1径向安放于缸体(转子)3中。缸体内孔紧配衬套4,套装在配油轴5上。配油轴5固定不动。当缸体3由电动机带动旋转时,柱塞1在离心力作用下向外伸出,紧紧顶在定子2的内壁(内圆柱表面)上。由于缸体与定子之间有一偏心距e,所以当缸体按图示箭头方向旋转时,处于上半周内的各柱塞底部的密封工作腔的容积逐渐增大,形成部分真空,将油液从油箱经配油轴5内的轴向孔道,经窗孔a(两个)吸入;处于下半周内的各柱塞底部密封工作腔的容积逐渐减少,将油液从窗孔b经配油轴5内的另两个轴向孔道压出。缸体不断旋转,就连续

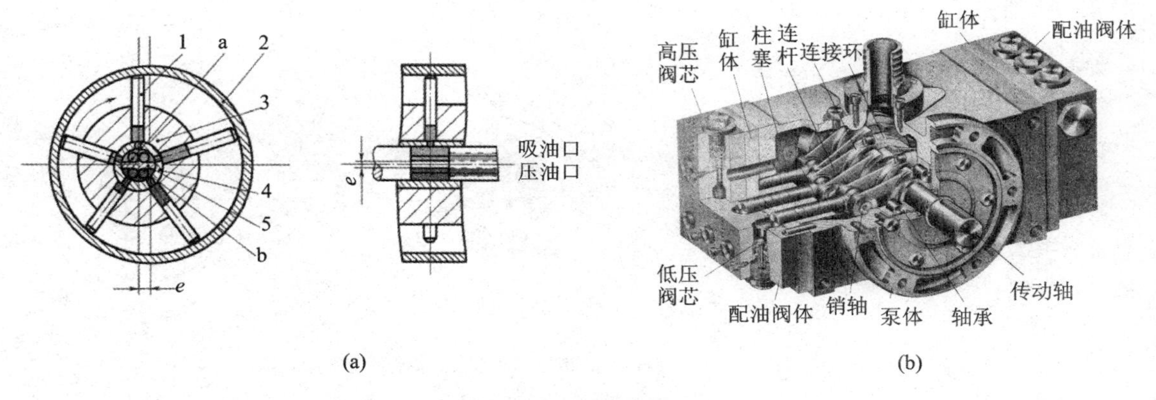

图 3-30　径向柱塞泵

进行吸油、压油。移动定子以改变偏心距 e，可以改变泵的排量；若改变偏心距 e 的方向，可使进出油口互换，成为双向泵。

● 径向柱塞泵的排量和流量计算

设柱塞直径为 d，定子与转子的偏心距为 e，则转子每转一周柱塞的行程即为 $2e$，故转子每转一周一个柱塞的排量为

$$q'=\frac{\pi d^2}{4}\cdot 2e \tag{3-49}$$

设转子上共有 Z 个均匀分布的柱塞，则转子的排量为

$$q=\frac{\pi d^2}{4}\cdot 2e\cdot Z \tag{3-50}$$

再设该泵的转速为 n，容积效率为 η_{V_p}，则可得泵的平均流量为

$$Q_p=\frac{\pi d^2}{4}\cdot 2e\cdot Z\cdot n\cdot \eta_{V_p} \tag{3-51}$$

● 径向柱塞泵的结构特点

配油轴上的上下窗口一边受高压，另一边受低压，使配油轴承受很大的单向负载。配油轴与缸体衬套之间的配合间隙要适中。配合间隙太小，易造成咬死或磨伤；配合间隙太大，会引起严重泄漏。柱塞个数是奇数，流量脉动小。

● 径向柱塞泵的优缺点及应用

这种泵，由于柱塞和孔较易加工，其配合精度容易保证，所以密封工作腔的密封性较好，容积效率较高，一般可达 0.94～0.98，故多用于 10 MPa 以上的液压系统。但是，该泵的径向尺寸较大，结构较复杂，且配油轴受到径向不平衡液压力作用，易于磨损，因而限制了转速和压力的提高(最高压力在 20 MPa 左右)，故目前生产中应用不多。

为了增加流量，径向柱塞泵有时将缸体沿轴线方向加宽，将柱塞做成多排形式的。对于排数为 i 的多排形式的径向柱塞泵，其排量和流量分别为单排径向柱塞泵排量和流量的 i 倍。

(2) 柱塞液压马达

1) 轴向柱塞液压马达

● 轴向柱塞液压马达的工作原理

上述轴向柱塞泵可做液压马达使用，即两者是可逆的。轴向柱塞液压马达的工作原理如

图 3-31 所示。

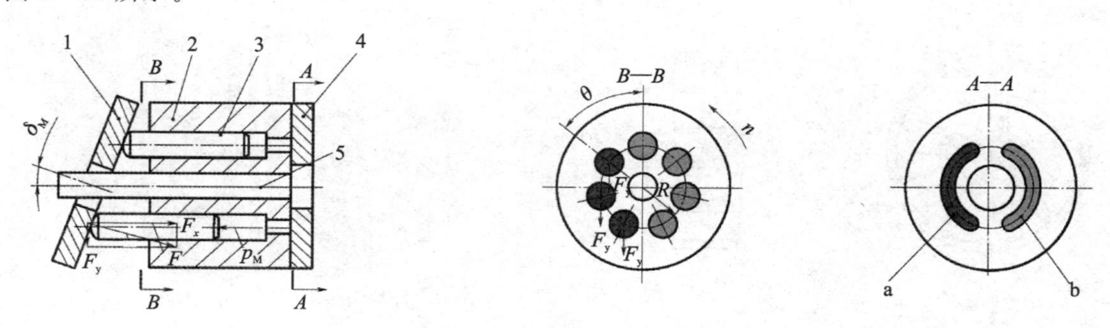

图 3-31 轴向柱塞液压马达的工作原理

图中，斜盘 1 和配油盘 4 固定不动，柱塞 3 沿轴向放在缸体 2 中，缸体 2 和液压马达轴 5 相连，并一起转动。斜盘的中心线和缸体的中心线相交一个倾角δ_M。当压力油通过配油盘上的配油窗 a 输入到与窗口 a 相通的缸体上的柱塞孔中时，压力油将该孔中柱塞顶出，使之压在斜盘上。由于斜盘对柱塞的反作用力 F 垂直于斜盘表面(作用在柱塞球头表面的法线方向上)，这个力的水平分量 F_x 与柱塞右端的液压力平衡，而垂直分量 F_y 则使每个与窗口 a 相通的柱塞都对缸体的回转中心产生一个转矩，使缸体和液压马达轴做逆时针方向旋转，在轴 5 上输出转矩和转速。如果改变液压马达压力油的输入方向，液压马达轴就做顺时针方向旋转。

● 轴向柱塞液压马达的转速和转矩计算

轴向柱塞液压马达的输出转矩等于处于压油区内各柱塞瞬时转矩的总和。由于柱塞的瞬时方位角是变化的，使瞬时转矩也按正弦规律变化，因而输出的转矩也是脉动的。

轴向柱塞液压马达平均转速 n_M 的计算式：

$$n_M = \frac{Q_M \eta_{VM}}{\frac{\pi}{4} d_M^2 D_M \tan \delta_M Z_M} \tag{3-52}$$

式中：Q_M 为输入轴向柱塞液压马达的流量；d_M 为柱塞直径；D_M 为柱塞分布圆直径；δ_M为斜盘倾角；Z_M 为柱塞个数；η_{VM} 为轴向柱塞液压马达的容积效率。

轴向柱塞液压马达平均转矩 T_M 的计算式为

$$T_M = \frac{\Delta p_M Q_M \eta_M}{2\pi n_M} \tag{3-53}$$

式中：Δp_M 为轴向柱塞液压马达进出口的压力差；n_M 为轴向柱塞液压马达的平均转速；η_M 为轴向柱塞液压马达的总效率。

2）径向柱塞液压马达

● 径向柱塞液压马达的工作原理

径向柱塞液压马达除了配油阀式的以外，均具有可逆性。如图 3-30 所示，当压力油从配油轴 5 的轴向孔道，经配油窗口 a、衬套 4 进入缸体 3 内柱塞 1 的底部时，柱塞 1 在油压作用下向外伸出，紧紧地顶在定子 2 的内壁上。定子 2 和缸体 3 之间存在一偏心距 e。如图 3-32 所示在柱塞与定子接触处，定子给柱塞一反作用力 F，其方向在定子内圆柱曲面的法线方向上。将力 F 沿柱塞的轴向(缸体的径向)和径向分解成力 F_x 和 F_y，F_y 对缸体产生转矩，使缸体旋转。缸体则经其端面连接的传动轴向外输出转矩和转速。

● 径向柱塞液压马达的转速和转矩计算

径向柱塞液压马达输出的转矩等于高压区内各柱塞产生转矩的总和，其值也是脉动的。与轴向柱塞液压马达相反，低速大转矩液压马达多采用径向柱塞式结构。其主要特点是排量大(柱塞的直径大、行程长、数目多)、压力高、密封性好。但其尺寸及体积大，不能用于反应灵敏、频繁换向的系统中。在矿山机械、采煤机械、工程机械、建筑机械、起重运输机械及船舶方面，低速大转矩液压马达得到了广泛应用。

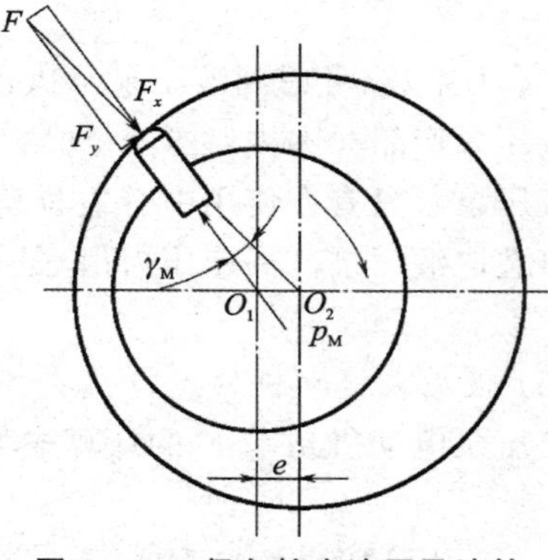

图 3-32　径向柱塞液压马达的工作原理

径向柱塞液压马达平均转速 n_M 的计算式：

$$n_M = \frac{Q_M \eta_{VM}}{\frac{\pi}{2} d_M^2 \cdot e \cdot Z_M} \tag{3-54}$$

式中：Q_M 为输入径向柱塞液压马达的流量；d_M 为柱塞直径；e 为偏心距；Z_M 为柱塞个数；η_{VM} 为径向柱塞液压马达的容积效率。

径向柱塞液压马达平均转矩 T_M 的计算式：

$$T_M = \frac{\Delta p_M Q_M \eta_M}{2\pi n_M} \tag{3-55}$$

式中：Δp_M 为径向柱塞液压马达进出口的压力差；n_M 为径向柱塞液压马达的平均转速；η_M 为径向柱塞液压马达的总效率。

3.1.3　常用液压泵和液压马达的选用

1. 常用液压泵的选用

液压泵的选用，就是依据液压系统对动力元件的要求，确定液压泵的输出流量、工作压力、液压泵的类型和相应的电动机规格。

(1) 液压泵的输出流量

液压泵的输出流量 Q_p，应满足液压系统中同时工作的执行机构所需的最大流量之和 $\left(\sum Q_{工作}\right)_{max}$，即

$$Q_p \geqslant k_1 \cdot \left(\sum Q_{工作}\right)_{max} \tag{3-56}$$

式中：k_1 为系统中漏损的系数(取 1.1～1.3)。

在液压泵产品样本中，标明了每种液压泵的额定流量(或排量)的数值。此值是指额定转速和额定压力下该液压泵输出的实际流量(排量是指每转理论流量)。根据系统中需要的流量 Q_p 选定液压泵时，必须保证该液压泵对应于额定流量的规定转速，否则将得不到所需的流量。要尽力避免通过任意改变转速来实现液压泵输出流量的增减。这样做，不但不能保证足够的容积效率，还会加快液压泵磨损。

(2) 液压泵的工作压力

液压泵的工作压力 p_p，应满足液压系统中执行机构所需的最大工作压力 p_{max}，即

$$p_{\mathrm{p}} \geqslant k_2 \cdot p_{\max} \tag{3-57}$$

式中：k_2 为系数，考虑到液压泵至执行机构管路中的压力损失，取 1.1～1.5。

液压泵产品样本中，往往标明额定压力值和最高压力值。算出 p_{p} 后，应按额定压力值来选择液压泵。只有在使用中有短暂超载场合，或样品说明书中特殊说明的范围，才允许按最高压力值选取液压泵。额定压力值，是指使用中不应超过的压力值，否则将影响液压泵的效率和寿命。

(3) 液压泵电动机的规格

液压泵电动机功率 P 的计算式为

$$P = p_{\mathrm{pmax}} \cdot Q_{\mathrm{n}} / \eta_{\mathrm{p}} \tag{3-58}$$

式中：p_{pmax} 为液压泵的最大实际工作压力；Q_{n} 为液压泵的额定流量；η_{p} 为液压泵的总效率。

在液压泵产品样本中，往往附有液压泵电动机功率的数值。这个功率大小值是指液压泵在额定压力和额定流量下所需的数值。实际使用中，液压泵的最大实际工作压力，有时比液压泵的额定压力值低得多。因此应按实际工况计算电动机的功率，不应照搬样本上所写的电动机功率，否则将造成浪费。选用的电动机转速应符合液压泵的要求。

(4) 液压泵类型的选择

一般来说，齿轮液压泵多用于低压液压系统(2.5 MPa)，叶片液压泵用于中压液压系统(6.3 MPa 以下)，柱塞液压泵多用于高压液压系统(10 MPa 以上)。由于柱塞液压泵价格较贵，所以在某些平稳性、脉动性、噪声等方面要求不高，或工作环境较差的场合，可采用高压齿轮液压泵。这种液压泵结构简单，价格低廉，维护方便。在小功率的场合下，可选用定量液压泵；大功率的场合下，以选用变量液压泵较为合理。表 3-1 为各类液压泵的性能参数比较，可供选用液压泵时参考。

2. 常用液压马达的选用

液压马达的结构与液压泵基本相同。因此，液压泵在理论上都可以作液压马达使用，其参数计算公式也可相互换算得到。但液压马达也有一些特殊的地方，下面作一简要介绍：

① 液压马达是靠输入压力油来进行启动的，与液压泵靠电动机直接带动是不同的。因此在结构上必须考虑液压马达能正常启动，也就是要保证液压马达启动时，工作油腔有可靠的密封性。

② 液压马达往往要求双向回转，因此它的配油机构应该对称，进出油口大小也应相等。而液压泵通常是单向转动，它的配油机构或困油卸荷槽等，常做成不对称形式，进出油口直径也不相同。

③ 液压马达是靠输入压力油进行工作的，不需具备液压泵那样的自吸能力。轴向柱塞式或径向柱塞式液压泵改做液压马达使用时，不需要装柱塞回程弹簧。但是，为了防止柱塞可能脱空，最好给一定的回油背压。

④ 很多液压泵常采用内泄漏形式，即内部泄漏的油孔直接与液压泵吸油口相通。而液压马达为了实现双向回转，高、低压油口要能相互变换。使用中也可能会采用出口节流调速，即存在回油背压，可能使内泄漏孔压力增高，而发生冲坏密封圈的现象，所以液压泵作液压马达使用时，应采用外泄漏式结构。

⑤ 液压马达的容积效率往往比液压泵低，所以液压马达使用转速不宜过低，即向液压马达供油量不能太少。

表 3-1 常用液压泵的性能参数比较

形式 \ 项目	排量计算公式	容积效率 η_0	总效率 η_p	输油量/ $(L \cdot min^{-1})$	工作压力/ bar	转速范围/ $(r \cdot min^{-1})$	特点	应用范围
齿轮泵	$q=6.66zBm^2$ z—齿数； B—齿宽； m—模数	0.85～0.90	0.60～0.80	0.75～550	7～200	300～4 000	结构简单，价格便宜，工作可靠，自吸性好，维护方便，耐冲击，转动惯量大。流量不可调节，脉动大，噪声大，易磨损，压力低，效率低。高压齿轮泵具有径向或轴向间隙自动补偿结构，所以压力较高	一般常用于工作压力低于25 kgf/cm^2 机床液压系统及低于大流量的一些系统中。中高压齿轮泵常用于工程机械、航空、造船等方面
叶片泵 单作用式（变量）	$q=2\pi Deb$ D—定子内径； e—偏心距； b—定子宽度	0.80～0.90	0.70～0.75	25～63	25～63	600～1 800	轴承上承受单向力，易磨损，泄漏大，压力不高。改变偏心量可改变流量。与变量柱塞泵相比，具有结构简单、价格便宜的优点	在中、低压系统中用的较多，常用于精密机床及一些功能较大的设备上，如高精密平磨、塑料机械等。组合机床液压系统中用得很多
叶片泵 双作用式	$q=2b\left[\pi(R^2-r^2)-\frac{(R-r)SZ}{\cos\theta}\right]$ R—定子长半径； r—定子短半径； S—叶片厚度； b—叶片宽度； Z—叶片数； θ—叶片倾角	0.80～0.94	约 0.75	4～210	63～210	96～1 450	轴承径向受力平衡，寿命较高，流量均匀，运转稳定，噪声小，结构紧凑，但不能做成变量泵，转速必须大于 500 r/min 才能保证可靠吸油。定子曲面易磨损，叶片易“咬死”或折断	在各类机床设备中得到广泛应用，如注塑机、运输装载机械、工程机械等中压系统中用得很多

续表 3-1

形式		排量计算公式	容积效率 η_0	总效率 η_p	输油量/($L \cdot min^{-1}$)	工作压力/bar	转速范围/($r \cdot min^{-1}$)	特点	应用范围
柱塞泵	径向柱塞泵	$q=\frac{1}{2}\pi d^2 eZ$ d—柱塞直径； e—偏心距； Z—柱塞数	0.90～0.95	0.75～0.92	50～400	75～400	960～1 450	结构复杂，价格较贵，但密封性好，效率高，工作压力高，流量调节方便。与轴向柱塞泵相比，其径向尺寸大，转动惯量大，转速不能过高，但耐冲击振动能力强，工作可靠，对油的清洁度要求高	多用于 100 bar 以上的各类液压系统中。由于体积大，重量大，耐冲击性好，故常用于固定设备如拉床、压力机或船舶等方面
柱塞泵	轴向柱塞泵	$q=\frac{\pi}{4}d^2 D\tan\gamma Z$ d—柱塞直径； D—柱塞分布圆直径； Z—柱塞数； γ—倾斜盘或缸体倾角	0.95～0.98	0.85～0.95	10～250	63～400	10～3 000	结构复杂，价格更贵。由于径向尺寸小，转动惯量小，所以转速高，流量大，压力高，变量方便，效率也较高。油液需清洁，耐冲击振动性比径向柱塞式稍差	在各类高压系统中应用非常广泛，如冶金、锻压、矿山、起重运输、工程建筑、造船等方面。此类泵有代替径向柱塞泵的趋势

⑥ 用阀配油式的液压泵，因油流不能换向，故不能作液压马达使用。

上述各点，在液压泵改作液压马达使用时应充分考虑。

一般而言，齿轮液压马达输出转矩小，泄漏大，但结构简单，价格便宜，可用于高转速低转矩的场合。叶片液压马达惯性小，动作灵敏，但容积效率不够高，机械特性软，适用于转速较高、转矩不大且要求启动换向频繁的场合。轴向柱塞液压马达应用最广泛，容积效率较高，调速范围也较大，且最低稳定转速较低；但耐冲击振动性较差，油液要求过滤清洁，价格也较高。工程机械、船舶设备等要求低转速大转矩时，常采用径向柱塞式液压马达。

3.2　液压往复式执行元件

液压缸是将液体的压力能转化为机械能的能量转换装置，属于机床液压传动系统中的执行元件。液压缸按结构形式可分为活塞式、柱塞式和摆动式。前二者实现往复直线运动，输出推力和速度；后者实现往复摆动，输出转矩和角速度。液压缸除单个使用外，还可以几个组合起来或和其他机构组合起来，以完成特殊的功用。

常用液压缸的类型如图 3－33 所示。

- 液压缸
  - 活塞式液压缸
    - 单杆
      - 单作用
      - 双作用
    - 双杆
  - 柱塞式液压缸
    - 单柱塞
    - 双柱塞
  - 摆动式液压缸
    - 单叶片
    - 双叶片
  - 复合式液压缸

图 3－33　常用液压缸的类型

3.2.1　液压缸的类型和特点

1. 活塞式液压缸

(1) 单活塞杆液压缸

活塞上所固定的活塞杆从某一侧伸出的液压缸，称为单活塞杆液压缸，其图形符号如图 3－34 所示。

1) 特　点

活塞两端的有效面积不等，即构成的密封容积腔的大小不同。如果以同流量的压力油分别进入左腔或右腔时，活塞移动的速度与进油腔的有效面积成反比，即油液进入有效面积大的一端速度慢，进入有效面积小的一端速度快；活塞上产生的最大推力则与进油腔的有效面积成正比。

2) 作用形式

- 单作用　液压油单向进入液压缸一腔，只能作单向运动，回程靠弹簧使活塞复位，如图 3－35 所示。

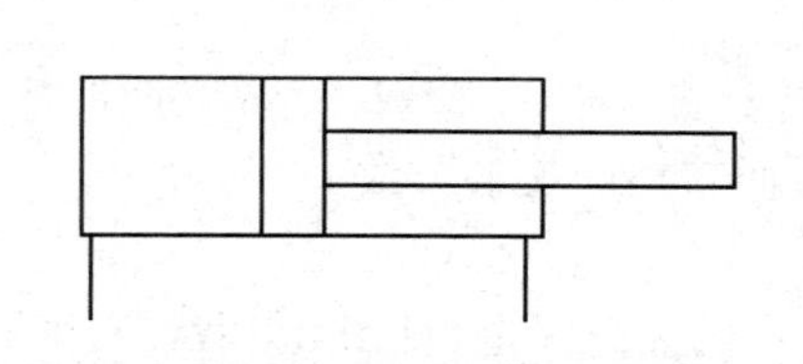

图 3－34　单活塞杆液压缸图形符号

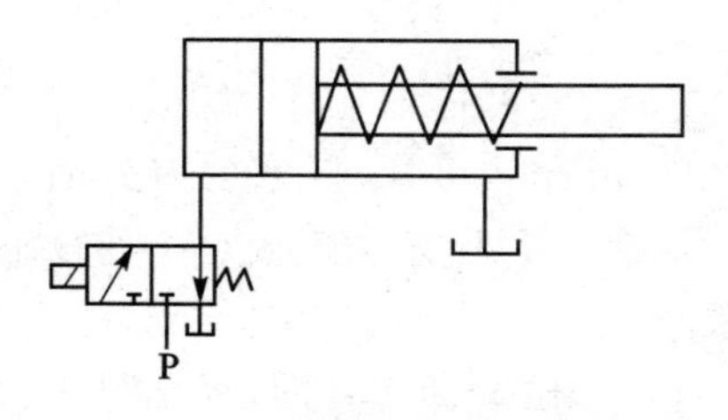

图 3－35　弹簧复位液压缸

● 双作用　利用油液压力推动液压缸中的活塞作正、反两个方向运动，计算简图如图 3－36 所示。

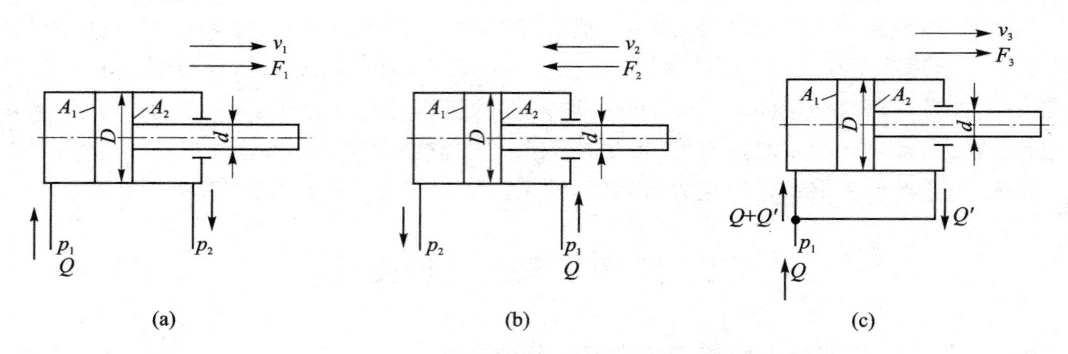

图 3－36　双作用液压缸计算简图

当从左腔通压力油和从右腔通相同压力油时，如图 3－36(a)和(b)所示，得到两个方向的推力是不相等的，推力分别为

$$F_1 = p_1A_1 - p_2A_2 = \frac{\pi}{4}[D^2p_1 - (D^2 - d^2)p_2] \tag{3-59}$$

$$F_2 = p_1A_2 - p_2A_1 = \frac{\pi}{4}[(D^2 - d^2)p_1 - D^2p_2] \tag{3-60}$$

当分别给两腔输入相同流量的压力油时，如图 3－36(a)和(b)所示，两个方向的运动速度也是不相等的，其速度分别为

$$v_1 = \frac{4Q}{\pi D^2} \tag{3-61}$$

$$v_2 = \frac{4Q}{\pi(D^2 - d^2)} \tag{3-62}$$

当两腔相互连通并同时输入压力油时，如图 3－36(c)所示，称为“差动连接”。差动连接的液压缸称为差动液压缸，产生的推力和速度分别为

$$F_3 = p_1A_1 - p_1A_2 = \frac{\pi}{4}[D^2p_1 - (D^2 - d^2)p_1] = \frac{\pi d^2}{4}p_1 \tag{3-63}$$

$$v_3 = \frac{4(Q + Q')}{\pi D^2} = \frac{4\left[Q + \frac{\pi}{4}(D^2 - d^2)v_3\right]}{\pi D^2} \tag{3-64}$$

求解式(3－64)，可得

$$v_3 = \frac{4Q}{\pi d^2} \tag{3-65}$$

与式(3－61)比较可知，活塞的有效面积由原来的 $\pi D^2/4$ 变成了 $\pi d^2/4$(即活塞杆的面积)，速度变快了。可见，差动连接是一种减小推力而获得高速的方法。

3）安装形式

单活塞杆液压缸分活塞杆固定(见图 3－37(b))或缸筒固定(见图 3－37(a))两种形式。

图 3－37 中 1 为液压缸的缸筒，2 为活塞杆，3 为活塞，4 为工作台，工作台与活塞杆相连接。图中表明：无论是缸筒固定，还是活塞杆固定，工作台的最大活动范围都是活塞(或缸筒)

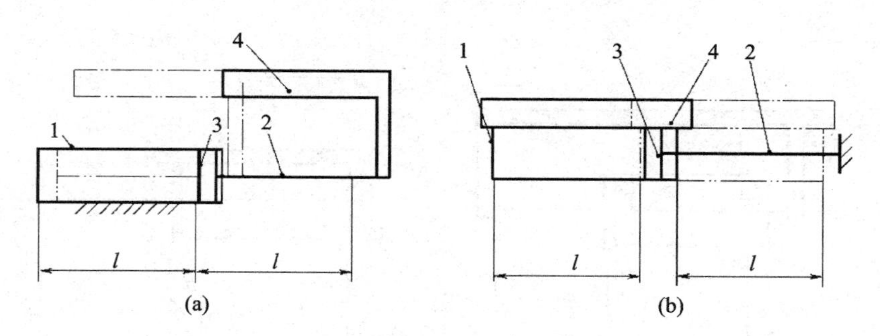

图 3-37　液压缸的安装形式

有效行程 l 的两倍。但是当活塞杆固定时,进出油口需用软管连接。

(2) 双活塞杆液压缸

活塞两端都有固定活塞杆的液压缸称为双活塞杆液压缸,其图形符号如图 3-38 所示。

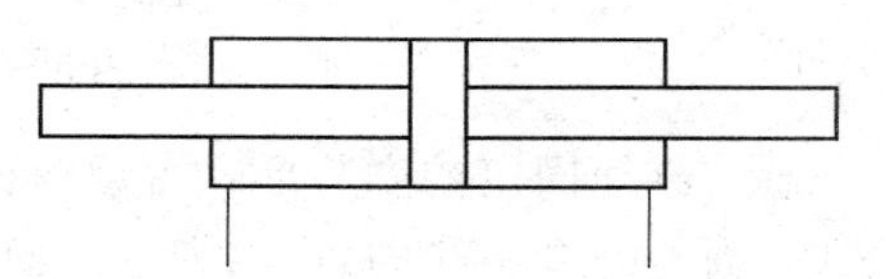

图 3-38　双活塞杆液压缸图形符号

1) 特　点

两个活塞杆的直径通常做成相同的直径,因此,它的左、右两腔的有效面积相等。如果两腔分别输入相同的流量和压力的油液,则左、右两个方向的推力和速度都相等。

2) 作用形式

利用油液压力推动液压缸中的活塞作正、反两个方向运动,计算简图如图 3-39 所示。

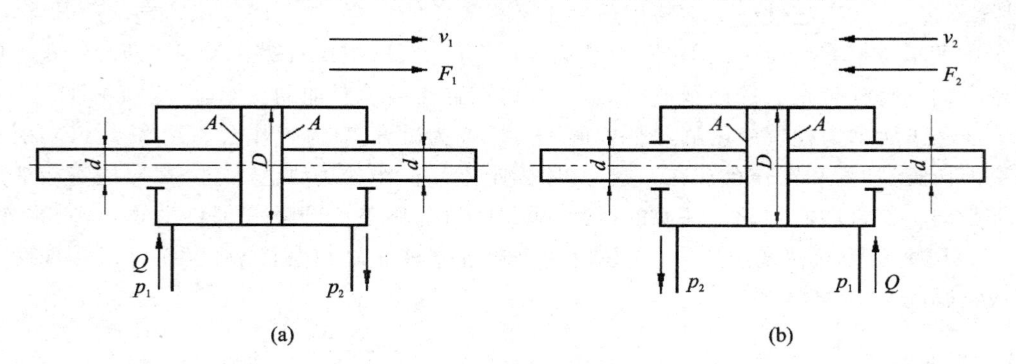

图 3-39　双活塞杆液压缸计算简图

当分别给两腔输入相同的流量和压力的压力油时,左右两个方向的推力和速度都相等,产生的推力和速度分别为

$$F_1 = F_2 = (p_1 - p_2) A = \frac{\pi}{4}(D^2 - d^2)(p_1 - p_2) \tag{3-66}$$

$$v_1 = v_2 = \frac{4Q}{\pi(D^2 - d^2)} \tag{3-67}$$

3) 安装形式

双活塞杆液压缸也分活塞杆固定(见图 3-40(b))或缸筒固定(见图 3-40(a))两种形式。

图中表明:当缸筒固定时,工作台的最大活动范围是活塞有效行程 l 的三倍;当活塞杆固定时,工作台的最大活动范围是缸筒有效行程 l 的两倍。

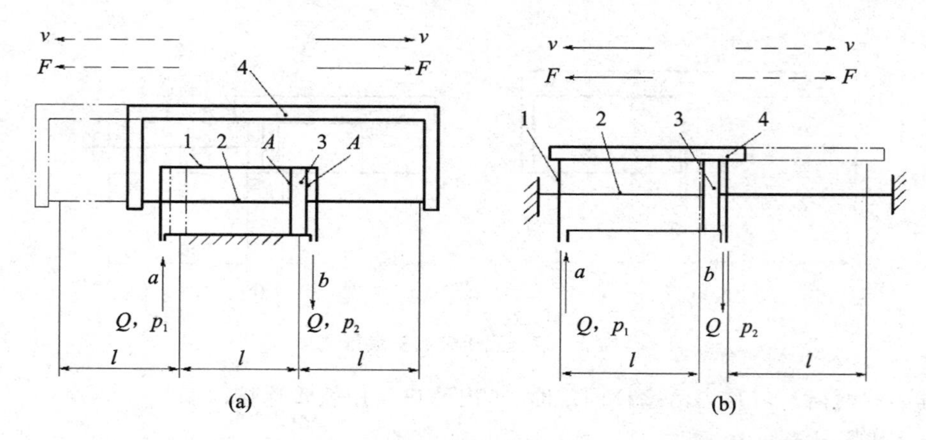

图 3－40 液压缸的安装形式

因此，缸筒固定的安装形式占地面积较大，常用于小型机床（设备），活塞杆可设计成一个受拉的，而另一个不受力，可以细些。而活塞杆固定的安装形式占地面积较小，常用于中型及大型机床。但是进出油口需用软管连接。进出油口也可做在活塞杆两端靠近活塞的一侧，此时活塞杆应是空心的。

2. 柱塞式液压缸

由于液压缸的柱塞和缸筒不接触，运动时由缸盖上的导向套来导向，因此缸筒内只需粗加工，甚至不加工，故工艺性好。它特别适用于行程较长的场合（如龙门刨床），在液压升降机、自卸卡车和叉车中也有所应用。但是，为了减轻柱塞的重量，减少柱塞的弯曲变形，柱塞一般被做成空心的。行程特别长的柱塞液压缸，还可以在缸筒内设置辅助支承，以增强刚性。

图 3－41 所示为柱塞液压缸，图中，1 为柱塞，2 为缸筒，3 为工作台。图 3－41(a)所示为单柱塞液压缸，柱塞和工作台连在一起，缸体固定不动。当压力油进入缸内时，柱塞在液压力作用下带动工作台向右移动。柱塞的返回要靠外力（如弹簧力或立式部件的重力等）来实现。图 3－41(b)所示为双柱塞液压缸，它是由两个单柱塞液压缸组合而成，因而可以实现两个方向的液压驱动。

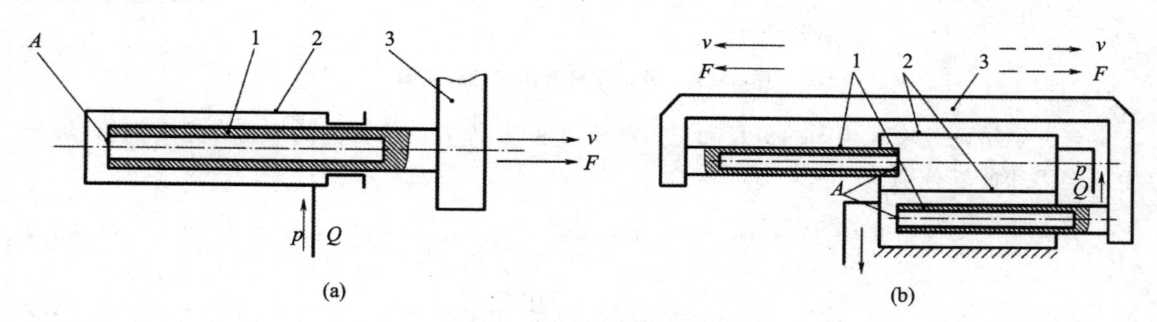

图 3－41 柱塞式液压缸

柱塞液压缸产生的推力 F 和运动速度 v 分别为

$$F = Ap = \frac{\pi d^2 p}{4} \tag{3-68}$$

$$v=\frac{4Q}{\pi d^2} \tag{3-69}$$

式中 d 为柱塞直径。

3. 摆动式液压缸

摆动式液压缸又称为摆动式液压马达，它主要由缸筒1、叶片轴2、定位块3和叶片4等组成，如图3-42所示。

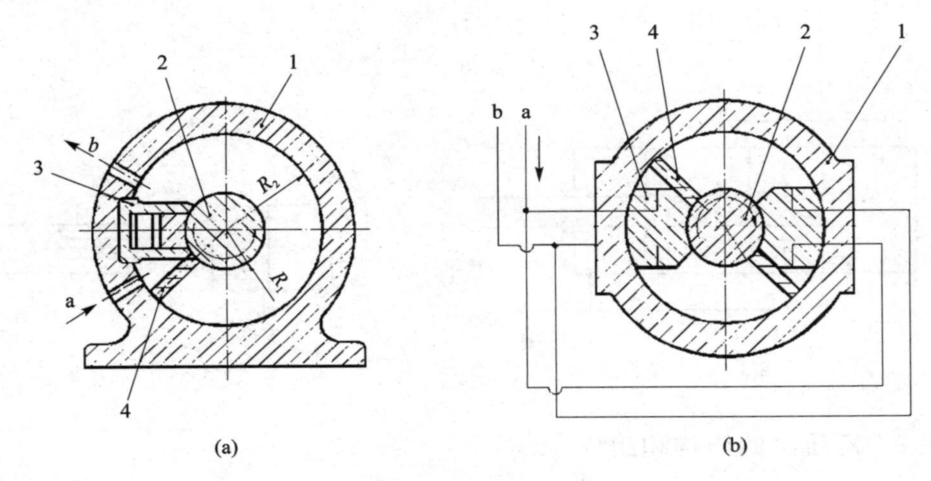

图3-42 摆动式液压缸

图3-42(a)为单叶片式摆动缸，其摆动角度可达300°。它的理论输出转矩 T 和角速度 ω 分别为

$$T=\int \mathrm{d}T=\int_{R_1}^{R_2} b(p_1-p_2)r\,\mathrm{d}r=\frac{(R_2^2-R_1^2)(p_1-p_2)b}{2} \tag{3-70}$$

$$\omega=\frac{2\pi Q}{\pi b(R_2^2-R_1^2)}=\frac{2Q}{b(R_2^2-R_1^2)} \tag{3-71}$$

式中：r 为叶片上任一点的回转半径；R_1、R_2 分别为叶片底端半径和顶端半径；b 为叶片的宽度；Q 为进入摆动缸的流量。

图3-42(b)为双叶片式摆动缸，其摆动角度最大可达150°。它的理论输出转矩是单叶片的两倍，在同等输入流量下的角速度则是单叶片式的一半。

摆动式液压缸的主要特点是结构紧凑，但加工制造比较复杂。在机床上，用于回转夹具、送料装置、间歇进刀机构等；在液压挖掘机、装载机上，用于铲斗的回转机构。

4. 其他液压缸

(1) 增力缸

图3-43为两个单杆活塞缸串联在一起的增力缸。当液压油通入两缸左腔时，串联活塞向右移动，两缸右腔的油液同时排出。这种液压缸的推力等于两缸推力总和，即

$$F=\frac{\pi}{4}p(2D^2-d^2) \tag{3-72}$$

这种液压缸用于径向安装尺寸受到限制而输出力又要求很大的场合。

(2) 增压缸

增压缸也叫增压器。在液压系统中采用增压缸,可以在不增加高压能源的情况下,获得比液压系统中能源压力高得多的油压力。

图 3-44 为一种由活塞缸和柱塞缸组成的增压缸,它是利用活塞和柱塞有效工作面积之差来使液压系统中局部区域获得高压。当输入 A 腔活塞缸的液体压力为 p_1,活塞直径为 D,柱塞直径为 d 时,B 腔柱塞缸输出的液体压力为

$$p_2=\left(\frac{D}{d}\right)^2 p_1 \tag{3-73}$$

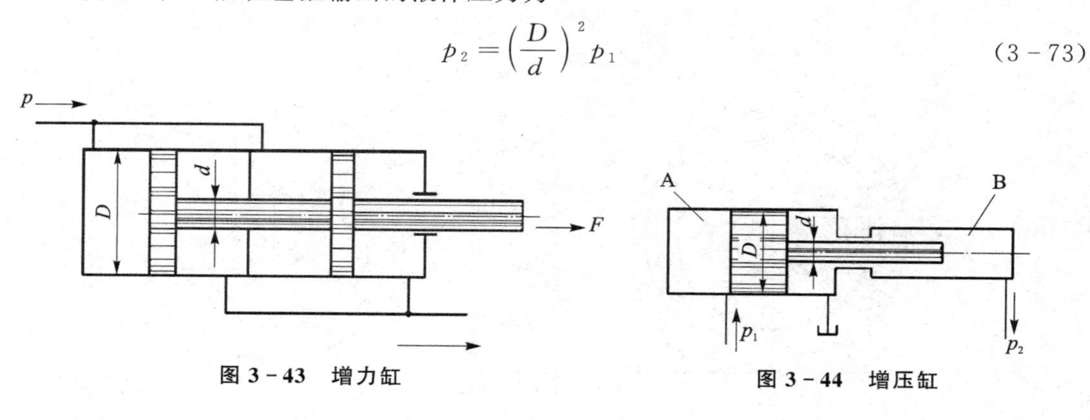

图 3-43 增力缸　　图 3-44 增压缸

3.2.2 液压缸的结构和组成

图 3-45 为一种用于机床上的单杆活塞缸结构,它是由缸筒组件、活塞组件、密封装置、缓冲装置和排气装置五大部分组成的。缸筒组件包括缸筒 8 和前后端盖 1、10 等;活塞组件包括活塞 3 和活塞杆 7 等零件,这两部分在组装后用四根拉杆 15 和螺帽 16 紧固连成一体。为了保证形成的油腔具有可靠的密封,在前后端盖和缸筒之间、缸筒和活塞之间、活塞和活塞杆之间及活塞杆与后端盖之间都分别设置了相应的密封圈 19、4、18 和 11。后端盖和活塞杆之间还装有导向套 12、刮油圈 13 和防尘圈 14,它们用压板 17 夹紧在后端盖上。压板 5 后面的缓冲套 6 和活塞杆的前端部分分别与前、后端盖上的单向阀 21 和节流阀 20 组成前后缓冲器,使活塞及活塞杆在行程终端处减速,防止或减弱活塞对端盖的撞击。缸筒上的排气阀 9 供导出液压缸内积聚的空气之用。该液压缸易装易拆,更换导向套方便,占用空间较小,成本较低。但在液压缸行程长时,液压力的作用容易引起拉杆伸长变形,组装时也易于使拉杆产生弯扭。

1. 缸筒组件

图 3-46 所示为几种机床上常用的缸筒组件的结构,设计时,主要应根据液压缸的工作压力、缸筒材料和具体工作条件来选用不同的结构。一般工作压力低的地方,常采用铸铁缸体,它的端盖多用法兰连接,如图 3-46(a)所示。这种结构易于加工和装拆,但外形尺寸大。工作压力较高时,可采用无缝钢管的缸筒,它与端盖的连接方式如图 3-46(b)(c)(d)所示。图(b)采用半环连接,装拆方便,但缸壁上开了槽,会减弱缸筒的强度;图(c)采用螺纹连接,外形尺寸小,但是缸筒端部需加工螺纹,使结构复杂,加工和装拆不方便;图(d)采用焊接结构,构造简单,容易加工,尺寸小。缺点是易产生焊接变形。图 3-45 中缸筒和端盖的连接采用四根拉杆固紧,缸筒的加工和装拆都方便,只是尺寸较大。

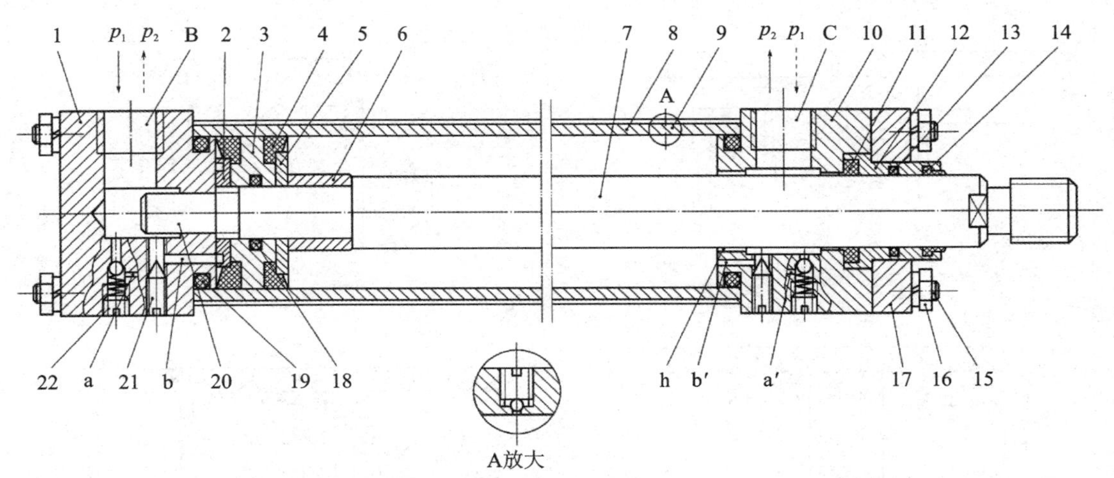

1、10—前后端盖；2—螺母；3—活塞；4、11、18、19—密封圈；5、17—压板；6—缓冲套；7—活塞杆；8—缸筒；9—排气阀；12—导向套；13—刮油圈；14—防尘圈；15—拉杆；16—螺帽；20—节流阀；21—单向阀；p_1—进油压力；p_2—回油压力；B—进油口；C—回油口；a，b，a′，b′，h—孔道

图 3-45　机床用单杆活塞缸结构

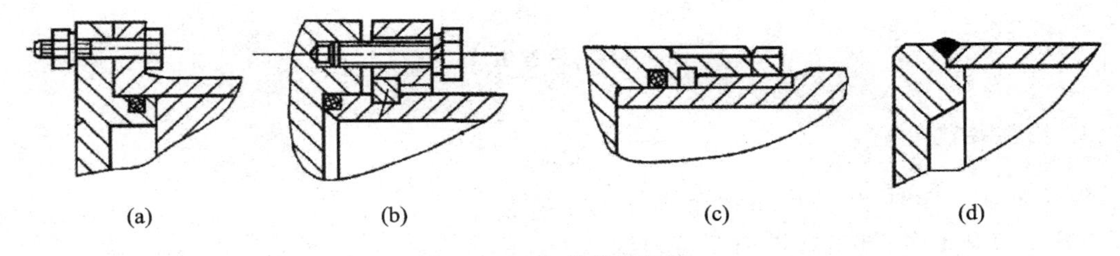

图 3-46　缸筒组件结构

2. 活塞组件

最简单的形式是把活塞和活塞杆做成一体，用活塞环密封，为了减轻质量常做成空心，如图 3-47 所示。这种结构虽然简单，工作可靠，但是当活塞直径大，活塞杆较长时，加工较费事。

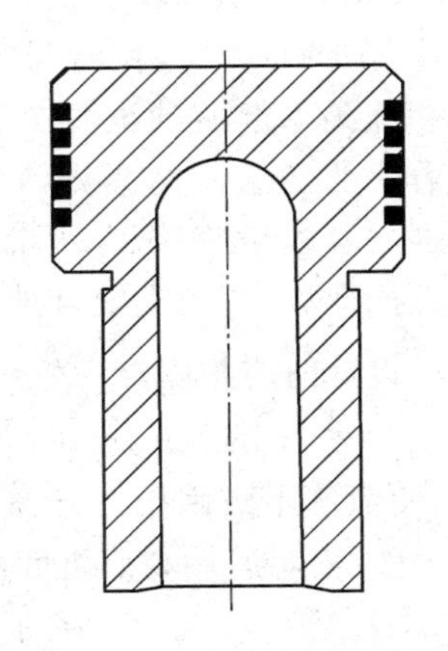

图 3-47　整体式活塞结构

图 3-48 为组合式活塞结构，图(a) 中活塞和活塞杆之间采用螺纹连接，它适用于负载较小、受力较平稳的液压缸中。当液压缸工作压力较高或负载较大时，由于活塞杆上有螺纹，强度有所减弱。另外，工作机构振动较大时，因必须设置螺母防松装置而使结构复杂，这时可采用非螺纹连接，如图(b)(c)(d)所示。图(b)中活塞杆 6 上开有一个环形槽，槽内装有两个半圆环 3 以夹紧活塞 5，半圆环 3 用轴套 2 套住。弹簧圈 1 用来轴向固定轴套 2。图(c)中的活塞杆 1 使用了两个半圆环 4，它们分别由两个密封圈座 2 套住，然后在两个密封圈座之向塞入两个半圆环形的活塞 3。图(d)中，则是用锥销 1 把活塞 2 固定在活塞杆 3 中。由于活塞组件在液压缸中是一个支承件，必须有足够的耐磨性能，所以活塞的材料一般是铸铁，而活塞杆的材料是钢。

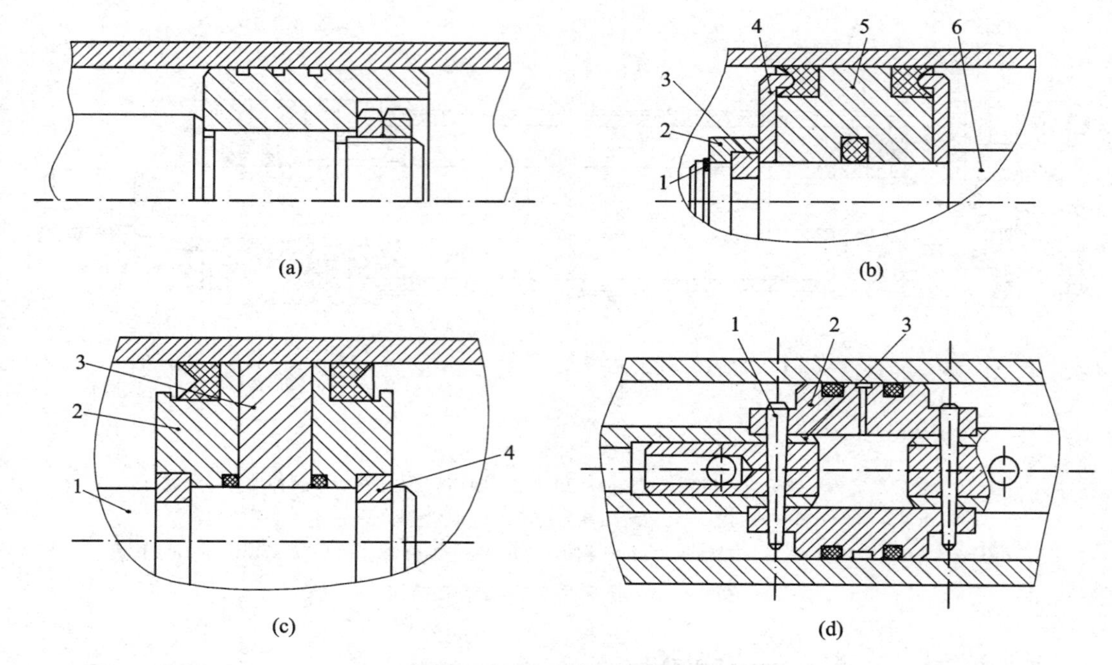

图 3-48 活塞组件结构

3. 密封装置

液压缸在工作时,缸内压力较缸外(大气压)的压力高很多;缸内的进油腔压力较回油腔压力也高很多。因此,油液就可通过固定件的连接处(如端盖和缸筒的连接处)和相对运动部件的配合间隙而泄漏,如图 3-49 所示。这种泄漏既有内漏又有外漏。外漏不但使油液损失影响环境,而且有着火的危险。内漏则将使油液发热,液压缸的容积效率降低,从而使液压缸的工作性能变坏,应最大限度地减少泄漏。

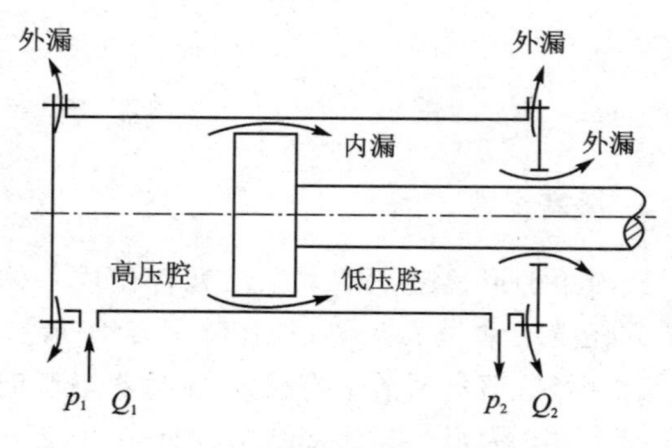

图 3-49 液压缸的泄漏

设计时应根据液压缸不同的工作条件来选用相应的密封方式,一般对密封装置的要求是:

① 在一定工作压力下,具有良好的密封性能。最好是随压力的增加能自动提高密封性能,使泄漏不致因压力升高而显著增加。

② 相对运动表面之间的摩擦力要小,且稳定。

③ 要耐磨,工作寿命长,或磨损后能自动补偿。

④ 使用维护简单,制造容易,成本低。

液压缸中常见的密封形式有下列几种:

(1) 间隙密封

间隙密封是利用活塞的外圆柱表面与缸筒的内圆柱表面之间的配合间隙来实现,如图 3-50

所示。在活塞的外圆柱表面开有若干个深0.3～0.5 mm的环形槽，其作用是增加油液流经此间隙时的阻力，有助于密封效果，有利于柱塞（活塞）的对中作用以减小柱塞移动时的摩擦力（卡紧力）。为减少泄漏，在保证活塞与缸筒相对运动顺利进行的情况下，配合间隙必须尽量小，故对其配合的表面的加工精度和表面粗糙度要求较严。这种密封形式适用于直径较小、工作压力较低的液压缸中。

（2）活塞环密封

在活塞的环形槽中，嵌放有开口的金属活塞环，其形状如图3-51所示。金属活塞环依靠其弹性变形所产生的涨力紧贴在缸筒的内壁上，从而实现了密封。它的优点是密封效果较好，能适应较大的压力变化和速度变化；耐高温，使用寿命长，易于维修保养，并能使活塞具有较长的支承面。缺点是制造工艺复杂。因此它适用于高压、高速或密封性能要求较高的场合。

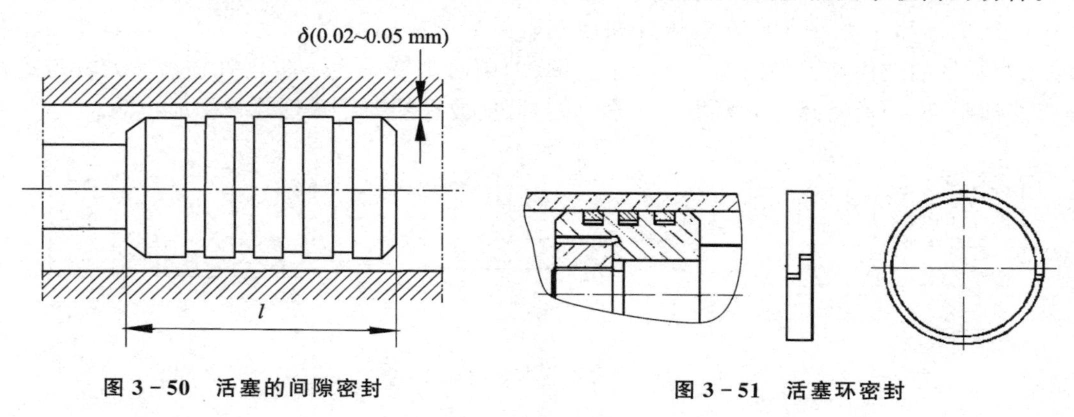

图3-50　活塞的间隙密封　　图3-51　活塞环密封

（3）橡胶圈密封

橡胶圈密封是一种使用耐油橡胶制成的密封圈，套装在活塞上防止泄漏。它是液压元件中应用最广的一种密封形式，这种密封装置结构简单，制造方便，磨损后能自动补偿，密封性能随着压力的加大而提高，密封可靠，对密封表面的加工要求不高，既可用于固定件，也可用于运动件。

常用的密封圈按其断面形状分为O形、Y形和V形三种，如图3-52所示。

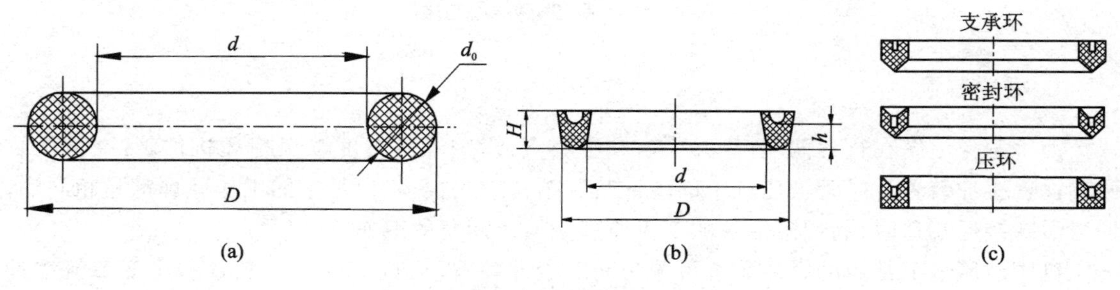

图3-52　密封圈形状

图3-52(a)为O形密封圈及其装入沟槽时的情况，它的外侧、内侧及端部都能起密封作用。用于各种情况下的O形密封圈尺寸，连同安装它们沟槽的形状、尺寸和加工精度等可从设计手册中查到。O形密封圈一般适用于低于10 MPa的工作压力下，当压力过高时，可设置多道密封圈，并应加用密封挡圈，以防止O形圈从密封槽的间隙中被挤出。使用O形密封圈

的优点是简单、可靠、体积小、动摩擦阻力小、安装方便、价格低,所以应用极为广泛。

图 3－52(b)为 Y 形密封圈,一般用耐油橡胶制成。工作时受液压力作用使唇张开,分别贴在轴表面和孔壁上,起到密封作用。在装配中应注意使唇边面对有压力的油腔。Y 形密封圈因摩擦力小,在相对运动速度较高的密封面处也能应用,其密封能力可随压力的加大而提高,并能自动补偿磨损。

图 3－52(c) 为 V 形密封圈。它是用多层涂胶织物压制而成的,并由三个不同截面的支承环、密封环和压环组成,其中密封环的数量由工作压力大小而定。当工作压力小于 10 MPa 时,使用三件一套已足够保证密封。当压力更高时,可以增加中间密封环的数量。它与 Y 形密封圈一样,在装配时也必须使唇边开口面对压力油作用方向。V 形密封圈的接触面较长,密封性好,但摩擦力较大;在相对速度不高的活塞杆与端盖的密封处应用较多。

O 形、Y 形和 V 形密封圈在液压缸和活塞密封处的应用情况如图 3－48 所示,在活塞杆和端盖密封处的应用情况如图 3－53 所示。图(d)中防尘圈是为了防止脏物被活塞杆带进液压缸,使油污染,加速密封件的磨损。注意,防尘圈应放在朝向活塞杆外伸的那一端。

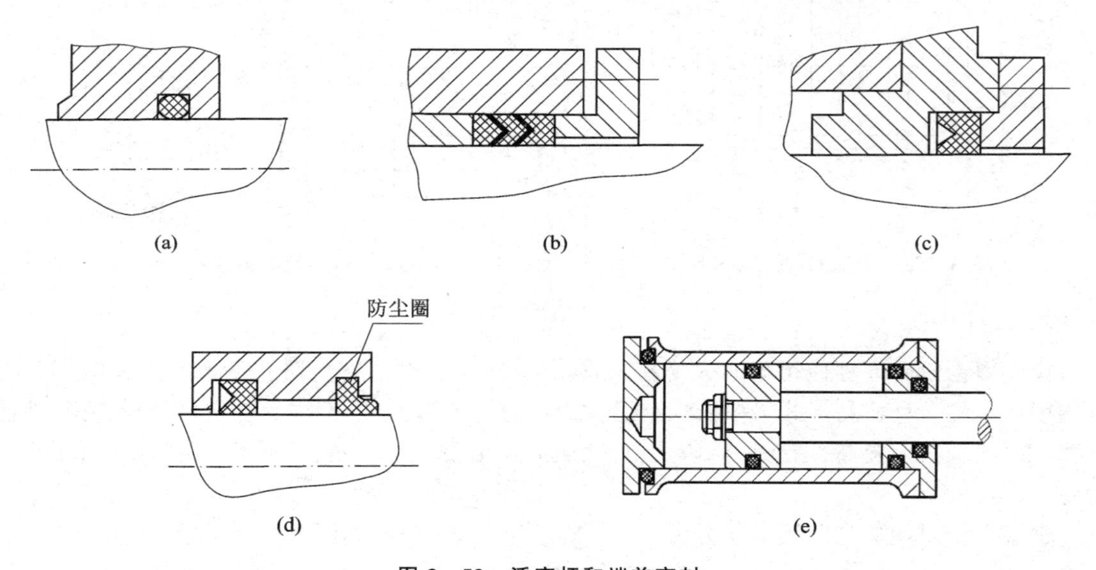

图 3－53 活塞杆和端盖密封

4. 缓冲装置

为了避免活塞在行程两端撞冲缸盖,产生噪声,影响工件精度以至损坏机件,常在液压缸两端设置缓冲装置。尽管液压缸中的缓冲装置结构形式很多,但是它的工作原理都是相同的,即当活塞接近端盖时,利用对油液的节流原理来实现活塞的减速。

机床液压缸上常用的缓冲装置可分为间隙缓冲装置、可调节流缓冲装置和可变节流缓冲装置,如图 3－54 所示。

图 3－54(a)为环状间隙式缓冲装置。当缓冲柱塞进入与其相配的缸盖上内孔时,液压油(回油)必须通过间隙 δ 才能被排出,使活塞速度降低。由于配合间隙是不变的,因此随着活塞运动速度的降低,其缓冲作用逐渐减弱。这种缓冲装置结构简单,但缓冲压力不可调节,且实现减速所需行程较长,适用于移动部件惯性不大、移动速度不高的场合。

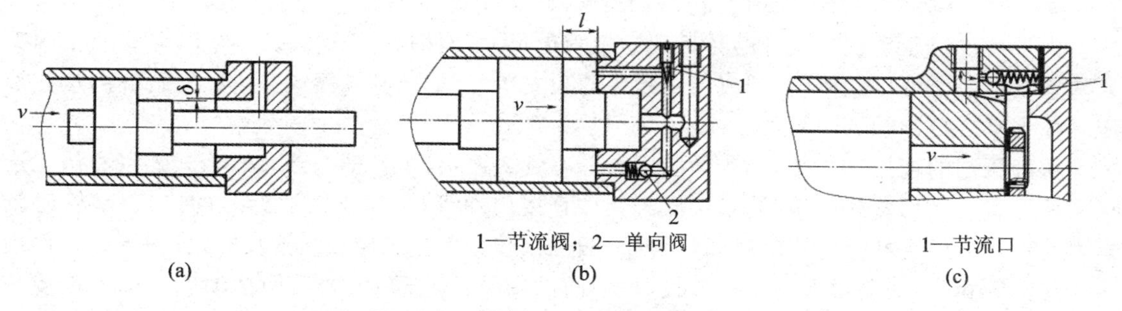

(a)　(b)　(c)

图 3-54　液压缸上常用的缓冲装置

图 3-54(b)为可调节流缓冲装置。当缓冲柱塞进入配合孔后,液压油必须经过节流阀 1 才能排出,由于回油阻力增大,因而使活塞受到制动作用。这种缓冲装置可以根据负载情况调节节流阀开口的大小,改变吸收能量的大小,因此适用范围较广。

图 3-54(c)为可变节流缓冲装置。在缓冲柱塞上开有三角沟槽,其节流孔过流断面越来越小,解决了在行程最后阶段缓冲作用过弱的问题。

5. 排气装置

如果液压缸中有空气或油中混入空气,都会使液压缸运动不平稳,因此一般在机床工作前应使系统中的空气排出。为此可在液压缸的最高部位(那里往往是空气聚积的地方)设置排气装置,排气装置通常有排气孔和排气塞两种。

图 3-55(a)中,在液压缸的最高部位处开排气孔,并用管道连接排气阀进行排气,当系统工作时该阀应该关闭。

图 3-55(b)、(c)中,在液压缸的最高部位处装排气塞。

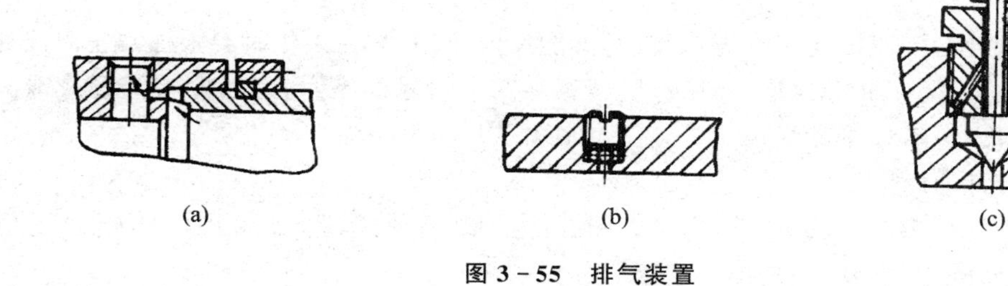
(a)　(b)　(c)

图 3-55　排气装置

3.3　液压控制元件

液压阀是液压系统中的控制元件。在各种液压系统中,装有各种不同类型的液压阀,然而论其作用,不外乎是用来控制系统液流的方向、压力和流量。所以一般将液压阀按照此三种作用划分为三大类。

- 方向控制阀：控制液流的方向,如单向阀、换向阀等。
- 压力控制阀：控制系统或部分油路的压力,如溢流阀、减压阀、顺序阀、压力继电器等。

● 流量控制阀：控制油路的流量，如节流阀、调速阀等。

为了减少液压系统中元件的数目和缩短管道尺寸，有时常将两个或两个以上的液压阀类元件安装在一个液压阀体内，制成结构紧凑的独立单元，如单向顺序阀、单向节流阀等，这些液压阀称为复合控制阀。

从液压阀的连接方式来看，各种液压阀都有管式连接（也称螺纹连接）、板式连接和法兰连接三种形式。采用管式连接时，各液压阀元件直接用油管相连，不需要专门的连接板，管道较短，弯折较少，但更换元件比较麻烦，元件一般也比较分散。采用板式连接时，各液压阀元件不直接与油管相连，而需要专门的连接板，板的前面安装液压阀，板的后面接油管。板式连接一般管路较长，弯折较多，但更换元件方便，便于安装维修，同时也便于将元件集中在一起，操作和调整比较方便。对于流量较大的液压阀，通常采用法兰连接。

从液压阀的工作压力来看，可以分为中压型和高压型两类。中压型的工作压力为 6.3 MPa，适用于机床。高压型的工作压力为 21～32 MPa，适用于工程机械。

液压阀在液压系统中起着神经中枢作用，它的性能优劣，工作是否可靠，对整个液压系统能否正常工作将产生直接影响。因此，液压阀应具备如下要求：

● 动作灵敏、准确、可靠，工作平稳，冲击和振动要小。

● 密封性好，油液流过时漏损少，压力损失小。

● 结构紧凑，工艺性好，使用维护方便，通用性好。

3.3.1 方向控制阀

方向控制阀是液压系统中占数量比重较大的控制元件，按用途可分为单向阀和换向阀两大类。

1. 单向阀

(1) 普通单向阀

普通单向阀使油液只能向一个方向流动，不能反向流动，它在工作时要求油液正向流通时阻力小，即压力损失小；油液不能反向通过，阀芯和阀座接触的密封性好，没有泄漏或泄漏很小；动作反应灵敏，没有撞击和噪声。

1) 结构和工作原理

普通单向阀结构形式如图 3-56 所示。图(a)为钢球密封式，图(b)和图(c)为锥阀芯密封式，图(a)(b)是管式连接，图(c)是板式连接。

虽然上述图中的结构不同，但是它们的工作原理都相同。当压力为 p_1 的油液从进口流入时，克服弹簧 3 的作用力以及阀芯与阀体之间的摩擦力，顶开钢球或阀芯 2，压力降为 p_2，从阀体的出口流出。而当油液从相反方向流入时，它和弹簧力一起使钢球或锥阀芯紧紧地压在阀体 1 的阀座上，截断油路，使油液不能通过。弹簧 3 的刚度都较小，其开启压力一般在 0.03～0.05 MPa，以便降低油液正向流通时的压力损失。当利用单向阀作背压阀时，应换上较硬的弹簧，使回油保持一定的背压力，背压阀的背压压力一般为 0.2～0.6 MPa。

钢球密封式一般用在流量较小的场合；对于高压大流量场合，则应采用密封性较好的锥阀式密封。

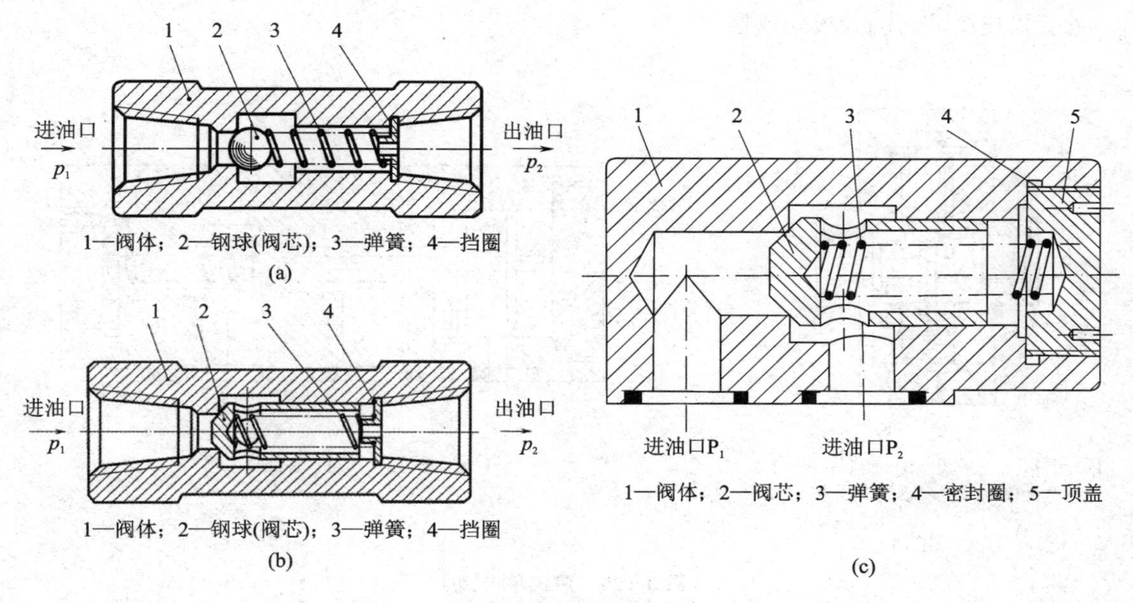

图3-56　普通单向阀

2）职能符号

图3-57为单向阀的职能符号。

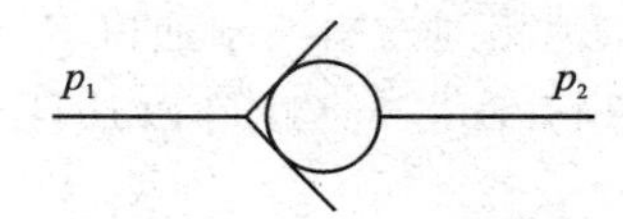

图3-57　单向阀的职能符号

3）应用举例

① 将单向阀安置在液压泵的出口处，防止系统压力突然升高而损坏液压泵，如图3-58(a)所示。

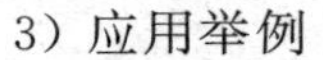

② 将单向阀安置在进油路上，可做背压阀用，使系统在卸荷时仍能保持一定的压力，供控制油路用，如图3-58(b)所示。

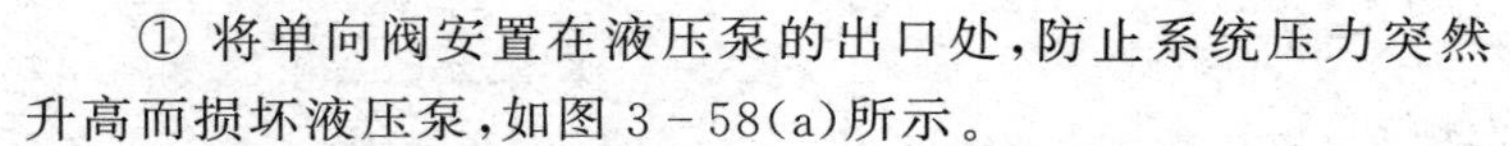

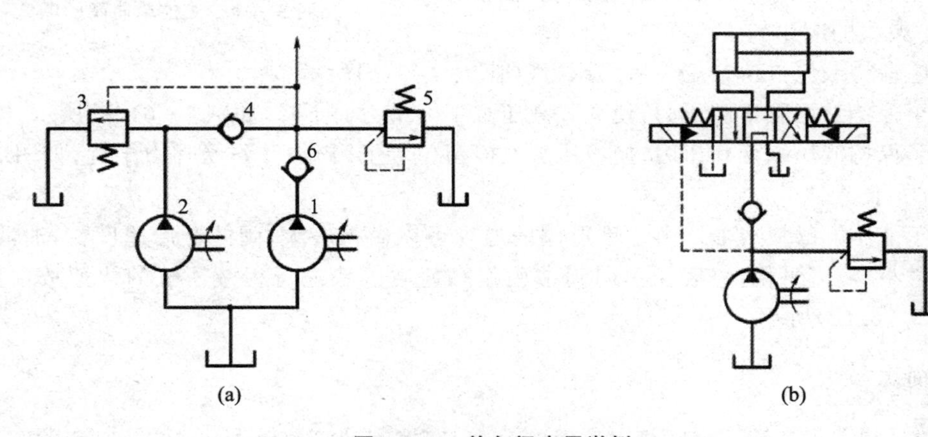

图3-58　单向阀应用举例

(2) 液控单向阀

液控单向阀可以通过控制油路，使油液实现反向流动。

1）结构和工作原理

液控单向阀是由一个普通单向阀和一个微型液压缸组成，结构形式如图3-59所示。图

(a)为管式连接,图(b)为板式连接。

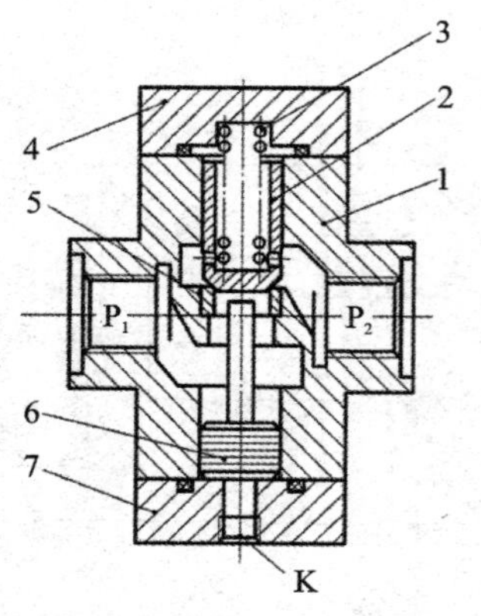

1—阀体；2—弹簧；3—阀芯；4—上盖；
5—阀座；6—控制活塞；7—下盖

(a)

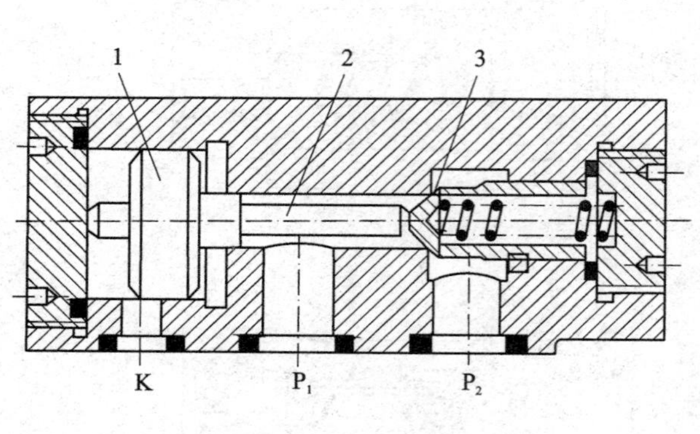

1—活塞；2—顶杆；3—阀芯

(b)

图 3-59　液控单向阀

当控制油口 K 不通压力油时,油液只能从 P_1 流向 P_2,反向不能流通,与普通单向阀的工作原理相同。当控制油口 K 通压力油时,活塞克服弹簧的作用力以及阀芯与阀体之间的摩擦力,顶开阀芯,油液可以从两个方向自由流动。控制油口的压力 p_k 一般取主油路压力的 30%～40%。

2）职能符号

图 3-60 为液控单向阀的职能符号。

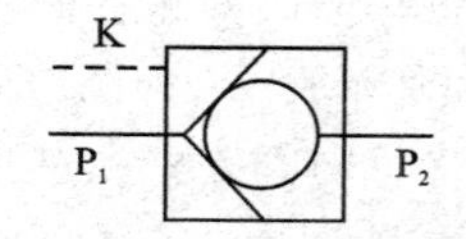

图 3-60　液控单向阀的职能符号

3）应用举例

液控单向阀具有良好的单向密封性能,在液压系统中应用很广。典型的应用如下:

- 用于保持液压缸压紧工件后的压力,如图 3-61(a)所示。
- 用于保持液压缸下腔压力,使立式液压缸不因重力而下降,如图 3-61(b)所示。
- 用于保持液压缸两腔压力,使液压缸在停留位置上“锁住”,不受外力干扰,如图 3-61(c)所示。
- 用于液压缸的快放油。由于锥形阀的通径可以做得较大,阀的开启速度快,油液通过阻力小,液流平稳,故液控单向阀常用作高速锤等快速行程液压缸的快速放油阀,如图 3-61(d)所示。

2. 换向阀

换向阀是利用阀芯和阀体间相对位置的改变,来控制油液流动的方向、接通和关闭油路,从而改变液压系统的工作状态。换向阀的应用十分广泛,种类也很多。按结构可分为转阀和滑阀,按阀芯工作位置可分为二位、三位、多位,按阀的进出口通道数目可分为二通、三通、四通和五通等。

以下介绍典型的换向阀。

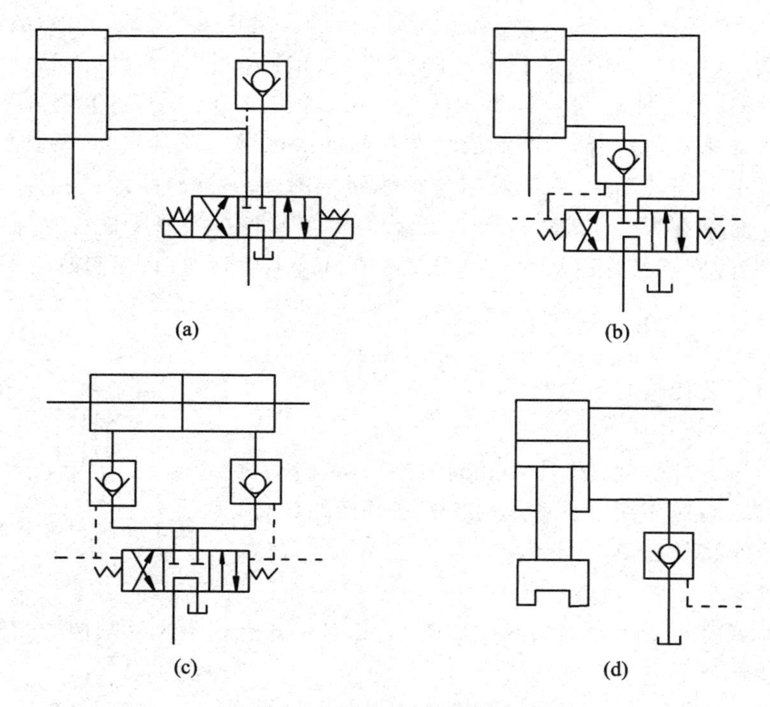

图3-61　液控单向阀应用举例

(1) 转　阀

转阀是利用阀芯的转动,使阀芯与阀体相对位置发生变化来改变油液流动的方向。

1) 结构和工作原理

转阀是由阀芯1、阀体2、操纵手柄(图中未画出)等主要元件组成,其结构形式如图3-62所示。

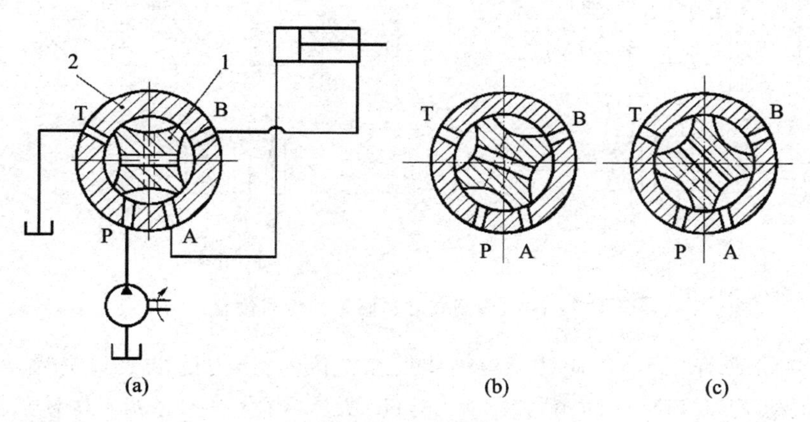

图3-62　手动转阀

图3-62中的阀体上有四个通油口：P、T、A、B。其中,P口始终为进油口;T口始终为回油口;A、B交替为进、出油口,称为工作油口。阀体不动,阀芯可相对于阀体转动。图(a)、(b)和(c)分别为阀芯相对阀体转动时得到的三个不同的相对位置。

当转动手柄,使阀芯相对阀体处于图3-62(a)的位置时,P口和A口相通,B口和T口相通，来自液压泵的油液从 P 口进入、从 A 口流出后，经管道进入执行元件液压缸的左腔，推动液压缸向右运动，其右腔的回油经管道从阀体的 B 口进入，T 口流出，回到油箱。当转动手柄，使阀芯相对阀体处于图 3-62(b)所示的位置时，油口 P、T、A、B 各自都不相通，液压泵的来油既不能进入液压缸的左右两腔，液压缸左右两腔的油液也不能流出，液压缸停止运动，停留在某一个位置上。当转动手柄，使阀芯与阀体处于图 3-62(c)所示的相对位置时，P、B 口相通，A、T 口相通，来油从 P 口进入，从 B 口流出，并经管道进入液压缸右腔，推动液压缸向左运动，液压缸左腔的回油经管道从 A 口进入，从 T 口流出回到油箱，因而改变了液压缸的运动方向。

2）职能符号

图 3-63 为手动转阀的职能符号。

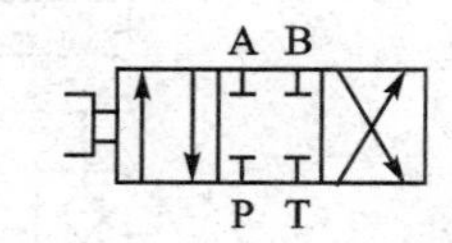

图 3-63　手动转阀的职能符号

3）性能特点及应用

转阀结构简单、紧凑，但阀芯上的径向力不平衡，转动比较费力，密封性差，因而多用在流量较小、压力不高的场合，如用作先导阀及小型低压换向阀等。

(2) 滑　阀

滑阀是依靠具有若干个台肩的圆柱形阀芯，相对于开有若干个沉割槽的阀体作轴向运动，使相应的油路接通或断开。

1）结构和工作原理

滑阀是由主体（阀芯和阀体）部分、操纵和定位部分组成。主体部分的结构形式如图 3-64 所示。

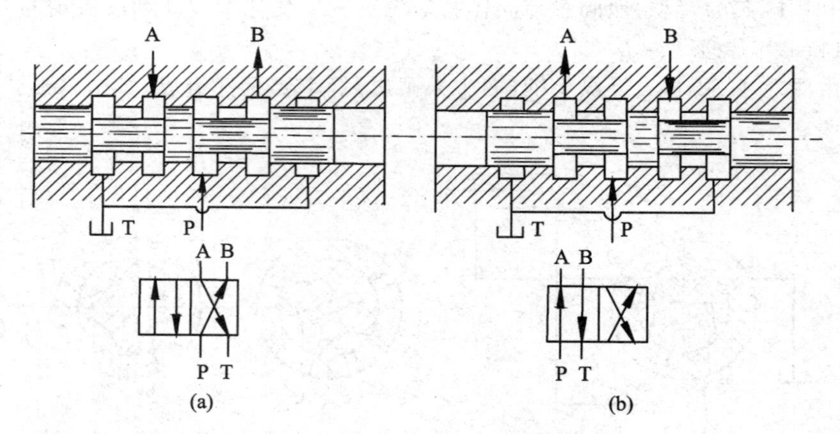

图 3-64　滑阀阀芯和阀体的相对位置

如图 3-64(a)所示，当滑阀阀芯相对阀体处在左位时，压力油由 P 口进入，经 B 口流出，回油从 A 口进入，经 T 口流回油箱；如图 3-64(b)所示，当滑阀阀芯相对阀体处在右位时，压力油由 P 口进入，经 A 口流出，回油从 B 口进入，经 T 口流回油箱。由于阀芯的移动，改变了油液流动的方向，因而也就改变了执行元件运动的方向。在结构示意图的下面画出了它们的职能符号图。

2）职能符号

滑阀的“位”和“通”：

位：改变阀芯与阀体的相对位置时，所能得到的通油口切断和相通形式的种类数，有几种就叫做几位阀。

通：阀体上的通油口数目，即有几个通油口，就叫几通阀。

职能符号的规定和含义：

- 用方框表示滑阀的“位”，有几个方框就是几位阀；
- 方框内的箭头表示处在这一位上的油口接通情况，并基本表示油液流动的实际方向；
- 方框内的符号“┬”或“┴”表示此油口被阀芯封闭；
- 方框上与外部连接的接口即表示通油口，接口数即通油口数，亦即阀的“通”数；
- 阀与液压泵或供油路相连的油口用字母 P 表示；阀与系统的回油路（油箱）相连的回油口用字母 O 表示；阀与执行元件相连的油口，称为工作油口，用字母 A、B 表示。有时在职能符号上还标出泄漏油口，用字母 L 表示。

滑阀的功能主要由其工作位数和位机能（相应位上的油口沟通形式）来决定。滑阀的油口一般只标注在滑阀的一个位上，且常标注在没有外力作用的那一位（自然位置）上，常用滑阀的位和位机能符号如图 3－65 所示。

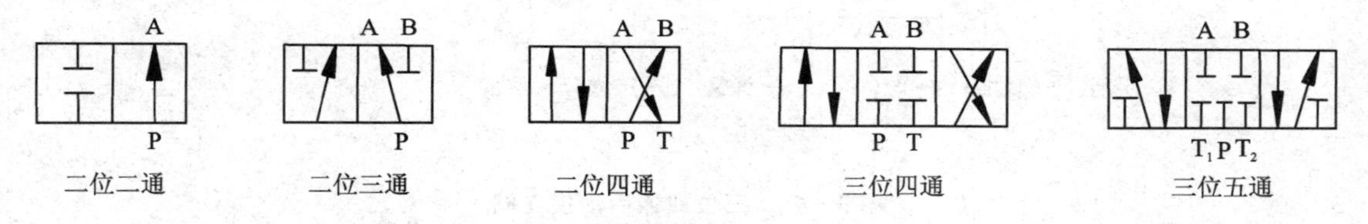

图 3－65　滑阀的位和位机能符号

3）常用类型

滑阀阀芯相对阀体的移动是靠操纵动力来实现的。为了使滑阀可靠地工作，必须在实现操纵后将阀芯定位，使阀芯与阀体的相对位置处于给定状态。在液压传动与控制系统中，常用的有以下几种类型。

- 手动换向阀

手动换向阀是利用手动杠杆来改变阀芯位置实现换向的，一般有二位三通、二位四通和三位四通等多种形式。图 3－66 所示为三位四通手动换向阀及其职能符号。该阀由手柄 1、阀芯 2、阀体 3、弹簧 4 等主要元件组成。推动手柄 1 向右，阀芯 2 向左移动，直至两个定位套 5 相碰为止（这时弹簧 4 受压缩）。此时 P 口与 A 口相通、B 口经阀芯轴向孔与 O 口相通，于是来自液压泵或某供油路的油液从 P 口进入，经 A 口流出到液压缸左腔，使液压缸向右运动，液压缸右腔的回油经油管从阀的 B 口进入，从 O 口流出到油箱；推动手柄向左，阀芯向右移至两个定位套相碰为止。此时 P 口与 B 口相通，A 口与 O 口相通，进入 P 口的油液从 B 口流出到液压缸右腔，使液压缸向左运动，液压缸左腔的回油经油管从阀口 A 流入，从阀口 O 流出到油箱；松开手柄，阀芯在弹簧 4 的作用下恢复原位（中位），使油路断开，这时油口 P、O、A、B 全部封闭（即图示位置），所以称为自动复位式。它适用于操作动作频繁，工作持续时间短的场合，操作比较安全，常用于工程机械中。

- 机动换向阀

机动换向阀又称行程换向阀，它是依靠安装在执行元件上的行程挡块（或凸轮）推动阀芯

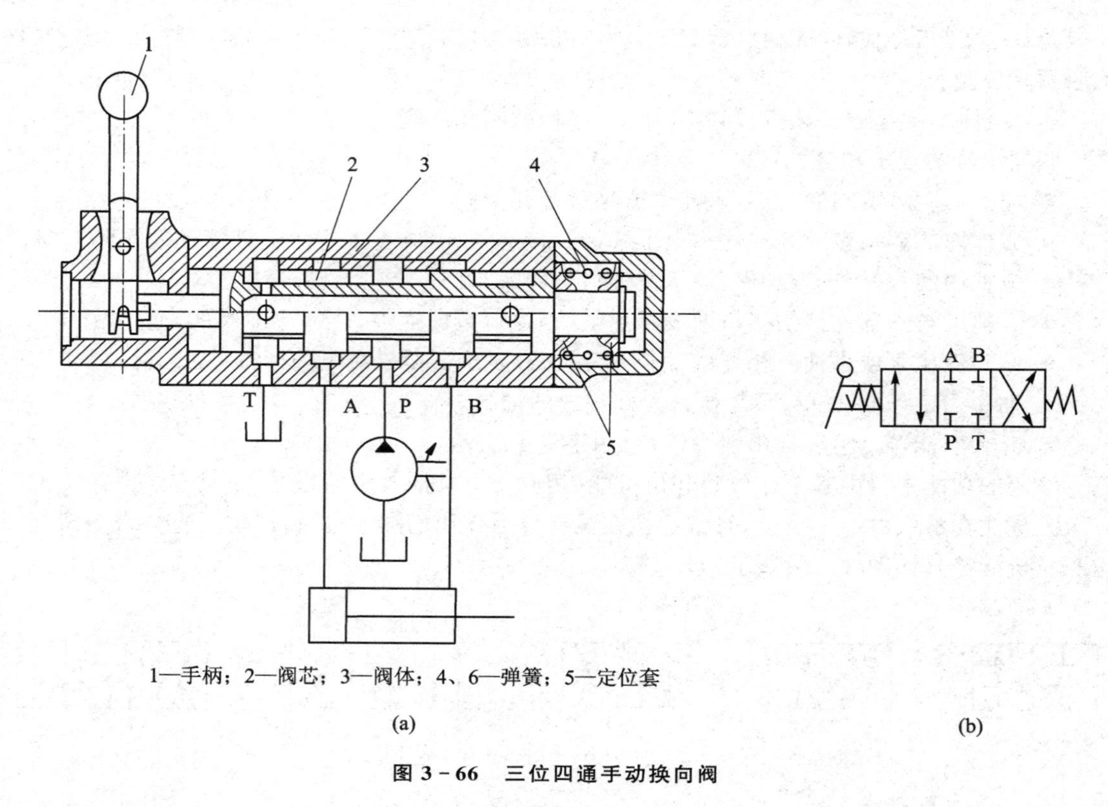

1—手柄；2—阀芯；3—阀体；4、6—弹簧；5—定位套

(a) (b)

图 3-66 三位四通手动换向阀

实现换向的，基本都是二位的，也有二位三通、四通等形式。如图 3-67 所示为二位二通机动换向阀及其职能符号。

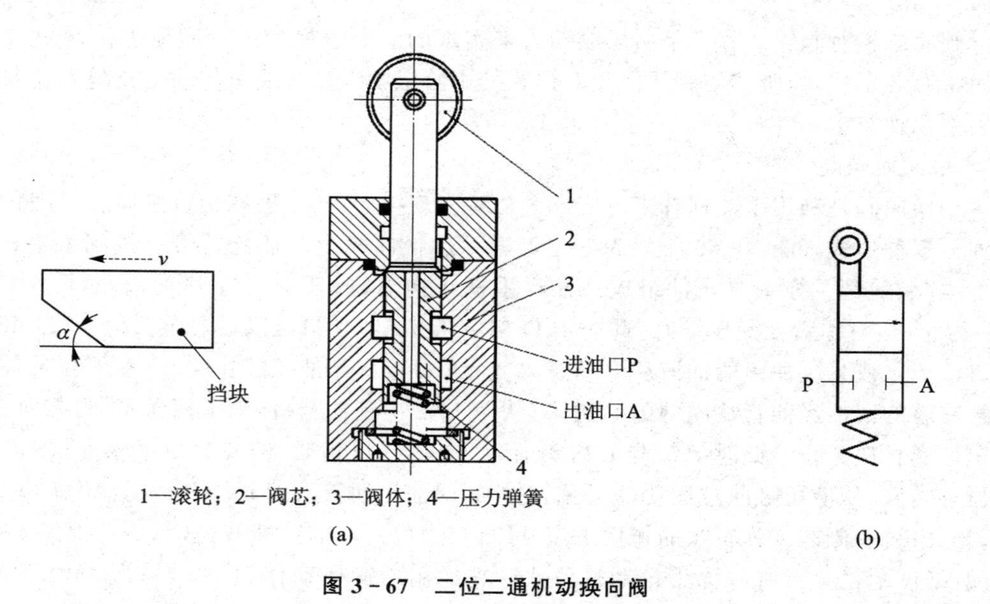

1—滚轮；2—阀芯；3—阀体；4—压力弹簧

(a) (b)

图 3-67 二位二通机动换向阀

上述机动换向阀是由滚轮 1、阀芯 2、阀体 3 和压力弹簧 4 等主要元件组成。在图示位置上，阀芯 2 在弹簧 4 的推力作用下，处在最上端位置，把进油口 P 与出油口 A 切断。当行程挡

块将滚轮压下时，P、A 口接通；当行程挡块脱开滚轮时，阀芯在其底部弹簧的作用下又恢复初始位置。改变挡块斜面的角度 α（或凸轮外廓的形状），便可改变阀芯移动的速度，因而可以调节换向过程的时间。

机动换向阀要放在它的操纵件旁，因此这种换向阀常用于要求换向性能好、布置方便的场合。

● 电动换向阀

电动换向阀是指电磁换向阀，简称电磁阀，它是借助电磁铁的吸力推动阀芯动作的，如图 3-68 所示。

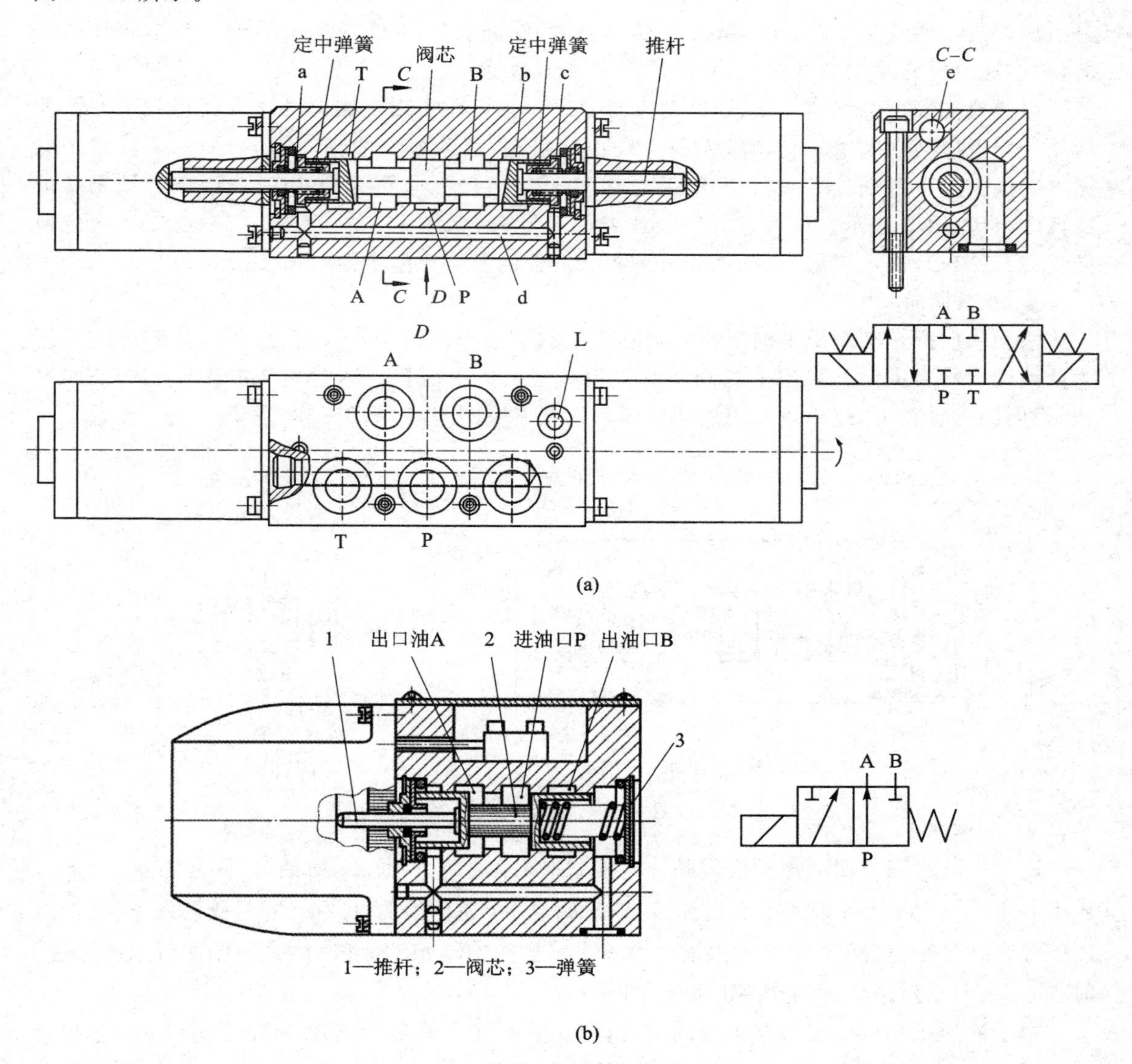

图 3-68　电磁换向阀

图 3-68(a)为三位四通电磁换向阀，由于阀芯在阀体内有三个位置，因此它有两个电磁铁，两个定中弹簧。当左、右电磁铁均断电时，阀芯在定中弹簧的作用下处于中间位置（如图示

状态),油口 P、A、B、T 均不相通。当右边电磁铁通电时,阀芯在推杆推动下处于左端位置。这时进油口 P 和油口 B 相通,而油口 A 与回油口 T 相通。当左边电磁铁通电时,阀芯被推向右端。这时进油口 P 与油口 A 相通,油口 B 通过环形槽 b 和纵向孔 e 与回油口 T 相通。因此控制左、右电磁铁通电和断电,就可以控制油液流动的方向。为了防止两个定中弹簧的力不一致而影响阀芯在常态下的定中位置,弹簧是通过定位套再作用在阀芯上的。阀芯两端的油腔 c 和 a 的泄漏油通过孔 d 引到泄漏口排回油箱,否则泄漏油被困在 c 和 e 油腔,使电磁阀不能正常工作。

图 3-68(b)为二位三通电磁换向阀。该阀由电磁铁(左半部分)和滑阀(右半部分)两部分组成。当电磁铁断电时,阀芯被弹簧推向左端,使进油口 P 和油口 A 接通。当电磁铁通电时,铁芯通过推杆将阀芯推向右端,进油口 P 和 B 接通。

电磁换向阀由电气信号操纵,控制方便,布局灵活,在实现机械自动化方面得到了广泛的应用。但电磁换向阀由于受到磁铁吸力较小的限制,其流量一般在 63 L/min 以下。常用电磁换向阀上的电磁铁分直流和交流两种。在中低压电磁换向阀的型号中,交流电磁铁用字母 D 表示,直流用 E 表示。例如,23D-25B 表示流量为 25 L/min 的板式二位三通交流电磁换向阀;34E-25B 表示流量为 25 L/min 的板式三位四通直流电磁换向阀。

● 液动换向阀

液动换向阀是利用压力油来改变阀芯位置的换向阀。流量较大时,作用在阀芯上的摩擦力及液动力将很大。若采用电磁阀势必采用大规格的电磁铁。同时由于电磁换向阀换向过快,换向冲击也较大,故一般采用液动换向阀或电液换向阀,如图 3-69 所示。

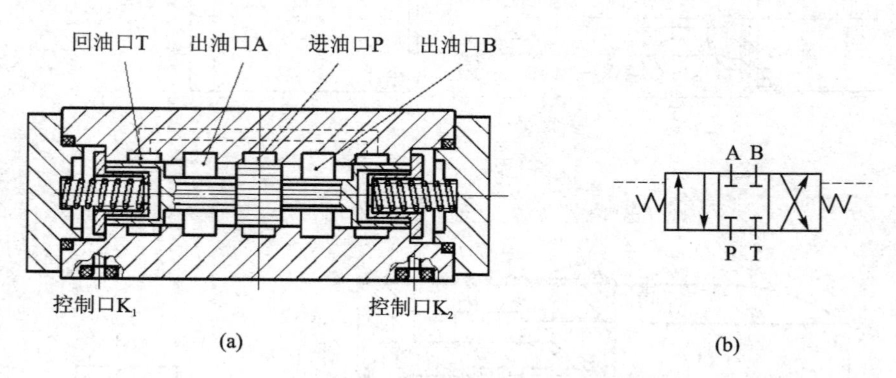

图 3-69 液动换向阀

图 3-69 为三位四通液动换向阀。当控制口 K_1 通压力油、K_2 回油时,阀芯右移,进油口 P 和出油口 A 相通,回油口 T 和出油口 B 相通;当 K_2 通压力油、K_1 回油时,阀芯左移,进油口 P 和出油口 B 相通,回油口 T 和出油口 A 相通;当 K_1、K_2 都不通压力油(即如图所示的位置)时,阀芯在两端对中弹簧的作用下处于中间位置。

由于液压操纵可给予阀芯很大的推力,因此液动换向阀适用于压力高、流量大、阀芯移动行程长的场合。如果在液动换向阀的控制油路装上单向节流阀(称阻尼器),还能使阀芯移动速度得到调节,改善换向性能。

● 电液换向阀

电液换向阀是由一个普通的电磁阀和液动换向阀组合而成。其中电磁换向阀为先导阀,改变控制油液的流向；液动换向阀是主阀，它在控制油液的作用下，改变阀芯的位置，使油路换向。由于控制油液的流量不必很大，因而可实现以小容量的电磁换向阀来控制大通径的液动换向阀，如图 3－70 所示。

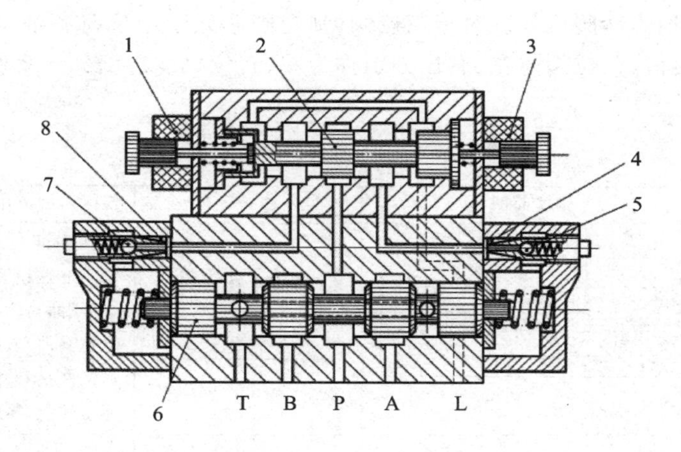

1、3—电磁铁；2—阀芯；4、8—节流阀；5、7—单向阀；6—阀芯；7—泄油口

(a)

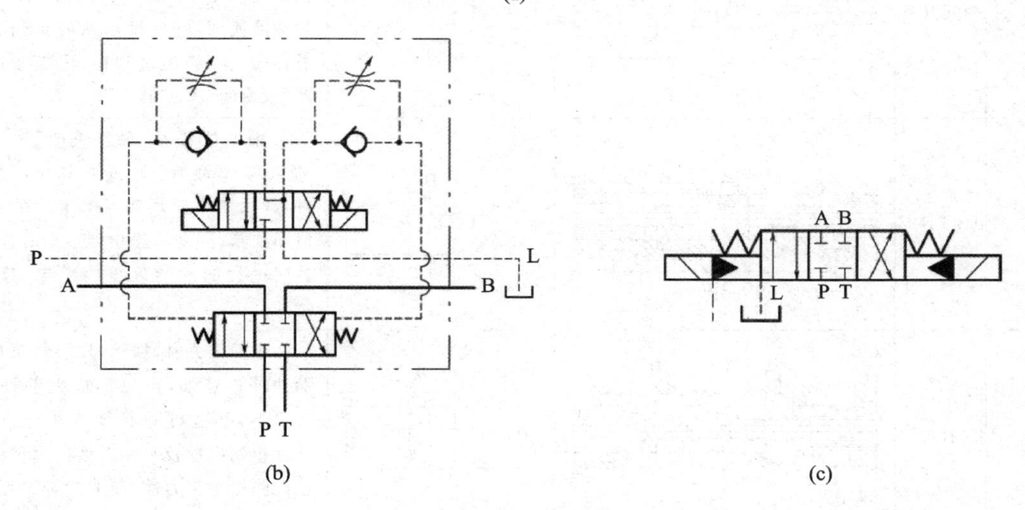

(b)　(c)

图 3－70　电液换向阀

图 3－70 所示为三位四通电液换向阀及其职能符号。电磁铁 1、3 都不通电时，电磁阀阀芯处于中位，液动换向阀阀芯 6 因其两端没接通控制油液（而接通油箱），在对中弹簧的作用下，也处于中位。电磁铁 1 通电时，阀芯 2 移向右位，来自 P 口的控制油经单向阀 7 通入阀芯 6 的左端，推动阀芯 6 移向右端，阀芯 6 右端的油液则经节流阀 4、电磁换向阀流回油箱。阀芯 6 移动的速度由节流阀 4 的开口大小决定。同样道理，若电磁铁 3 通电，阀芯 6 移向左端（使油路换向），其移动速度由节流阀 8 的开口大小决定。

由于阀芯 6 的移动速度可调，因而可以调节液压缸换向的停留时间，并可使换向平稳而无冲击，所以电液换向阀的换向性能较好，适用于高压大流量场合。

图 3－70(b)是电液换向阀的职能符号，图 3－70(c)是简化的职能符号。

4）性能分析

● 中位机能

多位换向阀处于不同位置时，各油口的连通情况不同，控制机能也不一样。因此，把滑阀阀口的连通形式称为滑阀机能。对于三位阀，则把阀芯处于中位时各油口的连通形式称为滑阀的中位机能（类似，三位阀的左、右位分别称为左、右位机能）。表 3－2 列出了常见滑阀的中位机能。

表 3－2　滑阀的中位机能

代　号	名　称	结构简图	符　号	作用、机能特点
O	中间封闭	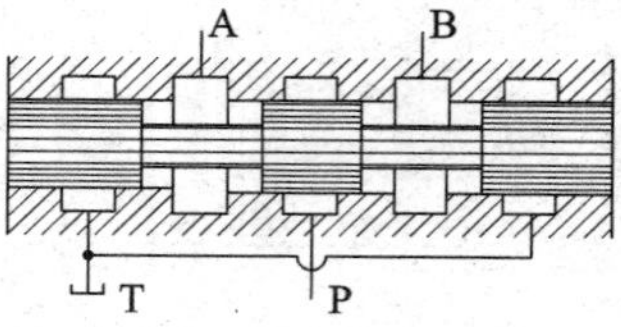	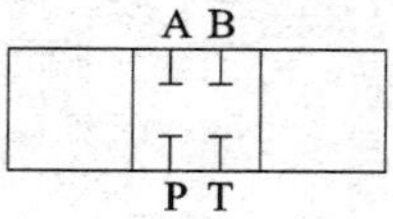	在中间位置时，油口全闭，油不流动。油缸锁紧，油泵不卸荷，并联的油缸（或油马达）运动不受影响。由于油缸充满油，所以从静止到启动较平稳；在换向过程中，由于运动惯性引起的冲击较大，换向点重复位置较精确
H	中间开启	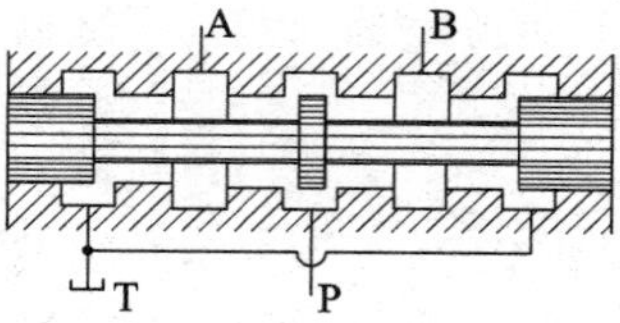	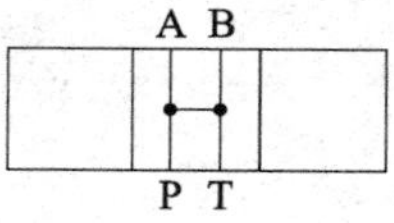	在中间位置时，油口全开，油泵卸荷，油缸呈浮动式。其他执行元件（油缸或油马达）不能并联使用。由于油缸油液流回油箱，所以从静止到启动有冲击。在换向过程中，由于油口互通，故换向较“O”形平稳
Y	ABO 连接	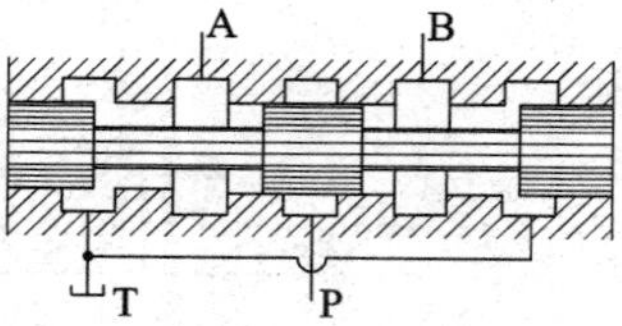	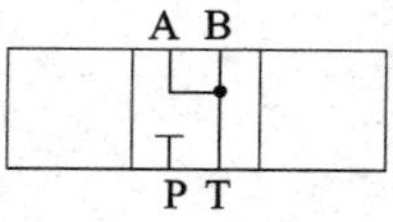	在中间位置时，泵口关闭，油缸浮动，油泵不卸荷。可并联其他执行元件，其运动不受影响。由于油缸油液流回油箱，所以从静止到启动有冲击。换向过程的性能处于“O”与“H”形之间
P	PAB 连接	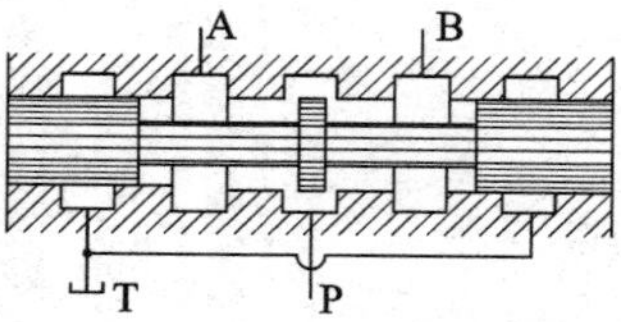	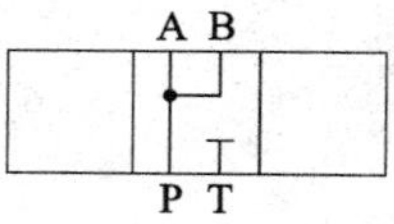	在中间位置时，回油口关闭，泵口和两油缸口连通，可以形成差动回路。油泵不卸荷，可并联其他执行元件。从静止到启动较平稳。换向过程中油缸两腔均通压力油，换向时最平稳，应用较广
K	PAO 连接	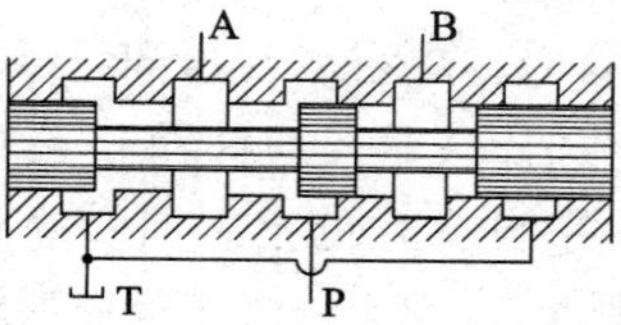	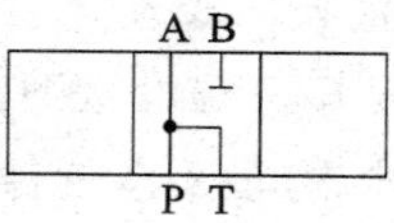	在中间位置时，关闭一个油缸口，用于油泵卸荷。不能并联其他执行元件。从静止到启动较平稳。换向过程有冲击（比“O”形好），换向点重复精度高
J	BO 连接	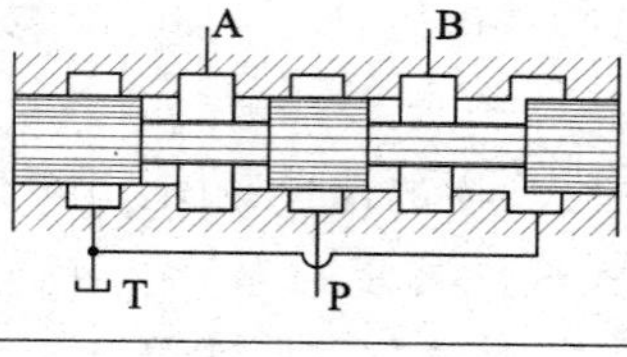	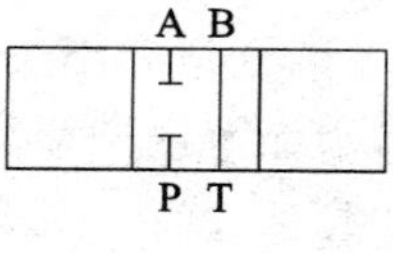	在中间位置时，泵口与油缸相应接口不通，油缸的一个接口和回油口相通。油泵不卸荷，与其他执行元件并联使用。从静止到启动有冲击，换向过程也有冲击

续表 3－2

代　号	名　称	结构简图	符　号	作用、机能特点
M	PO 连接			在中间位置时，油泵卸荷，不能并联其他执行元件，从静止到启动较平稳。换向时，与“O”形性能相同。可用于立式或紧锁的系统中

表 3－2 表明，不同的中位机能其阀体的结构基本相同，但是阀芯的形状和尺寸不同。中位机能不仅直接影响液压系统的工作性能，而且在滑阀由中位向左位或右位转换时对液压系统的工作性能也有影响。因此，在使用时应合理选择滑阀的中位机能。通常，中位机能的选用原则如下：

① 当系统有保压要求时，可选用油口 P 是封闭式的中位机能，如 O、Y、J 形。

② 当系统有卸荷要求时，应选用油口 P 与 T 畅通的形式，如 H、K、M 形。

③ 当系统对换向精度要求较高时，应选用工作油口 A、B 都封闭的形式，如 O、M 形。这时液压缸的换向精度高，但换向过程中易产生液压冲击，换向平稳性差。

④ 当系统对换向平稳性要求较高时，应选用 A 口、B 口都接通的形式，如 Y 形。这时换向平稳性好，冲击小，但换向过程中执行元件不易迅速制动，换向精度低。

⑤ 若系统对启动平稳性要求较高时，应选用油口 A、B 都不通 T 口的形式，如 O、P、M 形。这时液压缸某一腔的油液在启动时能起到缓冲作用，因而可保证启动的平稳性。

⑥ 当要求执行元件能在任意位置上停留时，应选用油口 A、B 都与 P 口相通的形式（差动液压缸除外），如 P 形。这时液压缸左右两腔作用力相等，液压缸不动。

三位滑阀除了有各种中位机能外，有时也把阀的左位或右位设计成特殊的机能。分别用两个字母来表示阀的中位和左（或右）位机能，常见的三位阀的职能符号如图 3－71 所示。图(a)为 OP 形，图(b)为 MP 形，这两种阀主要用于差动连接回路，以得到快速行程。

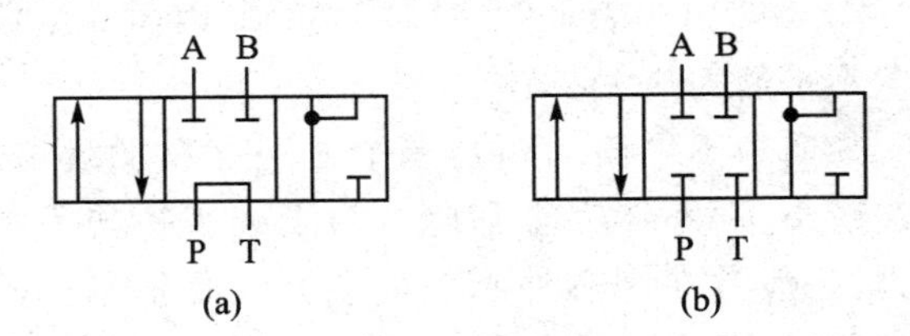

图 3－71　三位四通滑阀的职能符号

● 液压卡紧现象

滑阀式换向阀的阀芯从理论上讲，只要克服阀芯与阀体的摩擦力以及恢复弹簧的弹力就可移动。然而在实际使用时，在中、高压控制油路中，当阀芯停止一段时间后或换向时，阀芯在操纵动力作用下不移动，或操纵动力解除后，恢复弹簧不能使阀芯复位，这种现象叫做液压卡紧现象。作用在阀芯上的摩擦阻力主要是由液压卡紧力产生，其次是脏粒进入滑阀缝隙而使阀芯移动困难。液压卡紧力是由于阀芯和阀体的几何形状误差和中心线的不重合所造成的。因为在这种情况下，进入阀芯与阀体配合间隙中的压力油将对阀芯产生不平衡的径向力，该力在一定条件下使阀芯紧贴在孔壁上，产生相当大的摩擦力（卡紧力），使得操纵滑阀运动发生困难，严重时甚至被卡住。液压卡紧的三种情况如图 3－72 所示。

图 3－72(a)表示因加工误差带有锥度的阀芯，且大端在高压油一边（倒锥），当阀芯与阀体产生一个平行轴线的偏心 e 时，由于上部间隙小，沿轴线方向压力下降梯度大，而下部间隙

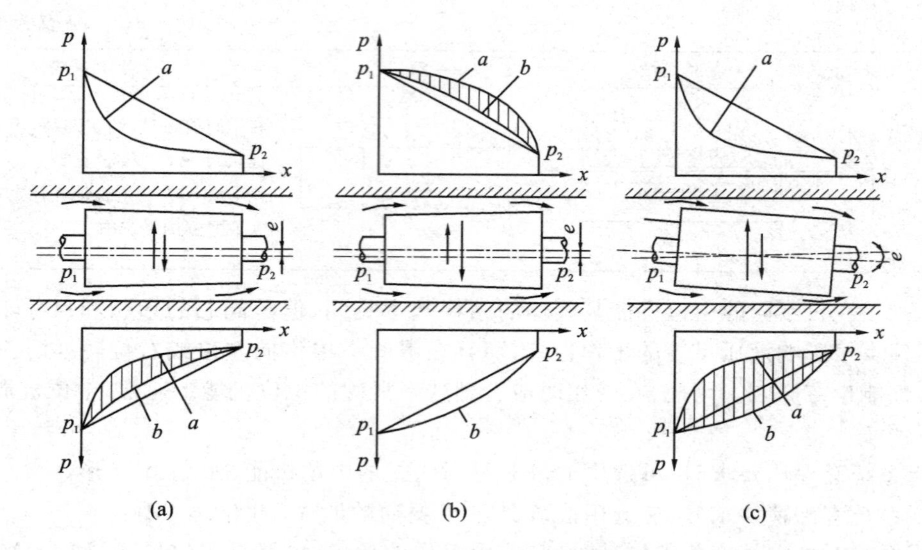

图 3-72 三种液压卡紧情况的阀芯径向受力分析

大，沿轴线方向压力下降梯度小，在阀芯对应处产生径向力的不平衡，由图中可以看出，这种径向力不平衡，将使阀芯的较小间隙的一侧进一步缩小而趋于卡死。

图 3-72(b)表示因加工误差带有锥度的阀芯，且小头在高压油一边（顺锥），当阀芯与阀体产生一个平行轴线的偏心 e 时，由于大头在低压油一边，上边间隙小，下边间隙大，沿轴线方向的阻力上边比下边的要大，因而沿轴线的压力下降梯度，上边比下边的要小。在此情况下，径向不平衡力使偏心减小，不会产生卡紧现象。

图 3-72(c)表示阀芯因弯曲等原因而产生偏斜时的情况。从图中可以看出，这种情况的径向不平衡力最大。

径向力不平衡问题是一个普遍存在的现象，只能设法减小，而不能完全消除。为了减小径向不平衡液压力，一般常在阀芯外圈表面上开设环形平衡槽。阀芯偏斜时，开环形槽的效果可以从图 3-73 看出。如果不开环形槽，径向不平衡力为虚线 A_1 和 A_1 间围成的面积。在开了环形槽后，环形槽把从 p_1 到 p_2 的压力分成数段，阀芯上部和下部的压力分布曲线变为阶梯曲线 B_1 和 B_2，径向不平衡力（阴影线表示面积）的数值大大减小。环形槽的宽度一般设计为 0.3～0.5 mm，深度为 0.5～1 mm，间距为 1～3 mm。最好使阀芯带有微量的锥度（可为最小间隙的 1/4），并且使它的大端在低压腔一边，从而减小液压卡紧力。与此同时，还必须对滑阀的几何精度及配合间隙予以严格控制。

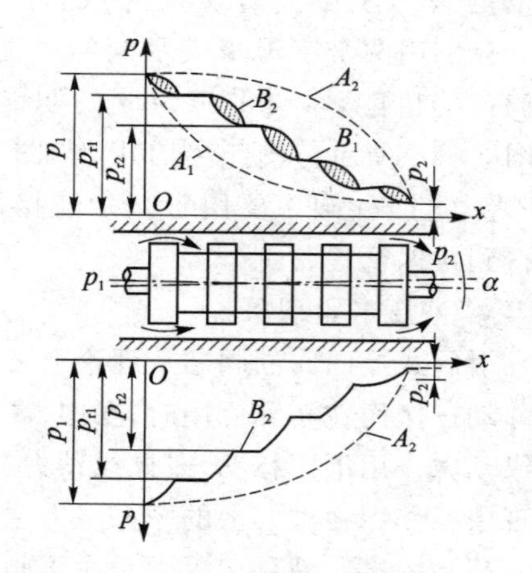

图 3-73 滑阀环形槽的功用

● 滑阀上的液动力

液体流经滑阀时，对阀芯的作用力称为液动力。液动力有稳态液动力和瞬态液动力两种。

滑阀的稳态液动力是指阀芯移动完毕、开口固定后，由于流出、流入阀腔的液流的动量变化而产生的作用于阀芯上的轴向力。

取阀芯两凸肩之间的液体为控制体积，阀芯对液体的作用力为 F'_s，该控制体积在阀入口处的流速为 v_1，其射流角度为 90°，在阀出口处流速为 v_2，其与阀芯轴线夹角为 θ，如图 3-74 所示。

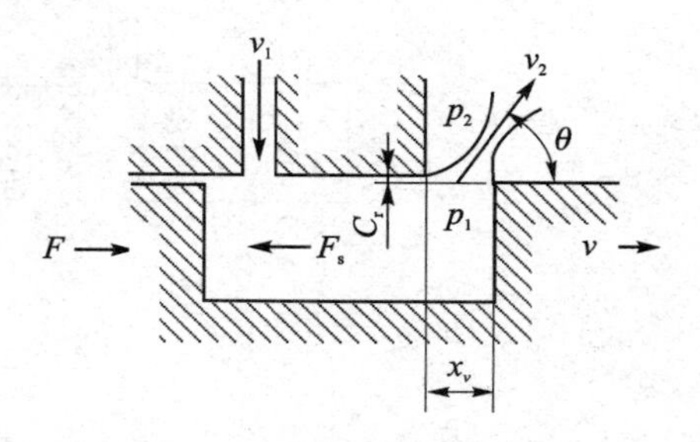

图 3-74　滑阀上的稳态液动力

设液体做稳定流动，将动量方程向阀芯的轴向投影得

$$F'_s=\rho Q(\beta_2 v_2\cos\theta-\beta_1 v_1\cos\theta)=\rho Q v_2\cos\theta \tag{3-74}$$

根据薄壁小孔的流量公式可知，液体从阀口流出的流速为

$$v_2=C_v\sqrt{\frac{2}{\rho}\Delta p} \tag{3-75}$$

设阀口开度为 x_v，阀芯与阀体之间的间隙为 C_r，阀口周长为 w，则阀口的通流面积为 $w\sqrt{C_v^2+x_v^2}$，流量为

$$Q=C_d w\sqrt{C_r^2+x_v^2}\sqrt{\frac{2}{\rho}\Delta p} \tag{3-76}$$

将 v 和 Q 均代入式(3-74)中得

$$F'_s=2C_d C_v w\Delta p\cos\theta\sqrt{C_r^2+x_v^2} \tag{3-77}$$

稳态液动力 F_s 的大小与 F'_s 相等，但方向相反，如图 3-74 所示的方向。可见 F_s 与操纵阀芯移动力的方向 F 相反，即指向使阀口关闭的方向。稳态液动力的这一特点，使操纵阀芯移动力的阻力增加，尤其在 w、Δp 或 x_v 较大时，这个力将会很大，不但给滑阀的操纵带来困难，而且会直接影响回路或系统的灵敏性，此时必须采取措施来消除或补偿这个力。稳态液动力的另一个影响是使阀的工作趋于稳定。有的液压阀正是由于稳态液动力的这一作用，才具有良好的动态品质(稳定性)。

滑阀的瞬态液动力是指由于阀口开度(阀口大小)的变化，使阀腔中的液流加速或减速而产生的作用于阀芯上的轴向力。

如图 3-75(a)所示，阀芯相对阀体向右运动，液流从阀孔进入，经阀腔从阀口向外射出。在阀腔中取一液体质点，观察其运动。随着阀口开度增加，瞬态流量亦增加，由于阀腔通道过流断面一定，故液体质点做加速运动，其所受惯性力与加速度方向相同。由牛顿惯性定律，该液体质点必给固体壁面一个与惯性力大小相等方向相反的作用力，该力就是作用于阀芯上的瞬态液动力。

设在长度为 l_ζ 的阀腔通道上被加速液体的质量为 m_c，加速度为 a，阀腔过流断面积为 A_c，阀口的流量为 Q，瞬态液动力为 F_a，由牛顿第二定律有

$$F_a=-m_c a=-\rho l_\zeta A_c\frac{\mathrm{d}\left(\frac{Q}{A_c}\right)}{\mathrm{d}t}=-\rho l_\zeta\frac{\mathrm{d}Q}{\mathrm{d}t} \tag{3-78}$$

考虑到 $A_c=x_v w$，流量变化率为

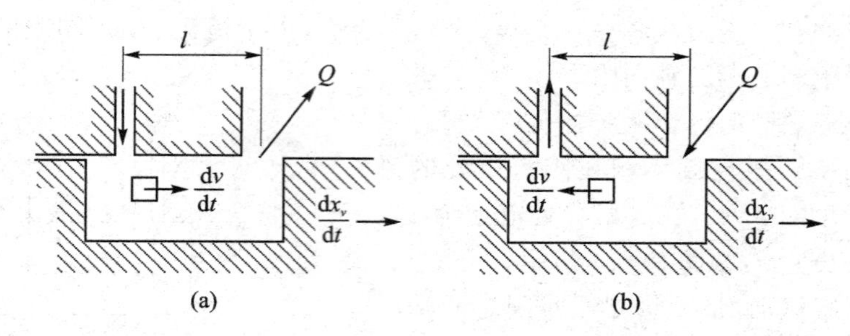

图 3-75 滑阀上的瞬态液动力

$$\frac{\mathrm{d}Q}{\mathrm{d}t}=\frac{\mathrm{d}\left(C_{\mathrm{d}}A_{\mathrm{c}}\sqrt{\frac{2}{\rho}\Delta p}\right)}{\mathrm{d}t}=\frac{\mathrm{d}\left(C_{\mathrm{d}}x_{v}w\sqrt{\frac{2}{\rho}\Delta p}\right)}{\mathrm{d}t}$$

$$=C_{\mathrm{d}}w\sqrt{\frac{2}{\rho}\Delta p}\ \frac{\mathrm{d}x_{v}}{\mathrm{d}t}+\frac{C_{\mathrm{d}}x_{v}w}{\sqrt{2\rho\Delta p}}\ \frac{\mathrm{d}(\Delta p)}{\mathrm{d}t} \tag{3-79}$$

压力变化率对流量的变化率影响很小,可忽略不计,则简化后代入得瞬态液动力为

$$F_{a}=-\rho l_{\zeta}C_{\mathrm{d}}w\sqrt{\frac{2}{\rho}\Delta p}\ \frac{\mathrm{d}x_{v}}{\mathrm{d}t}=-C_{\mathrm{d}}wl\sqrt{2\rho\Delta p}\ \frac{\mathrm{d}x_{v}}{\mathrm{d}t} \tag{3-80}$$

式中负号表示瞬态液动力的方向与被加速液体惯性力的方向相反。即液流从阀口流出时,其瞬态液动力的方向与阀芯移动方向相反,起着阻止阀芯移动的作用,相当于一个阻尼力,式中的 l_{ζ} 取正值,并称之为“正阻尼长度”。反之,若液流如图 3-75(b)那样流入阀口,不难判断瞬态液动力的方向和阀芯移动方向相同,起着帮助阀芯移动的作用,相当于一个负阻尼力。此时式中 l_{ζ} 取负值,称之为“负阻尼长度”。

滑阀上的“正阻尼长度”会增加滑阀工作的稳定性,“负阻尼长度”则是造成滑阀工作不稳定的原因之一。在滑阀式换向阀中,尤其是四通阀、五通阀,常是几个阀腔同时工作,这时阀芯工作稳定性受阻尼长度的影响程度要由各阀腔阻尼长度的代数和(即总阻尼长度)决定。

5) 应用举例

● 实现换向

换向阀的应用实例如图 3-76 所示。

如图 3-76(a)所示,用二位三通电磁换向阀控制柱塞缸一腔进油与回油。当电磁铁断电时柱塞举起负载 W,当电磁铁通电时靠柱塞缸自重下降。

如图 3-76(b)所示,用二位四通电磁换向阀同时控制液压缸两个油腔油液的进出。当电磁铁断电时下腔进油,上腔排油,液压缸上行;当电磁铁通电时上腔进油,下腔排油,液压缸下行,但液压缸不能在行程的任意位置上停止。

如图 3-76(c)所示,用三位四通电磁换向阀实现液压缸在其行程的任意位置上锁紧。当左边电磁铁通电时液压缸左腔进油,右腔排油回油箱,活塞右行;当右边电磁铁通电时液压缸右腔进油,左腔排油回油箱,活塞回程;当两边电磁铁均断电时,三位四通换向阀的中位机能将液压缸两腔封闭,活塞停止运动。由于滑阀式换向阀的泄漏,液压缸被锁紧的时间不长。

如图 3-76(d)所示,用三位五通电磁换向阀对工作机械实现快速接近工件(快进),然后工作进给(工进),快速退回原位(快退),最后停止动作过程。现分别介绍如下:

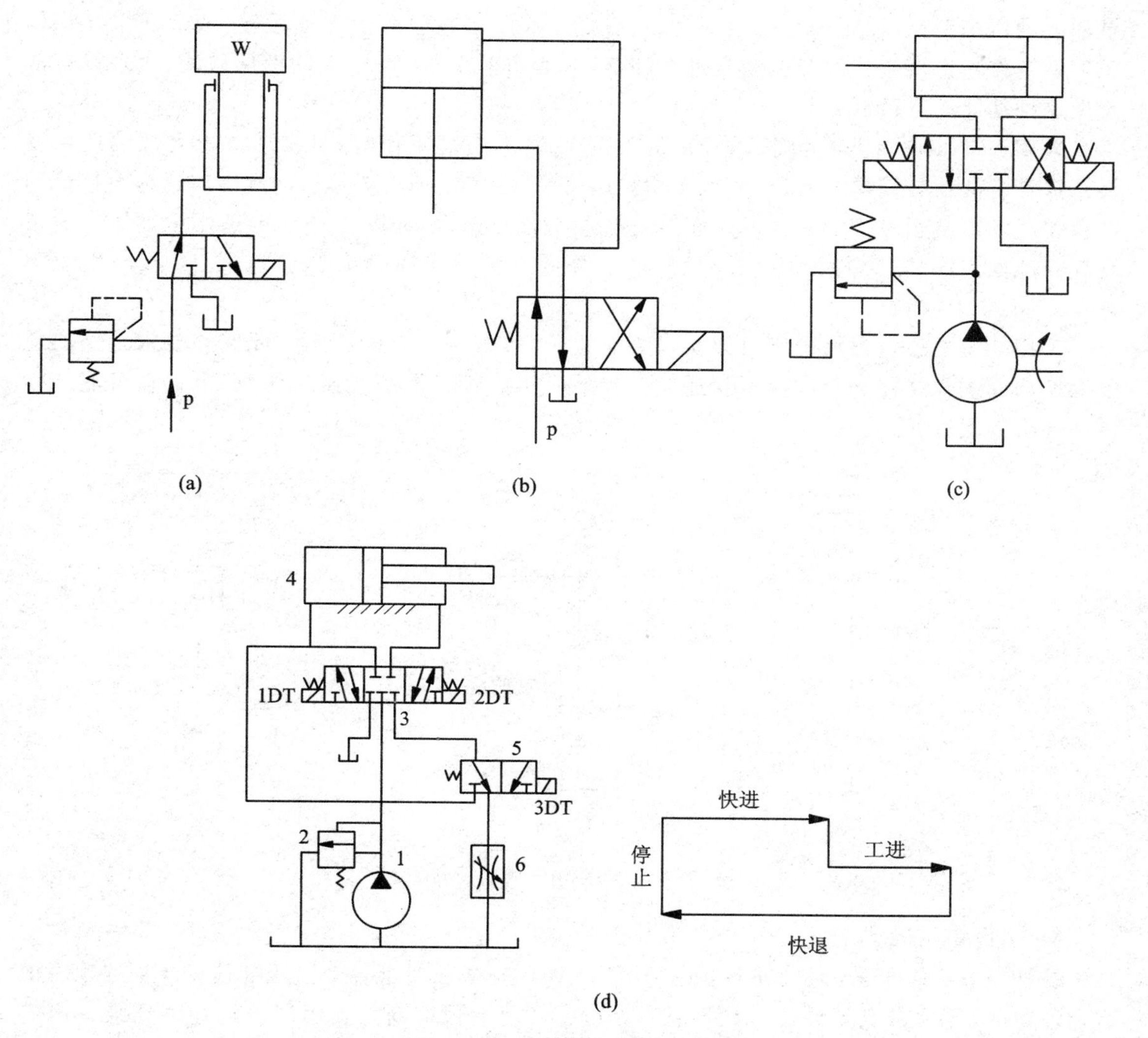

图 3-76　利用换向阀实现换向

快进：快进是采用差动连接 1DT(＋)、3DT(＋)。油泵 1 供油经换向阀 3 至液压缸 4 左腔，4 右腔油液经换向阀 3、5 也进入左腔，形成差动连接，使活塞向右快进。

工进：当 1DT(＋)，活塞快进到要求位置时，行程开关发信号使 3DT(－)，液压缸右腔油液经换向阀 3、5 和调速阀 6 回油箱。调速阀 6 是控制流量的元件，调节阀口的开口度可调节液压缸排出的流量，因而调节了活塞向右运动的速度，使之符合工进速度的要求。定量泵 1 大于液压缸工作进给所需的流量，经溢流阀 2 流回油箱。

快退：当工作进给完毕，行程开关发信号，使 1DT(－)，同时又使 2DT(＋)，油泵 1 供油经换向阀 3 至液压缸右腔，液压缸左腔油液经换向阀 3 另一条回油通路，直接回油箱。

停止：行程开关发信号，使 1DT(－)和 2DT(－)，三位五通换向阀的中位机能将液压缸两腔封闭，工作机械停止运动。

● 实现卸荷

当工作部件短时间暂停工作(如进行测量或装卸工件)时，为了节省功率，减少发热，减轻泵和电动机的负荷，以延长其使用寿命，一般都让液压泵在空载状态下运转（或液压泵在很低压力下工作），也就是让泵与电动机进行卸荷，一般功率在 3 kW 以上的液压系统，大多设有能实现这种功能的卸荷回路。

采用 M 形（或 H 形）滑阀机能，油路在换向阀左、右位工作时，可实现执行元件的运动变换。这种方法比较简单，当换向阀处于中位时，液压泵输出油液通过换向阀中位通道直接流回油箱实现卸荷。图 3-77(a)适用于低压小流量的液压系统，而图 3-77(b)适用于高压大流量系统。此回路结构简单，所用元件少。但当泵从卸荷状态重新升压工作时，可能产生压力冲击。

采用二位二通电磁换向阀可以实现泵的卸荷，如图 3-77(c)所示。此回路要求二位二通电磁换向阀的规格需和泵的容量相适应。当泵从卸荷状态重新升压工作时，也存在可能产生压力冲击的问题。

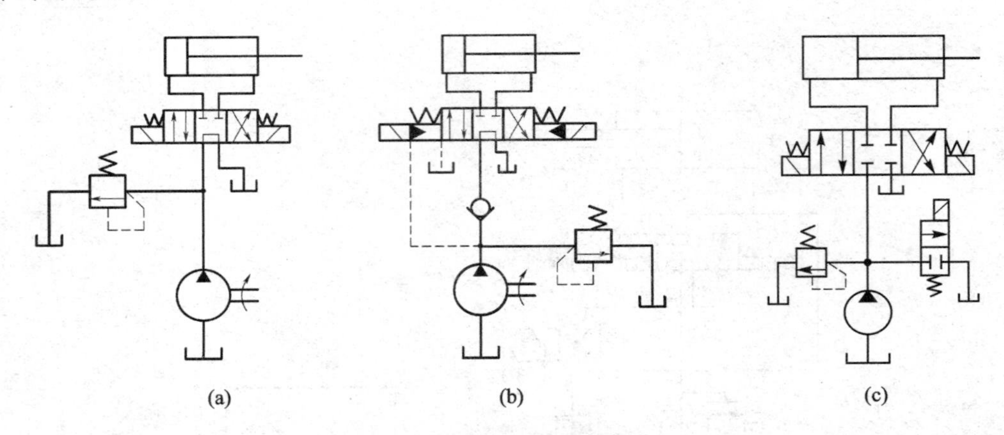

图 3-77 利用换向阀实现卸荷

● 实现顺序运动

某些机械，特别是自动化机床，在一个工作循环中往往要求各个液压缸按着严格的顺序依次动作（如机床要求实现夹紧、切削、退刀等），可采用行程控制。利用液压缸移动到某一规定位置后，发出控制信号，使下一个液压缸动作。

如图 3-78(a)所示，采用行程开关和电磁换向阀控制多缸并联回路。当按下启动按扭时，电磁铁 1DT(+)，压力油进入 A 缸的左腔，A 缸的右腔油液经阀 C 回油箱，活塞在压力油推动下按箭头 1 所示方向向右运动，到达要求位置时，压下行程开关 6，使 1DT(−)，A 缸的活塞停止运动。行程开关 6 同时使电磁铁 3DT(+)，压力油进入 B 缸的左腔，B 缸右腔的油经阀 D 回油箱，活塞在压力油推动下按箭头 2 所示方向向右运动，到达要求位置时，压下行程开关 8。电磁铁 3DT(−)，B 缸的活塞停止运动。行程开关 8 同时使电磁铁 2DT(+)，压力油进入 A 缸的右腔，A 缸的左腔油经阀 C 回油箱，活塞按箭头 3 方向向左运动，到达要求位置时，压下行程开关 5，电磁铁 2DT(−)，A 油缸的活塞停止运动。行程开关 5 同时使电磁铁 4DT(+)，压力油进入 B 缸的右腔，B 缸左腔的油经阀 D 回油箱，活塞按箭头 4 方向向左运动，达到要求位置时压下行程开关 7，电磁铁 4DT(−)，B 缸的活塞停止运动，到此完成一个动作循环回路全部停止工作。如需要重复 1～4 动作的后续循环（见表 3-3），可令行程开关 7 发信号使电磁铁 4DT(−)的同时，使电磁铁 1DT(+)，即可实现后续循环未完以及循环过程中停止回路动作的指令，由停止按钮发出信号。

表 3-3　电磁铁动作程序表

<table>
<tr><th rowspan="2">电磁铁
动作名称</th><th rowspan="2">1DT</th><th rowspan="2">2DT</th><th rowspan="2">3DT</th><th rowspan="2">4DT</th><th colspan="3">信号来源</th></tr>
<tr><th colspan="2">单循环</th><th>后续循环</th></tr>
<tr><td>A 缸右行 1→</td><td>+</td><td></td><td></td><td></td><td colspan="2">启动按钮</td><td>7</td></tr>
<tr><td>B 缸右行 2→</td><td></td><td></td><td>+</td><td></td><td rowspan="5">行程开关</td><td colspan="2">6</td></tr>
<tr><td>A 缸左行←3</td><td></td><td>+</td><td></td><td></td><td colspan="2">8</td></tr>
<tr><td>B 缸左行←4</td><td></td><td></td><td></td><td>+</td><td colspan="2">5</td></tr>
<tr><td>或单循环后停止</td><td></td><td></td><td></td><td></td><td>7</td><td></td></tr>
<tr><td>或后续循环停止
及循环中停止</td><td></td><td></td><td></td><td></td><td colspan="3">停止按钮</td></tr>
</table>

用电磁阀控制的并联顺序动作回路，工作行程的调整比较方便，动作顺序改变也很容易，具有调整灵活的优点，因此得到广泛应用。

如图 3-78(b)所示，采用行程阀(机动换向阀)实现多缸的顺序动作。当电磁阀 1 通电时(图示位置)，液压缸 3 的活塞先向右运动，并在其挡块压下行程阀 2 后，才使液压缸 4 的活塞右行。在阀 1 的电磁铁断电后，液压缸 3 的活塞先行左退，并在其挡块松开行程阀 2 后，才使液压缸 4 的活塞也向左退回。这种回路工作可靠，但改变动作顺序比较困难。

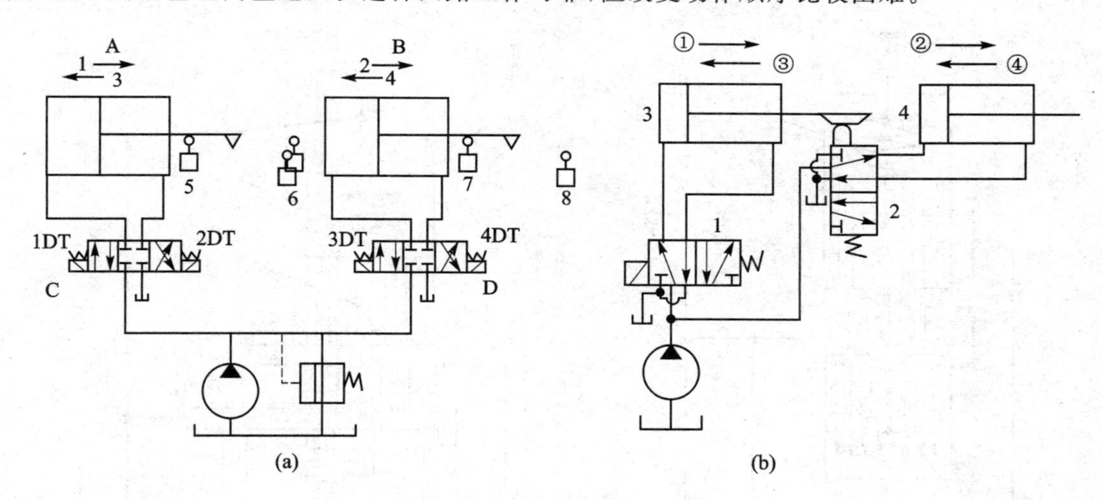

图 3-78　实现顺序运动

3.3.2　压力控制阀

液压系统的压力能否建立起来及其大小是由外界负载决定的，而压力高低的控制是由压力控制阀(简称压力阀)来完成的。压力阀按其功能和用途可分为溢流阀、减压阀(用于控制和调节液压系统油液压力的元件)、顺序阀和压力继电器(以液压力作为控制信号的元件)。它们共同的特点是利用作用在阀芯上的油液压力和弹簧力相平衡的原理来达到控制油液压力的目的。压力阀中的一些阀常与单向阀组成“复合阀”，它们兼有各组成单元的固有功能，结构紧凑且压力损失小。

1. 溢流阀

溢流阀用来控制进口油路压力为定值，作用于阀芯受压面积上的油液来自进口油路。溢流阀在使用时应满足调压偏差小、灵敏度要高、工作平稳、卸载压力小、当阀关闭时泄漏量小等要求。

(1) 工作原理

溢流阀是用来调节液压泵的供油压力，在使用时分为常闭和常开两种形式，前者起限压作用，后者起定压作用，其工作原理分述如下。

1) 限　压

溢流阀限压工作原理如图 3 - 79 所示。

图 3 - 79 中，F_s 为溢流阀调节的弹簧力，p 为作用在阀芯端面上的油液压力，A 为阀芯下端有效作用面积。当 $pA<F_s$ 时，阀芯由于弹簧力的作用向下移，阀门关闭，油液不能经溢流阀流回油箱；当系统压力升高到 $pA>F_s$ 时，弹簧受压缩，阀芯向上移动，阀门打开，多余的油液经溢流阀流回油箱，限制系统压力继续升高，并使压力保持在 $p=F_s/A$ 的数值。调节弹簧力 F_s（一般比系统最大工作压力大 5%以上），即可调节液压泵的供油压力 p。

2) 定　压

溢流阀定压工作原理如图 3 - 80 所示。

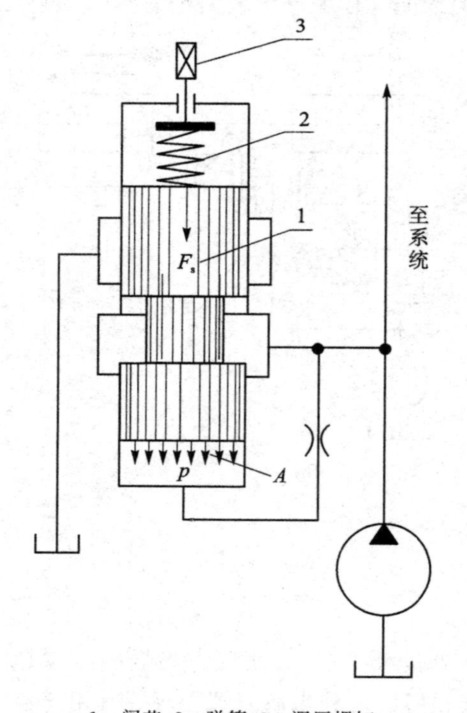

1—阀芯；2—弹簧；3—调压螺钉

图 3 - 79　溢流阀限压工作原理

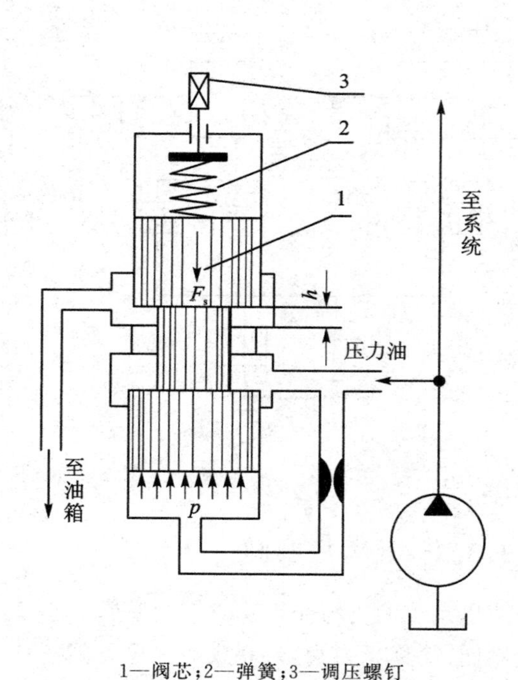

1—阀芯；2—弹簧；3—调压螺钉

图 3 - 80　溢流阀定压工作原理

图 3 - 80 所示，阀芯的开口量为 h，有部分油液经此开口流回油箱。在阀芯处于开口为 h

的平衡状态时，作用在阀芯上力的平衡关系为 $F_s = pA$。当液压泵的供油压力 p 升高为 p' 时，阀芯失去平衡，向上移动 Δh，使开口变大，溢流阻力下降（弹簧力增加 ΔF_s），油液压力也下降，建立新的平衡，力的平衡关系变为 $F_s + \Delta F_s = p'A$。实际工作中，阀芯只做很小的移动，因此弹簧压缩量变化很小，可以认为 $\Delta F_s = 0$，$p' = F_s/A = p =$ 常数。由此可见；溢流阀是依靠弹簧力和油液压力平衡来调节压力，并借助溢去系统多余的油液，使液压泵出口压力保持近似定值。

(2) 结构形式

常用溢流阀有直动式和先导式两种。

1) 直动式溢流阀

直动式溢流阀就是直接利用弹簧力与进油口油液压力进行平衡，以调定溢流阀的工作压力。其结构如图 3-81 所示。

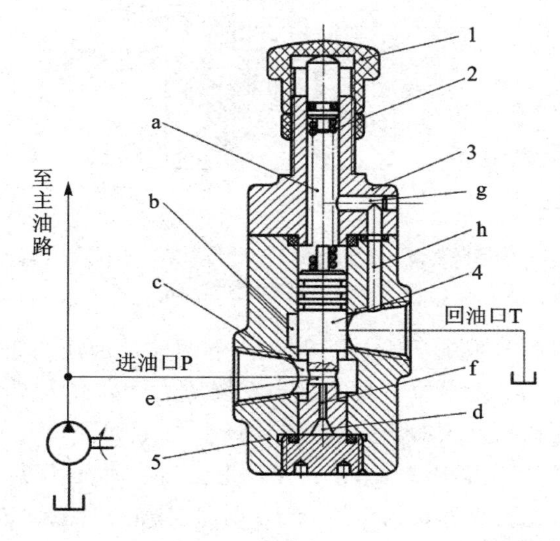

1—螺母；2—调压弹簧；3—上盖；4—阀芯；5—阀体

图 3-81 直动式溢流阀

图 3-81 中，压力油经进油口 P，通过阀芯上的径向孔 e 和阻尼小孔 f 后作用于阀芯下端的敏感腔 d，并对阀芯产生向上的推力。当向上的推力克服弹簧力 F_s 时，阀口被打开，将多余的油液经出油口 T 溢流回油箱。阻尼小孔的作用，可以减小阀芯的振动，泄漏到弹簧腔的油液可通过小孔 g、h 排回油箱。调整螺帽，可以改变弹簧的压紧力，从而调节了液压系统的压力。这类阀弹簧较硬，滑动部分阻力大，特别是流量较大时，阀的开口大，促使弹簧有较大的变形量，使阀所控制的压力随流量的变化较大，故这种阀只适用于系统压力较低的场合。

2) 先导式溢流阀

先导式溢流阀是由先导阀（简称导阀）和主阀两部分组成，其特点是将调压的弹簧和控制阀芯动作的弹簧分开，用强弹簧控制先导阀调压，弱弹簧控制主阀芯动作，这样就克服了直动式溢流阀的缺点，适用于系统压力较高的场合。先导式溢流阀的结构如图 3-82 所示。

图 3-82 中，压力油通过进油口 P 进入进油腔 f 后，经主阀芯的轴向孔 g 进入主阀芯下端的敏感腔 d，同时油液又经阻尼小孔 e 进入主阀芯的上腔，并经 b 孔、a 孔作用于先导阀的导阀

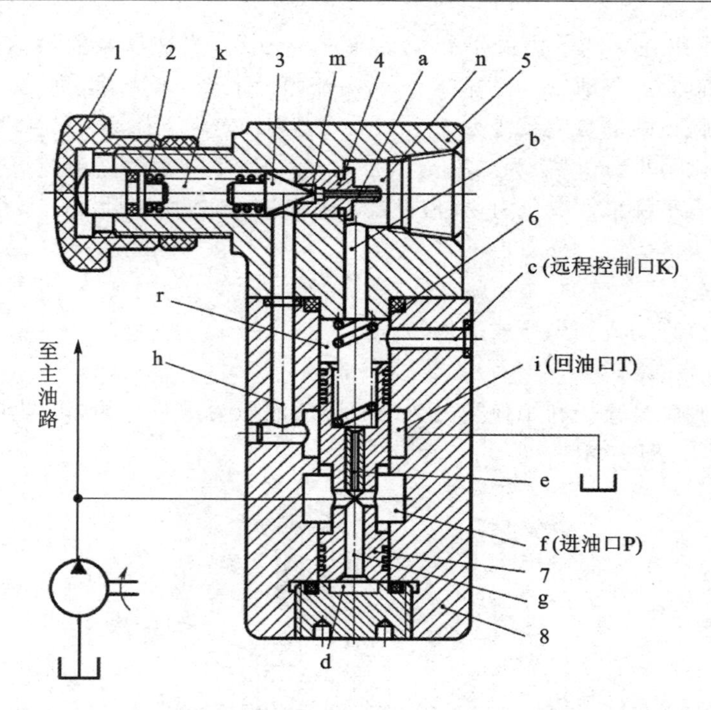

1—螺母；2—调压弹簧；3—先导阀芯；4—先导阀座；5—先导阀体；6—主阀弹簧；7—主阀芯；8—主阀体

图 3-82 先导式溢流阀

芯上，当系统压力 p 较低时，导阀芯闭合，主阀芯上、下两腔油液压力近乎相等，阀芯在主阀弹簧的作用下，处于最下端位置，将溢流口封闭。当系统压力升高并大于先导阀调压弹簧的调定压力时，导阀芯被打开，主阀芯上腔的压力油经导阀、小孔 h、回油口 T 而流回油箱。这时由于主阀芯上阻尼孔 e 的作用，产生了压力降，使得主阀芯上部的油压力 p_1 小于下部的油压力 p，当主阀芯两端的压力差超过主阀弹簧的作用力 F_s 时，主阀芯被抬起，进油腔 p 和回油腔 T 相通，实现溢流作用。调节螺母即可调整调节弹簧的压紧力，从而调节液压系统的压力。

(3) 职能符号

溢流阀的职能符号如图 3-83 所示，其中，图(a)为直动式溢流阀，图(b)为先导式溢流阀，K 为遥控口。

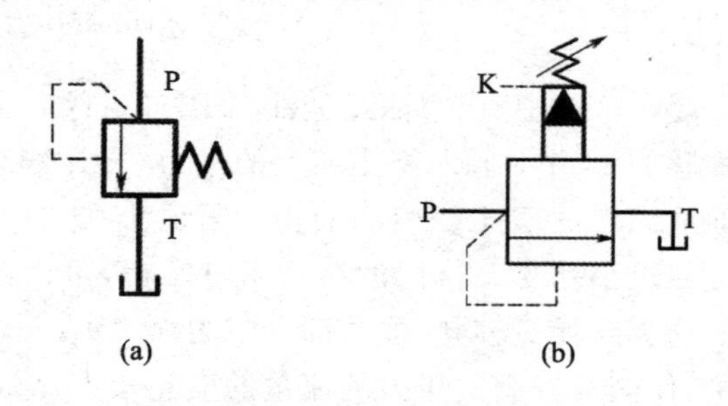

注：常闭，进口控制，出口回油箱，漏油内回。

图 3-83 溢流阀的职能符号

(4) 性能分析

溢流阀的性能可用静态特性和动态特性指标来衡量。

1) 静态特性

● 启闭特性

溢流阀从刚开启到通过全流量，然后从全流量到闭合的压力-流量特性曲线称为启闭特性曲线，如图 3-84 所示。

图 3-84 中，$p'_{启}$、$p_{启}$ 分别为直动式、先导式溢流阀开始溢流的压力，$p_{调}$ 为通过公称流量时的压力，$p'_{闭}$、$p_{闭}$ 分别为直动式、先导式溢流阀闭合时的压力。溢流阀的启闭特性说明，溢流阀的工作压力是随溢流量的变化而变化，其变化值的大小，是衡量溢流阀静态性能的一项重要

指标。

当溢流阀刚开始溢流时，因阀芯抬起的高度不大，弹簧的压缩量较小，这时油液打开阀口的压力较小。当溢流量增加时，阀芯升高，开口量增大，这时进一步压缩弹簧，因而弹簧力增大，压力 p 值也上升。当全部流量从溢流阀溢出时，阀芯上升到最高位置，这时的压力称调整压力 $p_{调}$。$p_{调}$ 和 $p_{启}$ 或 $p'_{启}$ 的差值称为稳态调压偏差，其值愈小，该阀的稳压性能愈好，其差值和溢流阀弹簧的软硬程度和摩擦力大小有关。直动式溢流阀弹簧较硬，$p_{调}-p'_{启}$ 的值较大；而先导式溢流阀因弹簧较软，$p_{调}-p_{启}$ 的值较小，性能较好。

由于开启时摩擦力方向与弹簧力作用方向相同。闭合时与作用方向相反，使得开启和闭合曲线不重合，即关闭时压力有滞后。又因先导式溢流阀有主阀芯和导阀芯上两部分的摩擦力，使得先导式溢流阀的滞后现象比直动式溢流阀显著。

● 压力稳定性

由于液压泵输油量有脉动，系统负载有波动，这就导致溢流阀阀芯产生振动，因而引起所控制压力振摆。其振摆量可用压力表测出。

● 卸荷压力

把溢流阀的卸荷口与油箱接通，阀口开度最大，液压泵卸荷。这时溢流阀进油口与回油口间的压力差，就称卸荷压力。卸荷压力越小，油液通过溢流阀开口处的损失越小，油液的发热也越小。

2）动态特性

溢流阀的动态特性通常是指溢流阀由关闭到开启、再关闭的突然变化时，溢流阀所控制的压力随时间变化的过程特性。由于阀内流动的受力情况比较复杂，因而动态特性的理论分析比较困难，常采用计算机仿真和实测的方法来进行分析，实测曲线如图 3-85 所示。

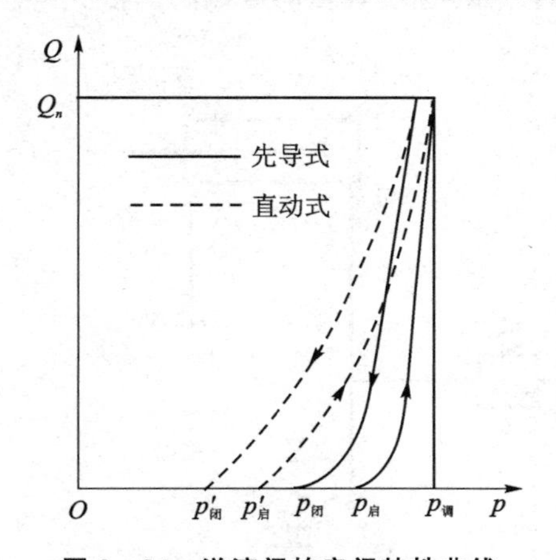

图 3-84　溢流阀的启闭特性曲线

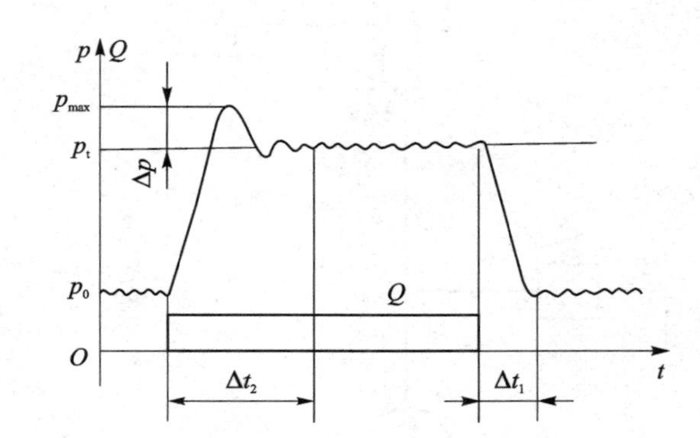

图 3-85　溢流阀的压力示波图

● 压力超调量 Δp

当压力从 p_0 突然上升到某一调定压力 p_t 时，液压系统将出现最大压力冲击峰值 p_{max}。压力超调量 $\Delta p=p_{max}-p_t$ 要小，否则会发生元件损坏、管道破裂以及使一些以压力作为控制信号的元件误动作。

● 压力回升时间 Δt_2

压力回升时间 Δt_2 又称过渡过程时间或调整时间。当溢流阀从初始压力 p_0 开始升压并

稳定到调定压力 p_t 时所需时间为 Δt_2，一般要求 $\Delta t_2=0.1\sim0.5$ s。

● 卸荷时间 Δt_1

当溢流阀从调定压力 p_t 开始下降至卸荷压力 p_0 时所需时间为 Δt_1，一般要求 $\Delta t_1=0.03\sim0.1$ s。

压力回升时间 Δt_2 与卸荷时间 Δt_1，反映溢流阀在工作中从一个稳定状态转变到另一个稳定状态所需要的过渡时间的大小，过渡时间短，溢流阀的动态性能好。

从溢流阀的静、动态特性可以看到，我们既希望溢流阀的启闭特性好，也希望溢流阀的压力超调量小，显然这是矛盾的。因此在实际设计溢流阀时，应该综合考虑。

(5) 应用举例

根据溢流阀在液压系统中所起的作用，溢流阀可作溢流、安全、卸荷等使用，如图 3－86 所示。

图 3－86(a)所示，在采用定量泵的液压系统中，溢流阀与节流元件及负载并联，阀口常开。随着工作机构需油量(运动速度)的不同，阀的溢流量时大时小，使系统压力保持恒定。调节溢流阀调压弹簧的弹力，即可调节系统的压力。

图 3－86(b)所示，在变量泵的液压系统中，用溢流阀限制系统压力超过最大允许值，防止系统过载。在正常情况下，阀口常闭。当超载时，系统油压达到最大允许值(溢流阀的调定压力)，阀口打开，压力油通过阀口回油箱，油压不再升高。在这种情况下，溢流阀起安全保护作用，故又称安全阀。

图 3－86(c)所示，用溢流阀使系统卸荷。将二位二通电磁阀安装在先导式溢流阀的外控油路上，卸荷时(电磁阀通电)，溢流阀处于全开状态，液压泵输出流量通过溢流阀的溢流口流回油箱，而通过电磁阀的流量很小，只是溢流阀控制腔的流量，选小规格的电磁阀即可。

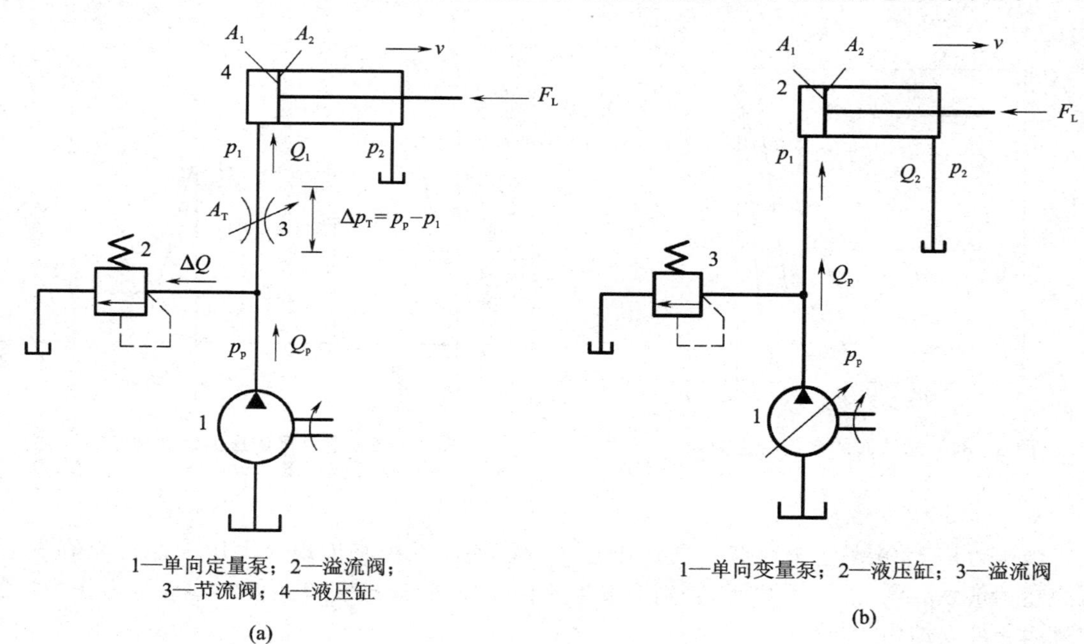

1—单向定量泵；2—溢流阀；3—节流阀；4—液压缸

(a)

1—单向变量泵；2—液压缸；3—溢流阀

(b)

图 3－86 溢流阀的应用

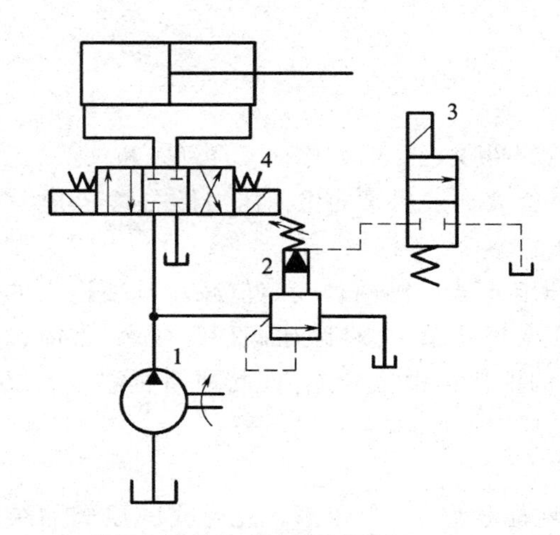

1—单向定量泵；2—先导式溢流阀；
3—二位二通电磁换向阀；4—三位四通电磁换向阀

(c)

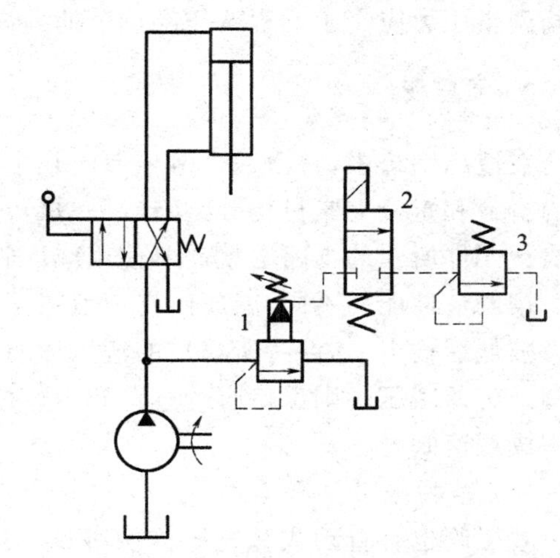

1—先导式溢流阀；2—二位二通电磁换向阀；
3—溢流阀

(d)

1—单向变量泵；2—调速阀；3—压力继电器；
4—液压缸；5—溢流阀

(e)

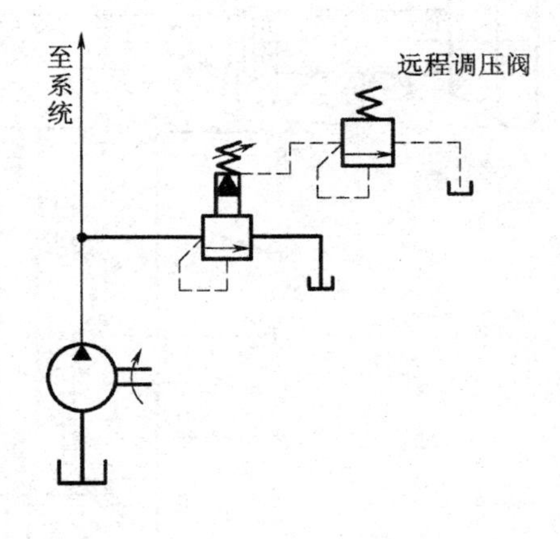

(f)

图 3-86　溢流阀的应用(续)

图 3-86(d)所示，用溢流阀实现系统的双级调压。当阀 2 断电时，液压泵的出口压力由先导式溢流阀 1 调定；当阀 2 通电时，液压泵的出口压力由远程调压阀 3 调定。为能调出二级压力来，阀 3 的调定压力必须小于阀 1 的调定压力。

图 3-86(e)所示，在液压系统的回油路上接溢流阀，可造成一定的回油阻力即背压。背压的存在可提高执行元件运动的平稳性。此时的溢流阀称为背压阀，调节溢流阀的调压弹簧可调节背压力的大小。

图 3-86(f)所示，用溢流阀实现远程调压。先导式溢流阀的遥控口(即卸荷口)接远程调压阀的进油口，调节远程调压阀即可实现远程调压。这时溢流阀上的先导阀应不起作用，即先

导阀调整压力应高于远程调压阀调节的最高压力。

2. 减压阀

在液压系统中，常由一个液压泵向几个执行元件供油(如液压车床的刀架和夹头，组合机床的滑台和定位夹紧机构等)。当某一执行元件需要比液压泵的供油压力低的稳定压力时，在该执行元件所在的支路上就需要使用减压阀。

按调节性能的不同，减压阀有定值减压阀和定差减压阀两种。定值减压阀使进入油液的压力减低后输出，并保持所输出的液压油的油压为恒定值，此种减压阀用得较多，常简称为减压阀。定差减压阀则保持阀的进口和出口两侧的油压为恒定的差值，此种阀通常与节流阀组合构成调速阀。

(1) 结构和工作原理

减压阀也有直动式和先导式两种，先导式性能较好，应用较多。先导式减压阀的结构如图 3-87 所示。

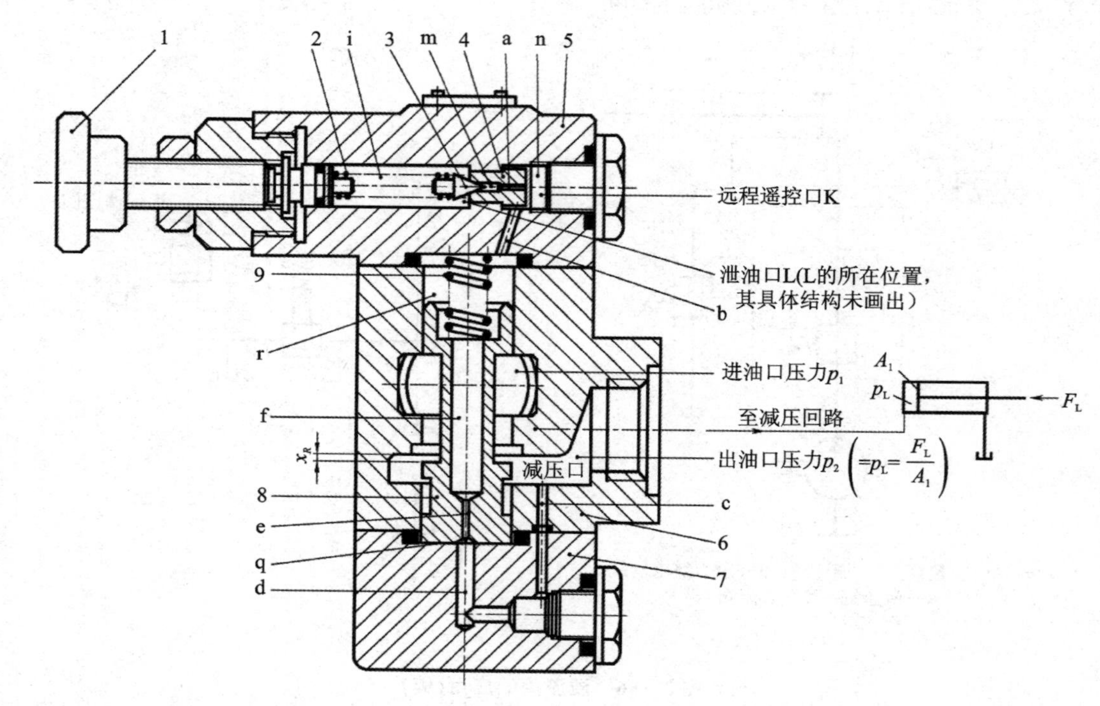

1—调压手轮；2—调压弹簧；3—先导阀芯；4—先导阀座；5—先导阀体；
6—主阀体；7—端盖；8—主阀芯；9—主阀弹簧

图 3-87 先导式减压阀

图 3-87 所示的减压阀由先导阀和主阀两部分组成。先导阀在调压弹簧的作用下，紧压在先导阀座上，调节螺母可改变弹簧对先导阀作用的预紧力。主阀芯在主阀弹簧的作用下处在主阀体的最下端，弹簧很软(刚度很小)，其作用是克服摩擦力、将主阀芯压向最下端。作用：① 将较高的入口压力(通常称为一次压力)p_1 减低为较低的出口压力(通常称为二次压力)p_2；② 保持 p_2 的稳定。

1）减压阀的启动和减压

来自泵(或其他油路)的油液从减压阀的进油口进入，并经减压阀阀口进入出油口。出油口的油液一部分经出口流向减压阀的负载；另一部分经孔道c、d腔进入敏感腔q，并作用于主阀芯的下端，同时经阀芯中间的阻尼孔e进入主阀芯的上腔r，经孔道b进入油腔n，并经先导阀前腔阻尼孔a进入先导阀前腔m，作用于先导阀的锥面上。当减压阀的负载较小时，二次压力p_2较小，作用于先导阀锥面上的油压力还不足以克服导阀弹簧的作用力，先导阀处于关闭状态，阻尼孔e中没有液体流动。此时孔道c、d、敏感腔q、阻尼孔e、孔道f、主阀上腔r、油腔n、阻尼孔a和先导阀前腔m形成了一个密闭的容腔，根据帕斯卡定律腔内各点压力都相等(都等于减压阀出油口压力p_2)，因而主阀芯上、下端油压相等，主阀芯在弹簧8的作用下处在最下端，减压阀口开度最大，不起减压作用。因此此时减压阀入口油压与出口油压基本相等，即$p_1 \approx p_2$。当减压阀负载增加，压力p_2也随之增加，并增加到使作用于先导阀锥面上的液压力足以克服弹簧2的作用力时，先导阀打开，减压阀出口的油液便经阻尼孔e、上腔r、先导阀体5中的孔b、油腔n、阻尼孔a、油腔m、先导阀阀口、油腔i、泄油口L(在油腔i内，图中未画出)排回油箱。因液体流经阻尼孔e时产生压力降，所以此时主阀芯上腔的压力低于其下端敏感腔q的压力，在上、下压差还不足以克服主阀弹簧力时，主阀芯仍处在最下端位置，减压阀口开度仍然最大，$p_2 \approx p_1$。由于入口的流量不断输入，而先导阀阀口排出的流量又很有限，故使减压阀出口油压憋高，主阀芯上、下压差加大。当该压差大于弹簧8的作用力(严格说还应包括摩擦力和阀芯的重量)时，主阀芯抬起，并平衡在某一位置上，因而使阀口关小，对液流减压。这时出口压力p_2为与调压弹簧2的预紧力相对应的某一确定值。与此同时，减压阀入口油压p_1因减压阀口关小，也很快将压力憋高并达到主油路溢流阀的调定压力值p_t，即$p_1 = p_t$。这样，减压阀便启动完毕，进入正常工作状态，即将较高的一次压力p_1减低成较低的二次压力p_2。

2）减压阀的稳压

减压阀在工作中的稳压作用包括两个方面。一方面，当减压阀的出口压力p_2突然增加(或减小)时，主阀芯下端敏感腔q的压力也等值同时增加(或减小)，这样就破坏了主阀的平衡状态，使阀芯上移(或下移)至一新的平衡位置，阀口关小(或开大)，减压作用增强(或削弱)，一次压力p_1经阀口后被多减(或少减)一些，从而使得瞬时升高(或降低)的二次压力p_2又基本上降回(或上升)到初始值上。另一方面，当减压阀入口压力p_1突然增加(或减小)时，因主阀芯尚未调节，二次压力p_2也随之突然增加(或减小)，这样就破坏了主阀芯的平衡状态，使阀芯上移(或下移)至一新的平衡位置，阀口关小(或开大)，减压作用增强(或削弱)，一次压力p_1经减压阀口后被多减(或少减)一些，从而使瞬时升高(或降低)的二次压力p_2又基本上回到初始数值上。

应当指出的是，为使减压阀稳定地工作，减压阀的进出口压差必须大于0.5 MPa。另外，有些减压阀也有类似于先导式溢流阀的远程控制口，用来实现远程控制。其工作原理与先导式溢流阀的远程控制相同。

(2) 职能符号

减压阀的职能符号如图3-88所示。其中，图(a)为减压阀(直动式)，图(b)为先导式减压阀，K为遥控口。

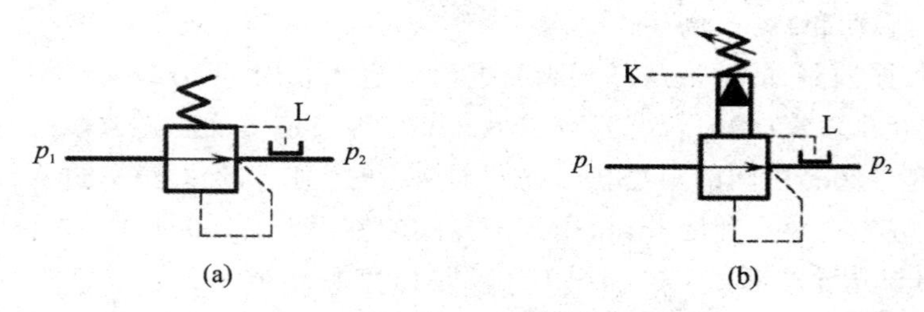

注：常开，出口接执行机构，出油口控制，漏油外回。

图 3-88 减压阀的职能符号

对比先导式溢流阀和先导式减压阀，它们有如下几点不同之处：

① 减压阀保持出口压力基本不变，而溢流阀保持进口压力基本不变；

② 不工作时，减压阀进出口互通，而溢流阀进出口不通；

③ 减压阀导阀的泄漏量是经油管从阀体外引回油箱的，而溢流阀是在阀体内部经阀的出油口泄回油箱的。

(3) 性能分析

减压阀是控制其出口压力为某一常值，因此希望该值不受其他因素影响，然而这是不可能的。事实上，当通过减压阀的流量或一次压力发生变化时，二次压力都要变化(波动)。二次压力随流量或一次压力变化而变化的大小称为减压阀的定压精度。变化小，则定压精度高；反之，则定压精度低。

1) $p_2=f(p_1)$的特性曲线

通过减压阀的流量口不变时，二次压力 p_2 随一次压力 p_1 变化的静特性曲线如图 3-89 所示。

图 3-89 中，曲线由两段组成。拐点 m 所对应的二次压力 p_{10} 为减压阀的调定压力。曲线的 Om 段是减压阀的启动阶段，此时减压阀主阀芯尚未抬起，减压阀阀口开度最大，不起减压作用，因此一次压力和二次压力相等，角 θ 呈 45°(严格说 $p_1 \approx p_2$，角 θ 也略小于 45°)。曲线 mn 段是减压阀的工作段，此时减压阀主阀芯已抬起，阀口已关小，并随着 p_1 的增加，p_2 略有下降。实验证明，引起曲线下降的主要因素是稳态液动力。

2) $p_2=f(Q)$的特性曲线

在一次压力 p_1 不变时，二次压力 p_2 随流量 Q 变化的静特性曲线如图 3-90 所示。随着流量的增加(或减少)，p_2 略有所下降(或上升)。曲线的下降亦是稳态液动力所致。实验表明，当压差 p_1-p_2 较大时，曲线 $p_2=f(Q)$较平直，即阀的稳定性较好。

从图 3-90 中还可以看出，当减压阀的负载流量为零时，它仍然可以处于工作状态，保持出口压力为常值。这是因为此时仍有少量油液经主阀口从导阀口泄回油箱。

(4) 应用举例

减压阀用于系统上有压力高低不同的两条(或两条以上)油路同时工作的场合，此时用减压阀将主油路上部分油液减压，供低压油路使用，如图 3-91 所示。

图 3-91(a)所示，减压阀用于夹紧油缸的油路中。液压泵 1 排出的油液，其最大工作压力由溢流阀 2 根据主系统的负载要求加以调节。当液压缸 5 这一支路需要比液压泵供油压力低的油液时，在支路上设置一减压阀 3，就可得到比溢流阀 2 调定压力低的压力。但当溢流阀的

调定压力低于减压阀的调定压力时，减压阀不起作用。

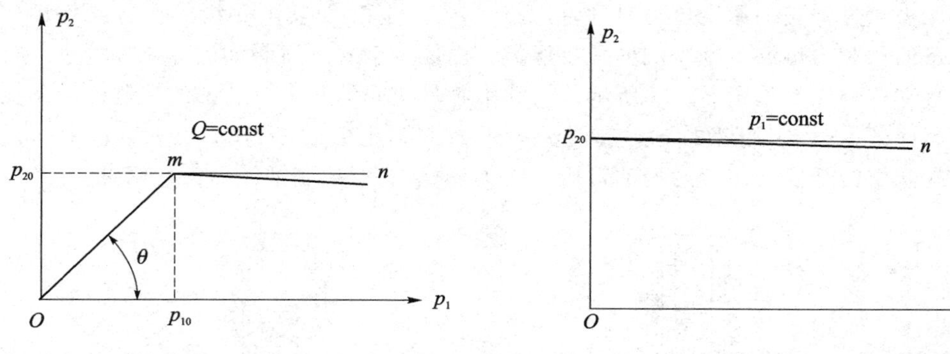

图 3-89 减压阀的 $p_2=f(p_1)$ 静特性曲线　　图 3-90 减压阀的 $p_2=f(Q)$ 静特性曲线

图 3-91(b)所示，减压阀用于二级减压。将减压阀的遥控口接远程调压阀，便可获得两种预定的减压压力。

图 3-91(c)所示，减压阀和单向阀组成的单向减压阀接于左侧缸和左侧缸换向阀之间。左侧缸工作时（活塞右移），油液经减压阀进入左侧缸活塞腔；左侧缸回程时，左侧缸活塞腔油液经单向阀排油，减压阀不起作用。

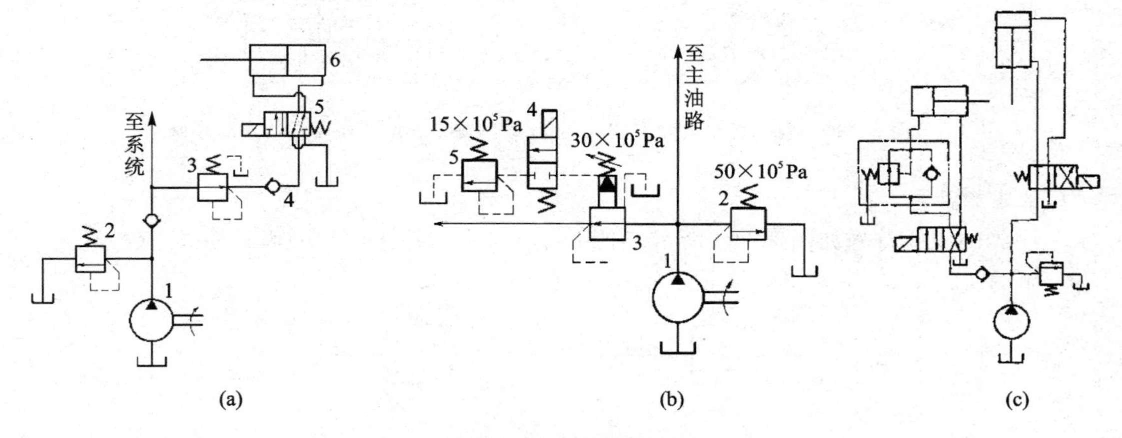

图 3-91 减压阀的应用

3. 顺序阀

顺序阀是利用油路中压力的变化来控制阀门启闭，以实现各工作部件依次顺序动作的液压元件。按控制方式不同，顺序阀可分为内控式和外控式。内控式是直接利用阀进口处的油压力来控制阀口的启闭；外控式是利用外来的控制油压控制阀口的启闭，故也称为液控式。通常所说的顺序阀都指的是内控式。按结构不同，顺序阀有直动式和先导式两种。先导式用于压力较高的场合。但是目前应用较多的是直动式顺序阀。

(1) 结构和工作原理

内控直动式顺序阀与直动式低压溢流阀相似。其主要差别是：顺序阀的出油口与负载相连接，而溢流阀的出油口直接接油箱；顺序阀的泄漏油单独接油箱，而溢流阀的泄漏油则经阀的内部孔道与回油腔相通。当顺序阀的进油口压力低于其调压弹簧的调定压力时,阀口关闭;当进油口压力超过弹簧的调定压力时,阀口开启,接通油路,使其下一级的执行元件动作。调节调压弹簧的预紧力可调节顺序阀的开启压力。内控直动式顺序阀如图 3－92 所示。

外控直动式顺序阀如图 3－93 所示。它的阀芯是实心的。来自外部的控制油液从控制口 K 进入阀芯底部,当控制油液的压力超过调压弹簧的调定值时,阀口打开,P_1 口 P_2 口接通。这种顺序阀阀口的开启与闭合与进油口压力无关,只取决于控制油液压力的高低。

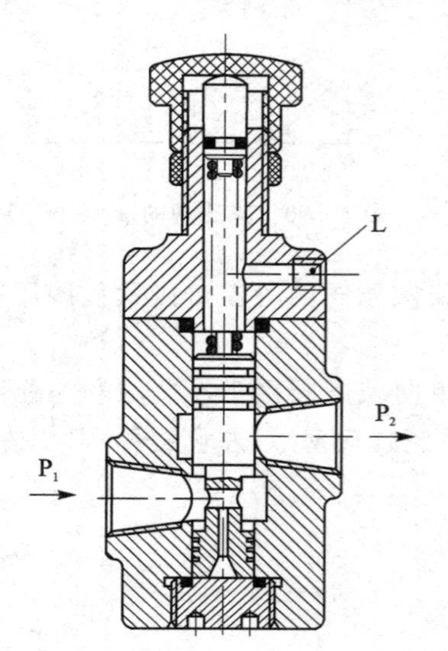

图 3－92 内控直动式顺序阀

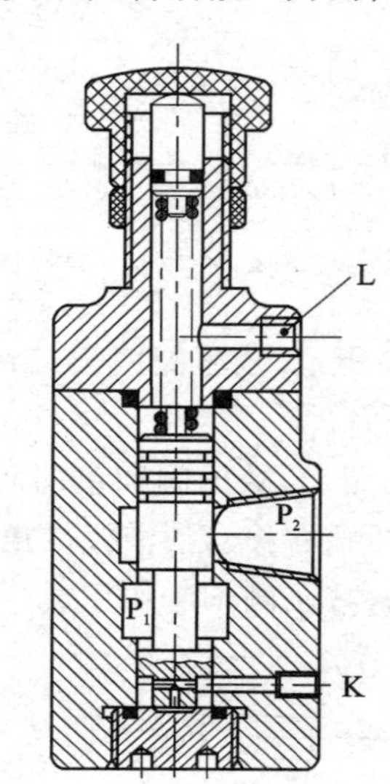

图 3－93 外控直动式顺序阀

(2) 职能符号

顺序阀的职能符号如图 3－94 所示。其中,图(a)为内控式,图(b)为外控式(液控式)。

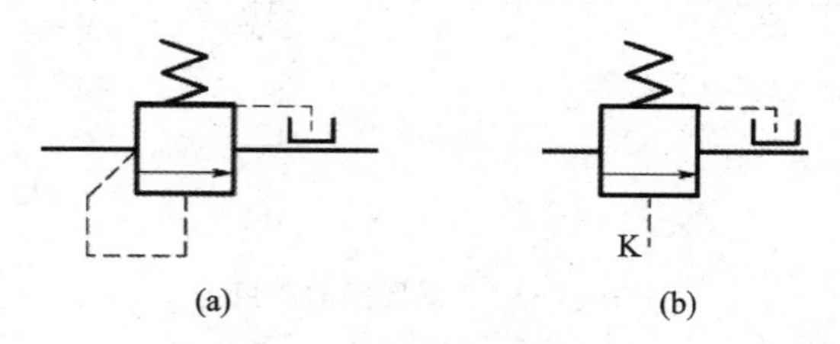

图 3－94 顺序阀的职能符号

(3) 应用举例

顺序阀串联于回路中,其应用如图 3－95 所示。

图 3－95(a)所示,和单向阀组合成单向顺序阀,用于实现夹紧液压缸 6 和钻孔液压缸 7 按①→②→③→④的顺序动作。在图示位置液压泵 1 启动后,压力油先进入液压缸 6 的无杆腔,推动液压缸 6 的活塞向右运动,实现运动①。待工件夹紧后,活塞不再运动,油压升高,使单向顺序阀 5 接通,压力油进入液压缸 7 的无杆腔,推动其活塞向右运动,实现运动②。阀 3 切换后,泵 1 的压力油进入液压缸 7 的有杆腔,使其活塞向左运动,实现运动③。当液压缸 7 的活塞运动到终点停止后,油液压力升高,于是打开单向顺序阀 4,压力油进入液压缸 6 的有杆腔,推动其活塞向左运动复位,实现运动④。

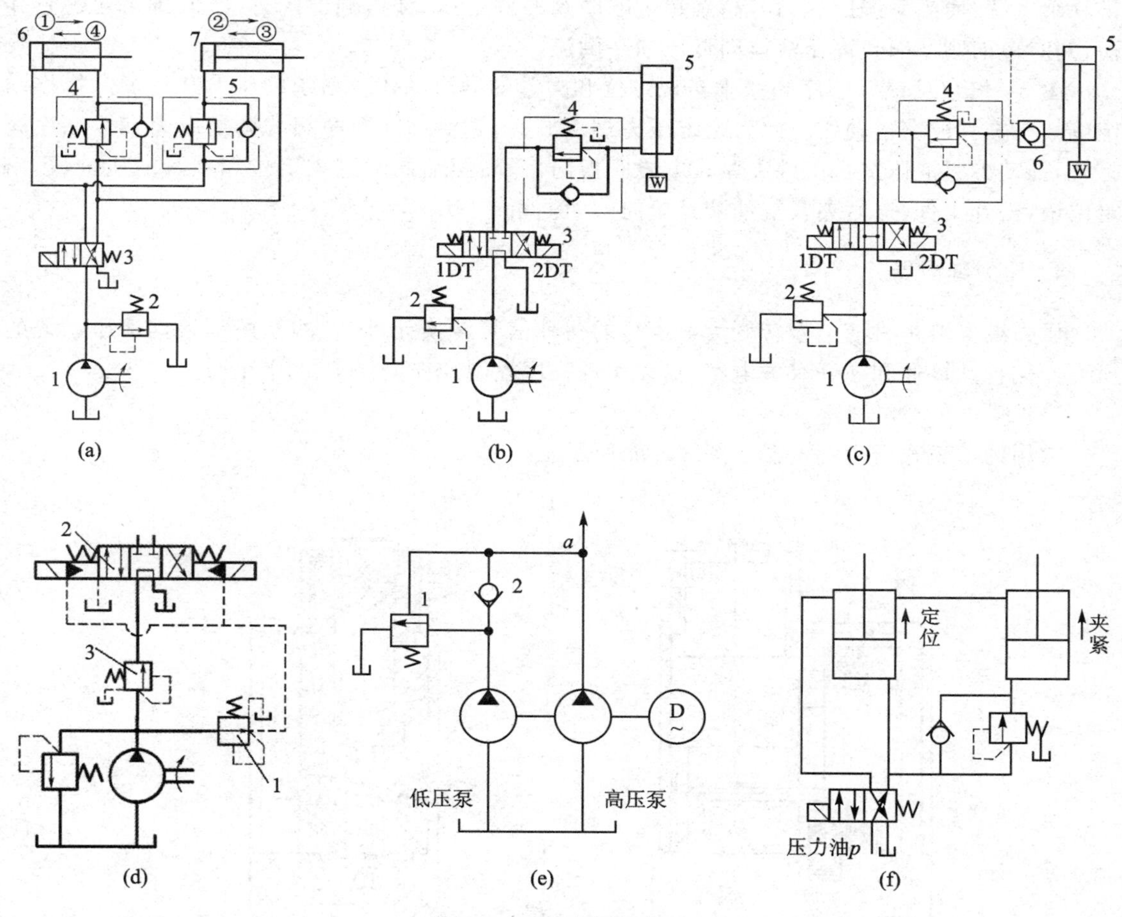

图 3－95　顺序阀的应用

这种顺序动作回路的可靠性主要取决于顺序阀的性能及其压力的调定值。为保证动作顺序可靠，顺序阀的调定压力应比先动作的液压缸的最高工作压力高出 0.8～1 MPa，以免系统中压力波动时顺序阀产生误动作。

图 3－95(b)所示，和单向阀组合成单向顺序阀，起平衡支撑作用。单向顺序阀 4 的调定压力 p 应调到足以平衡移动部件的自重 W。若液压缸回油腔的有效面积为 A，则 p 的理论值(忽略摩擦力)为 $p=W/A$。为了安全起见，单向顺序阀的压力调定值应稍大于此值。这种平衡回路，由于顺序阀的泄漏，当液压缸停留在某一位置后，活塞还会缓慢下降。因此，若在单向顺序阀和液压缸之间增加液控单向阀 6，如图 3－95(c)所示，由于液控单向阀密封性很好，就可以防止活塞因单向顺序阀泄漏而下降。

图 3－95(d)所示，减压阀将主油路的部分油液减压后供给电液换向阀 2 作控制油用，顺序阀 3 的作用是产生背压，即当换向阀使主油路卸荷时(图示状态)，保持进口侧油路具有一定的压力(顺序阀的调定压力)，以免减压阀进口油压力为零，无减压油输出，不能控制换向阀动作。

图 3－95(e)所示，顺序阀当作卸荷阀用。当系统的油压(a 点)低于顺序阀 1(现已成为卸荷阀)的调定压力时，低压泵的油液顶开单向阀 2 在 a 点与输出的油液(此时也是低压的)汇合

供油给系统，而当系统的压力升高到超过顺序阀的调定压力时，顺序阀打开，低压泵通过它卸荷，同时单向阀 2 防止高压液体向低压油路倒流。

图 3－95(f)所示，顺序阀用于实现定位和夹紧的顺序动作。系统的压力升到 p_1 时，推动定位液压缸完成定位动作。此后系统压力继续升高，达到 p_2（顺序阀的调定压力）时，顺序阀打开，推动夹紧液压缸把工件夹紧。电磁阀换向后，高压油同时进入定位和夹紧液压缸，拔出定位销，松开工件，这时夹紧缸油液经单向阀回油箱。

4. 压力继电器

压力继电器是将液信号转变为电信号的一种信号转换元件，它的作用是根据液压系统的压力变化自动接通和断开有关电路，借以实现程序控制和安全保护作用。

(1) 结构和工作原理

常用的薄膜式压力继电器如图 3－96 所示。

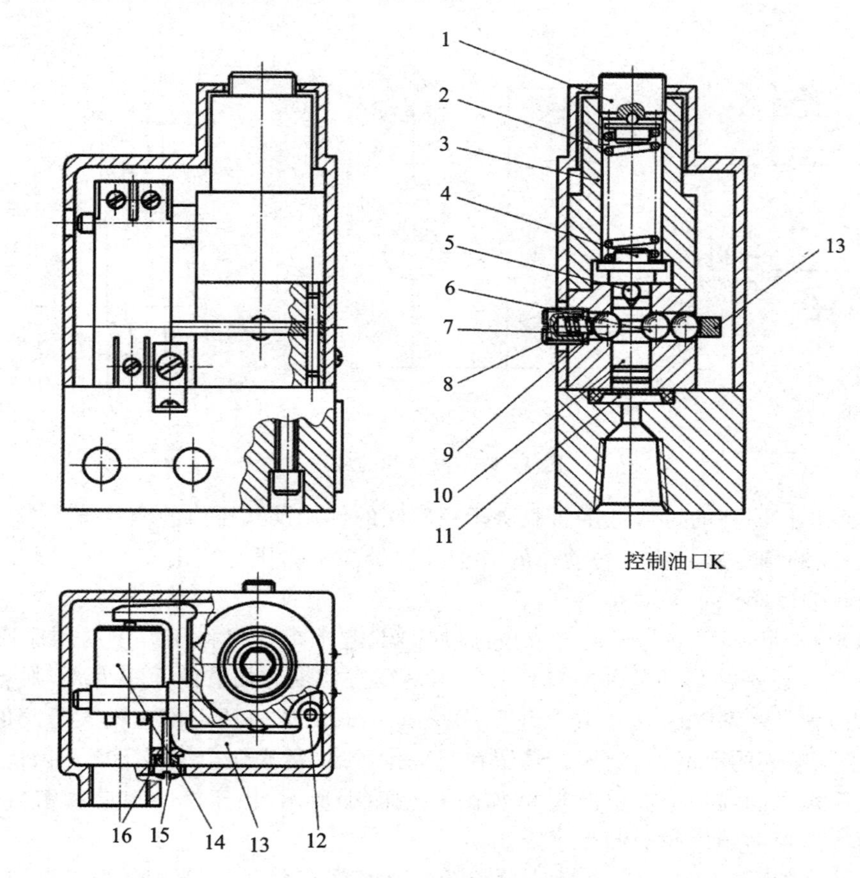

1—调压螺钉；2—弹簧；3—套；4—座垫；5、6、7—钢球；8—螺钉；9—弹簧；10—柱塞；11—橡皮薄膜；12—绕轴；13—杠杆；14—微动开关；15—螺钉；16—垫圈

图 3－96 薄膜式压力继电器

图 3－96 中的控制油口 K 和液压系统相连。压力油从控制口 K 进入后作用于橡胶薄膜上。当油压力达到弹簧的调定值时，压力油通过薄膜使柱塞上升，柱塞压缩弹簧一直到座垫的

肩部碰到套的台肩为止。与此同时，柱塞的锥面推动钢球作水平移动，此钢球使杠杆绕轴转动，杠杆的另一端压下微动开关的触头，接通或切断电路，发出电信号。调节螺钉可以调节弹簧的预紧力，从而可调节发出电信号时的油压。当系统压力即控制油口 K 的油压降低到一定值时，弹簧通过钢球把柱塞压下，钢球依靠弹簧使柱塞定位，微动开关触头的弹力使杠杆和钢球复位，电气信号撤消。钢球在弹簧的作用下使柱塞与柱塞孔之间产生一定的摩擦力，当柱塞上移（微动开关闭合）时，摩擦力与油压力方向相反；当柱塞下移（微动开关断开）时，摩擦力与油压力方向相同。因此，使微动开关断开时的压力比使它闭合时的压力低。用螺钉调节钢球上弹簧的作用力，可改变微动开关闭合和断开之间的压力差值。图中的螺钉 15 用于调节微动开关与杠杆之间的相对位置。

（2）职能符号

压力继电器的职能符号如图 3－97 所示。

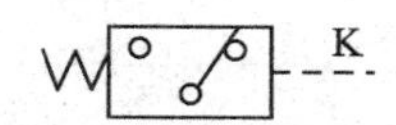

图 3－97 压力继电器的职能符号

（3）应用举例

由于压力继电器控制比较方便，灵敏度高，易受油路中压力冲击影响而产生误动作，在液压系统中常用于压力冲击较小的系统，其应用如图 3－98 所示。

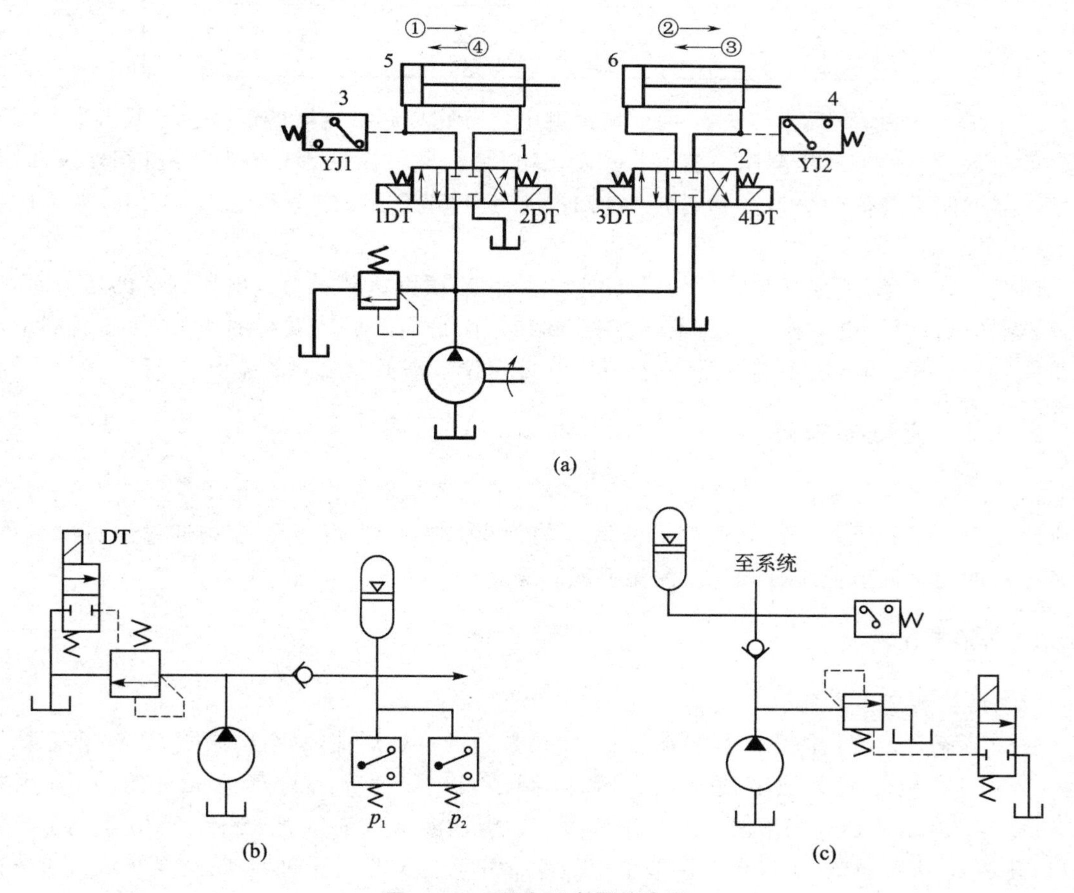

图 3－98 压力继电器的应用

图 3－98(a)所示，压力继电器实现顺序动作的回路。电磁铁 1DT 通电时，压力油进入液压缸 5 左腔，推动其活塞向右运动，实现运动①。当液压缸 5 的活塞运动到预定位置，碰上死

挡铁后，回路压力升高。压力继电器 3 发出信号，使电磁铁 3DT 通电，压力油进入液压缸 6 左腔，推动其活塞向右运动，实现运动②。当液压缸 6 的活塞运动到预定位置时，电磁铁 3DT 断电，4DT 通电，压力油进入液压缸 6 的右腔，使其活塞向左运动、退回，实现运动③。当它到达终点后，回路压力又升高。压力继电器 4 发出信号，使电磁铁 1DT 断电，2DT 通电。压力油进入液压缸 5 右腔，推动其活塞向左退回，实现运动④。从而完成了一个由①→②→③→④的运动循环。与顺序阀的顺序动作回路相似，为了防止压力继电器误发信号，压力继电器的调整压力应比先动作液压缸的最高工作压力高出(3～5)×10^5 Pa。电磁铁动作顺序("＋"号表示元件通电或动作;"－"号则相反)如表 3-4 所列。

表 3-4 电磁铁动作顺序图

动作＼元件	1DT	2DT	3DT	4DT	YJ1	YJ2
①	＋	－	－	－	－	－
②	＋	－	＋	－	＋	－
③	＋	－	－	＋	－	－
④	－	＋	－	＋	－	＋
复位	－	－	－	－	－	－

图 3-98(b)所示，用 p_1 和 p_2 两个压力继电器分别控制蓄能器的最高和最低压力。当蓄能器的压力达到规定的最高压力值时，p_1 发出电信号，使电磁铁 DT 通电，溢流阀使泵卸荷。当蓄能器的压力降低到规定的最低压力值时，p_2 发出电信号，使电磁铁 DT 断电，溢流阀关闭，液压泵重新向蓄能器供油。

图 3-98(c)所示，液压缸向系统及蓄能器供油，当压力达到压力继电器调定的压力时，压力继电器发出信号，电磁换向阀通电，液压泵卸荷。由蓄能器保持系统的压力，保压时间取决于蓄能器的容量，调节压力继电器的返回区间，即可调节高低压之间的差值。

3.3.3 流量控制阀

液压系统中执行元件运动速度的大小是靠调节进入执行元件中流量的多少来实现。流量控制阀是在一定的压差下依靠改变通流截面的大小来改变液阻，从而控制通过流量的多少。通常使用的有普通节流阀、调速阀、溢流节流阀等。

1. 普通节流阀

(1) 结构和工作原理

普通节流阀是流量阀中结构最简单、使用最普遍的一种形式，其结构如图 3-99 所示。

图 3-99(a)表明普通节流阀是由阀体、阀芯、推杆、手把和弹簧等元件组成，采用如图 3-99(b)所示的轴向三角槽式的节流口形式。当油液从进油口 P_1 流入，经孔道 a、节流阀阀口、孔道 b，从出油口 P_2 流出。调节手把借助推杆可使阀芯做轴向移动，改变节流口过流断面积的大小，达到调节流量的目的。阀芯在弹簧的推力作用下，始终紧靠在推杆上。

(2) 职能符号

节流阀的职能符号如图 3-100 所示。

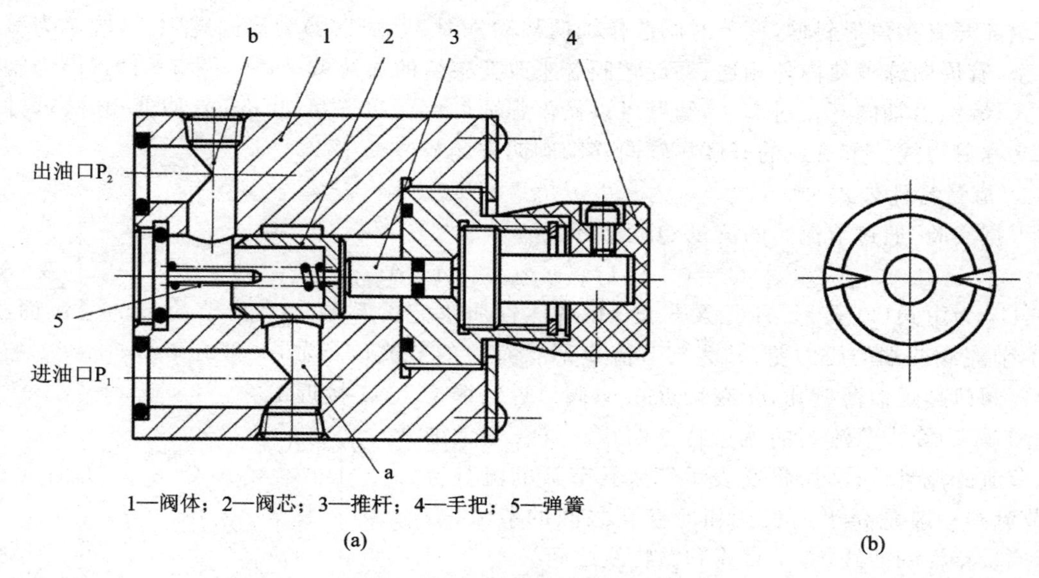

图 3-99　普通节流阀的结构

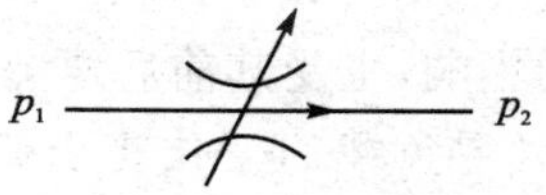

(3) 流量特性

1) 节流口的形式

节流口的形式很多，如图 3-101 所示。

图 3-101(a)为针式，以针形阀杆作轴向移动来改变节流口开度的大小。图 3-101(b)为周向沟槽式，在阀芯上开有三角形偏心槽，靠转动阀芯来改变通流面积的大小。图 3-101(c)为轴向沟槽式，在阀

p_1 p_2

图 3-100　节流阀的职能符号

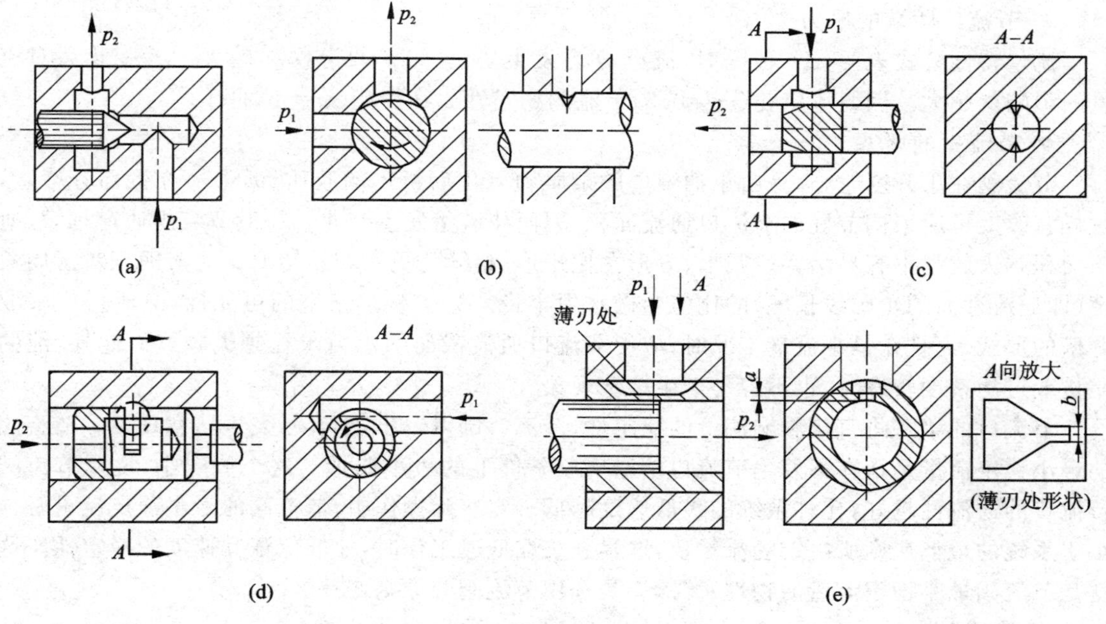

图 3-101　节流口的形式

芯的端部开有三角形斜槽，调节时阀芯作轴向移动。图 3－101(d)为周向缝隙式，阀芯为薄壁空心型，有周向缝隙使内外相通，靠旋转阀芯来改变狭缝的通流截面积。图 3－101(e)为轴向缝隙式，缝隙沿轴向开在衬套上，缝壁可以做得很薄(a＝0.07～0.09 mm)，似薄刃，故这种节流口又称薄刃式。节流口的开度靠轴向移动阀芯来调节。

2）流量特性公式

根据实验，通过节流阀的流量 Q 可表示为

$$Q=C_{\mathrm{T}}A_{\mathrm{T}}(p_1-p_2)^m=C_{\mathrm{T}}A_{\mathrm{T}}\Delta p^m \tag{3-81}$$

式中：C_{T} 为由阀口（孔形、孔径及长度）和液体性质决定的系数；A_{T} 为节流口的通流面积；Δp 为节流阀两端的压力差；m 为与节流口形状有关的节流口指数，一般在 $0.5\leqslant m\leqslant 1$ 的范围内。阀口越近似薄壁孔，m 越接近 0.5；阀口近似细长孔，m 接近 1。

图 3－102 为节流阀的流量特性曲线。直线表示细长孔节流的流量特性，抛物线表示薄壁孔节流的流量特性，节流阀一般是介于细长孔和薄壁孔之间的节流，表示其流量特性的曲线，介于直线和抛物线之间。

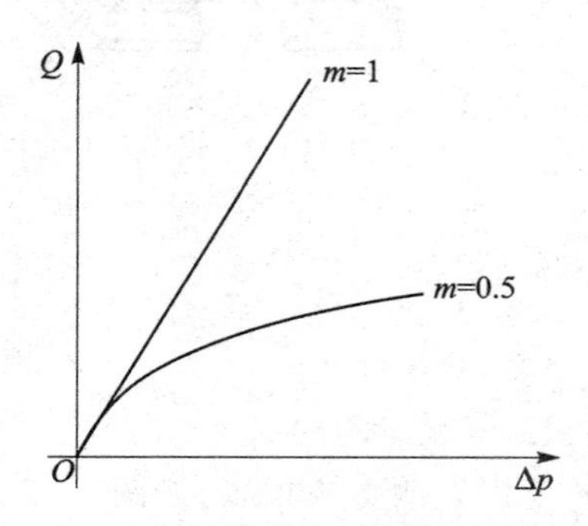

图 3－102 节流阀的流量特性曲线

3）流量的稳定性

式(3－80)表明，通过节流阀的流量不仅受其过流断面的影响，也受其前后压差的影响。在液压系统工作时，因外界负载的变化将引起节流阀前后压差的变化，所以负载变化将直接影响节流阀流量即系统速度的稳定性。在液压系统工作时，希望节流口大小调节好后，流量 Q 稳定不变。但实际上会有变化，特别是流量小时变化较大。

影响流量稳定的因素主要是：

● 节流口两端的压力差 Δp

流量特性公式表明，Δp 改变时，流量 Q 会发生变化。Δp 的指数 m 越大，Δp 变化后对流量的影响就越大。因此薄壁孔(m＝0.5)节流的稳定性比细长孔(m＝1)的好。

● 节流口的堵塞

节流阀在小开度时，容易由于油液中的杂质和氧化后析出的胶质、沥青等产生部分堵塞，这样就改变可原来调节好的节流口通流面积，因而使流量发生变化。一般节流阀通道越短，通流面积越大就越不容易堵塞。圆形、方形孔比矩形、狭缝孔更不容易堵塞。通流面积对湿周长度(即通流截面的轮廓线长度)的比值叫做水力半径。为了减小堵塞的可能性，节流口应采取薄壁的形式，而且在最小流量工况时，应使节流口通流截面的水力半径越大越好。此外，油的质量或过滤精度较好时，也不容易产生堵塞现象。

节流口的堵塞将直接影响流量的稳定性，节流口调得越小，越容易发生堵塞现象。节流阀的最小稳定流量是指在不发生节流口堵塞现象条件下的最小流量。这个值越小，说明节流阀节流口的通流性越好，允许系统的最低速度越低。在实际操作中，节流阀的最小稳定流量必须小于系统的最低速度所决定的流量值，这样系统在低速工作时，才能保证其速度的稳定性。这就是节流阀最小稳定流量的物理意义，亦是选用节流阀的原则之一。

● 油的温度

油温影响油的粘度，油温升高时油的粘度降低。对于细长孔和平行缝隙，当油温升高使油

的粘度降低时，流量就会增加。而对薄壁孔，油的粘度对流量的影响很小。所以节流通道长时，温度变化对流量的影响大，可以认为节流阀对温度的敏感性大，故节流阀应采用薄壁形式。

(4) 应用举例

节流阀串联于回路中，其应用如图 3－103 所示。

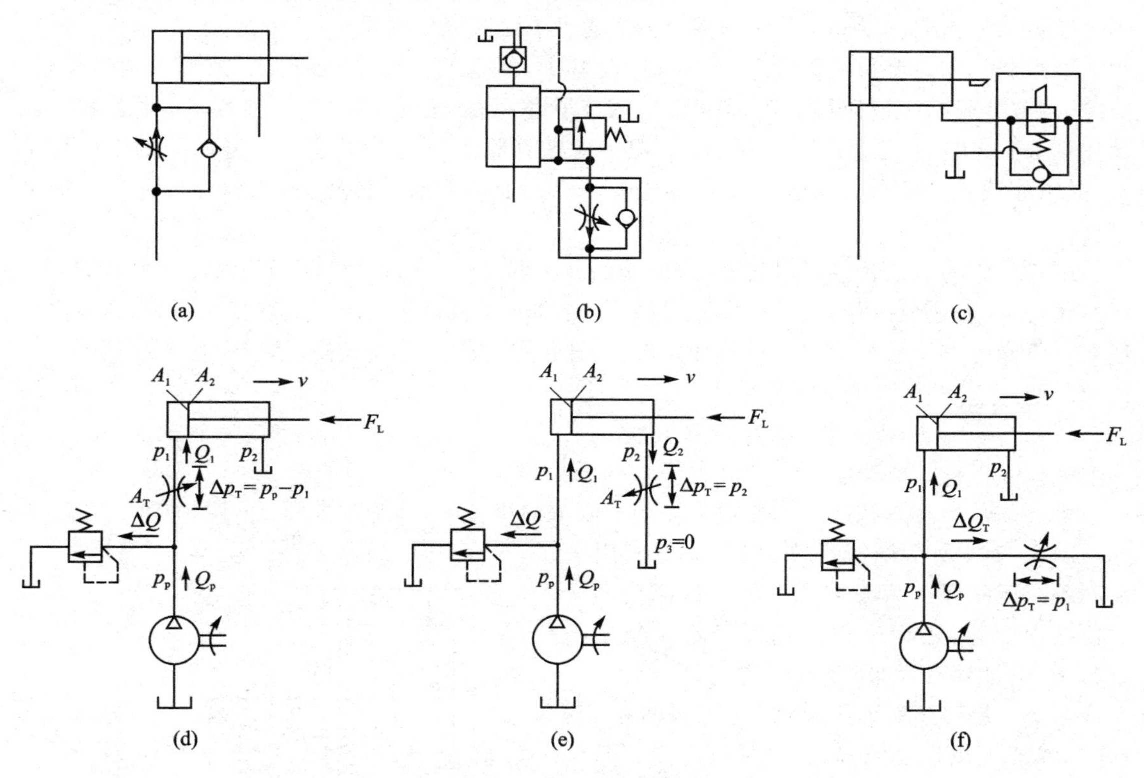

图 3－103　节流阀的应用

图 3－103(a)所示，节流阀控制活塞的前进速度，回程时活塞腔的油液通过单向阀迅速排油以使活塞快速后退。

图 3－103(b)所示，用单向节流阀代替图 3－103(a)中的普通节流阀和单向阀两个阀，效果一样，但系统大为简化。

图 3－103(c)所示，用单向行程节流阀使活塞在接近行程终端时逐渐减速。单向行程节流阀实际上是一个机械控制的节流阀和单向阀组合而成的复合阀。使用时，当执行机构运动到预定位置时，利用固定在执行机构上的挡块来压迫行程阀上的滚轮使节流口逐渐关闭，用以减小通过阀的流量，实现执行机构的减速或逐渐停止，以避免出现冲击现象和精确定位的目的。

图 3－103(d)～(f)所示，在定量泵的液压系统中，用节流阀与溢流阀配合，分别组成进口节流调速回路、出口节流调速回路和旁路节流调速回路，调节执行元件的速度。

① 节流阀串联装在液压缸的进油路上。定量泵输出的流量 Q_p 在溢流阀调定的供油压力 p_p 下，其中一部分流量 Q_1 经节流阀后，压力降为 p_1，进入液压缸的左腔并作用于有效工作面积 A_1 上，克服负载 F_L，推动液压缸的活塞以速度 v 向右运动；另一部分流量 ΔQ 经溢流阀流回油箱。

② 节流阀串联装在液压缸的回油路上。借助节流阀控制液压缸的排油量 Q_2 实现速度调节。由于进入液压缸的流量 Q_1 受到回油路上排油量 Q_2 的限制，因此用节流阀来调节液压缸排油量 Q_2，也就调节了进油量 Q_1。定量泵多余的油液经溢流阀流回油箱。

③ 节流阀安装在与液压缸并联的进油支路上，并且回路中的溢流阀作安全阀用。

定量泵输出的流量 Q_p，其中一部分 ΔQ 通过节流阀流回油箱，另一部分 Q_1 进入液压缸推动活塞运动。如果流量 ΔQ 增多，流量 Q_1 就减少，活塞的速度就慢；反之，活塞的速度就快。因此，调节节流阀的过流量 ΔQ，就间接地调节了进入液压缸的流量 Q_1，也就调节了活塞的运动速度 v。这里，液压泵的供油压力 p_p 在不考虑管路损失时等于液压缸进油腔的工作压力 p_1，其大小决定于负载 F_L；安全阀的调定压力应大于最大的工作压力，它仅在回路过载时才打开。

由节流阀的流量特性可以看出，节流阀的开口调定后，通过节流阀的流量是随负载的变化而变化的，因而造成执行元件速度的不稳定。所以节流阀只能应用于负载变化不大，速度稳定性要求不高的液压系统中。当负载变化较大，速度稳定性要求又较高时，应采用调速阀。

2. 调速阀

(1) 结构和工作原理

调速阀是由定差减压阀和普通节流阀串联成的组合阀，其结构如图 3-104 所示。

图 3-104 所示调速阀的工作原理是利用前面的减压阀保证后面节流阀的前后压差不随负载而变化，进而来保持速度稳定。当压力为 p_1 的油液流入时，经减压阀阀口 h 后压力降为 p_3，并又分别经孔道 b 和 f 进入油腔 c 和 e。减压阀出口 d 腔，同时也是节流阀 2 的入口。油液经节流阀后，压力由 p_3 降为 p_2，压力为 p_2 的油液一部分经调速阀的出口进入执行元件(液压缸)，另一部分经孔道 g 进入减压阀芯 1 的上腔 a。调速阀稳定工作时，其减压阀芯 1 在 a 腔的弹簧力、压力为 p_2 的油压力和 c、e 腔的压力为 p_3 的油压力(不计液动力、摩擦力和重力)的作用下，处在某个平衡位置上。当负载 F_L 增加时，p_2 增加，a 腔的液压力亦增加，阀芯下移至一新的平衡位置，阀口 h 增大，其减压能力降低，使压力为 p_1 的入口油压少减一些，故 p_3 值相对增加。所以，当 p_2 增加时，p_3 也增加，因而差值(p_2-p_3)基本保持不变。反之亦然。于是通过调速阀的流量不变，液压缸的速度稳定，不受负载变化的影响。

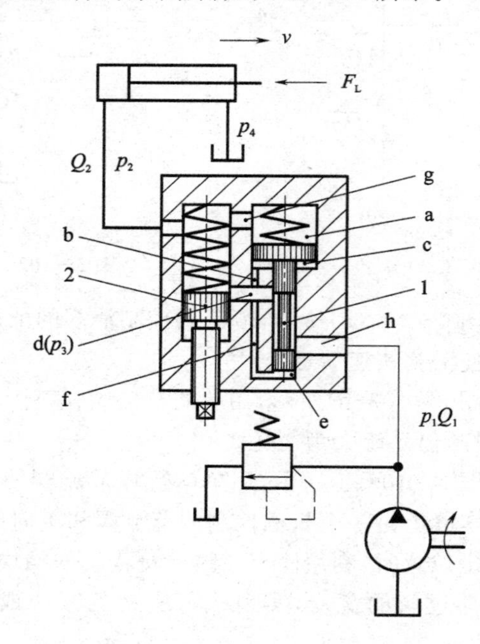

1—减压阀芯；2—节流阀

图 3-104 调速阀的结构

(2) 职能符号

调速阀的职能符号如图 3-105(a)所示，其简化符号如图 3-105(b)所示。

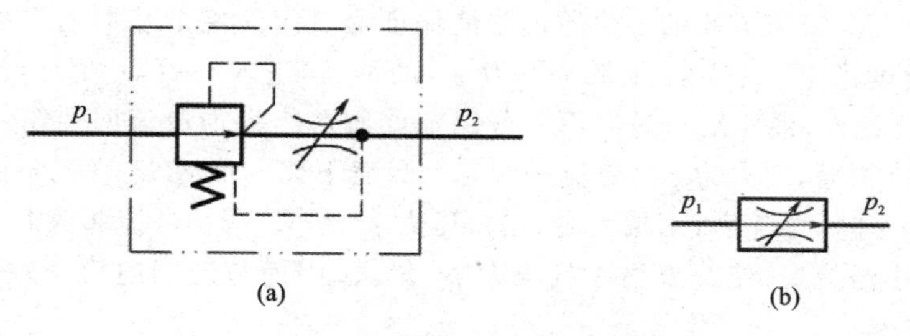

图 3－105　调速阀的职能符号

(3) 特性曲线

调速阀与普通节流阀相比较的静特性曲线，即阀两端的压差 Δp 与阀的过流量 Q 的关系曲线如图 3－106 所示。

图 3－106 表明，在压差较小时，调速阀的性能与普通节流阀相同，即二者曲线重合。这是由于较小的压差不能使调速阀中的减压阀芯抬起，减压阀芯在弹簧力的作用下处在最下端，阀口最大，不起减压作用，整个调速阀相当于节流阀的结果。因此，调速阀正常工作时必须保证其前后压差至少为 0.4～0.5 MPa，即 $\Delta p_{\min}$＝0.4～0.5 MPa。

(4) 应用举例

调速阀的应用与普通节流阀相似，即与定量泵、溢流阀配合，组成节流调速回路；与变量泵配合，组成容积节流调速回路等。与普通节流阀不同的是，调速阀应用于速度稳定性要求较高的液压系统中。

3. 溢流节流阀

(1) 结构和工作原理

溢流节流阀是由一压差式溢流阀和一普通节流阀并联而成的组合阀，其结构如图 3－107 所示。

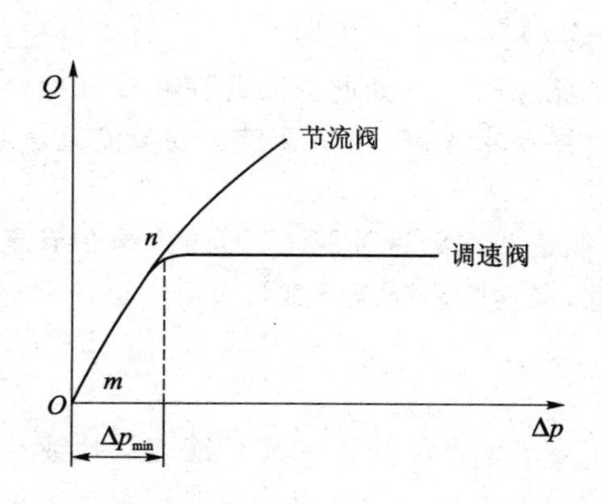

图 3－106　调速阀与普通节流阀的静特性曲线

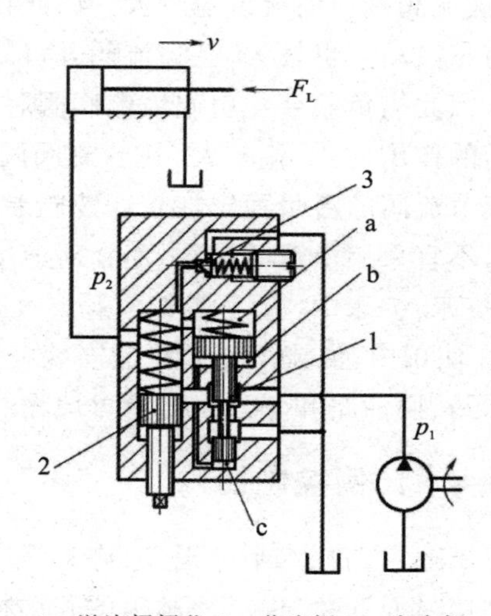

1—溢流阀阀芯；2—节流阀；3—安全阀

图 3－107　溢流节流阀的结构

图 3-107 表明溢流节流阀的工作原理是能保证通过阀的流量基本上不受负载变化的影响，进而来保持速度稳定。来自液压泵压力为 p_1 的油液，进入阀后，一部分经节流阀 2(压力降为 p_2)进入执行元件(液压缸)，另一部分经溢流阀阀芯 1 溢油口流回油箱。溢流阀阀芯上腔 a 和节流阀出口相通，压力为 p_2；溢流阀阀芯大台肩下面的油腔 b、油腔 c 和节流阀入口的油液相通，压力为 p_1。当负载 F_L 增大时，出口压力 p_2 增大，因而溢流阀阀芯上腔 a 的压力增大，阀芯下移，关小溢流口，使节流阀入口压力 p_1 增大，因而节流阀前后压差(p_1-p_2)基本保持不变；反之亦然。

(2) 职能符号

溢流节流阀的职能符号如图 3-108(a)所示，其简化符号如图 3-108(b)所示。

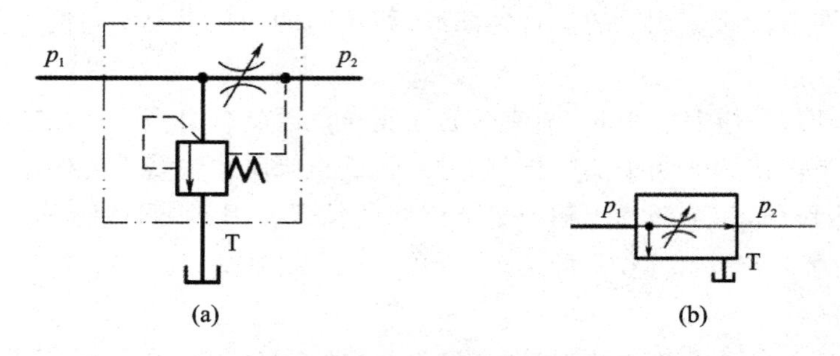

图 3-108 溢流节流阀的职能符号

(3) 特点和应用

溢流节流阀和调速阀都能使速度基本稳定，但其性能和使用范围不完全相同。主要差别是：

① 溢流节流阀其入口压力(即泵的供油压力 p_1)随负载大小而变化。负载大，供油压力大，反之亦然。因此泵的功率输出合理，损失较小，效率比采用调速阀的调速回路高。

② 溢流节流阀中的溢流阀阀口的压降比调速阀中的减压阀阀口的压降大；系统低速工作时，通过溢流阀阀口的流量也较大。因此作用于溢流阀芯上，与溢流阀上端的弹簧作用力方向相同的稳态液动力也较大，且溢流阀开口越大，液动力越大，这样相当于溢流阀芯上的弹簧刚度增大。因此当负载变化引起溢流阀阀芯上、下移动时，当量弹簧力(将稳态液动力考虑在弹簧力之内的作用力)变化较大，其节流阀两端压差(p_1-p_2)变化加大，引起的流量变化增加。所以溢流节流阀的流量稳定性较调速阀差，在小流量时尤其如此。因此在有较低稳定流量要求的场合不宜采用溢流节流阀，而在对速度稳定性要求不高，功率又较大的节流调速系统中，如插床、拉床、刨床中，应用较多。

③ 在使用中，溢流节流阀只能安装在节流调速回路的进油路上，而调速阀在节流调速回路的进油路、回油路和旁油路上都可应用。因此，调速阀比溢流节流阀应用广泛。

3.3.4 比例控制阀

随着工业自动化水平的提高，许多液压系统要求油液的压力和流量能连续地或按比例地跟随控制信号而变化，但对控制精度和动特性却要求不高。若仅用普通的控制阀很难实现这种控制，若用电液伺服阀组成伺服系统当然能实现这种控制，但伺服系统的控制精度和动态性能大大超过了这些液压系统的要求，使得系统复杂，成本高，制造和维护困难。为了满足生产中这类液压系统的要求，近几年来发展了比例控制阀，以它组成开环比例控制或闭环比例控制系统。

比例阀（比例控制阀的简称）是介于普通液压阀（开关控制）和电液伺服阀（连续控制）之间的一种液压元件。其结构是由比例电磁铁与液压控制阀两部分组成。相当于在普通液压控制阀上装上比例电磁铁以代替原有的手调控制部分。电磁铁接收输入的电信号，连续地或按比例地转换成力或位移。目前常用的比例阀大多是电磁式控制，所以一般也称为电液比例阀。它兼有液压机械传递功率大，反应快，电气设备易操纵控制，电信号易放大、传递和检测的优点，适用于遥控、自动化和程序控制。

根据被控制的参数不同，比例阀可分为比例压力阀、比例流量阀、比例方向阀和比例复合阀。下面对这几种阀作简单介绍。

1. 电液比例压力阀

电液比例压力阀是用输入的电信号控制系统的压力，其结构如图 3-109 所示。

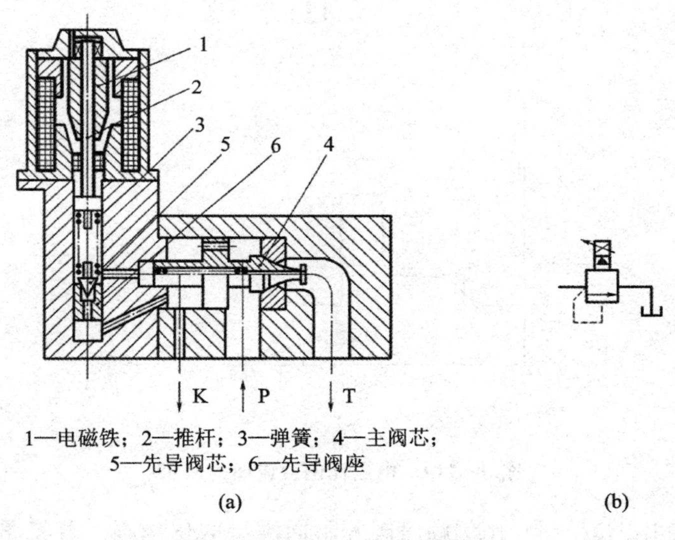

1—电磁铁；2—推杆；3—弹簧；4—主阀芯；
5—先导阀芯；6—先导阀座

(a)　　(b)

图 3-109　电液比例溢流阀

如图 3-109 所示，电液比例溢流阀是由直流比例电磁铁（又称电磁式力马达）和先导式溢流阀组成。当电流（电信号）输入电磁铁后，便产生与电流成比例的电磁推力，该力通过推杆、弹簧作用于先导阀芯上，这时顶开先导阀芯所需的压力就是系统所调定的压力。因此，系统压力与输入电流成比例。如果输入电流按比例或按一定程序地变化，则比例溢流阀所控制的系统压力也按比例地或按一定程序地变化。

利用电液比例溢流阀可以实现多级压力控制，如图 3-110 所示。

图 3-110(b)表明，当以不同的电流 I 输入时，即可获得多级压力控制。它与一般溢流阀的多级压力控制（图 3-110(a)）相比，元件数少，回路简单；若输入为连续变化的信号，则可实现连续的压力控制，使原来溢流阀控制的压力值由阶梯式变为连续的缓变式，如图 3-110(c)所示。电液比例溢流阀目前较多地应用于液压机、注射成型机、轧板机等液压系统。

由于一般先导式压力阀都由先导阀和主阀两部分构成，因此只要改变图 3-109 所示结构

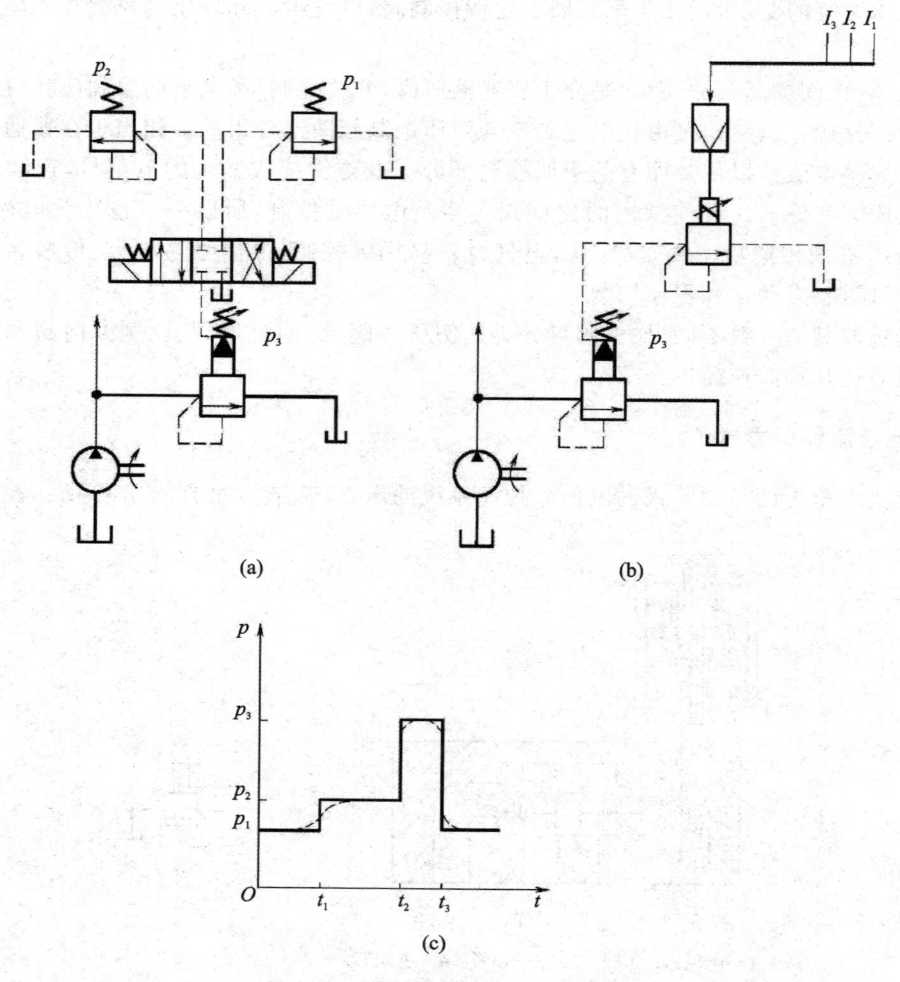

图 3-110 电液比例溢流阀的应用

的主阀，就可以获得比例减压阀、比例顺序阀等不同类型的比例阀。若将图 3-109 所示结构的主阀部分去掉，便是直动式比例压力阀的结构形式。

2. 电液比例流量阀

电液比例流量阀是用输入的电信号调节系统的流量。它是由比例电磁铁与流量阀组合而成的。根据流量阀结构的不同，电液比例流量阀又可分为比例节流阀、比例调速阀和比例单向调速阀。图 3-111 为电液比例调速阀的结构图。

图 3-111 表明，电液比例调速阀是由直流比例电磁铁和普通调速阀组成，即把普通调速阀的手柄换上比例电磁铁。图中液压阀部分的工作情况与一般调速阀完全相同，只是节流阀口的开度由输入电磁铁线圈中的信号电流来控制。当电流输入比例电磁铁后，比例电磁铁便产生一个与电流成比例的电磁力。此力经推杆作用于节流阀阀芯上，使阀芯左移，阀口开度增加。当作用于阀芯上的电磁力与弹簧力相平衡时，节流阀阀芯停止移动，节流口保持一定的开度，调速阀通过一确定的流量。因此，只要改变输入比例电磁铁的电流的大小，即可控制通过

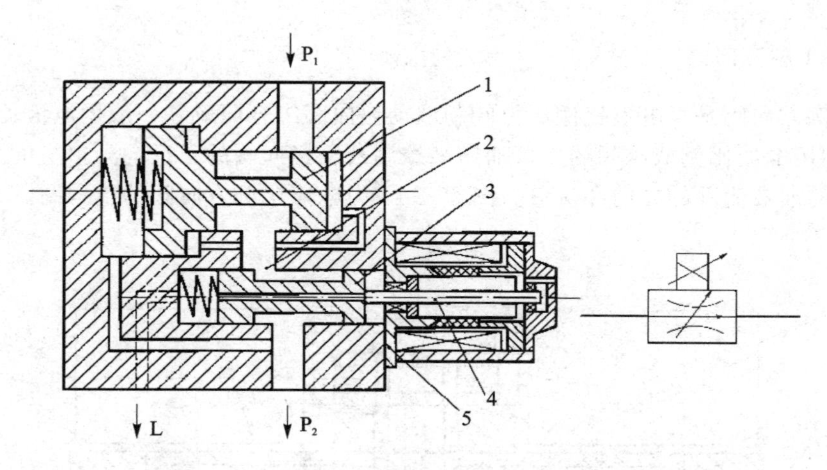

1—减压阀芯；2—节流口；3—节流阀阀芯；4—推杆；5—比例电磁铁

图3-111　电液比例调速阀

调速阀的流量。若输入的电流连续地或按一定程序地变化，则比例调速阀所控制的流量也按比例或按一定程序地变化。

比例调速阀常用于多工位加工机床、注射成型机、抛砂机等的速度控制系统中。进行多种速度控制时，只需要输入对应于各种速度的电流信号就可以实现，而不必像一般调速阀那样，对应一个速度值需要一个调速阀及换向阀等，如图3-112所示，当输入电流信号连续变化时，被控制的执行元件的速度也连续变化。

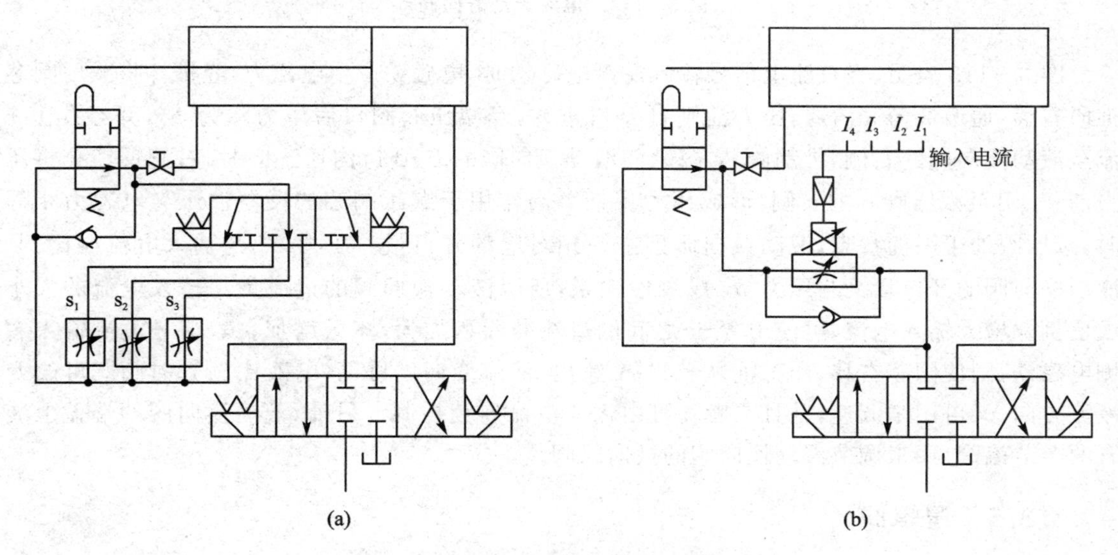

图3-112　转塔进给系统图

图3-112为转塔车床转塔的进给系统图。图(a)为用调速阀实现三种进给的系统图，系统中采用了一个非标准的三位四通阀和三个并联的调速阀，实现工序间的有级调速。图(b)为改用电液比例调速阀的进给系统图，它可以进行多种速度控制，只需要输入对应于各种速度的信号电流就可以实现。比较这两个系统，显然后者液压元件较少，系统简单，但电气较复杂。

3. 电液比例方向阀

电液比例方向阀是由电液比例压力阀和液动换向阀组合而成。一般用电液比例减压阀作为先导阀，利用电液比例减压阀的出口油压来控制液动换向阀的正反向开口量的大小，从而控制液压系统的油液流动的方向和流量。图 3－113 为电液比例方向阀的结构图。

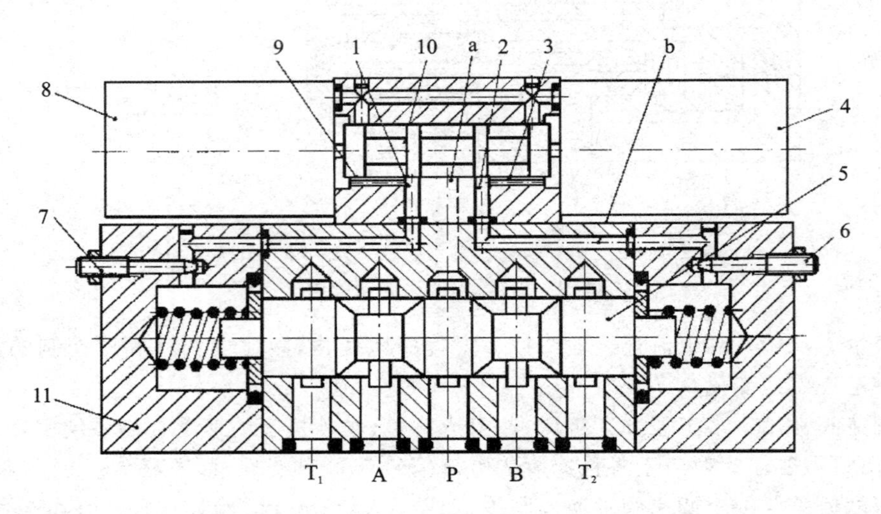

1、2—孔道；3、9—反馈孔；4、8—比例电磁铁；5—阀芯；6、7—节流阀；10—比例减压阀；11—液动换向阀

图 3－113 电液比例方向阀

图 3－113 表明，当直流电信号输入左侧电磁铁时，电磁铁产生电磁力，经推杆将减压阀芯推向右移，通道 2 与 a 沟通，压力油则自 P 口进入，经减压阀阀口后压力降为 p_2，并经孔道 b 流至液动换向阀的右侧，推动阀芯左移，使液动换向阀的 P、B 口沟通。同时，右侧反馈孔将压力油 p_2 引至减压阀芯的右侧，形成压力反馈。当作用于减压阀芯的反馈油压与电磁力相等时，减压阀处于平衡状态，液动换向阀则有一相对应的开口量。压力 p_2 与输入电流成比例，液动换向阀的开口量又与压力 p_2 成线性关系，所以液动换向阀的过流量与输入电流的大小成比例。增大输入电流，可使 P 至 B 之间的过流断面积加大，流量增加。若信号电流输入右侧电磁铁，则使阀芯右移，压力油从孔口 A 流出，液流变向。可见，电液比例方向阀既可改变液流方向，又可用来调速，并且二者均可由输入电流连续控制。另外，液动换向阀的端盖上装有两个节流阀，用来调节液动换向阀的换向时间。

3.3.5 逻辑阀

逻辑阀，由于它的主要元件均采用插入式的连接方式，并且大部分采用锥面密封切断油路，所以又称为插装式逻辑阀或插装式锥阀，简称插装阀。这种阀不仅能满足常用液压控制阀的各种动作要求，而且在同等控制功率情况下，与普通液压阀相比，具有体积小、质量轻、功率损失小、动作速度快和易于集成等优点，特别适用于大流量液压系统的调节和控制。目前在冶金、轧钢、锻压、塑料成型以及船舶等机械中均有应用。

锥阀的典型结构及职能符号如图 3－114 所示。

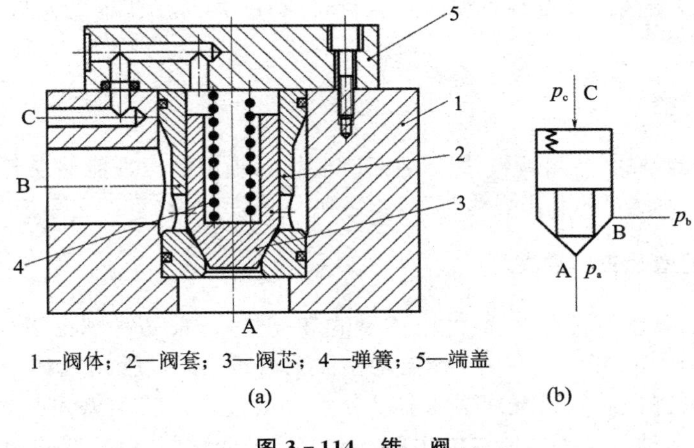

1—阀体；2—阀套；3—阀芯；4—弹簧；5—端盖

(a)　(b)

图 3－114　锥　阀

图 3－114 表明，A、B 分别是与两个主油路相连的油腔，C 是控制腔。A_c、A_a、A_b 分别是控制油压 p_c、A 腔油压 p_a 和 B 腔油压 p_b 的有效承压面积，且 $A_c = A_a + A_b$。改变控制油压 p_c 的大小，就可以控制阀的开启。例如：若不考虑液动力和阀芯质量，则当调整 p_c，使 $p_a A_a + p_b A_b > p_c A_c + F_s$（$F_s$ 为弹簧的作用力）时，锥阀芯开启，使油腔 A、B 接通，油液自 A 腔流入，从 B 腔流出，且通常是如此。但由于控制油液一般都引自进油腔或油源，即 $p_c \geqslant p_a$，而且 $A_c = A_a + A_b$，且通常 $p_a \geqslant p_b$，所以只要控制腔 C 有控制油液时，不等式 $p_a A_a + p_b A_b > p_c A_c + F_s$ 就不会成立，锥阀芯就不能打开。只有在控制腔接通油箱时，$p_c = 0$，锥阀芯才能开启，使油腔 A、B 接通。可见这种阀的开、关动作很像受操纵的逻辑元件，所以称其为逻辑阀。

如果 B 是进油腔，A 是出油腔，且 $p_b > p_a$ 时：若 C 腔与油箱连通，则阀开启，B 腔的压力油流向 A 腔；若 C 腔油压大于或等于 B 腔油压，即 $p_c \geqslant p_b$，则阀关闭，B 腔与 A 腔隔断。由此可见，逻辑阀沟通和切断油路的作用相当于一个液控的二位二通换向阀。

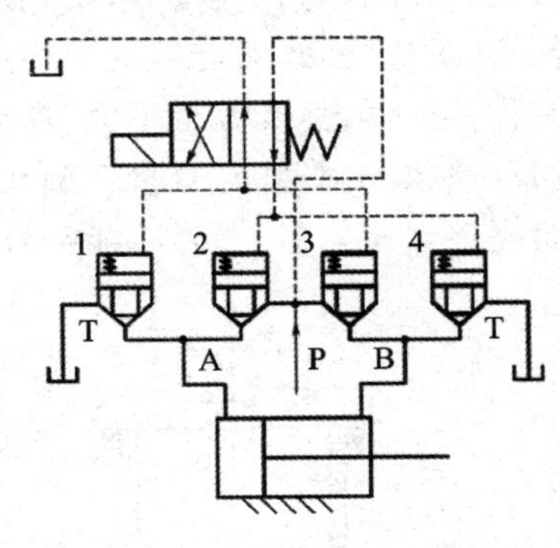

图 3－115　锥阀应用举例

图 3－115 是锥阀用作方向阀的示意图。当油路中的二位四通电磁阀断电时，锥阀 2、4 的控制腔通入控制油液，两阀关闭；锥阀 1、3 的控制腔和油箱相通，压力油 P 顶开阀 3 从油口 B 流出并推动活塞向左运动，液压缸左腔的排油进入油口 A 顶开阀 1 流回油箱。当二位四通电磁阀通电时，P 和 A 通，B 和 T 通，液压缸向右运动。

此外，锥阀还可作压力控制阀和流量控制阀（本文略）。由于阀的优点突出，因此必将得到更加广泛的应用。

3.4　液压辅助元件

液压系统中的辅助装置是指滤油器、蓄能器、油箱、热交换器、密封件、管件、压力表等液压元件。它们是保证液压系统正常工作不可缺少的部分。如果选择或使用不当，不但会直接影响系统的工作性能，甚至会使系统无法工作，因此必须给予足够重视。其中油箱可供选择的标准件较少，常常是根据液压设备和系统的要求自行设计，其他一些辅助元件则做成标准件，供设计时选用。

3.4.1 蓄能器

蓄能器是一种能量的储存装置。即在适当时候把系统中的压力能储存起来，以便蓄能器在需要时重新放出去，使能量的利用更为合理，或达到保护系统安全和改善系统工作性能的目的。

1. 蓄能器的类型及工作原理

根据结构不同，蓄能器可分为重力式、弹簧式和充气式，前两种现已很少采用。充气式蓄能器是利用气体的压缩、膨胀来储存、释放能量。为安全起见，所充气体一般都使用惰性气体——氮气。按结构的不同，充气式蓄能器可分为直接接触式和隔离式两类。隔离式又可分为活塞式和气囊式两种。这种蓄能器输出的油压力也是变化的，但其变化量较弹簧式小得多。现将目前应用最广的活塞式和气囊式蓄能器介绍如下。

(1) 活塞式蓄能器

图 3-116 为活塞式蓄能器。其特点是结构简单，工作可靠，安装容易，维修方便。但由于活塞的外圆和缸筒的内壁是配合表面，加工要求较高，故成本较高。另外，由于活塞摩擦力的影响，反应(灵敏)受到影响，且活塞不能完全防止气体渗入油液，所以性能不十分理想。这种蓄能器容量不大，常用于中、高压液压系统。

(2) 气囊式蓄能器

图 3-117 为气囊式蓄能器。充气阀只在为气囊充气时才打开，平时关闭。菌形阀可使油液进、出蓄能器并托住皮囊，防止皮囊从油口挤出。它的特点是气体与油液完全隔开，皮囊的惯性小，反应灵敏，蓄能器的结构尺寸小、重量轻、安装方便、维修容易，因此是目前应用最广泛的一种蓄能器；但其容量不大，皮囊以及无缝、耐高压的外壳制造要求较高。蓄能器内的皮囊是用耐油橡胶制做的，有折合型和波纹型两种，前者容量较大。气囊式蓄能器、活塞式蓄能器同属隔离式蓄能器，二者职能符号相同。

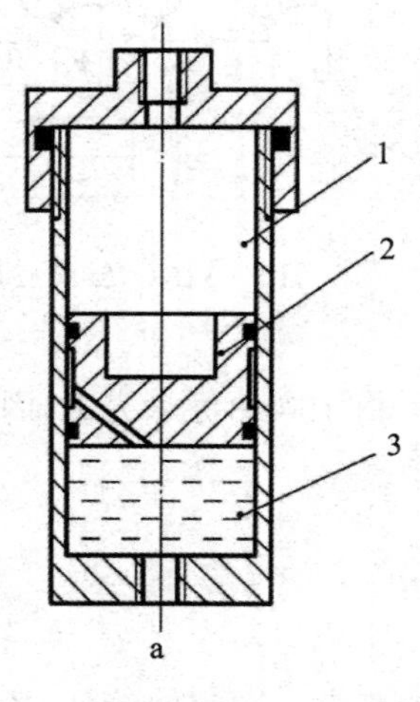

1—气体；2—活塞；3—液压油

图 3-116 活塞式蓄能器

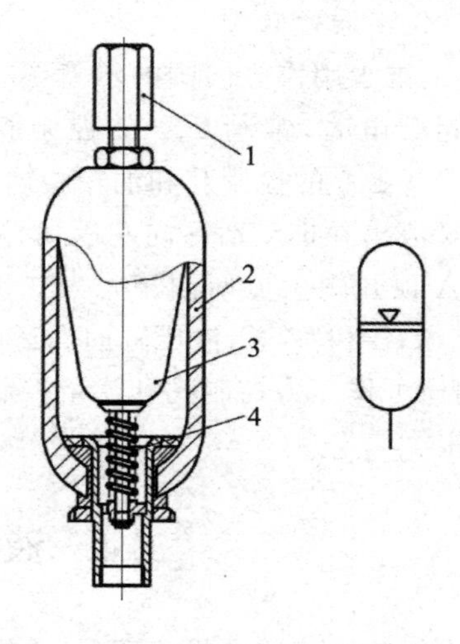

1—充气阀；2—壳体；3—气囊；4—菌形阀

图 3-117 气囊式蓄能器

2. 充气式蓄能器的容量计算

蓄能器的容量是选用蓄能器的主要指标之一，因此在选用蓄能器之前必须计算其容量。不同类型、不同功用的蓄能器，其容量的计算方法也不一样。下面只对应用最广的气囊式蓄能器作辅助能源用时的容量加以计算。在设计或选用蓄能器时，要依据液压系统的最高工作压力、最低工作压力和执行机构所需的耗油量来确定。其工作状态如图3-118所示。

由气体定律有

$$p_0V_0^{\ n}=p_1V_1^{\ n}=p_2V_2^{\ n}=\text{const} \tag{3-82}$$

式中：p_0 为充气压力；V_0 为蓄能器总容量（供油前充气的气体容积）；p_1 为最高工作压力；V_1 为压力为 p_1 时的气体容积；p_2 为最低工作压力；V_2 为压力为 p_2 时的气体容积；n 为指数。当蓄能器用来保持系统压力、补偿系统泄漏时，它释放能量的速度是缓慢的，可以认为气体是在等温条件下工作，取 $n=1$；当蓄能器用来大量供油时，它释放能量的速度是迅速的，可认为气体是在绝热条件下工作，取 $n=1.4$。

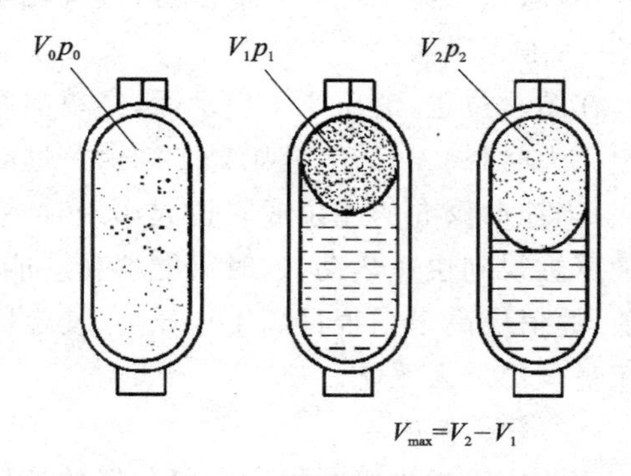

图3-118　气囊式蓄能器的工作状态

设蓄能器储存（或释放）油液的最大容积为 V_{max}，很明显有

$$V_{max}=V_2-V_1 \tag{3-83}$$

式(3-82)、式(3-83)联立，可得

$$V_0=V_{max}\left(\frac{p_2}{p_0}\right)^{\frac{1}{n}}\left[1-\left(\frac{p_2}{p_1}\right)^{\frac{1}{n}}\right]^{-1} \tag{3-84}$$

应当指出，式(3-84)中的 p_0 在理论上应与压力值 p_2 相等，但由于系统中有泄漏，为了保证系统压力为 p_2 时蓄能器还能膨胀向系统补油，应使 $p_0<p_2$。对于折合型皮囊，$p_0=(0.8\sim0.85)p_2$；对于波纹型皮囊，$p_0=(0.6\sim0.65)p_2$。

3. 蓄能器的安装及使用

① 在充气前首先把少量的工作油（约容积的10%）灌入壳体以便润滑，然后再充入一定压力的气体。若不灌油，在充气后往往会使胶囊损坏。

② 所充气体应是氮气等惰性气体，绝对不能使用氧气等易爆炸气体。

③ 蓄能器原则上应该油口向下垂直安装，当倾斜或卧式安装时，皮囊因受浮力而与壳体单边接触，妨碍正常工作，加快磨损。

④ 蓄能器与泵之间应设置单向阀，当泵停止工作时，防止蓄能器中的压力油倒流。蓄能器与管路系统之间应设截止阀，供充气和检修时使用。

⑤ 用作缓冲和消除压力脉动时，蓄能器安装位置应尽可能靠近发生冲击和振动的地方。

⑥ 安装在管路上的蓄能器，作用着一个相当于它的入口面积和管道油压相乘的力，因此必须用支持板和托架牢固地将蓄能器主体固定。

⑦ 在正常工作情况下，每隔六个月要检查一次充气压力，使之经常保持所定的预压力。

⑧ 在搬运、安装、拆卸之前，应预先把内部的气体及液压油完全放掉。

4. 应用举例

(1) 短期大量供油

如果液压系统在一个工作循环中，只在很短的时间内大量用油，便可采用蓄能器作为辅助油源。这样，既满足系统的最大速度(即最大流量)的要求，又使液压泵的容量减小，电动机功率减小，从而节约能耗并降低温升；或者在不减小泵的容量情况下，可进一步提高系统的速度，如图 3-119 所示。

在图示位置，液压泵 1 启动后，经单向阀 2 向蓄能器 3 充油，当充油压力达到卸荷阀 4 的调定压力时，阀 4 打开，液压泵 1 卸荷。这时蓄能器储存能量(单向阀 2 用以保持蓄能器的压力)。当换向阀 5 的左位或右位起作用时，液压泵和蓄能器经换向阀 5 同时向液压缸 6 供油，使液压缸得到快速运动，这时蓄能器释放能量。阀 4 的调定压力决定了蓄能器充油压力的最高值，此值应高于系统最高工作压力，使得阀 5 的左位或右位接通时，阀 4 关闭，以保证液压泵的流量全部进入系统。

(2) 系统保压

主要用于压力机或机床夹紧装置的液压系统。在实现保压时，由蓄能器释放能量，补充系统泄漏，维持系统压力，如图 3-120 所示。

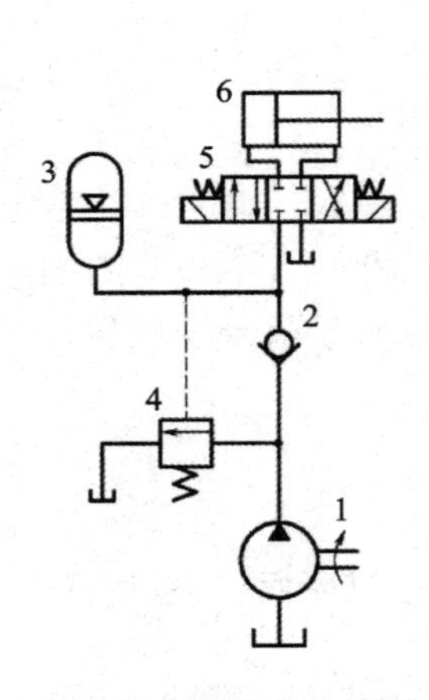

图 3-119 蓄能器短期大量供油回路

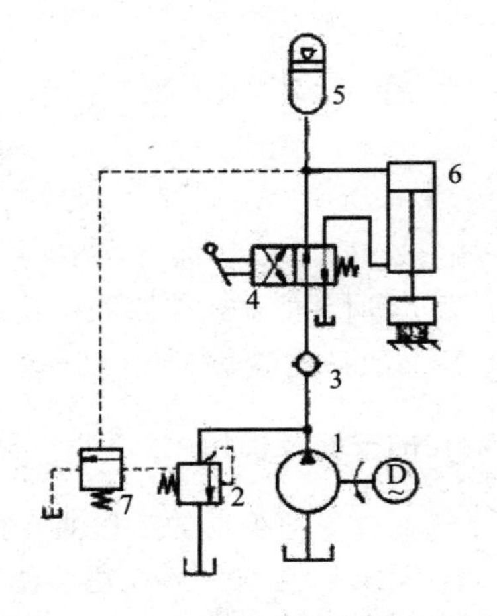

图 3-120 蓄能器保压的卸荷回路

在图示位置上，液压泵 1 向蓄能器 5 和液压缸 6 供油，单向阀 3 将系统和泵隔断，当系统压力负载突然升高或停电时，系统仍处于保压状态，并可防止油液倒流损坏液压泵，液压缸的换向动作由手动换向阀 4 控制。当系统压力达到卸荷阀(液控顺序阀)7 的调定值时，阀 7 动作，使溢流阀 2 的遥控口接通油箱，则液压泵 1 卸荷。此后由蓄能器 5 来保持液压缸 6 的压力，保压时间取决于系统的泄漏、蓄能器的容量等。当压力降低到一定数值时，阀 7 关闭，泵 1 就继续向蓄能器 5 和系统供油。这种回路适用于液压缸的活塞较长时间作用在物件上的系统。

(3) 应急能源

当停电或原动机发生故障而使系统供油中断时，蓄能器可作为系统的应急能源，如图 3－121 所示。

当液压泵 1 供油中断时，阀 5 复位，蓄能器 6 经单向阀 7 向系统输油，在一段时间内维持系统压力。图中卸荷阀 4 用于液压泵卸荷，图中溢流阀 2 起稳压定压作用，单向阀 3 作用同图 3－120。

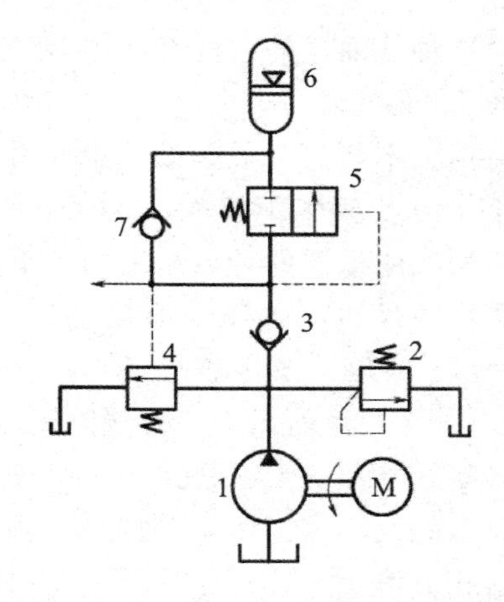

图 3－121　蓄能器的应急能源作用

(4) 缓和压力冲击，吸收压力脉动

如图 3－122 所示，在液压系统中，当液压泵(图(a)中泵)或液压阀(图(b)中阀 5)突然启动或停止时，系统中要出现液压冲击。在产生压力冲击和压力脉动的部位加接蓄能器，可使压力冲击得到缓和，也能吸收液压泵工作时的压力脉动。

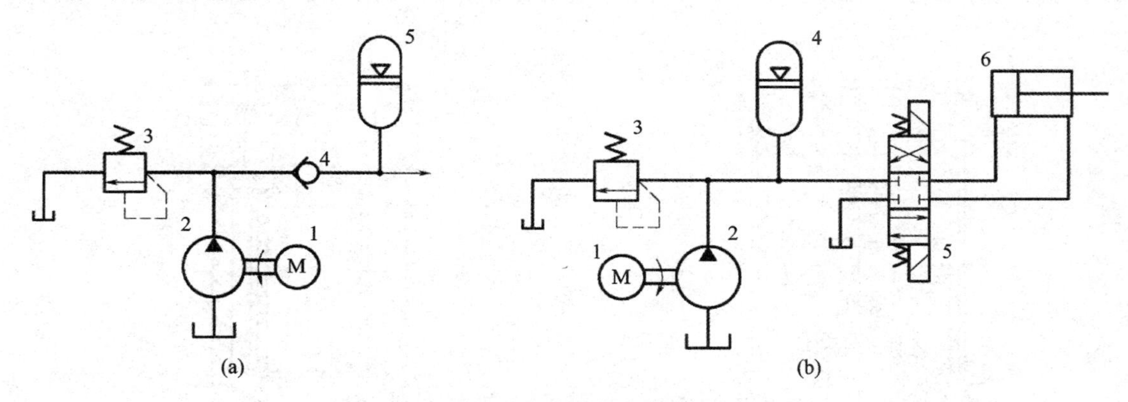

图 3－122　蓄能器用以缓和压力冲击和吸收压力脉动

3.4.2　滤油器

液压系统中使用的油液难免要混入一些杂质、污物，使油液不同程度地污染。杂质和污物的存在，不仅会加速液压元件的磨损，擦伤密封件，而且会堵塞节流孔，卡住阀类元件，使元件动作失灵以至损坏。一般认为，液压系统故障的 75%以上是油液中的杂质所致。因此，为了保证系统正常工作，提高其使用寿命，必须对油液中杂质和污物颗粒的大小及数量加以控制。滤油器的作用就是净化油液，使油液的污染程度控制在所允许的范围之内。

1. 滤油器的典型结构及其特性

常用滤油器，按其滤芯的形式可分为网式、线隙式、纸芯式、烧结式、磁性式等多种。磁性式滤油器是利用永久磁铁来吸附油液中的铁屑和带磁性的磨料，一般与其他滤油器组合使用。故这里只重点介绍网式、线隙式、纸芯式和烧结式滤油器。

(1) 网式滤油器

图 3－123 所示为网式滤油器结构图。它由上盖 1、下盖 4、一层或几层铜丝网 2 以及四周开有若干个大孔的金属或塑料筒形骨架 3 等组成。

这种滤油器的过滤精度与网孔大小、铜网层数有关。用在压力管道上的铜网有 80 μm(200 目,即每英寸长度上有 200 个网孔)、100 μm (150 目)、180 μm (100 目)三种标准等级,压力损失不超过 0.25×10^5 Pa;用在液压泵吸油管路上的,过滤精度为 130～40 μm(20～40 目),压力损失不超过 0.04×10^5 Pa。

网式滤油器的特点是结构简单,通油能力大,压力损失小,清洗方便,但过滤精度低;主要用在泵的吸油管路上,以保护油泵。

(2) 线隙式滤油器

图 3-124 所示为一种线隙式滤油器结构。它由端盖 1、壳体 2、带孔眼的筒形骨架 3 和绕在骨架 3 外部的铜线或铝线 4 组成。这种滤油器是利用线丝间的间隙过滤的,过滤精度取决于间隙的大小。工作时,油液从孔 a 进入滤油器内,经线间的间隙、骨架上的孔眼进入滤芯中,再由孔 b 流出。这种滤油器主要用在液压系统的压力管道上,其过滤精度有 30 μm、50 μm 和 80 μm 三种精度等级,其额定流量为 6～25 L/min。在额定流量下,压力损失为$(0.3\sim0.6)\times10^5$ MPa,当这种滤油器装在液压泵的吸油管道上时,其额定流量应选得比泵的大些。

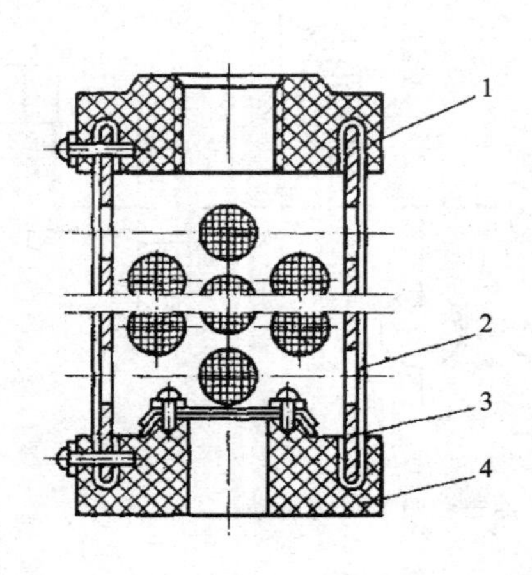

1—上盖;2—铜丝;3—骨架;4—下盖

图 3-123　网式滤油器

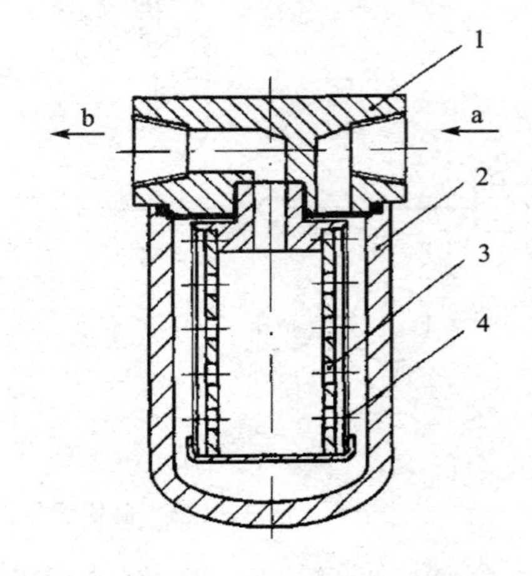

1—端盖;2—壳体;3—筒形骨架;4—铜线(铝线)

图 3-124　线隙式滤油器

线隙式滤油器具有结构简单、通油性能好、过滤精度较高的特点,应用较普遍。缺点是不易清洗。

(3) 纸芯式滤油器

图 3-125 所示为一种纸芯式滤油器结构。它是以滤纸(机油微孔滤纸等)为过滤材料,把平纹或波纹过滤纸 1 绕在带孔的镀锡铁皮骨架 2 上制成滤(纸)芯。油液从滤芯外面经滤纸进入滤芯内,然后从孔道 a 流出。为了增加滤纸 1 的过滤面积,纸芯一般都做成折叠形。

这种滤油器的过滤精度有 10 μm 和 20 μm 两种规格,压力损失为$(0.1\sim0.4)\times10^5$ Pa。其主要特点是过滤精度高,但堵塞后无法清洗,只能更换纸芯,一般用于需要精过滤的场合。

(4) 烧结式滤油器

烧结式滤油器结构如图 3-126 所示。其滤芯是由颗粒状青铜粉压制后烧结而成,它是利用铜颗粒之间的微孔滤去油液中杂质的;因此,过滤精度与微孔的大小有关,选择不同粒度的粉末制成不同壁厚的滤芯就能获得不同的过滤精度。在图 3-126 中,油液从 a 孔进入,经滤

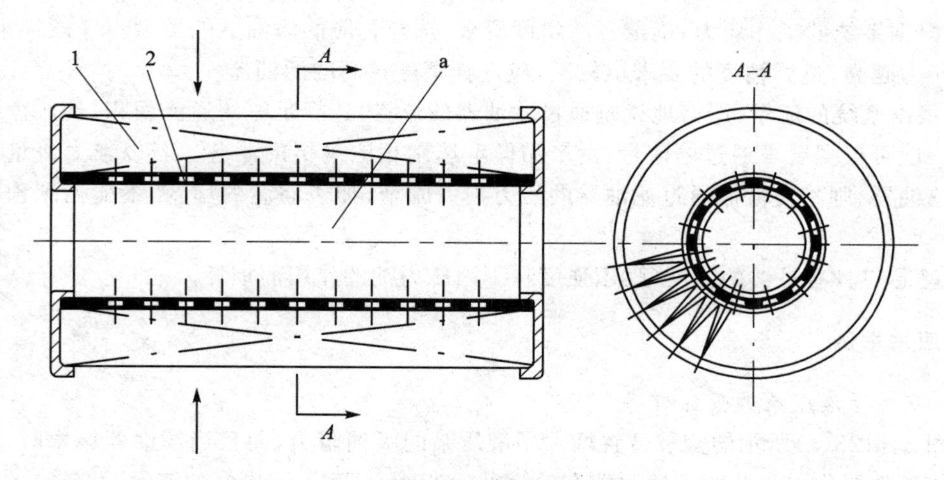

图 3-125　纸芯式滤油器的纸芯

芯 3 后由孔 b 流出。这种滤油器的过滤精度在 10～100 μm 之间，额定流量为 5～25 L/min，压力损失为(0.3～2)×10^5 Pa。

烧结式滤油器的特点是滤芯能烧结成各种不同的形状，且强度大、抗腐蚀性好、制造简单、过滤精度高，适用于精过滤；缺点是颗粒容易脱落，堵塞后不易清洗。

图 3-127 所示为滑阀式滤油器堵塞指示装置。其作用是在滤油器堵塞时，发出报警信号，以便及时清洗和更换滤芯。由图可知，滤油器的进、出油口 P_1、P_2 分别与滑阀的左右两端相通。滤油器的流通情况良好时，滑阀芯在弹簧的作用下处在左端位置；当滤油器逐渐被堵塞时，滑阀左右两端的压差加大，指针逐渐右移，这就指示了滤油器的堵塞情况。

用户可根据上述指示确定是否应清洗或更换滤芯。滤油器的堵塞指示装置还有磁力式等其他形式，它还可以通过电气装置发出灯光等信号进行报警。

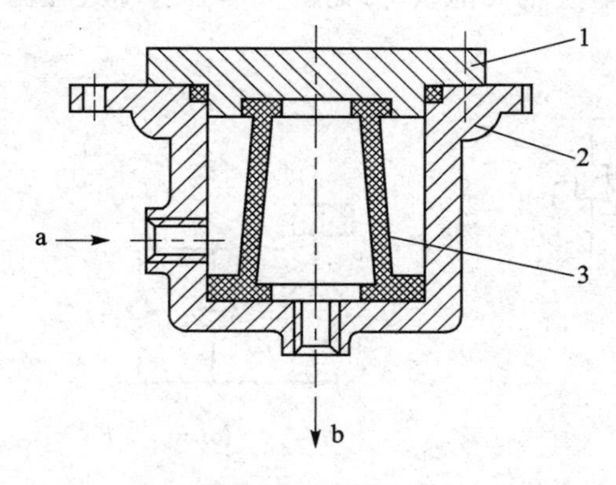

1—端盖；2—壳体；3—滤芯

图 3-126　烧结式滤油器

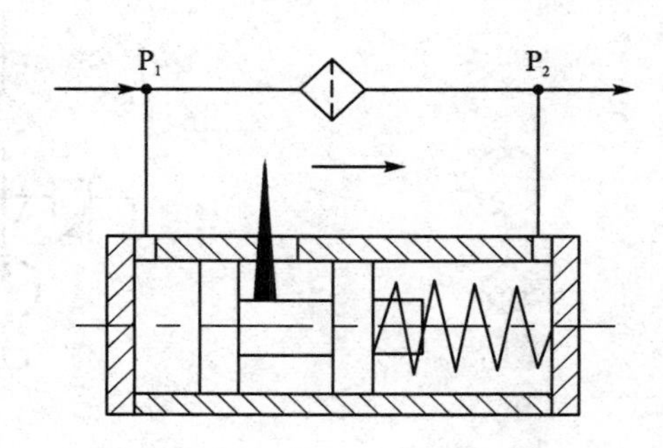

图 3-127　滑阀式滤油器堵塞指示器

2. 滤油器的选用

滤油器应根据液压系统的技术要求，从以下几个方面，参考有关滤油器的产品目录进行选择：

① 根据系统的工作压力，确定过滤精度要求，选择相应的滤油器的类型。一般说来，系统的工作压力越高，过滤精度的要求也较高，应选择精度较高的滤油器。

② 根据系统的流量（严格地说是通过滤油器的流量）选择足够的通流面积，使压力损失尽量小。一般可根据要求通过的流量，由产品样本选用相应规格的滤芯。若以较大流量通过小规格的滤油器，则将使液流通过滤油器的压力损失剧增，加快滤芯的堵塞，不能达到预期的过滤效果。

③ 滤芯应具有足够的强度（耐压强度），不因压力油的作用而损坏。

3. 应用举例

（1）安装于液压泵的吸油口

如图 3－128(a)所示的安装位置增大了液压泵的吸油阻力，而且当滤油器堵塞时，使液压泵的工作条件恶化。为此要求滤油器有较大的通油能力（大于液压泵的流量）和较小的压力损失（不超过$(0.1\sim0.2)\times10^5$ Pa），一般多用精度较低的网式滤油器，其主要作用是保护液压泵。但液压泵中因零件的磨损而产生的颗粒仍可能进入系统中。

（2）安装于液压泵的出油口

如图 3－128(b)所示的安装位置可以保护液压系统中除液压泵以外的其他元件。由于滤油器在高压下工作，故要求滤油器的滤芯及壳体有一定的强度和刚度，即足够的耐压性能，同时压力损失不应超过 3.5×10^5 Pa。为了避免由于滤油器的堵塞而引起液压泵的过载，应把滤油器安装在与溢流阀相并联的分支油路上。同时，为了防止滤油器堵塞，可与滤油器并联一旁通阀（外泄顺序阀），或在滤油器上设置堵塞指示器。

（3）安装在回油管路上

如图 3－128(c)所示的安装位置不能直接防止杂质进入液压泵和其他元件，而只能循环地除去油液中的部分杂质。它的优点是允许滤油器有较大的压降，而滤油器本身不处在高压下工作，可用刚度、强度较低的滤油器。

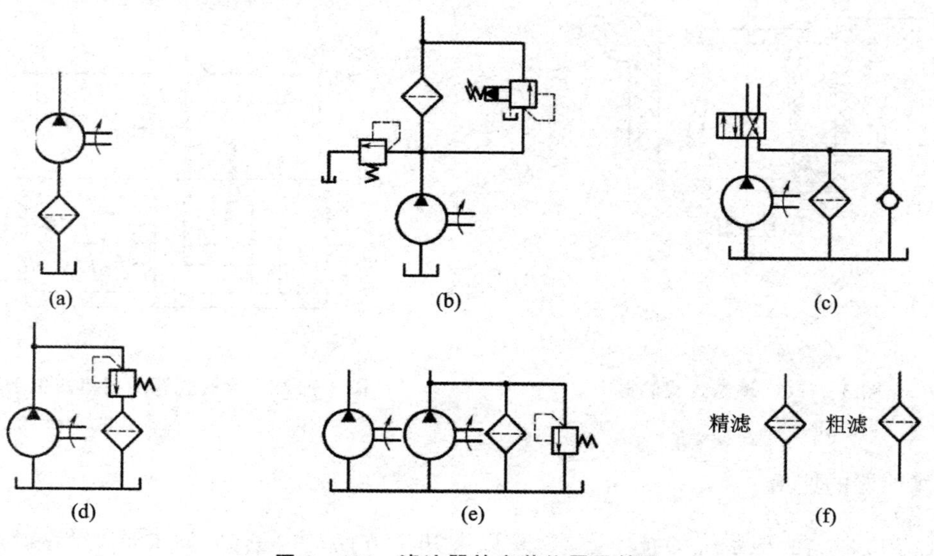

图 3－128 滤油器的安装位置及符号

(4) 安装在旁路上

如图 3-128(d)所示的安装位置又称为局部过滤,通过滤油器的流量不少于总流量的 20%～30%。其主要缺点是不能完全保证液压元件的安全,因此,不宜在重要的液压系统中采用。

(5) 单独过滤系统

如图 3-128(e)所示的安装位置是用一个专用液压泵和滤油器组成一个独立于液压系统之外的过滤回路。它可以经常清除系统中的杂质,适用于大型机械的液压系统。

3.4.3 油 箱

油箱是储存油液的,以保证供给液压系统充分的工作油液,同时还具有散热、使渗入油液中的空气逸出以及使油液中的污物沉淀等作用。油箱可分为开式和闭式两种。开式油箱中的油液液面与大气相通,而闭式油箱中的油液液面则与大气隔绝。液压系统多采用开式油箱。开式油箱又分为整体式和分离式。整体式油箱是利用主机(如机床床身)的底座等作为油箱。它的结构紧凑,各处漏油容易回收;但增加了主机结构的复杂性,维修不便,散热性能不好。分离式油箱与主机分离并与泵等组成一个独立的供油单元(泵站),它可以减少温升和液压泵驱动电动机振动对主机工作的影响,精密设备一般都采用这种油箱。其典型结构如图 3-129 所示。

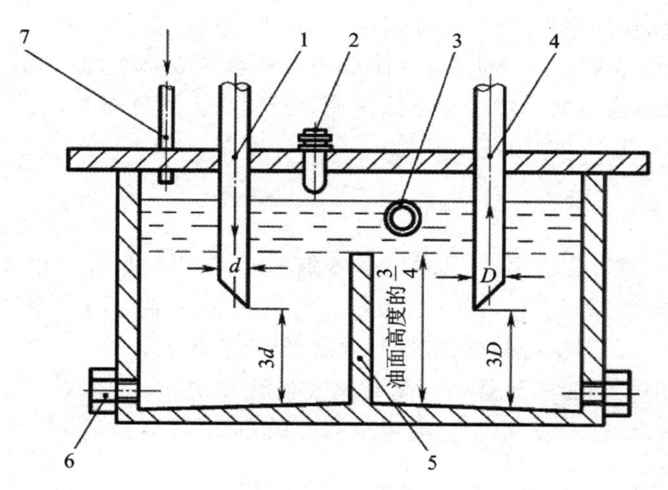

1—回油管;2—注油口;3—油位计;4—吸油管;5—隔板;6—放油阀(两个);7—泄油管

图 3-129　油箱结构示意图

设计中应注意的问题如下:

① 油箱应有足够的容量,以满足散热的要求。同时也必须注意到,在系统工作时油面必须保持足够的高度,以防止液压泵吸空;在系统停止工作时,因油液全部流回油箱,不致造成油液溢出油箱。通常油箱的容量可按液压泵 2～6 L/min 的流量来估计(流量大、压力低,取下限;流量小、压力高,取上限),油箱内油面的高度一般不应超过油箱高度的 80%,为便于观察应设置油位计 3。

② 吸油管 4 和回油管 1 应隔开。二者距离应尽量远些,最好用一块或几块隔板 5 隔开,以增加油液循环距离,使油液有充分时间沉淀污物、排出气泡和冷却。隔板高度一般取油面高

度的四分之三。

③ 泵的吸油管上应安装100～200目的网式滤油器，滤油器与箱底间的距离不应小于20 mm。泵的吸油管和系统的回油管应插入最低油面以下，以防止卷吸空气和回油冲溅产生气泡。管口与箱底、箱壁的距离均不能小于管径的3倍，吸油管口及回油管口须斜切成45°并面向箱壁。泄油管不宜插入油中。

④ 油箱底应有坡度，以方便放油，箱底与地面有一定距离，最低处应装有放油塞或放油阀6。

⑤ 油箱一般用2.5～4 mm的钢板焊成，尺寸高大的油箱要加焊角铁和筋板，以增加刚性。当油箱上固定电动机、液压泵和其他液压件时，顶盖要适当加厚，使其刚度足够。

⑥ 为了防止油液被污染，箱盖上各盖板、管口处都要加密封装置，注油口2应安装滤油网。通气孔要装空气滤清器。

⑦ 油箱中若安装热交换器时，必须在结构上考虑其安装位置。为了测量油温，油箱上可装设油温计。

⑧ 油箱应便于安装、吊运和维修。

⑨ 箱壁应涂耐油防锈涂料。

3.4.4 热交换器

液压系统中常用液压油的工作温度以30～50 ℃为宜，最高不超过60 ℃，最低不低于15 ℃。油温过高将使油液迅速变质，同时使液压泵的容积效率下降；油温过低则使液压泵的启动吸入困难。为此，当依靠自然冷却不能使油温控制在上述范围时，就需要安装加热器或冷却器，即热交换器。

1. 冷却器

冷却器按冷却介质可分为水冷、风冷和氨冷等形式，常用的是水冷和风冷。最简单的冷却器是蛇形管式水冷却器，如图3-130(a)所示。它直接装在油箱内，冷却水从蛇形管内部通过，带走热量。这种冷却器结构简单，但冷却效率低，耗水量大。

液压系统中采用较多的冷却器是强制对流式多管冷却器，如图3-130(b)所示。冷却水从冷却器1的右端入口进入，经铜管3流到冷却器的左端，再经铜管流到冷却器右端，从出口

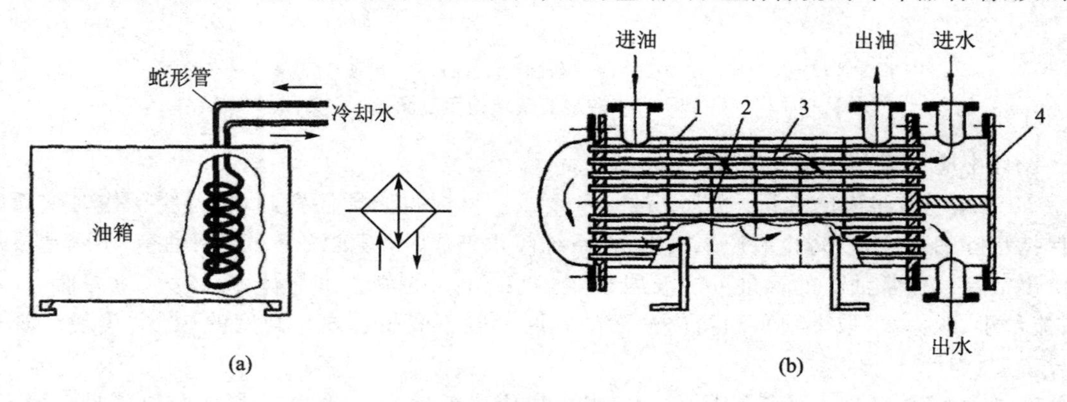

图3-130 冷却器

流出。油液从左端进入，在铜管外面向右流动，在右端口流出。油液的流动路线因冷却器内设置的几块隔板 2 而加长，因而增加了热交换效果，冷却效率高。隔板 4 将进、出水隔开。但这种冷却器体积和质量较大。

近年来出现的一种翅片式冷却器也是多管式水冷却器。每根管子有内、外两层，内管中通水，外管中通油，而且 L 管上还有许多翅片，以增加散热面积。这种冷却器重量相对较轻。

液压系统亦可采用汽车上的风冷式散热器来进行冷却。这种方式不需要水源，结构冷却器一般安装在回油路或低压管路上，如图 3－131 所示。这里，液压泵输出的压力油直接进入系统，从系统回油路上来的热油和从溢流阀 1 溢出的热油一起通过冷却器冷却。单向阀 2 是用以保护冷却器的。当系统不需要冷却时，可将截止阀 3 打开。冷却器造成的压力损失一般为$(0.1\sim1)\times 10^5$ Pa。

2. 加热器

液压系统中油液的加热一般都采用电加热器，如图 3－132 所示。加热器 2 通常安装在油箱 1 的壁上，用法兰盘固定。由于直接和加热器接触的油液温度可能很高，会加速油液老化，因此单个加热器的容量不能太大。电加热器的结构简单，可根据所需要的最高、最低温度自动进行调节。

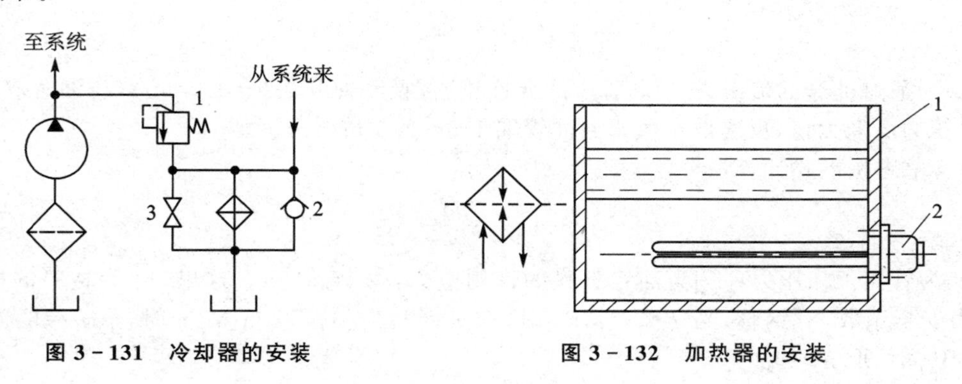

图 3－131　冷却器的安装　　**图 3－132　加热器的安装**

3.4.5　其他元件

这里所说的其他辅件是指油管、管接头和压力表等。密封装置在 3.2 节液压缸中已经介绍，故此不再赘述。

1. 油　管

液压系统中使用的油管有钢管、铜管、尼龙管、塑料管、橡胶软管等多种。采用哪种油管，主要由工作压力、安装位置及使用环境等条件决定。关键是计算油管的管径及管壁厚度。

(1) 类型及其选择

下面介绍液压系统中使用的油管，如钢管、铜管、尼龙管、塑料管、橡胶软管。

① 钢管。钢管能承受高压，其价格低廉，耐油，抗腐蚀，刚度较好，不易使油液氧化，但装配、弯曲较困难。在压力较高的管道中优先采用，且常用 10 号、15 号冷拔无缝钢管。对于低压系统(压力小于 1.6 MPa 时)，可以采用焊接钢管。

② 铜管。紫铜管装配时弯曲方便,但承压能力低(一般不超过 6.5～10 MPa),抗振能力弱,材料贵重,且易使油液氧化;在中、低压液压系统中采用,且通常只用在液压装置内部配接不便处;在机床中应用较多,并常配以扩口管接头。黄铜管可承受较高压力(达 25 MPa),但不如紫铜管那样容易弯曲。

③ 尼龙管。这是一种新型的乳白色半透明管,其承压能力因材料不同,自 2.5～8 MPa 不等。它价格低廉,弯曲方便,但寿命较短,能部分地代替紫铜管。目前多数只在低压系统中使用。

④ 塑料管。这种油管价格低,装置方便,但承压能力很低(小于 0.5 MPa),且高温时软化,长期使用会老化。一般只在回油路、泄油路中使用。

⑤ 橡胶软管。橡胶软管用于有相对运动的两件之间的连接,有高压和低压两种。高压橡胶软管(压力可达 20～30 MPa)由夹有几层钢丝编织的耐油橡胶制成,钢丝层数越多耐压越高。低压橡胶软管由夹有帆布或棉线的耐油橡胶或聚氯乙烯制成,多用于压力较低的回油路中。

(2) 油管的计算

油管的类型确定后,其内径和壁厚的选择由下面的计算确定。

油管的内径按下式计算:

$$d = 2\sqrt{\frac{Q}{\pi v}} \tag{3-85}$$

式中:Q 为通过油管的流量;v 为油管中的允许流速,吸油管取 0.5～1.5 m/s,压油管取 2.5～5 m/s(压力高取大值,反之取小值),回油管取 1.5～2.5 m/s。

油管壁厚按下式计算:

$$\delta \geqslant \frac{pd}{2[\sigma]} \tag{3-86}$$

式中:p 为管内工作压力;$[\sigma]$为油管材料的许用应力,$[\sigma]=\sigma_b/n$。这里,σ_b 为材料的抗拉强度,n 为安全系数,对钢管,当 $p<7$ MPa 时,取 $n=8$;当 $p<17.5$ MPa 时,取 $n=6$;当 $p>17.5$ MPa 时,取 $n=4$。

计算出油管的内径和壁厚后,查阅有关手册,选用相近的标准规格。

2. 管接头

管接头是油管与油管、油管与液压元件间的可拆装的连接件。它应满足拆装方便、连接牢固、密封可靠、外形尺寸小、通油能力大、压力损失小及工艺性好等要求。管接头的种类很多,按其通路数和流向可分为直通、弯头、三通和四通等;按管接头和油管的连接方式不同,又可分为扩口式、焊接式、卡套式等。管接头与液压件之间都采用螺纹连接;在中、低压系统中采用英制螺纹,外加防漏填料;在高压系统中采用公制细牙螺纹,外加端面垫圈。常用管接头类型如图 3-133 所示。

(1) 扩口管接头

如图 3-133(a)所示的这种管接头利用油管 1 管端的扩口在管套 2 的紧压下进行密封。其结构简单,适用于铜管、薄壁钢管、尼龙管和塑料管等低压管道的连接处。

(2) 焊接管接头

如图 3-133(b)所示的这种管接头连接牢固,利用球面进行密封,简单可靠。缺点是装配

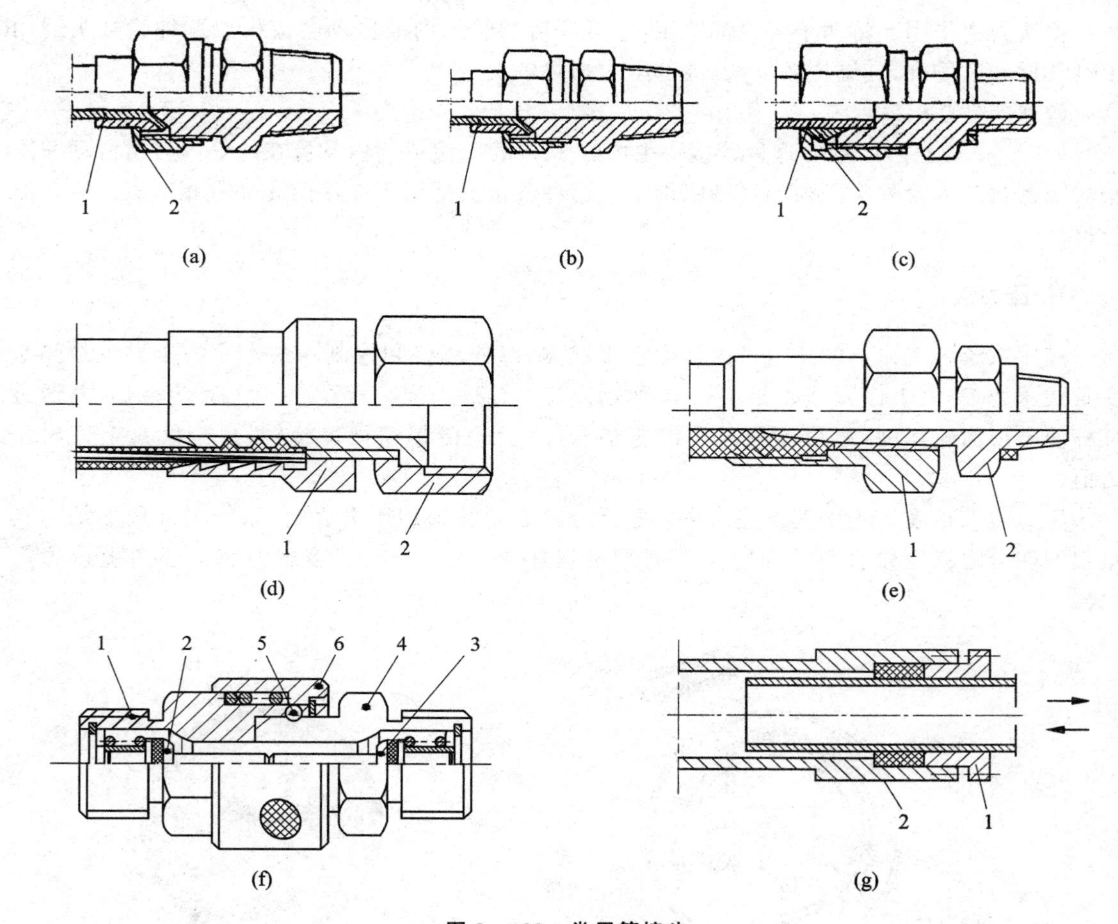

图 3-133 常用管接头

时球形头1须与油管焊接，因此适用于厚壁钢管。其工作压力可达31.5 MPa。

(3) 卡套式管接头

如图3-133(c)所示的这种管接头利用卡套2卡住油管1进行密封。其轴向尺寸要求不严，装拆方便。但对油管的径向尺寸精度要求较高，须采用精度较高的冷拔钢管。其工作压力可达31.5 MPa。

(4) 扣压式管接头

如图3-133(d)所示的这种管接头由接头外套1和接头芯子2组成，软管装好后再用模具扣压，使软管得到一定的压缩量，此种结果具有较好的抗拔脱和密封性能，在机床的中、低压系统中得到应用。

(5) 可卸式管接头

如图3-133(e)所示的这种结构在外套1和接头芯子2上做成六角形，便于经常拆装软管，适用于维修和小批量生产。由于装配比较费力，故只用于小管径连接。

(6) 快速管接头

如图3-133(f)所示的这种结构能快速拆装。当将卡箍6向左移动时，钢珠5可以从插嘴4的环形槽中向外退出，插嘴不再被卡住，就可以迅速从插座1中拔出来。这时管塞2和3在各自弹簧力的作用下将两个管口都关闭,使拆开后的管道内液体不会流失。这种管接头适用于经常拆卸的场合,其结构较复杂,局部阻力损失较大。

(7) 伸缩管接头

如图 3-133(g)所示的这种管接头由内管 1、外管 2 组成。内管可在外管内自由滑动并用密封圈密封。内管外径必须经过精密加工。这种管接头适用于连接两元件有相对直线运动的管道。

3. 压力表

液压系统各工作点的压力可由压力表来观测,以便调整和控制。最常用的压力表是弹簧变管式压力表,其工作原理如图 3-134 所示。压力油进入弹簧弯管时,管端产生变形,并通过杠杆使扇形齿轮摆动,扇形齿轮与小齿轮啮合,小齿轮便带动指针旋转,从刻度盘上读出压力值。

压力表的精度等级以其误差占量程的百分数表示。选用压力表时,系统最高压力约为其量程的四分之三比较合理。为防止压力冲击损坏压力表,常在连接压力表的通道上设置阻尼器。

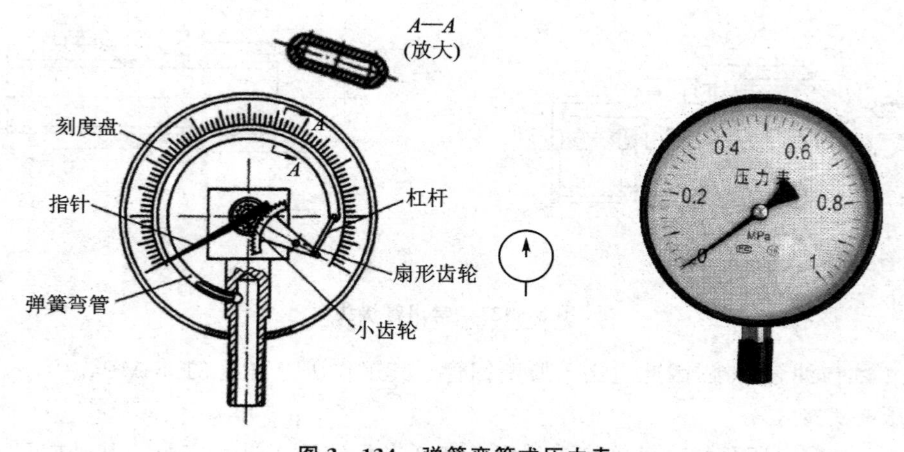

图 3-134 弹簧弯管式压力表

习 题

1. 容积式液压机械(泵、马达)的工作原理是什么?泵和马达工作的必要条件是什么?
2. 在常用泵中,哪一种泵自吸能力最强,哪种最弱?为什么?
3. 齿轮泵泄漏的主要途径有几种?提高齿轮泵的压力受什么因素影响?怎样解决?
4. 液压泵的配油方式有几种?
5. 简述齿轮泵的困油现象、危害,及消除此现象的措施。
6. 绘出液压泵的效率-压力特性曲线。
7. 绘出限压式变量泵特性曲线,并说明其调整方法。
8. 液压缸的主要组成部分有哪些?固定缸式、固定杆式液压缸,其工作台的最大活动范围有何差别?

9. 液压缸泄漏的主要途径有哪些？常用橡胶密封圈有哪几种类型？说明其应用范围及使用时应注意些什么。

10. 设计差动连接液压缸，要求快进速度（$v_{快进}$）为快退速度（$v_{快退}$）的 2 倍，则缸筒内径 D 是活塞杆直径 d 的几倍？

11. 液压阀按照其作用分为几种？压力阀的共同特点是什么？

12. 什么是换向阀的“位”和“通”？换向阀有几种控制方式？其职能符号如何？

13. 有哪些阀可以在液压系统中当背压阀用？

14. 试分析液控单向阀在习题图 3－1 回路中的作用。

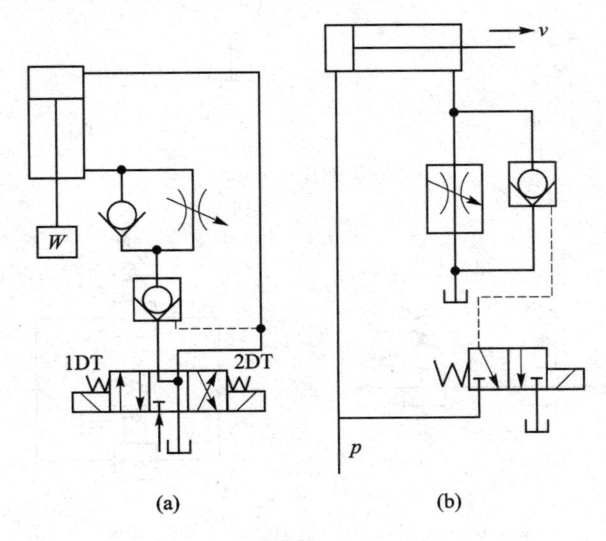

习题图 3－1

15. 若把先导式溢流阀的远程控制口接油箱，液压系统会产生什么问题？

16. 习题图 3－2 所示的回路最多能实现几级调压？各溢流阀的调定压力 p_{Y1}、p_{Y2}、p_{Y3} 之间的大小关系如何？

17. 习题图 3－3 两个回路中各溢流阀的调定压力分别为 $p_{Y1}=3$ MPa，$p_{Y2}=2$ MPa、$p_{Y3}=4$ MPa。问在外载无穷大时，泵的出口压力 p_p 各为多少？

18. 若将减压阀的进、出口反接，会出现什么情况？（分两种情况讨论：压力高于减压阀的调定压力和低于调定压力时）

19. 习题图 3－4 所示，两个不同调定压力的减压阀串联后的出口压力取决于哪个减压阀？为什么？又两个不同调定压力的减压阀并联时，出口压力取决于哪一个减压阀？

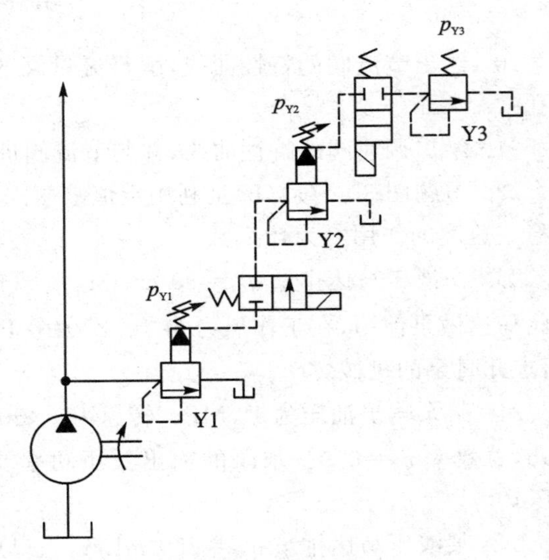

习题图 3－2

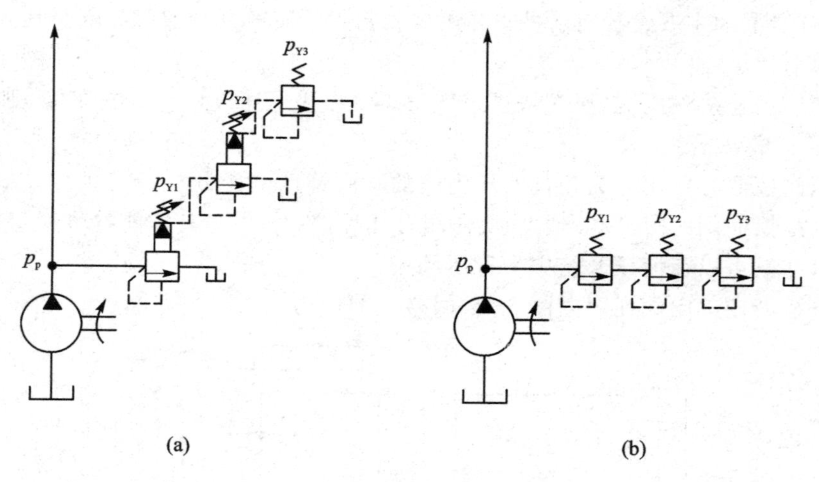

习题图 3-3

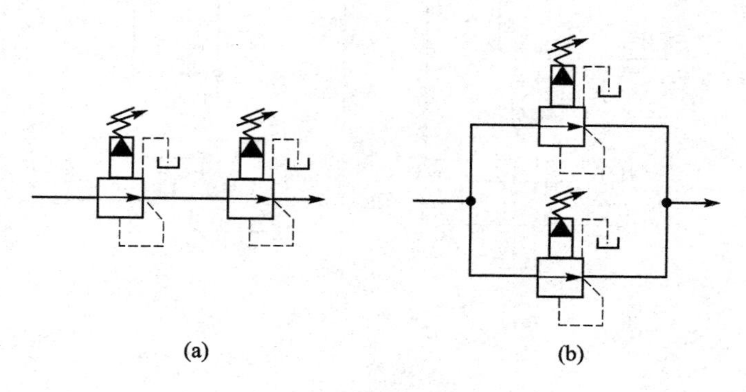

习题图 3-4

20. 绘出节流阀的特性曲线，解释流量阀的节流口为什么要采用薄壁小孔而不采用细长小孔？

21. 绘出调速阀的特性曲线，并与节流阀进行分析比较。

22. 习题图 3-5(a)(b)是利用定值减压阀与节流阀串联来代替调速阀，问能否起到调速阀稳定速度的作用？为什么？

23. 一液压马达排量 $q_M=80\ cm^3/r$，负载转矩为 50 N·m 时，测得其机械效率为 0.85。将此马达做泵使用，在工作压力为 46.2×10^5 Pa 时，其机械损失转矩与上述液压马达工况相同，求此时泵的机械效率。

24. 某泵输出油压为 10 MPa，转速为 1 450 r/min，排量为 200 mL/r，泵的容积效率 $\eta_{Vp}=0.95$，总效率 $\eta_p=0.9$。求泵的输出液压功率及驱动该泵的电动机所需功率（不计泵的入口油压）。

25. 某液压马达排量 $q_M=250$ mL/r，入口压力为 9.8 MPa，出口压力为 0.49 MPa，其总效率 $\eta_M=0.9$，容积效率 $\eta_{VM}=0.92$。当输入流量为 22 L/min 时，试求：

(1) 液压马达的输出转矩；

(2) 液压马达的输出转速。

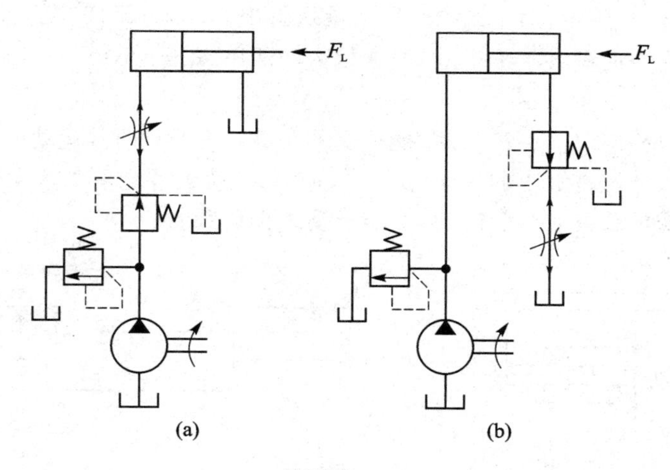

习题图 3－5

26. 一液压泵，当负载压力为 80×10^5 Pa 时，输出流量为 96 L/min；而负载压力为 100×10^5 Pa 时，输出流量为 94 L/min。用此泵带动一排量 $q_M=80$ mL/r 的液压马达。当负载转矩为 130 N·m 时，液压马达的机械效率为 0.94，其转速为 1 100 r/min。求此时液压马达的容积效率。（提示：先求液压马达的负载压力）

27. 如习题图 3－6 所示，已知液压泵的排量 $q_p=10$ mL/r，转速 $n_p=1\ 000$ r/min，容积效率 η_{V_p} 随压力按线性规律变化，当压力为调定压力 4 MPa 时，$\eta_{V_p}=0.6$；液压缸 A 和 B 的有效面积皆为 100 cm^2；液压缸 A 和 B 需举升的重物分别为 $W_A=45\ 000$ N，$W_B=10\ 000$ N，试求：

（1）液压缸 A 和 B 举物上升速度；

（2）上升和上升停止时的系统压力；

（3）上升和上升停止时液压泵的输出功率。

28. 如习题图 3－7 所示，一单杆活塞缸，无杆腔的有效工作面积为 A_1，有杆腔的有效工作面积为 A_2，且 $A_1=2A_2$。当供油流量 $Q=30$ L/min 时，回油流量 $Q'=$？若液压缸差动连接，其他条件不变，则进入液压缸无杆腔的流量为多少？

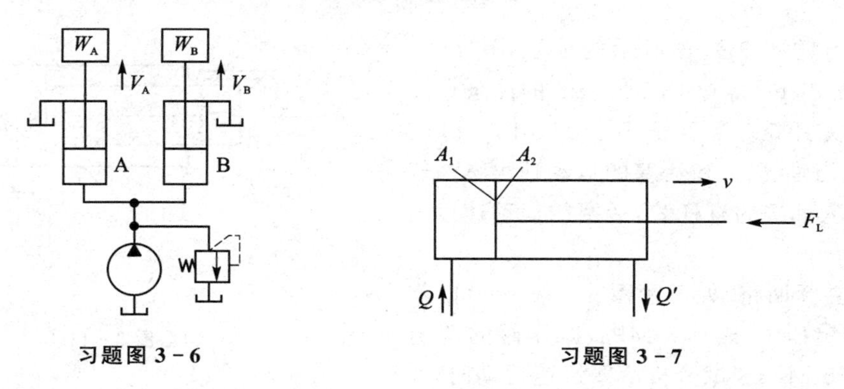

习题图 3－6　　习题图 3－7

29. 如习题图 3－8 中用一对柱塞来实现工作台的往复运动。若两柱塞直径分别为 d_1 和 d_2，供油流量和压力分别为 Q 和 p，试求工作台两个方向运动时的速度和推力。又若当两个柱塞缸同时通以压力油时，工作台将如何运动？其运动速度和推力各为多少？

30. 如习题图 3-9 所示，两个结构相同的液压缸串联起来，无杆腔的有效工作面积 $A_1=100\ cm^2$，有杆腔的有效面积 $A_2=80\ cm^2$，缸 1 输入的油压 $p_1=9\times10^5$ Pa，流量 $Q_1=12$ L/min，若不考虑一切损失，试求：

(1) 两缸的负载相同($F_{L1}=F_{L2}$)时，能承受的负载为多少？两缸运动的速度各为多少？

(2) 缸 2 的输入油压是缸 1 的一半($p_2=0.5p_1$)时，两缸各能承受多少负载？

(3) 缸 1 不承受负载($F_{L1}=0$)时，缸 2 能承受多少负载？

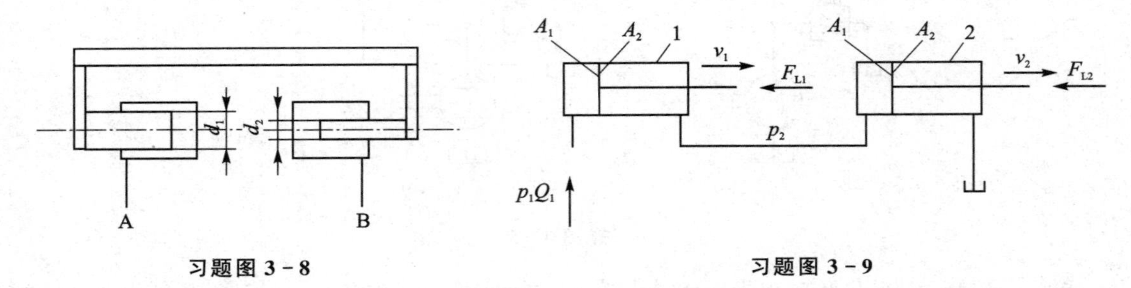

习题图 3-8　　习题图 3-9

31. 设计组合机床动力头驱动液压缸，其快速快进、工作进给和快速退回的油路分别在习题图 3-10(a)、(b)、(c)中示出。现采用限压式变量泵供油，其最大流量 $Q_{max}=30$ L/min。要求 $v_{快进}=8$ m/min；$v_{工作}=1$ m/min；$v_{快退}=10$ m/min。试求液压缸内径 D、活塞杆直径 d 以及工作进给时变量泵的流量 Q。

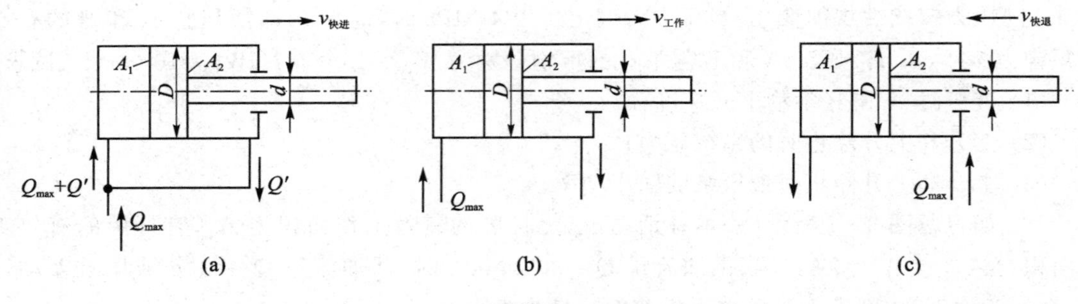

习题图 3-10

32. 如习题图 3-11 所示的油缸，其 $D=10$ cm，$d=6.8$ cm，将 $Q=25$ L/min 的油泵直接接入油缸的无杆腔。当负载 $F_L=25\times10^3$ N 时，求油泵的输出油压 p 和活塞的运动速度 v。若油泵直接接入油缸的有杆腔，活塞的运动速度 v 又是多少？

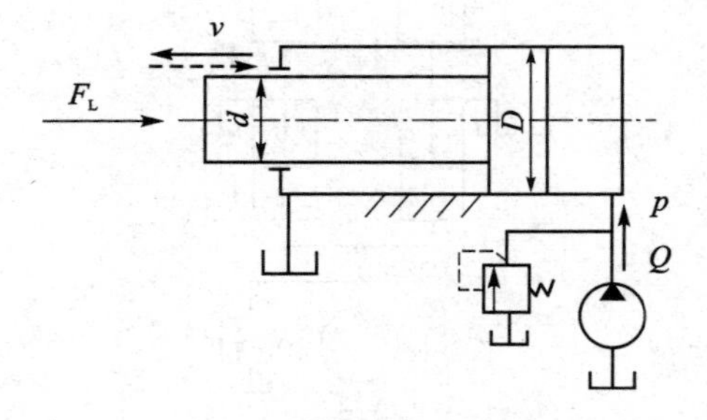

习题图 3-11

33. 一夹紧回路，如习题图 3-12 所示。若溢流阀的调定压力 $p_Y=5$ MPa，减压阀的调定压力 $p_J=2.5$ MPa。试分析活塞快速运动时，A 和 B 两点的压力各为多少？工件夹紧后，A 和 B 两点的压力各为多少？

34. 某系统如习题图 3-13 所示，已知：$A_1=50\ cm^2$，$Q_p=20$ L/min，$p_t=40$ bar，调压偏差 $\Delta p_t=3$ bar，当 $F_L=19\ 500$ N 时测得 $v=3$ cm/s，求：

(1) p_L、p_k、ΔQ_y、p_L、p_y、p_p；

(2) 近似画出溢流阀流量-压力特性曲线；

(3) M 点流量-压力特性曲线。(p_t 为溢流阀的调定压力，下标 y 指的是溢流阀)

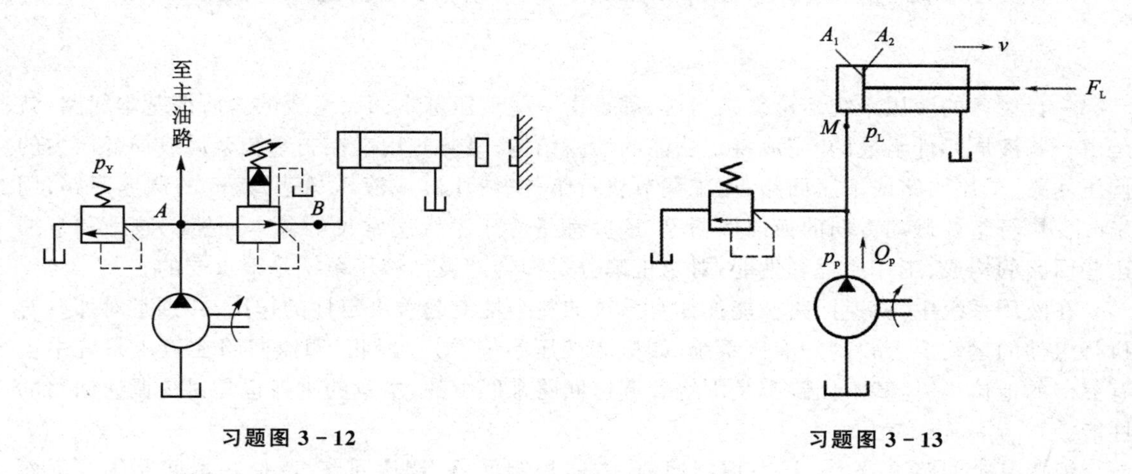

习题图 3-12　　习题图 3-13

第 4 章　液压基本回路与调速系统

一台设备的液压系统不论复杂与否，都是由一些液压基本回路组成的。所谓基本回路，就是由一些液压元件组成的、完成特定功能的油路结构。例如，用来控制系统全局或局部压力的调压回路、减压回路或增压回路；用来调节执行组件（液压缸或液压马达）速度的调速回路；用来改变执行组件运动方向的换向回路等，这些都是液压系统中常见的基本回路。熟悉和掌握这些回路的构成、工作原理和性能，对于正确分析和合理设计液压系统是很重要的。

在液压系统中，调速回路性能往往对系统的整个性能起着决定性的作用，特别是对那些对执行组件的运动要求较高的液压系统（如机床液压系统等）。因此，调速回路在液压系统中占有突出的地位，其他基本回路都是围绕着调速回路来匹配的，本章的重点也是讨论调速回路的性能。

液压基本回路可分为：压力控制回路、方向控制回路、调速回路、其他基本回路等。下面分别介绍各种液压基本回路。

4.1　压力控制回路

压力控制回路是利用压力控制阀来控制系统整体或局部压力的回路，主要有调压回路、卸荷回路、保压回路、减压回路、增压回路、平衡回路等。

4.1.1　调压回路

1. 单级调压回路

由溢流阀和定量泵组合在一起便构成了单级调压回路，如图 4 - 1 所示。

2. 多级调压回路

某些液压系统（如压力机、塑料注射机等）在工作过程中的不同阶段往往需要不同的压力，这时就应采用多级调压回路。

图 4 - 2 所示是由溢流阀和远程调压阀构成的双级调压回路。这种回路在机床的夹紧机构和压力机液压系统中都有应用。

图 4 - 3 所示是应用于压力机的另一种双级调压回路的实例，图中，活塞的上升和下降由手动换向阀 2 来控制，活塞 1 下降为工作行程，其压力由高压溢流阀 4 调节；活塞上升为非工作行程，其压力由低压溢流阀 3 调节，且只需克服运动部件自身重力和摩擦阻力即可。溢流阀 3、4 的规格都必须按照液压泵的最大供油量来选择。

图 4 - 4 所示为三级调压回路。在图示状况下，系统压力由溢流阀 1 调节（为 10 MPa），当 1DT 带电时，系统压力由溢流阀 3 调节（为 5 MPa）；当 2DT 带电时，系统压力由溢流阀 2 调节（为 7 MPa），因此可以得到三级压力。3 个溢流阀的规格都必须按照泵的最大供油量来选择。

这种调压回路能调出三级压力的条件是溢流阀 1 的调定压力必须大于另外两个溢流阀的调定值，否则溢流阀 2、3 将不起作用。

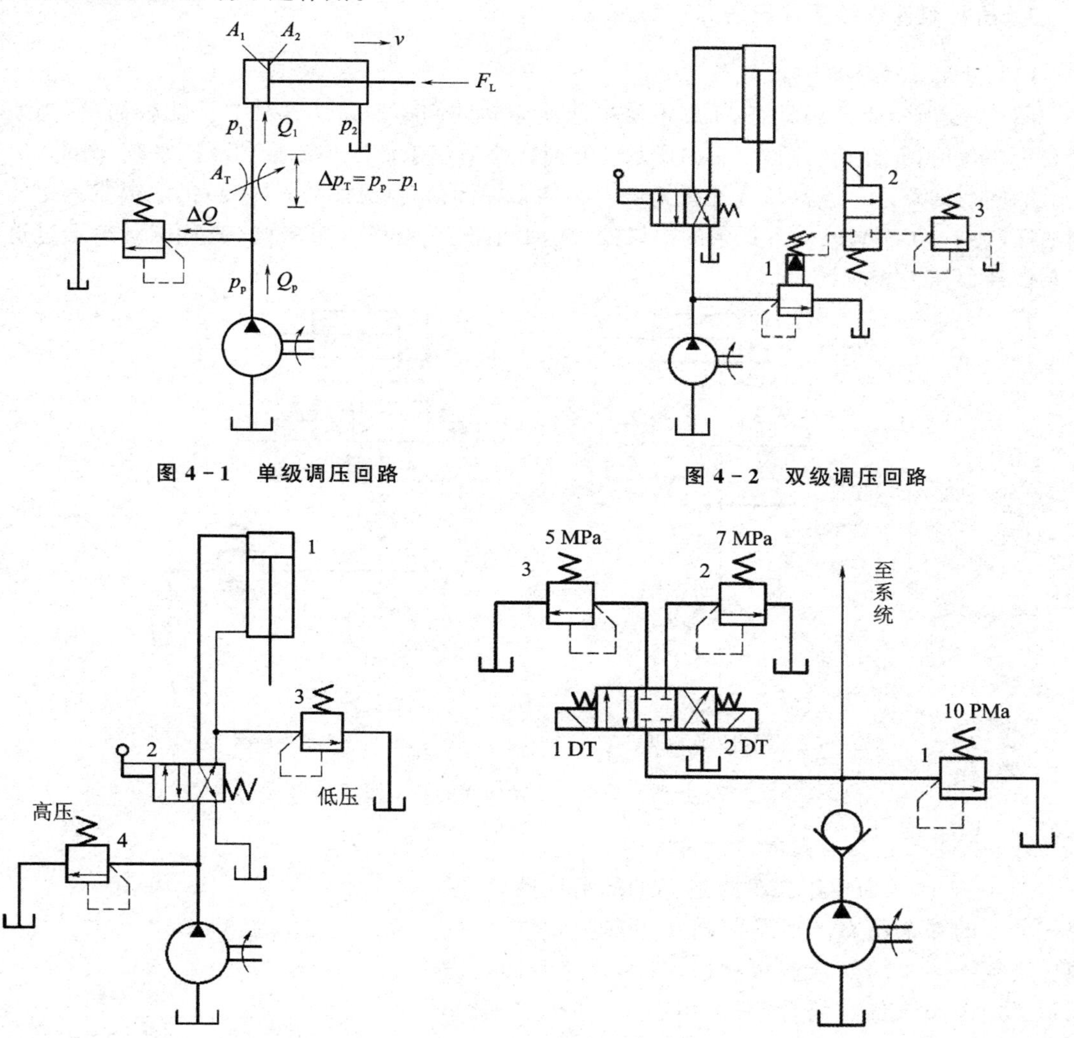

图 4－1　单级调压回路

图 4－2　双级调压回路

图 4－3　应用于压力机的双级调压回路

图 4－4　三级调压回路

另外，在采用比例阀的压力控制回路中，调节比例阀输入电流 I 就可以改变系统压力，实现多级压力控制。

4.1.2　卸荷回路

在液压系统工作过程中，当执行组件暂时停止运动或在某段工作时间内需要保持很大作用力而运动速度极慢（甚至不动）时，若泵（定量泵）的全部流量或绝大部分流量能在零压（或很低的压力）下流回油箱，或泵（变量泵）能在维持原来的高压而流量为零（或接近为零）的情况下运转，则功率损失可为零或很小。将泵在很小功率输出下运转的状态称为液压泵的卸荷。前者（定量泵的情况）称为压力卸荷；后者（变量泵的情况）称为流量卸荷。采用卸荷回路可以实现液压泵卸荷，减小功率损耗，降低系统发热，延长液压泵和电动机的使用寿命。下面介绍几种典型的卸荷回路。

1. 执行组件不需要保压的卸荷回路

(1) 采用三位换向阀的卸荷回路

图 4-5 所示为采用具有 M 形中位机能换向阀的卸荷回路。这种方法比较简单，当换向阀处于中位时，泵卸荷。图 4-5(a)所示的卸荷回路适用于低压小流量的液压系统，图 4-5(b)所示的卸荷回路适用于高压大流量系统。为使泵在卸荷时(见图 4-5(b))仍能提供一定的控制油压(0.2～0.3 MPa)，可在泵的出口处(或回油路上)增设一单向阀(或背压阀)，不过这将使泵的卸荷压力相应增大。

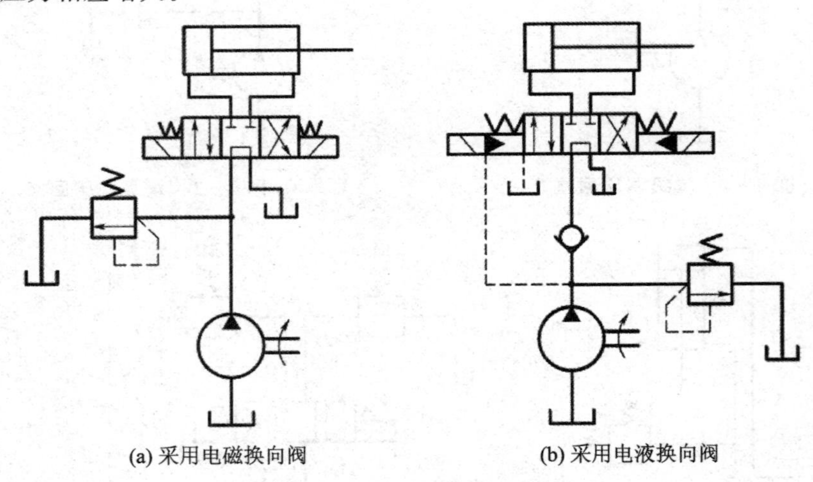

(a) 采用电磁换向阀　　(b) 采用电液换向阀

图 4-5　采用三位换向阀的卸荷回路

(2) 采用二位二通阀的卸荷回路

图 4-6 所示为采用二位二通阀的卸荷回路，图示位置为泵的卸荷状态。回路中阀 3 为安全阀，阀 2 的规格必须与泵 1 的额定流量相适用，因此这种卸荷方式不适用于大流量的场合，通常用于泵的额定流量小于 63 L/min 的系统。

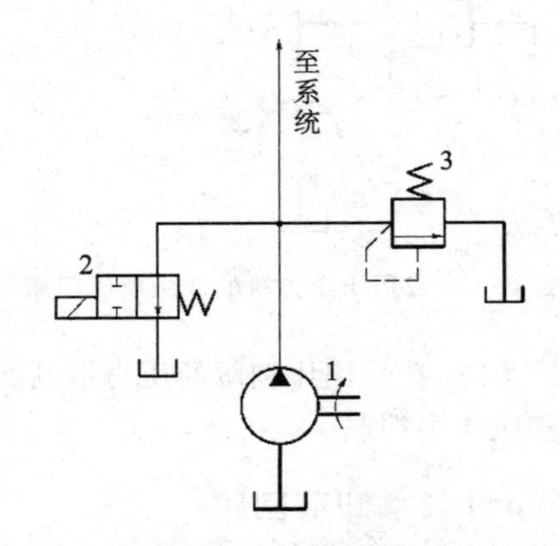

图 4-6　采用二位二通阀的卸荷回路

(3) 采用先导式溢流阀的卸荷回路

这种卸荷回路如图 4-7 所示，该回路由定量泵 1 供油，电磁换向阀 4 提供换向，其卸荷压力的大小取决于溢流阀主阀芯弹簧的强弱，一般为 0.2～0.4 MPa。由于阀 3 只能通过先导式溢流阀 2 控制油路中的油液，故可选用较小规格的阀，并可进行远程控制。这种形式的卸荷回路适用于流量较大的液压系统。

2. 执行组件需要保压的卸荷回路

(1) 用蓄能器保压的卸荷回路

图 4-8 所示为用蓄能器保压的卸荷回路。当手动换向阀 4 在图 4-8 所示工作位置时，

液压泵向蓄能器和液压缸供油，当系统压力达到卸荷阀(液控顺序阀)7 的调定值时，卸荷阀 7 动作，使溢流阀 2 的遥控口接通油箱，则液压泵 1 卸荷。此后由蓄能器 5 来保持液压缸 6 的压力，保压时间取决于系统的泄漏、蓄能器的容量等，为了减小泄漏，采用单向阀 3 来保压。当压力降低到一定数值时，卸荷阀 7 关闭，泵 1 继续向蓄能器和系统供油。这种回路适用于液压缸的活塞较长时间作用在对象上的系统。

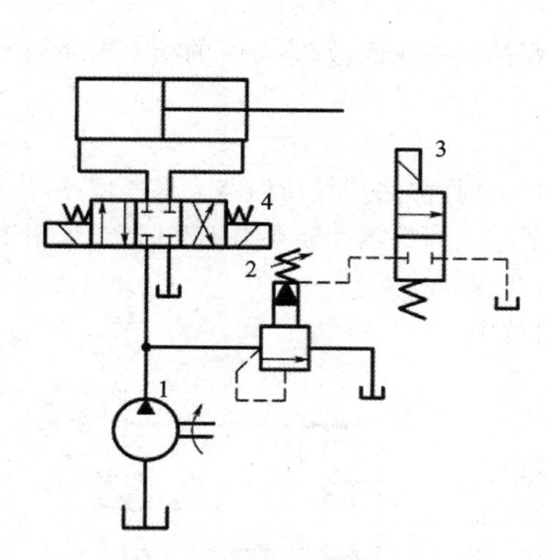

图 4－7　采用先导式溢流阀的卸荷回路

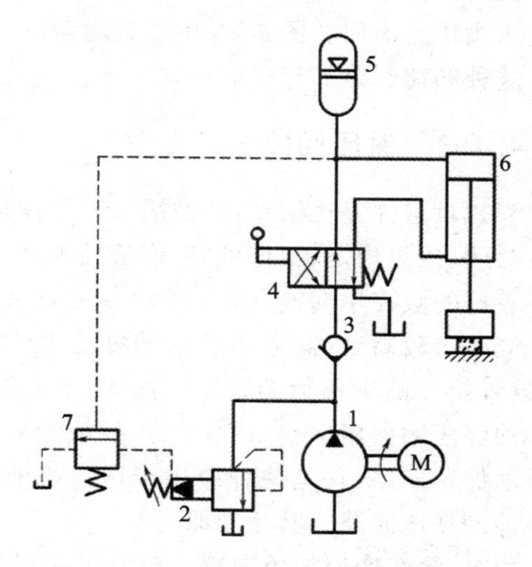

图 4－8　用蓄能器保压的卸荷回路

(2) 用限压式变量泵保压的卸荷回路

图 4－9 所示为用于压力机(如塑料或橡胶制品压力机)上的，利用限压式变量泵 1 保压的卸荷回路。这种回路是利用泵输出的油压来控制其输出流量的原理进行卸荷的。图 4－9(a)所示是液压缸 4 上的压头(活塞杆)快速接近工件，以缩短辅助时间的过程，此时泵 1 的压力很

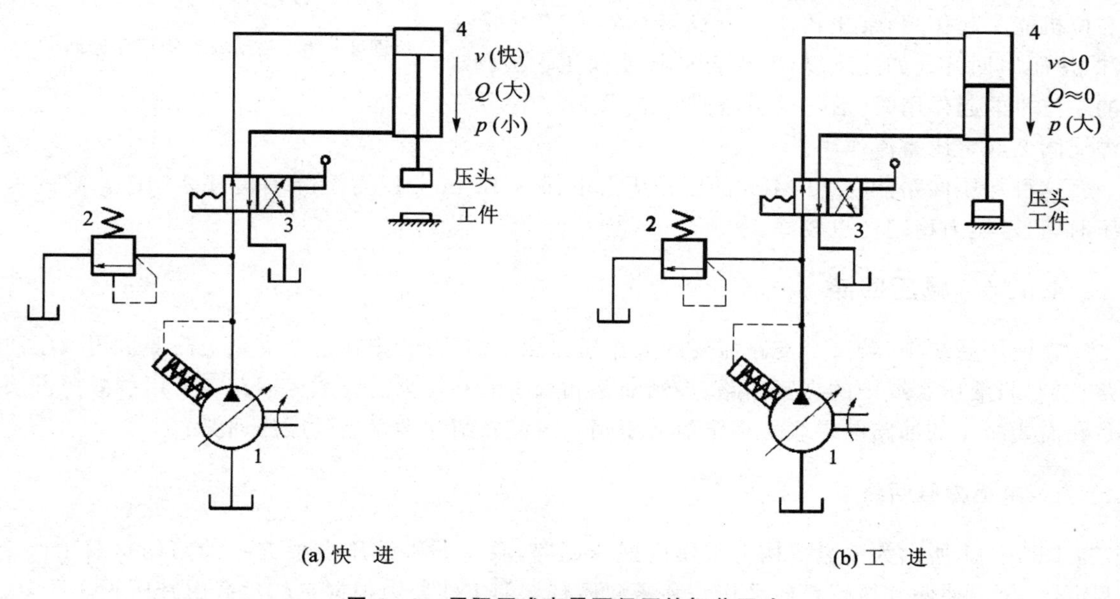

图 4－9　用限压式变量泵保压的卸荷回路

低(低于预调压力),而输出流量最大。当压头接触到工件后(见图 4-9(b)),工件变形的阻力使液压泵的工作压力迅速上升,当压力超过预调压力时,泵的流量自动减小,直到压力升到使泵的流量接近于零(这一极小的流量只用来补偿泵自身和回路的泄漏)为止。这时液压缸上腔的油压由限压式变量泵维持基本不变,即处于保压状态。泵本身则处于卸荷(流量卸荷)状态,压力机的压头以高压、静止(或移动速度极慢)的状态进行挤压工作。挤压完成后,操纵换向阀3,使压头快速退回。图 4-9 中 2 为溢流阀。

这种卸荷回路的卸荷效果取决于泵的效率,若泵的效率较低,则卸荷时的功率损耗较大。

4.1.3 保压回路

当执行组件停止运动,而油液又需要保持一定压力时,多采用保压回路。保压回路需满足保压时间、压力稳定、工作可靠、经济性等多方面的要求。当保压性能要求不高时,可采用密封性能较好的液控单向阀保压,这种方法简单、经济;当保压性能要求较高时,需采用补油的办法来弥补回路的泄漏,以维持回路中压力的稳定。图 4-8 和图 4-9 所示为补油保压的保压回路,图 4-10 所示为另外一种形式的补油保压回路,它是一种应用于压力机液压系统的自动补油的保压回路。其工作原理是:当阀 3 的右位机能起作用时,泵 1 经液控单向阀 4 向液压缸 6 上腔供油,活塞自初始位置快速前进,接近对象。当活塞触及物体后,液压缸上腔压力上升,并在达到预定压力值时,电接触式压力表 5 发出信号,将阀 3 移至中位,使泵 1 卸荷,液压缸上腔由液控单向阀保压。当液压缸上腔的压力下降到某一规定值时,电接触式压力表 5 又发出信号,使阀 3 的右位机能又起作用,泵 1 再次重新向液压缸 6 的上腔供油,使压力回升。如此反复,实现自动补油保压。当阀 3 的左位机能起作用时,活塞快速退回原位,图 4-10 中的溢流阀 2 起定压溢流作用。

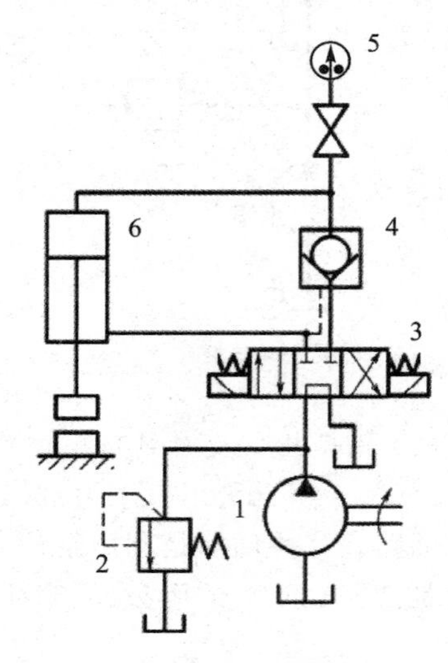

图 4-10 自动补油的保压回路

这种保压回路能在 20 MPa 的工作压力下保压 10 min,压力下降不超过 2 MPa。它的保压时间长,压力稳定性也较好。

4.1.4 减压回路

在液压系统中,若某个支路需要的工作压力比主油路低,则在这个支路上需要采用减压回路。例如,液压系统中的夹紧油路、控制油路和润滑油路等都需要减压回路。常用的减压方法是在需要减压的油路前串联一个定值减压阀。下面介绍几种常见的减压回路。

1. 单级减压回路

图 4-11 所示为夹紧机构上常用的减压回路,泵 1 的供油压力根据主油路的负载由阀 2 调定,二位五通阀 5 执行换向动作。夹紧液压缸 6 的工作压力根据它的负载由减压阀 3 调定。单向阀 4 的作用是在主油路压力降低(低于减压阀的调整压力)时,防止油液倒流,起短时保压

作用。为了保证二次压力的稳定，减压阀的调整压力最低不应小于 0.5 MPa。若减压回路中执行组件的速度需要调节，则可在减压阀的出口串联一流量控制组件。这种连接法可避免先导式减压阀的泄漏量对流量控制组件调定流量的影响。

2. 二级减压回路

图 4-12 所示为二级减压回路，图中由泵 1 和溢流阀 2 提供系统压力，3 是带遥控口的先导式减压阀。将减压阀的遥控口通过二位二通阀 4 与调压阀 5 相连，就可以在减压回路上获得两种预定的二次压力。在图 4-12 所示的位置上，二次压力由先导式减压阀 3 调定（为 3.0 MPa）；当二位二通阀 4 切换时，二次压力由调压阀 5 调定（为 1.5 MPa）。为了能在减压回路上调出二次压力来，调压阀 5 的调压值必须小于先导式减压阀 3 的调压值。

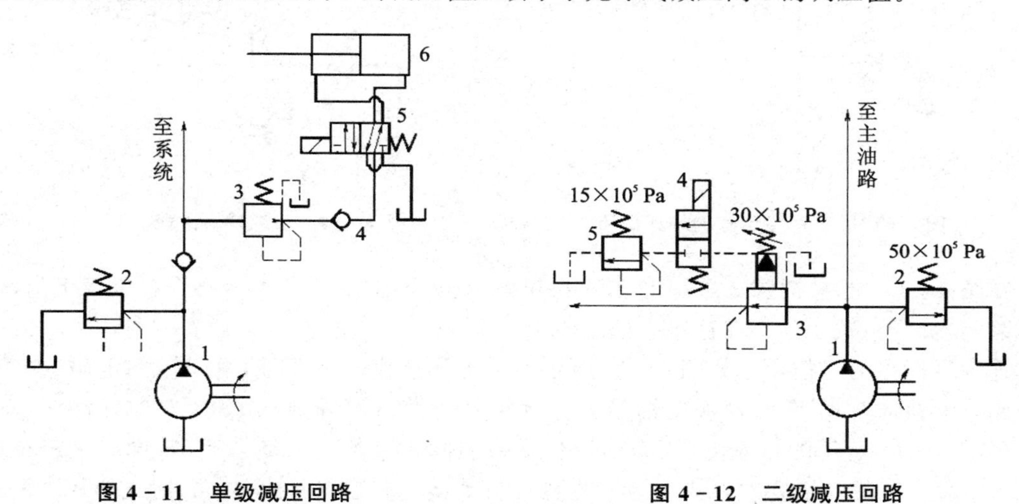

图 4-11　单级减压回路　　**图 4-12　二级减压回路**

减压回路中也可以采用比例减压阀来实现无级调压。

4.1.5　增压回路

在液压系统中，若某一支路的工作压力需要高于主油路，则可采用增压回路。增压回路压力的增高是由增压器实现的。

1. 采用增压缸的增压回路

图 4-13 所示为采用增压缸 4（增压器）的增压回路，图中，泵 1 和溢流阀 2 组成压力源，换向由手动换向阀 3 控制，5 为补油箱，单向阀 6 防止油液倒流，当增压缸柱塞向左运动时，向柱塞缸 7、8 补油。这种增压回路的增压比等于增压缸中左边的活塞面积与右边的柱塞面积之比。该回路的缺点是不能得到连续的高压油。

2. 连续增压回路

在增压回路中采用连续增压器，可使工作液压缸在一段时间内获得连续高压。图 4-14 所示为连续增压回路。当换向阀 3 左位机能起作用时，泵 1 输出的压力油（压力由溢流阀 2 控制）经液控单向阀 4 进入工作液压缸 5 的上腔，推动活塞下移，活塞触及工件后，油压上升，打开顺序阀 6，压力油经液压阀 7 进入连续增压器 8（增压比为 n∶1），将油压增大 n 倍后进入液压缸 5 的上腔。当换向阀 3 右位机能起作用时，泵 1 的压力油打开液控单向阀 4，液压缸 5 上腔的油液经液控单向阀 4 流回油箱，活塞上行、复位。

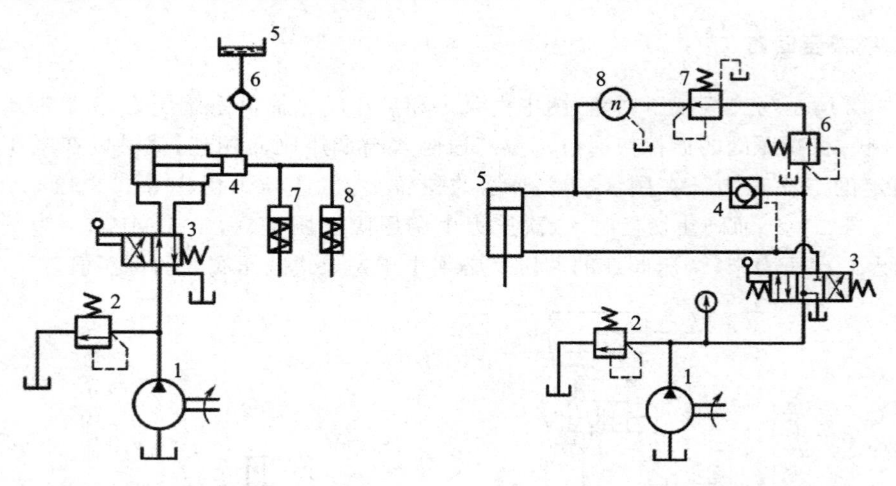

图 4-13 采用增压缸的增压回路　　　　图 4-14 连续增压回路

在图 4-14 中，换向阀 3 采用 K 形中位机能，是为了防止停车时活塞因自重而下降，同时液压泵实现卸荷；减压阀 7 在这里起稳压作用。

连续增压器的工作原理如图 4-15 所示。为了连续供给高压油，这里采用电磁（或液压）换向阀自动换向实现，其自动换向信号由电触头 6、7 发出，单向阀 2、3、4、5 保证油液单向流动。在图 4-15 所示的位置上，压力油经自动换向阀 1 直接进入活塞腔 A，同时又经单向阀 2 进入柱塞腔 a，推动活塞左移。A′腔的油液经自动换向阀 1 流回油箱。这时在增压缸的 a′腔经单向阀 5 输出增压油液，单向阀 4 关闭。当增压缸活塞移到左位时，触动电触头 7，使自动换向阀的 2DT 断电，1DT 通电，压力油经自动换向阀 1 的右位直接输入 A′腔、a′腔，于是 a 腔经单向阀 4 输出增压油液。如此借助自动换向阀 1 的左右换向连续输出增压油液。

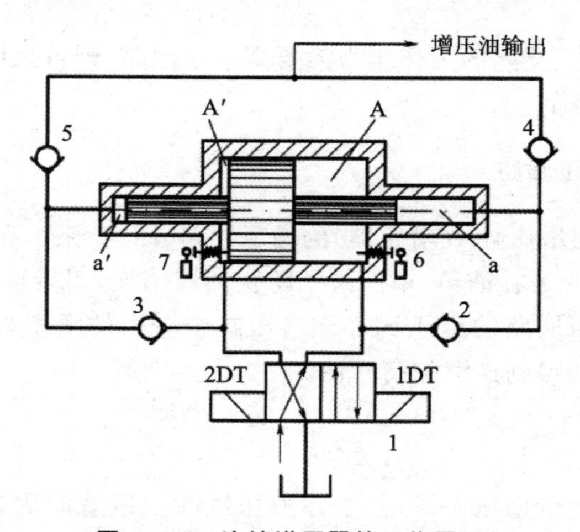

图 4-15 连续增压器的工作原理

4.1.6　平衡回路

为了防止直立式液压缸机与其相连的工作部件因自重而自行下滑，常采用平衡回路，即在立式液压缸下行的回路中设置适当阻力，使液压缸的回油腔中产生一定的背压，以平衡自重。

1. 采用单向顺序阀的平衡回路

图 4－16 所示为采用单向顺序阀的平衡回路。该回路由定量泵 1 和溢流阀 2 提供系统压力，换向阀 3 提供换向。单向顺序阀 4 的调定压力 p 应调到足以平衡移动部件的自重 W。若液压缸 5 回油腔的有效面积为 A，则 p 的理论值（忽略摩擦力）为 $p=W/A$。为了安全起见，单向顺序阀的压力调定值应稍大于此值。

这种平衡回路，由于顺序阀的泄漏，当液压缸停留在某一位置后，活塞还会慢慢下降。因此，若在单向顺序阀和液压缸之间增加一液控单向阀 6（见图 4－17），由于液控单向阀密封性很好，就可以防止活塞因单向顺序阀泄漏而下降。

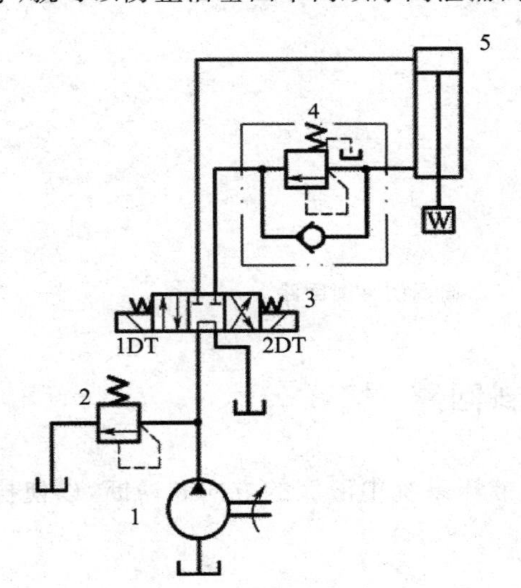

图 4－16　采用单向顺序阀的平衡回路

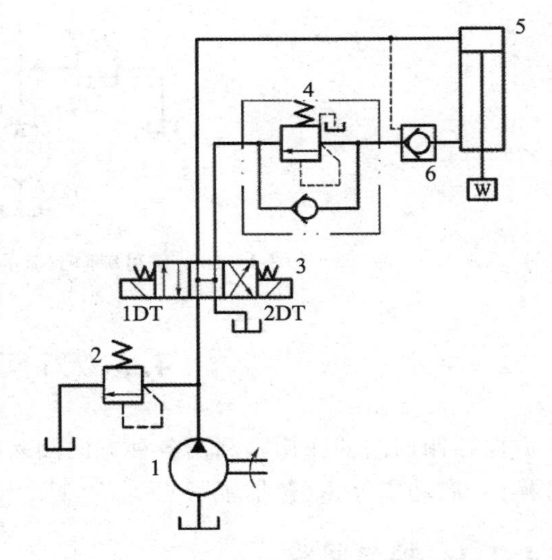

1—定量泵；2—溢流阀；3—换向阀；4—单向顺序阀；
5—液压缸；6—液控单向阀

图 4－17　采用单向顺序阀与液控单向阀的平衡回路

2. 采用单向节流阀和液控单向阀的平衡回路

图 4－18 所示为由单向节流阀 5 和液控单向阀 4 组成的平衡回路，图中阀 2 为溢流阀，当液压缸 6 上腔进油，活塞向下运动时，因液压缸下腔的回油经节流阀产生背压，故活塞下行运动较平稳。当泵 1 突然停转或阀 3 处于中位时，液控单向阀 4 将回路锁紧，并且重物的质量越大液压缸 6 下腔的油压越高，液控单向阀 4 关得越紧，其密封性越好。因此，这种回路能将重物较长时间地停留在空中某一位置而不下滑，平衡效果较好。该回路在回转式起重机的变幅机构中有所应用。

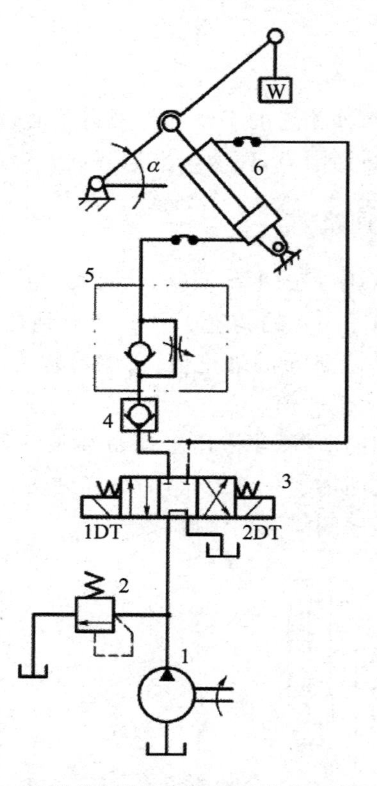

图 4－18　采用单向节流阀和液控单向阀的平衡回路

4.2　方向控制回路

方向控制回路的作用是利用各种方向阀来控制液压系统中液流的方向和通断，以使执行组件换向、启动或停止（包括锁紧）。

4.2.1　换向回路

换向回路是用来变换执行组件运动方向的。采用各种换向阀或改变变量泵的输油方向都可以使执行组件换向。其中，电磁阀动作快，但换向有冲击，且交流电磁阀又不宜做频繁切换；电液换向阀换向时较平稳，但仍不适于频繁切换；采用变量泵来换向，其性能一般较好，但构造较复杂。因此，对换向性能（如换向精度、换向平稳性和换向停留等）有一定要求的某些机械设备（如磨床）常采用机-液换向阀的换向回路。

1. 时间控制式机-液换向回路

图 4－19 所示为时间控制式机-液换向回路。该回路主要由机动先导阀 C 和液动主阀 D 及节流阀 A 等组成。由执行组件带动工作台的行程挡块拨动机动先导阀，机动先导阀使液动主阀 D 的控制油路换向，执行组件（液压缸）反向运动。执行组件的换向过程可分为制动、停止和反向启动 3 个阶段。在图 4－19 所示的位置上，泵 B 输出的压力油经机动先导阀 C、液动主阀 D 进入液压缸左腔，液压缸右腔的回油经液动主阀 D、节流阀 A 流回油箱，液压缸向右运

动。当工作台上的行程挡块拨动拨杆，使机动先导阀 C 移至左位后，泵输出的压力油经机动先导阀 C 的油口 7、单向阀 I_2 作用于液动主阀 D 的右端，液动主阀 D 左移，液压缸右腔的回油通道 3 至 4 逐渐关小，工作台的移动速度减慢，这是执行组件(工作台)的制动过程。当阀芯移过一段距离 l(液动主阀 D 的阀芯移至中位)后，回油通道全部关闭，液压缸两腔互通，执行组件停止运动。当液动主阀 D 的阀芯继续左移时，泵 B 的油液经机动先导阀 C、液动主阀 D 的通道 5 至 3 进入液压缸右腔，同时油路 2 至 4 打开，执行组件开始反向运动。这 3 个阶段过程的快慢取决于液动主阀 D 阀芯的移动速度。该速度由液动主阀 D 两端的控制油路回油路上的节流阀 J_1(或 J_2)调整，即当液动主阀 D 的阀芯从右端向左端移动时，其速度由节流阀 J_1 调整；反之，则由节流阀 J_2 调整。由于阀芯从一端到另一端的距离一定，所以调整液动主阀 D 阀芯移动的速度也就调整了时间，因此称这种换向回路为时间控制式换向回路。时间控制式换向回路最适用于要求换向频率高、换向平稳性好、无冲击，但不要求换向精度很高的场合，如平面磨床、牛头刨床等液压系统中。

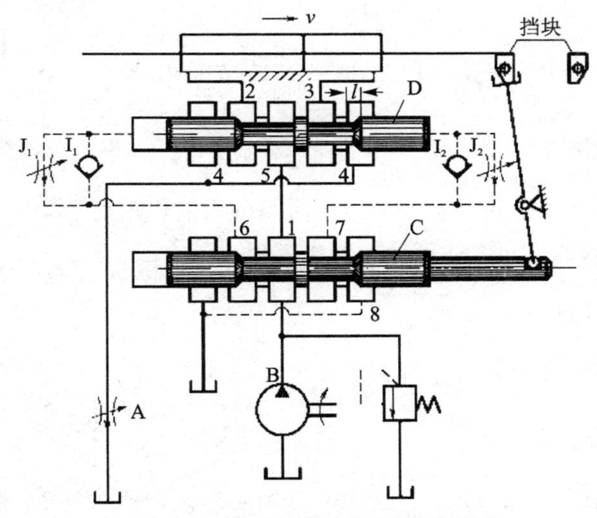

图 4-19　时间控制式机-液换向回路

2. 行程控制式机-液换向回路

上述换向回路的主要缺点是，节流阀 J_1 和 J_2 一旦调定后，制动时间就不能再变化。故若执行组件的速度高，其冲击量就大；执行组件的速度低，冲击量就小，因此换向精度不高。图 4-20 所示的行程控制式机-液换向回路就解决了这一问题(图中符号未说明的均同图 4-19)。

在图 4-20 所示的位置上，液压缸的回油必须经过机动先导阀 C 才能流回油箱。这是与时间控制式机-液换向回路的主要区别之处。当工作台上的行程挡块拨动拨杆，使机动先导阀 C 的阀芯左移时，阀芯中段的右制动锥 1 将机动先导阀体上的油口 5、6 间的回油通道逐渐关小，起制动作用。执行组件的速度高，行程挡块拨动拨杆的速度也快；反之亦然。通道的关闭过程就是执行组件的制动过程。因此，在速度变化时，执行组件的停止位置即换向位置基本保持不变，故称这种回路为行程控制式换向回路。这种回路换向精度高，冲击量小；但由于机动先导阀的制动锥 1 恒定，制动时间和换向冲击的大小就受到执行组件运动速度的影响，所以这种换向回路宜用在执行组件速度不高但换向精度要求较高的场合，例如内、外圆磨床的液压系统中。

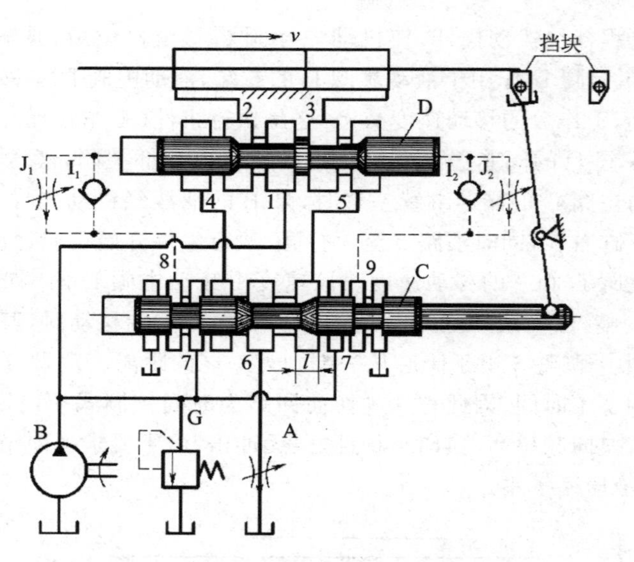

图 4－20　行程控制式机-液换向回路

4.2.2　锁紧回路

锁紧回路的作用是防止液压缸在停止运动时因外力的作用而发生位移或窜动。锁紧回路可用单向阀、液控单向阀或 O 形、M 形换向阀来实现。

1. 液控单向阀锁紧回路

液控单向阀锁紧回路如图 4－21 所示。

2. 换向阀锁紧回路

换向阀锁紧回路如图 4－22 所示。这种回路利用三位四通阀的 M 形(或 O 形)中位机能封闭液压缸两腔,使活塞能在其行程的任意位置上锁紧。由于滑阀式换向阀的泄漏,这种锁紧回路能保持执行组件锁紧的时间不长。

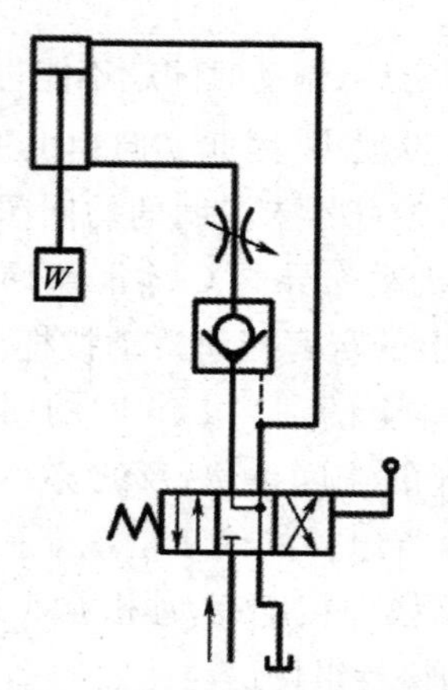

图 4－21　液控单向阀锁紧回路

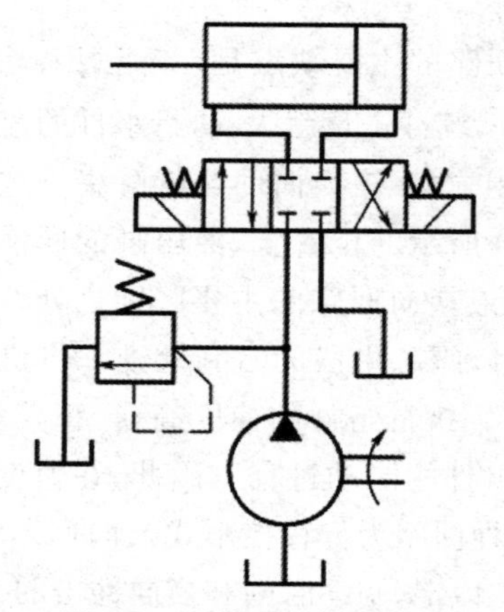

图 4－22　换向阀锁紧回路

4.3　调速回路

调速回路用于工作过程中调节执行组件的运动速度，它对液压传动系统的性能好坏起决定性的作用，故在机床液压系统中占突出地位，往往是机床液压系统的核心部分。

调速系统应能满足如下基本要求：

- 在规定的调节范围内能灵敏、平稳地实现无级调速，具有良好的调节特性。
- 负载变化时，工作部件调定速度的变化要小（在容许范围内），即具有良好的速度刚性（或速度-负载特性）。
- 效率高，发热少，具有良好的功率特性。

一般液压传动机械都需要调节执行组件的运动速度。目前在机床液压系统的调速回路中，主要有以下 3 种基本调速形式：

- 节流调速：采用定量供油，由流量控制阀调节进入执行组件的流量来调速。
- 容积调速：通过改变变量泵或变量马达的排量来实现调速。
- 容积节流调速：采用压力反馈式变量泵供油，配合流量控制阀进行节流来实现调速，又称联合调速。

就油路的循环形式而言，调速回路又有开式和闭式之分。开式回路是液压泵从油箱吸油，执行组件的回油直接通油箱。这种回路形式结构简单，油液在油箱中能得到较好冷却和沉淀杂质，但油箱尺寸大，油液与空气接触易使空气混入系统，致使运动不平稳，多用于系统功率不大的场合。闭式回路是指液压泵的排油腔与执行组件的进油管相连，执行组件的回油管直接与液压泵的吸油腔相通，两者形成封闭的环状回路。这种回路形式的油箱尺寸小，结构紧凑，并减少了空气混入系统的机会。为了补偿泄漏和液压泵吸油腔与执行组件排油腔的流量差以及使系统得到冷油补充，常采用一较小的辅助泵（压力为 $3\times10^5\sim10\times10^5$ Pa，流量为主泵的 10%～15%）供油，使吸油路径常保持一定压力，减少空气侵入的可能性。这种回路冷却条件差，温升大，结构复杂，对过滤要求较高。

4.3.1　节流调速回路

节流调速回路由定量泵、溢流阀、流量控制阀和定量式执行组件等组成。节流调速回路根据所用流量控制阀的不同，有普通节流阀的节流调速回路和调速阀节流调速回路；根据流量控制阀在回路中的位置不同，又可分为进口节流、出口节流和旁路节流 3 种。

1. 采用普通节流阀的节流调速回路

(1) 进口节流调速回路

1) 调速原理

图 4－23 所示为进口节流调速回路，普通节流阀装在执行组件的进油路上。定量泵输出的流量 Q_p 在溢流阀调定的供油压力 p_p 下，其中，一部分流量 Q_1 经节流阀后，压力降为 p_1，进入液压缸的左腔并作用于有效工作面积 A_1 上，克服负载 F_L，推动液压缸的活塞以速度 v 向右运动；另一部分流量 ΔQ 经溢流阀流回油箱。当不考虑摩擦力和回油压力（即 $p_2=0$）时，活塞的运动速度和受力方程分别为

$$v=\frac{Q_1}{A_1} \tag{4-1}$$

$$p_1A_1=F_L \tag{4-2}$$

若不考虑泄漏，由流量连续性原理可知，流量 Q_1 即为节流阀的过油量。设节流阀前后压力差为 Δp_T，联立式(4-1)、式(4-2)和节流阀流量公式 $Q_T=C_TA_T(\Delta p_T)^m$ 得

$$v=\frac{C_TA_T}{A_1}\left(p_p-\frac{F_L}{A_1}\right)^m \tag{4-3}$$

可见，当其他条件不变时，活塞的运动速度 v 与节流阀的过流断面积 A_T 成正比，故调节 A_T 就可调节液压缸的速度。

2）性能特点

● 速度-负载特性

所谓速度-负载特性，就是指执行组件的速度随负载变化而变化的性能。这一性能是由速度-负载特性曲线来描述的。

在液压传动中，通过控制阀口的流量是按薄壁小孔流量公式计算的，因此令式(4-3)中的指数 $m=1/2$，则有

$$v=\frac{C_TA_T}{A_1^{\frac{3}{2}}}(A_1p_p-F_L)^{\frac{1}{2}} \tag{4-4}$$

将式(4-4)按照不同的 A_T 作图，则得出一组速度-负载特性曲线，如图4-24所示。由图4-24及式(4-4)可知，当 p_p 和 A_T 调定后，活塞的速度随负载加大而减小，当 $F_L=F_{Lmax}=p_pA_1$ 时，速度降为零，活塞停止不动；反之，负载减小，活塞速度加大。通常，负载变化对速度的影响程度用速度刚度 k_v 来衡量，速度刚度的定义为

$$k_v=-\frac{\partial F_L}{\partial v} \tag{4-5}$$

即速度刚度是速度-负载特性曲线上某点切线斜率的倒数，斜率越小，速度刚度越大，已调定的速度受负载波动的影响就越小，速度稳定性就越好；反之亦然。

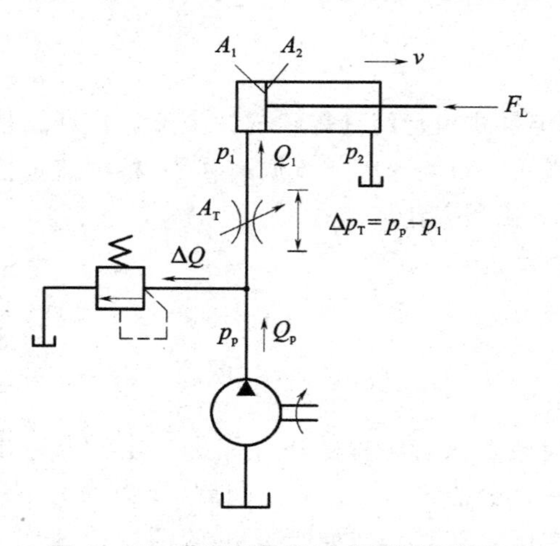

图4-23 节流阀的进口节流调速回路

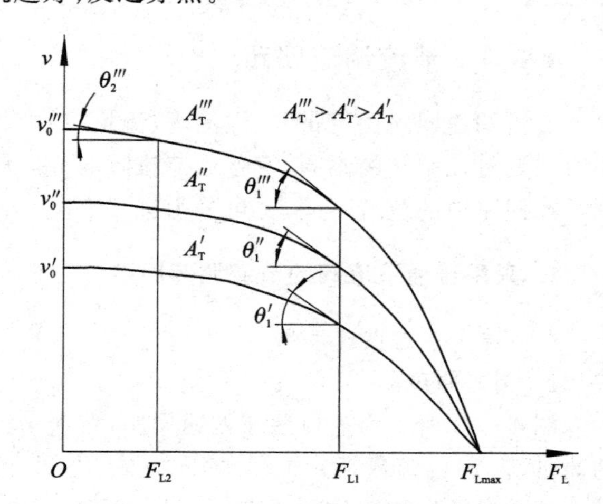

图4-24 节流阀进口节流调速回路的速度-负载特性曲线

随着负载的增加，速度将下降。为保持 k_v 为正值，在式(4－5)前加一负号。若以 θ 表示速度-负载特性曲线上某点的切线角，则式(4－5)亦可写成

$$k_v = -\frac{1}{\tan\theta} \tag{4-6}$$

由式(4－4)和式(4－5)可求得速度刚度为

$$k_v = \frac{2A_1^{\frac{3}{2}}}{C_T A_T}(p_p A_1 - F_L)^{\frac{1}{2}} = \frac{2(p_p A_1 - F_L)}{v} \tag{4-7}$$

由式(4－7)和图 4－24 可以看出：

① 当 A_T 一定时，负载 F_L 越小，速度刚度越大；

② 当负载 F_L 一定时，A_T 越小，速度刚度越大；

③ 适当增大液压缸的有效面积 A_1 和提高液压泵的供油压力 p_p 可提高速度刚度。

由上述分析可知，这种调速回路在低速、小负载时速度刚度较高，但在低速、小负载的情况下功率损失较大，效率较低。

● 最大承载能力

由式(4－4)和图 4－24 可以看出，在 p_p 调定的情况下，不论 A_T 如何变化，液压缸的最大承载能力是不变的，即 $F_{Lmax} = p_p A_1$。故称这种调速方式为恒推力调速。

● 功率特性

液压泵的输出功率为

$$P_p = p_p \times Q_p = \text{const}$$

液压缸输出的有效功率为

$$P_1 = F_L \times v = F_L \times Q_1 / A_1 = p_1 \times Q_1$$

回路的功率损失(不考虑液压缸、管路和液压泵上的功率损失)为

$$\begin{aligned}\Delta P &= P_p - p_1 = p_p Q_p - p_1 Q_1 \\ &= p_p(Q_1 + \Delta Q) - Q_1(p_p - \Delta p_T) \\ &= p_p \times \Delta Q + \Delta p_T \times Q_1\end{aligned} \tag{4-8}$$

可以看出，这种调速回路的功率损失由溢流损失 $p_p \times \Delta Q$ 和节流损失 $\Delta p_T \times Q_1$ 两部分组成。

回路的效率 η_c 为

$$\eta_c = \frac{P_1}{P_p} = \frac{p_1 \times Q_1}{p_p \times Q_p} \tag{4-9}$$

由于两种功率损失使得回路效率很低，特别是低速、小负载尤其如此，因此工作时应尽量使液压泵的流量 Q_p 接近液压缸的流量 Q_1。故当液压缸要实现快速和慢速两种速度且两种速度相差较大时，采用一个定量泵供油是不合适的。

● 其他特性

当承受负值负载(负载的作用方向和运动方向相同)时，由于回油没有背压力，活塞运动速度将失去控制。因此，进口节流调速回路不能承受负值负载。另外，当负载突然变小时，活塞因无背压将产生突然快进，即前冲现象，所以这种调速回路的运动平稳性差。

这种调速回路由于经节流阀后发热的油液直接进入液压缸，对液压缸泄漏的影响较大，从而直接影响液压缸的容积效率和速度的稳定性。

(2) 出口节流调速回路

出口节流调速回路是将节流阀串联在液压缸的回路上，借助节流阀控制液压缸的排油量 Q_2 实现速度调节，如图 4-25 所示。由于进入液压缸的流量 Q_1 受到回油路上排油量 Q_2 的限制，因此用节流阀来调节液压缸排量 Q_2 也就调节了进油量 Q_1。定量泵多余的油液经溢流阀流回油箱。

将出口节流调速回路作类似于进口节流调速回路的分析，可知二者在速度-负载特性、最大承载能力及功率特性等方面是相同的，适用的场合也相同。但选用时应注意这两种回路的以下差别：

① 出口节流调速由于回油路上有背压，因此能承受负值负载，工作过程中运动也较平稳，而进口节流调速则要在回油路上加背压阀后才能承受负值负载。

② 出口节流调速回路中经节流阀发热的油液直接流回油箱，因此不会对液压缸的泄漏、容积效率及稳定性产生影响。

③ 在出口节流调速回路中，若停车时间较长，液压缸回油腔中要漏掉部分油液，形成空隙。重新启动时，液压泵全部流量进入液压缸，使活塞以较快的速度前冲一段距离，直到消除回油腔中的空隙并形成背压为止。这种现象叫作“前冲”，它可能会造成机件损坏。但对于进口节流调速回路，只要在启动时关小节流阀，就能避免前冲。

(3) 旁路节流调速回路

1) 调速原理

图 4-26 所示为节流阀的旁路节流调速回路，这种回路与进、出口节流调速回路的主要区别是：将节流阀安装在与液压缸并联的进油支路上，回路中的溢流阀作安全阀用。定量泵输出的流量 Q_p 分为两部分，其中一部分 ΔQ_T 通过节流阀流回油箱，另一部分 $Q_1=Q_p-\Delta Q_T$ 进入液压缸，推动活塞运动。如果流量 ΔQ_T 增多，则流量 Q_1 就减小，活塞的速度就慢；反之，活塞的速度就快。因此，调节节流阀的过流量 ΔQ_T，就间接地调节了进入液压缸的流量 Q_1，也就调节了活塞的运动速度 v。这里，液压泵的供油压力 p_p（在不考虑管路损失时）等于液压缸进油腔的工作压力 p_1，其大小取决于负载 F_L；安全阀的调定压力应大于最大的工作压力，它仅在回路过载时才打开。

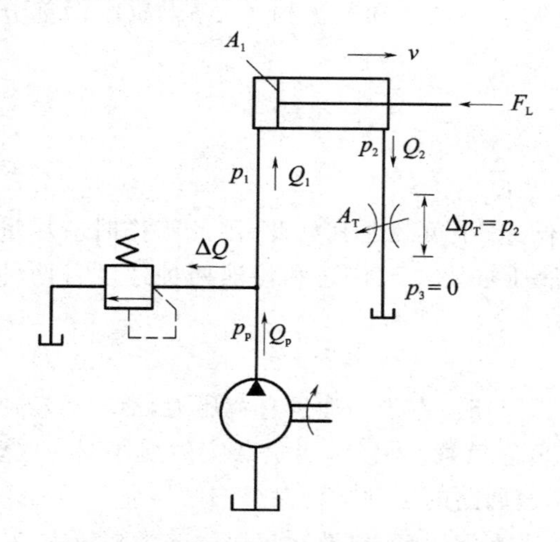

图 4-25 节流阀的出口节流调速回路

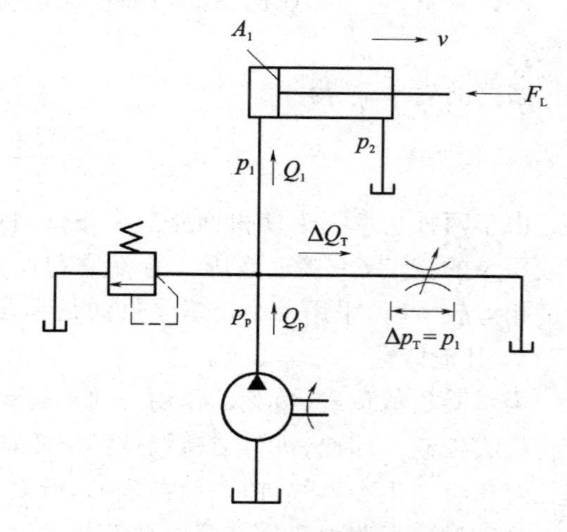

图 4-26 节流阀的旁路节流调速回路

2）性能特点

● 速度-负载特性

用上述同样的方法对这种回路的速度-负载特性进行分析，求得活塞的运动速度为

$$v=\frac{Q_1}{A_1}=\frac{Q_p-\Delta Q_T}{A_1}=\frac{Q_p-C_TA_T(\Delta p_T)^{\frac{1}{2}}}{A_1}=\frac{Q_p-C_TA_T\left(\frac{F_L}{A_1}\right)^{\frac{1}{2}}}{A_1} \tag{4-10}$$

因而速度刚度为

$$k_v=-\frac{\partial F_L}{\partial v}=\frac{2A_1^2}{C_TA_T}p_1^{\frac{1}{2}}=\frac{2A_1F_L}{Q_p-A_1v} \tag{4-11}$$

旁路节流调速回路的速度-负载特性曲线如图 4-27 所示。由图 4-27 和式(4-11)可以看出：

① 当节流阀的过流面积一定而负载增加时，速度显著下降；

② 当节流阀的过流面积一定时，负载越大速度刚度越大；

③ 当负载一定时，节流阀的过流断面积越小，速度刚度越大；

④ 增大活塞面积可以提高速度刚度。

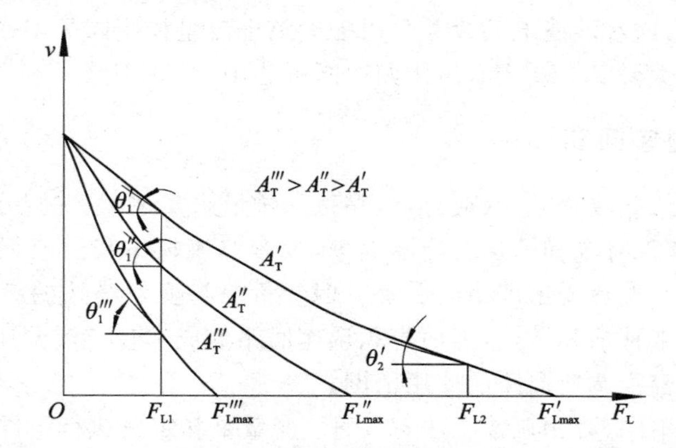

图 4-27　节流阀旁路节流调速回路的速度-负载特性曲线

可见，旁路节流调速回路在高速、大负载时速度刚度相对较高，这与前两种调速回路的情况正好相反。另外，在这种调速回路中，速度稳定性除受液压缸和阀的泄漏影响外，还受液压泵泄漏的影响。当负载增大、工作压力增加时，泵的泄漏量增多，使进入液压缸的流量 Q_1 相对减少，活塞速度降低。由于泵的泄漏比液压缸和阀的要大得多，所以它对活塞运动速度的影响就不能忽略。因此，旁路节流调速回路的速度稳定性比前两种要差。

● 最大承载能力

由图 4-27 可以看出，旁路节流调速回路能承受的最大载荷 F_{Lmax} 随着活塞运动速度的降低而减小，最大负载值可在式(4-10)中令 $v=0$ 得到。这时液压泵的全部流量 Q_p 都经节流阀流回油箱。此时若继续增大节流阀的过流断面积已不起调节作用，只能使系统压力降低，其最大承载能力也随之下降。因此，这种调速回路的最大承载能力在低速时低，其调速范围也较小。

● 功率特性

这种调速回路只有节流损失 $\Delta P(=p_1\Delta Q_T)$ 而无溢流损失；液压泵的输出功率 P_p 随着工

作压力 p_1 的增减而增减。因而回路效率 $\eta_c(=P_1/P_p=p_1Q_1/p_pQ_p\approx Q_1/Q_p)$ 较前两种调速回路都高,并且当泵的流量 Q_p 确定后,速度越大(Q_1 越大),效率越高。

综上所述,旁路节流调速回路宜用在负载变化不大、对速度稳定性要求不高、高速、大负载的场合。

上述 3 种节流阀调速回路的共同优点是结构简单,能在较大范围内实现无级调速。速度随负载的变化而变化,机械特性也是普通节流阀调速的共同缺点,故多在负载变化不大的机床(如磨床工作台的传动系统)中应用。功率损耗大,尤其是在低速、轻载时效率低,这是这种调速方式的另一个共同缺点,故只限于用在功率不大的系统中。

2. 采用调速阀的节流调速回路

在节流阀调速回路中,负载的变化引起速度变化的原因在于负载变化引起节流阀两端的压力差变化,因而使通过节流阀的流量发生变化,造成执行组件的运动速度随之变化。要解决这一问题,必须使节流阀两端的压力差与负载的变化无关或关系很小。如果用调速阀代替回路中的节流阀,则由于调速阀两端的压差不受负载变化的影响,其过流量只取决于节流口过流断面积的大小,因而可以大大提高回路的速度刚度、改善速度的稳定性。这就是采用调速阀的节流调速回路。不过,这些性能上的改善是以加大整个流量控制阀的工作压差为代价的,调速阀的工作压差一般最少要 5×10^5 Pa,高压调速阀可达 10×10^5 Pa。

4.3.2 容积调速回路

容积调速回路是依靠改变泵和(或)液压马达的排量来实现调速的。这种调速回路没有节流组件和溢流量,因此仅有泵和马达的泄漏损失,没有节流损失和溢流损失,效率高,发热小,一般用于功率较大或对发热要求严格的系统。但变量泵与变量马达的结构比较复杂,并且回路中常常需要辅助泵来补油和散热,因而容积调速回路的成本较节流调速回路的成本稍高,这在一定程度上限制了容积调速回路的使用范围。

根据调节对象的不同,容积调速方法有 3 种:变量泵和定量执行组件(液压缸或定量液压马达)组成的容积调速回路;定量泵和变量液压马达组成的容积调速回路;变量泵和变量液压马达组成的容积调速回路。

1. 变量泵和定量执行组件组成的容积调速回路

(1) 变量泵和液压缸组成的容积调速回路

如图 4-28 所示,依靠改变变量泵 1 的输出流量来调节液压缸 2 的运动速度。3 是安全阀,只在系统过载时才打开。对于图 4-28(b)所示的闭式回路,还可以采用双向变量泵来使液压缸换向,但由于液压缸二腔有效工作面积不可能完全相等以及液压缸外泄漏等,回路中还需及时对系统补油。图 4-28(b)中的 5 是补油箱,单向阀 4 的作用是防止停车时液压缸回油腔中的油液流回油箱。

在这种调速回路中,变量泵的流量是根据执行组件的运动速度要求来调节的,需要多少流量就供给多少流量,没有多余流量从溢流阀溢走。但不考虑管路损失时,液压泵的供油压力等于执行组件的工作压力并由负载决定,随负载的增减而增减,系统的最大工作压力由安全阀调定。

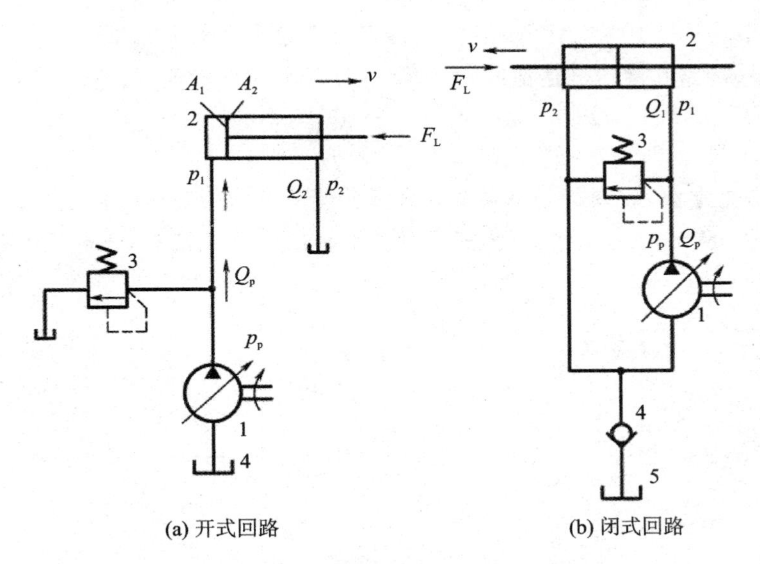

(a) 开式回路　　(b) 闭式回路

图 4-28　变量泵-液压缸容积调速回路

这种调速回路速度的稳定性主要受变量泵泄漏的影响，其泄漏量与工作压力成正比。若理论流量为 Q_{tp}，泄漏系数为 k_1，这种回路的活塞运动速度为(开式回路)

$$v=\frac{Q_1}{A_1}=\frac{Q_1}{A_1}=\frac{1}{A_1}\left[Q_{tp}-k_1\left(\frac{F_L}{A_1}\right)\right] \tag{4-12}$$

将式(4-12)按不同的 Q_{tp} 值作图，可得一组平行直线，如图 4-29 所示，即速度-负载特性曲线。由图 4-29 可见，由于泵有泄漏，活塞运动速度将随负载的增加而减小。当速度调得较低时，负载增至某值后活塞将停止运动(见图 4-29 中的 F_{max} 点)。这时泵的理论流量全部用来弥补泄漏。这种调速回路的速度刚度为

$$k_v=A_1^2/k_1 \tag{4-13}$$

其中，k_v 值不受负载影响；加大液压缸的有效工作面积，减小泵的泄漏，都可以提高回路的速度刚度。

这种调速回路的最大速度取决于泵的最大流量，而最低速度则可以调得很低(若没有泄漏，则最低速度可近似调到零)，因此调速范围较大，一般可达 40。

● 恒推力特性

在上述回路中，液压缸的最大工作压力由安全阀 3(见图 4-28)限定(为 p_s)，若液压缸的机械效率为 η_m，则液压缸能产生的最大推力为 $F_{max}=p_s A_1 \eta_m$。当安全阀调定压力不变，同时也不考虑机械效率的变化时，在调速范围内液压缸的最大推力也不变，称这种调速为恒推力调速，称这种特性为恒推力特性。其最大输出功率 P_{max} 随着速度(流量)的上升而线性增加。图 4-30 所示为这种回路的输出特性。

(2) 变量泵和定量液压马达组成的容积调速回路

变量泵和定量液压马达组成的调速回路与上述回路相似，如图 4-31 所示。图 4-31 中，安全阀 4 装在高、低压油路之间，用以限定回路最高工作压力，防止系统过载 5 为液压马达。辅助泵 1 装在低压油路上，工作时经单向阀 2 向低压油路补油，并防止空气渗入和空穴现象的出现，促进热交换。溢流阀 6 溢出多余油液，把回路中的热量带走。辅助泵 1 的补油压力由溢

流阀 6 调定，一般为$(3\sim10)\times10^5\,\mathrm{Pa}$，其流量通常为变量泵 3 最大流量的 10%～15%。

在不考虑泵、管路和液压马达泄漏的情况下，液压马达的转速 n_M 为

$$n_M=\frac{Q_{tM}}{q_M}=\frac{Q_M}{q_M}=\frac{Q_p}{q_M}=\frac{Q_{tp}}{q_M}=\frac{n_p}{q_M}q_p=f(q_p) \tag{4-14}$$

因 q_M、n_p 都为常数，故调节变量泵 3 的排量就调节了液压马达的转速 n_M。n_M 与 q_p 的关系曲线如图 4-32 所示，其中，T_{Mmax} 为液压马达能输出的最大转矩，P_{Mmax} 为液压马达的最高输入功率。

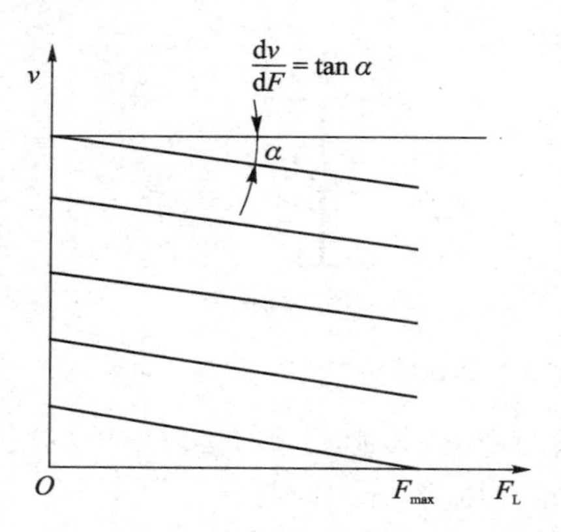

图 4-29　变量泵-液压缸容积调速回路的速度-负载特性曲线

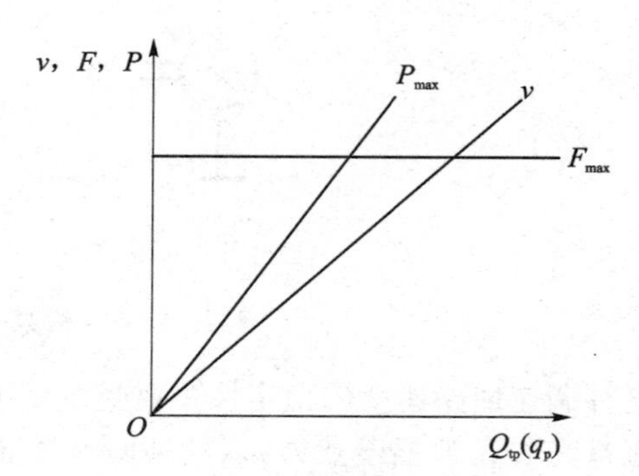

图 4-30　变量泵-液压缸容积调速回路的输出特性

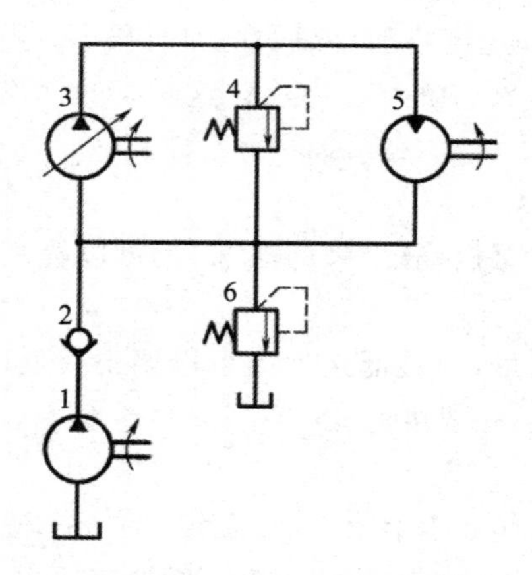

图 4-31　变量泵-定量液压马达容积调速回路

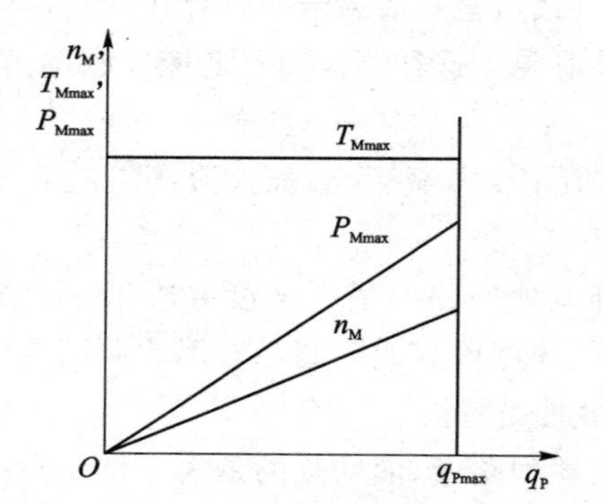

图 4-32　变量泵-定量液压马达容积调速回路的输出特性

实际上，因泵与马达均有泄漏，其泄漏量与系统工作压力成正比，因此负载变化将直接影响液压马达速度的稳定性，即随负载转矩的增加，液压马达的转速略有下降。但减少泵和液压马达的泄漏量，增加液压马达的排量，都可以提高回路的速度刚度。这种调速回路的调速范围较大，如果采用高质量的柱塞变量泵，其调速范围可达 40，并可实现连续无级调速。

● 恒转矩特性

在图 4-31 中，液压马达 5 的最高输入压力 p_{Mmax} 由安全阀 4 调定，当不计液压马达的出

口油压时，液压马达能输出的最大转矩 T_{Mmax} 为

$$T_{\mathrm{Mmax}}=\frac{p_{\mathrm{Mmax}}q_{\mathrm{M}}}{2\pi}\eta_{\mathrm{mM}}=\mathrm{const} \tag{4-15}$$

其中，若不考虑机械效率 η_{mM} 的变化，则在调速范围内的各种速度下液压马达的最大输出转矩是不变的。因此称这一特性为恒转矩特性，这种调速为恒转矩调速。

这种调速回路因无溢流损失和节流损失，所以回路效率较高，在行走机械、起重机及锻压设备等功率较大的液压系统中得到了广泛的应用。

2. 定量泵和变量液压马达组成的容积调速回路

这种调速回路的油路结构如图 4－33 所示，其中 1 是定量泵，2 是变量液压马达，3 是安全阀，4 是用来补油和改善吸油条件的辅助泵，5 是辅助泵定压的溢流阀。在不考虑泄漏的前提下，液压马达的转速为

$$n_{\mathrm{M}}=\frac{Q_{\mathrm{tM}}}{q_{\mathrm{M}}}=\frac{Q_{\mathrm{tp}}}{q_{\mathrm{M}}}=\frac{n_{\mathrm{p}}q_{\mathrm{p}}}{q_{\mathrm{M}}}=f(1/q_{\mathrm{M}}) \tag{4-16}$$

由于 $q_{\mathrm{p}}=\mathrm{const}$，故液压马达的转速与排量 q_{M} 成反比，改变液压马达的排量就调节了液压马达的转速。$n_{\mathrm{M}}=f(1/q_{\mathrm{M}})$ 的关系曲线如图 4－34 所示。

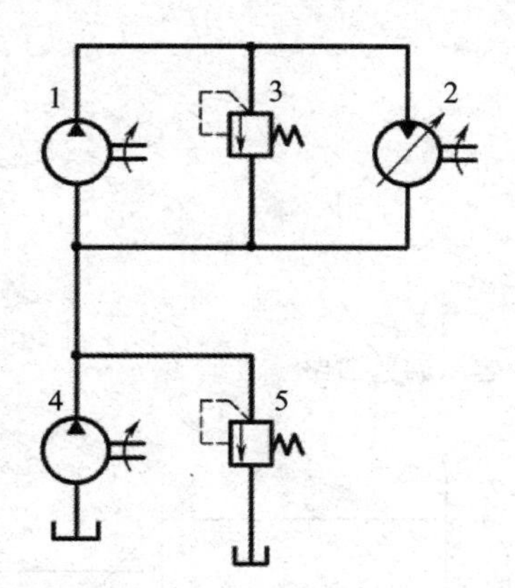

图 4－33　定量泵-变量液压马达容积调速回路

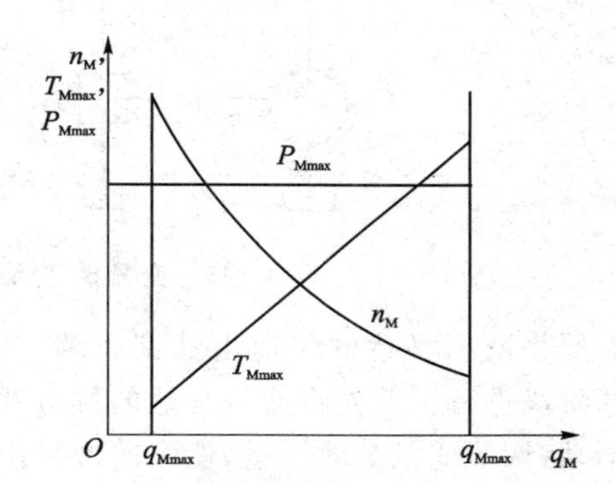

图 4－34　定量泵-变量液压马达容积调速回路的输出特性

这种调速回路的速度-负载特性与变量泵-定量液压马达容积调速回路的完全相同，即随负载转矩的增加液压马达的转速略有下降。

这种调速回路是通过减小液压马达的排量来提高转速的，这样将导致液压马达的输出转矩减小，当排量减小到一定程度时，液压马达将会因输出转矩不足以克服负载而停止转动，所以液压马达的转速不能太高；同时受液压马达变量机构最大行程的限制，其排量也不可能太大，转速也不可能太低。因此这种调速回路的调速范围较小，一般只有 4 左右。

● 恒功率特性

当安全阀 3（见图 4－33）的调定压力 p_{Mmax} 一定时，液压马达的最大输出功率为 $P_{\mathrm{Mmax}}=p_{\mathrm{Mmax}}Q_{\mathrm{M}}\eta_{\mathrm{M}}$，当不考虑泄漏和总效率 η_{M} 的变化时，最大输出功率 P_{Mmax} 为一定值。回路的这一特性称为恒功率特性，这种调速称为恒功率调速。实际上，液压马达排量的减小将使输出转

矩减小，机械效率降低，进而使总效率 η_M 降低，最大输出功率减小，图 4－34 所示为不考虑效率变化时定量泵-变量液压马达容积调速回路的功率特性。

由于这种调速回路的调速范围小，同时又不宜采用双向变量马达来实现换向，所以这种调速回路很少单独使用。

3. 变量泵和变量液压马达组成的容积调速回路

这种调速回路相当于恒转矩调速回路和恒功率调速回路的组合。油路结构图参见图 4－35，图中，1 为辅助泵；溢流阀 12 用于给辅助泵 1 定压；单向阀 4、5 用于双向补油；溢流阀 6、7 作为安全阀使用；压差式液动换向阀 8 用于回路中的热交换；溢流阀 9 用于调定回油路的排油压力；双向变量泵 2 既可以改变流量，又可以改变供油方向，以实现液压马达的调速和换向。

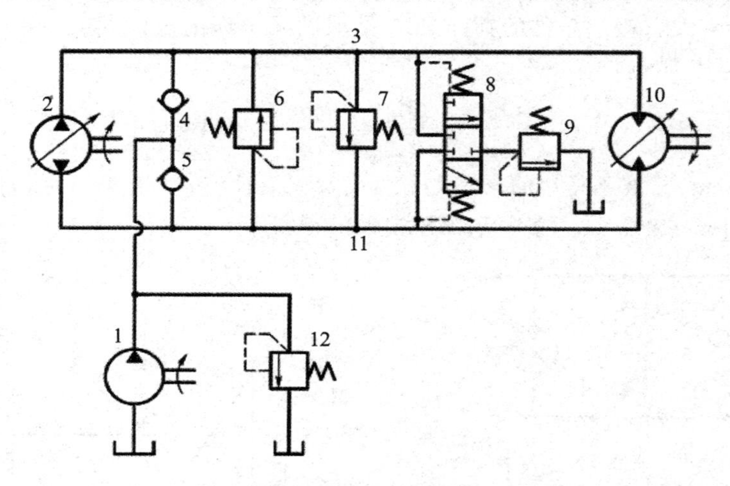

图 4－35　变量泵-变量液压马达容积调速回路

当需要将液压马达的转速由低到高调节时，一般分两阶段进行。首先将液压马达的排量置于最大值不动，调节变量泵的排量，使泵的排量由小到大变化，直到泵的排量变到最大值为止。这一阶段就是恒转矩调速阶段。回路的特性与恒转矩回路相似，参数 n_M、T_{Mmax}、P_{Mmax} 与 q_p 的关系如图 4－36 左半部分所示。此后，将泵的最大排量固定不变，而将液压马达的排量由大到小变化，直到马达排量减小到某一允许值为止。这一阶段是恒功率调速阶段，回路的特性与恒功率回路相似，参数 n_M、T_{Mmax}、P_{Mmax} 与 q_M 的关系如图 4－36 右半部分所示。

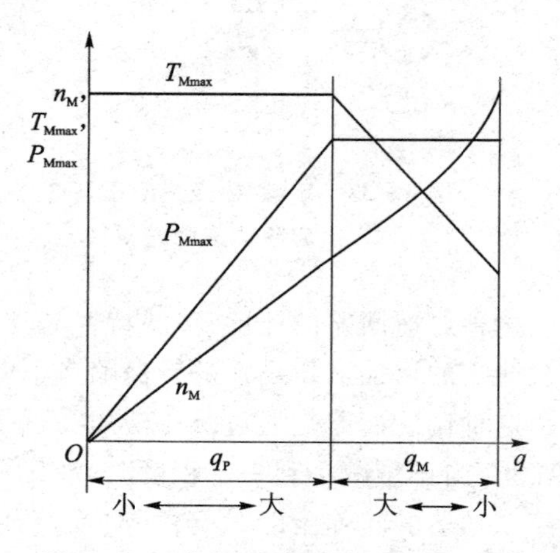

图 4－36　变量泵-变量液压马达容积调速回路的输出特性

这种调速回路兼有上述两种回路的性能，因而回路总的调速范围扩大了（可达 100）。回路在恒转矩的低速段可保持最大输出转矩不变，而在高速段则可提供较大的功率输出。这一特点正好符合大部分机械的要求，所以得到广泛应用。这种调速回路常用于机床主运动、纺织机械、矿山机械和行走机械中，以获得较大的调速范围。

4.3.3　容积节流调速回路

容积节流调速回路采用变量泵和节流阀(或调速阀)相配合进行调速，是容积式与节流式调速的联合，故称联合调速。液压泵的供油量与执行元件所需流量相适应，回路中没有溢流损失，故效率比节流调速方式的高；变量泵的泄漏由于压力反馈作用而得到补偿，进入执行元件的流量由调速阀控制，故速度稳定性比容积式调速的好。因此，在调速范围大、中等功率的机床液压系统中经常采用。

机床上常用的容积节流调速方法有：限压式变量泵和调速阀的联合调速；差压式变量泵和节流阀的联合调速。下面分别介绍这两种调速回路。

1. 限压式变量泵和调速阀的容积节流调速回路

这种调速回路如图 4-37(a)所示，调节调速阀 2 节流口过流面积，就调节了流经调速阀、进入油缸 4 的流量 Q_1，从而调节了液压缸的运动速度，阀 5 为背压阀。

设回路处于某一正常工作状态。如果不考虑变量泵 1 到调速阀 2 之间的泄漏，则由连续性原理可知，变量泵输出的流量 Q_p 应与调速阀的过流量 Q_1 相等，即调速阀的特性曲线 2 应与限压式变量泵的特性曲线相交于一点 c (见图 4-37(b))。c 点的横坐标 p_{cp} 即为变量泵的出口压力，亦即调速阀的入口压力；c 点的纵坐标 Q_1 既是调速阀的流量也是变量泵的输出流量，即 $Q_p=Q_1$。当调节调速阀使其流量 Q_1 增大，即调速阀的特性曲线由 2 变为 2′时，变量泵的输出流量瞬时小于调速阀控制的流量，即 $Q_p<Q_1'$，于是变量泵的出口液流的阻力减小，出口油压随之减小，即由图 4-37(b)中的点 c 向点 c' 变化，直到重合于点 c' 为止，从而使得 $Q_p=Q_1'$。反之，当调节调速阀使流量 Q_1 减小，即调速阀的特性曲线由 2 变为 2″时，$Q_p>Q_1''$，于是变量泵的出口油压升高，点 c 向点 c'' 变化，最终重合于点 c''，使 $Q_p=Q_1''$。由此可见，这种调速回路是用调速阀来操纵变量泵，使其输出流量与调速阀控制的流量相适应。

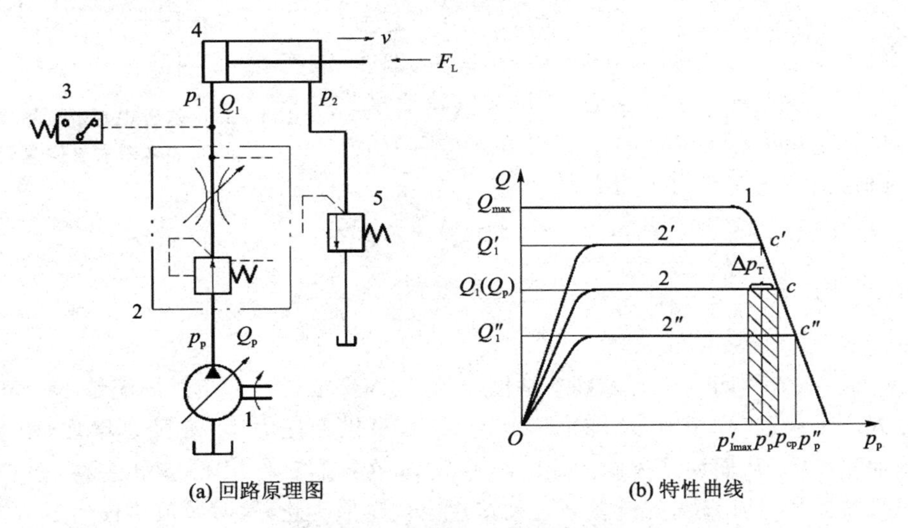

(a) 回路原理图　　(b) 特性曲线

图 4-37　限压式变量泵-调速阀联合调速回路及其特性曲线

为了保证调速阀正常工作所需的最小压力降 Δp_{tmin}（一般为 5×10^5 Pa 左右），限压式变量泵的供油压力应调节为 $p_p \geqslant p_1+\Delta p_{\text{tmin}}$，系统的最大工作压力为 $p_{1\max} \leqslant p_p-\Delta p_{\text{tmin}}$。同时，应使 p_0 大于快速移动时所需压力。这样便可保证当负载变化时，执行元件的工作速度不随负载变化。

如果系统需要采用死挡铁停留，则由压力继电器 3 发出信号时，变量泵的压力应调得更高一些，以保证压力继电器可靠工作。当然，变量泵的供油压力也不能调得过高，以免功耗过多，发热增加。这种回路中的调速阀可以装在进油路上，也可装在回油路上。这种回路的主要优点是，变量泵的压力和流量在工作进给和快速运动时能自动变换，能量损耗小，发热少，运动平稳性好；缺点是，变量泵的构造比定量泵的复杂，成本高。这种回路在重载条件下工作时效率较高，轻载条件下工作时效率较低，故不宜用于负载变化大且大部分时间在小负载下工作的场合。

2. 差压式变量泵和节流阀的容积节流调速回路

差压式（或称稳流式）变量泵的主要特点是，能自动补偿由负载变化引起的泵的泄漏量的增量，使泵输出的流量基本保持稳定。图 4-38 所示为采用这种泵和节流阀组成的容积节流调速回路，系统由差压式变量泵 3 供油，节流阀 4 控制进入液压缸 5 的流量 Q_1，并使变量泵自动调节其供油量，使之与进入液压缸的流量相适应。阀 6 为背压阀，8 为安全阀，阻尼孔 7 用于增加变量泵定子移动的阻尼，避免发生振荡。

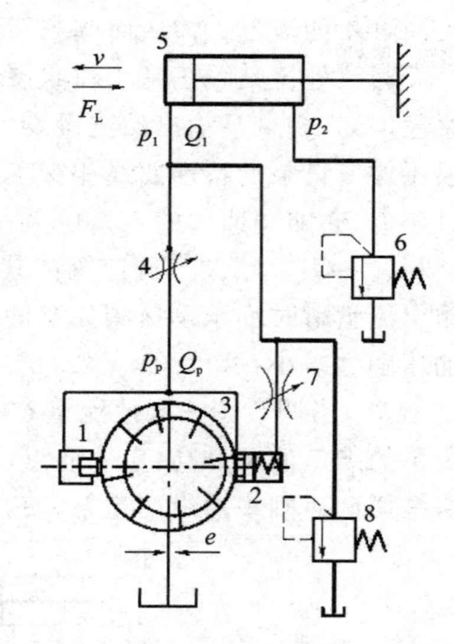

图 4-38 差压式变量泵和节流阀的容积节流调速回路

泵的变量机构由定子两侧的控制缸 1 和 2 组成，配油盘上的油腔对称于垂直轴，定子的移动（偏心量的调节）依靠控制两腔的液压力之差与弹簧力的平衡来实现。当压力差增大时，偏心量减小，输油量减小；当压力差一定时，输油量亦一定。调节节流阀的开口量，即改变其两端压力差，就改变了泵的偏心量，调节其输油量，使之与通过节流阀进入液压缸的流量相适应。当节流阀开口一定时，由定子的受力平衡方程

$$p_p A_1 + p_p(A-A_1) = p_1 A + F_s \tag{4-17}$$

可得

$$p_p - p_1 = \Delta p_j = \frac{F_s}{A} \approx \text{常数} \tag{4-18}$$

即一定开度下的节流阀两端压力差基本是恒定的，因而保证通过节流阀的流量不随负载变化。例如，当负载增大时，工作压力 p_1 随之增大的瞬间，泵供油压力 p_p 亦随之增加，使泵的泄漏量增加，输油量减小，从而使节流阀两端的压差减小，在控制缸作用下，定子左移，偏心量增大，输油量增加，直至通过节流阀的流量恢复到接近原调定值为止，这时节流阀前后压力差也大体恢复到原来值。由于这种回路能补偿因负载变化而引起的泄漏变化，故对于要求低速、小流量的场合，稳速效果尤为显著。

图 4 - 39 中的曲线 2 是差压式变量泵的压差-流量特性曲线，节流阀的特性曲线 1 与差压式变量泵的特性曲线 2 相交于点 c（系统工作点）。调节节流阀的通流面积，便可改变系统工作点，从而改变执行元件的速度。由于变量泵与节流阀的压差-流量特性曲线不随负载改变（只随压差改变），故当负载变化时，系统工作状态稳定不变。为了保证可靠地控制变量泵定子相对于转子的偏心量，节流阀两端的压力差不可过小，一般须保持$(3\sim4)\times10^5$ Pa。

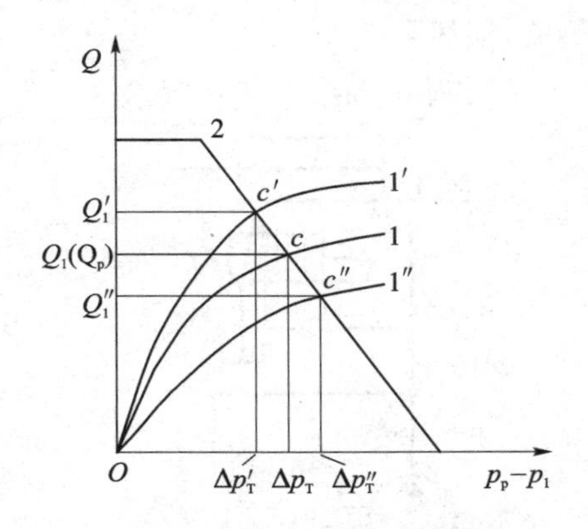

图 4 - 39　差压式变量泵和节流阀的容积节流调速回路的特性曲线

这种调速回路没有溢流损失，其节流损失较前一种容积节流调速回路中调速阀的节流损失要小，因此发热少，效率高。由于泵的供油压力随工作压力的增减而增减，故在负载变化较大、低速小流量的场合使用时其优点更加突出。

4.4　快速运动回路

为了缩短辅助工作时间，提高生产效率，合理利用功率，机床上的空行程一般都希望做快速运动，故机床液压系统中常常同时设置工作行程时的调速回路和空行程时的快速运动回路，两者相互联系。快速运动回路的选择必须使调速回路工作时的能量损耗尽可能小。

实现快速运动的方法一般有 3 种：增大输入执行元件的流量、减小执行元件所需流量以及该两种方法联合使用。下面介绍几种常见的快速运动回路。

1. 差动连接快速运动回路

图 4 - 40 所示为定量泵 1 和溢流阀 4 供油的差动连接回路，在图示位置时，若二位三通阀 3 通电，则液压缸 2 差动连接，活塞便获得快速运动，其速度为非差动连接时的$\dfrac{A_1}{A_1-A_2}$倍。若使快进与快退速度相等，则 $A_1=2A_2$，此时快进(退)速度为工进速度的 2 倍。

当差动连接时，油缸右腔的回油 Q_2 经二位三通阀后与液压泵供给的油液 Q_1 一起进入液压缸左腔，相当于增大了供油量。此时，进油路上的某些管路与阀的通流量增大，其规格必须按差动时的流量选择，以免压力损失与功耗过大。

这种回路方法简单、经济，但由于差动时的推力减小，差动速度越大，执行元件输出的推力越小，故快速运动的速度不能太高。如果需要获得较大的运动速度，则常与双泵供油或限压式变量泵供油等方法联合使用。

2. 采用双泵供油的快速运动回路

图 4 - 41 所示为采用双泵供油实现快速运动的回路，图中 1 是小流量泵，2 是大流量泵。当快速运动时，系统压力小于卸荷阀 3 的调定压力（起卸荷作用的液控顺序阀），卸荷阀 3 关闭，两泵同时向系统供油。当工作进给时，系统压力升高，卸荷阀 3 打开，大流量泵 2 卸荷，单向阀 4 关闭，系统由小流量泵 1 单独供油，系统最大工作压力由溢流阀 5 调节单向阀 6 防止油

液倒流，损坏泵 1。

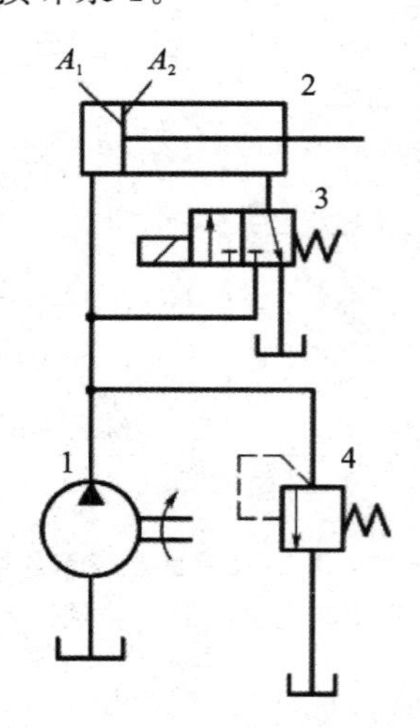

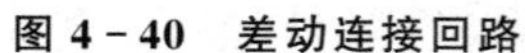
图 4-40 差动连接回路

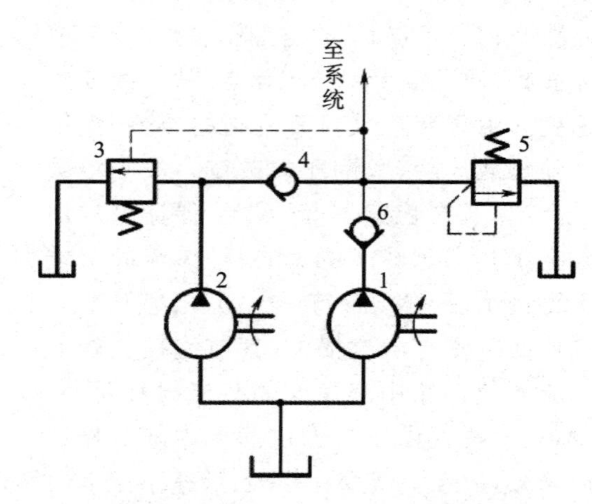

图 4-41 采用双泵供油的快速运动回路

这种方法与单泵供油方式相比，效率较高，功率损失较小，故得到广泛应用。但需设置两个泵或采用双联泵，泵站结构较为复杂。

3. 采用辅助液压缸的快速运动回路

图 4-42 所示为采用辅助液压缸实现快速运动的回路，它常用于大、中型液压机的液压系统。回路中共有 3 个液压缸，中间柱塞缸 3 为主缸，两侧直径较小的液压缸 2 为辅助缸。当电液换向阀 8 的右位起作用时，泵 1 的压力油经电液换向阀 8 进入辅助液压缸 2 的上腔（此时顺序阀 4 关闭），因辅助液压缸 2 的有效工作面积较小，故辅助液压缸 2 带动滑块 9 快速下行，辅助液压缸 2 下腔的回油经单向阀 7 流回油箱。与此同时，主缸 3 经液控单向阀 5（亦称充液阀）从油箱吸入补充液体。当滑块 9 触及工件后，系统压力上升，顺序阀 4 打开（同时关闭液控单向阀 5），压力油进入主缸 3，3 个液压缸同时进油，速度降低，滑块 9 转为慢速加压行程（工作行程）。当电液换向阀 8 处于左位时，压力油经电液换向阀 8 后，一路经单向阀 7 进入辅助液压缸下腔，使活塞带动滑块上移（而其上腔的回油则经电液换向阀 8 流回油箱）；另一路同时打开液控单向阀 5，使主缸的回油经液控单向阀 5 排回油箱 6。

4. 采用蓄能器的快速运动回路

采用蓄能器的快速运动回路如图 4-43 所示，当液压缸 6 停止工作时，泵 1 经单向阀 2 向蓄能器 3 充液，使蓄能器存储能量。当蓄能器压力达到某一调定值时，卸荷阀 4 打开，使泵卸荷，单向阀 2 使蓄能器保压。当电磁换向阀 5 通电使左位或右位接通回路时，泵和蓄能器同时给液压缸供油，使活塞获得快速运动。卸荷阀的调整压力应高于系统最高工作压力。

这种回路可以采用较小流量的液压泵，而在短时间内能获得较大的快速运动速度。但系统在整个工作循环内需要有足够的停歇时间，以使液压系统能完成对蓄能器的充液工作。

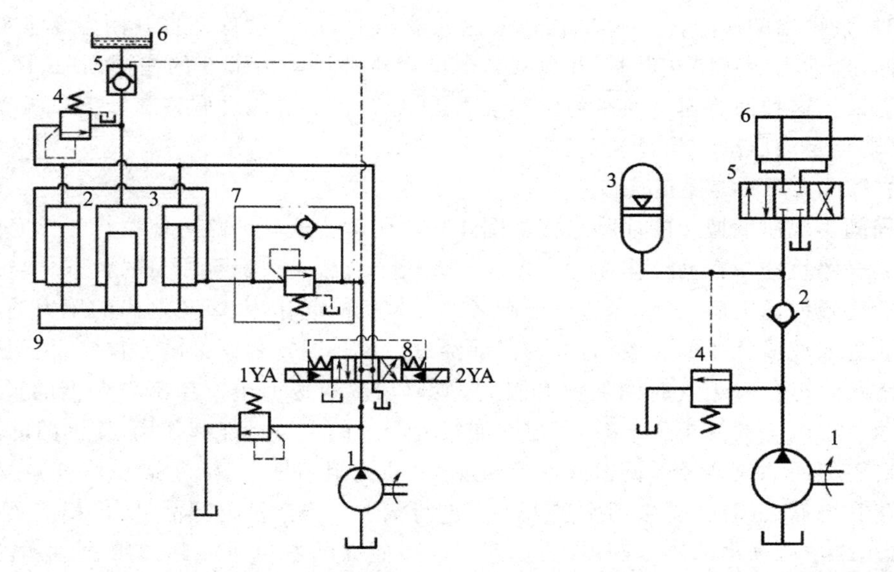

图 4－42　采用辅助液压缸的快速运动回路　　图 4－43　采用蓄能器的快速运动回路

4.5　速度换接回路

机床在做自动循环的过程中，工作部件往往需要有不同的运动速度，经常进行不同速度的变换，如快速趋近工件变换到慢进工作速度，从第一种工作进给速度变换到第二种工作进给速度等。这就需要系统具有速度换接回路。对于加工精度要求高的机床，在速度换接过程中（特别是两种工作进给速度的变换过程中），要求换接平稳，不允许出现前冲现象（速度换接时速度突然增大使工作部件出现跳跃式前冲）。

1. 快进速度和工作速度间的换接回路

（1）采用双活塞液压缸的换接回路

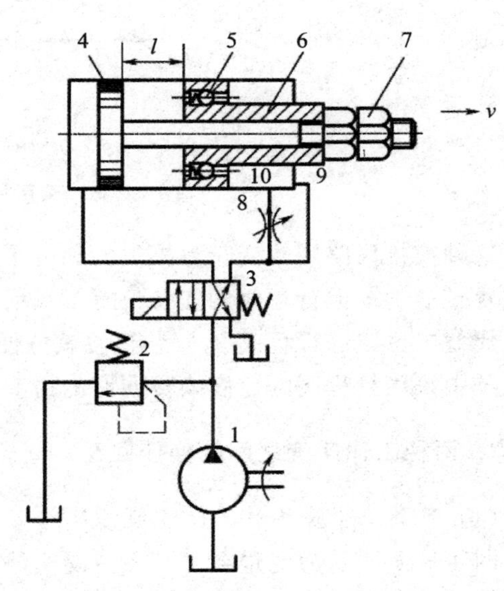

图 4－44　采用双活塞液压缸的速度换接回路

图 4－44 所示为采用双活塞液压缸的速度换接回路，在图示位置上，主活塞 4 和浮动活塞 6 相距 l，其间充满了油液。当电磁阀 3 通电时，泵 1 输出的油液经阀 3 进入液压缸左腔，右腔的回油经液压缸端盖上的油口 9 和阀 3 流回油箱，两个活塞一起快速向右运动，距离 l 保持不变。当浮动活塞 6 运动至碰到液压缸右端盖时，浮动活塞 6 不再运动，而两活塞中间的油液从液压缸的油口 10 经节流阀 8、阀 3 回油箱。由于节流阀 8 的作用，使主活塞 4 的运动减速（一直到两个活塞靠紧为止），从而实现了主活塞 4 的快速和慢速之间的换接。当

阀 3 断电时，泵输出的压力油经阀 3、油口 9 进入液压缸右腔后，首先打开两个单向阀 5，进入两活塞中间，推动主活塞向左退回，并在锁紧螺母 7 碰到浮动活塞 6 的左端面时，两活塞同时向左快速退回。这种回路速度换接的位置准确，工作行程 l 可通过调整螺母 7 来调节，阀 2 为溢流阀，其缺点是液压缸结构较复杂。

(2) 采用行程阀的速度换接回路

用行程阀实现速度换接的油路结构如图 4－45 所示。这一回路可使执行元件完成快进—工进—快退—停止这一自动工作循环。图 4－45 所示位置是快退至原位的状态。当二位四通电磁阀 3 的电磁铁通电后，二位四通电磁阀 3 的左位机能起作用，泵 1 输出的压力油经二位四通电磁阀 3 进入液压缸 4 的左腔，右腔的回油经过二位二通行程阀 7 的下位、二位四通电磁阀 3 的右位流回油箱。由于这时回油没有阻力，所以活塞快速前进。当工作台上的行程挡块 5 将二位二通行程阀 7 的触头压下时，二位二通行程阀 7 的上位机能起作用，使油路断开。这时液压缸 4 右腔的回油只能经过调速阀 8 流回油箱，油流阻力增加，活塞运动速度减慢，实现了活塞的快速和慢速之间的换接，活塞进入工作进给状态。当活塞继续前进，行程挡块 5 碰到行程开关 6 后，二位四通电磁阀 3 断电，二位四通电磁阀 3 的右位机能起作用，泵 1 的压力油便经二位四通电磁阀 3、单向阀 9 进入液压缸右腔，左腔的回油直接流回油箱，于是活塞快速退回原位，处于图 4－45 所示的状态，图中阀 2 为溢流阀。

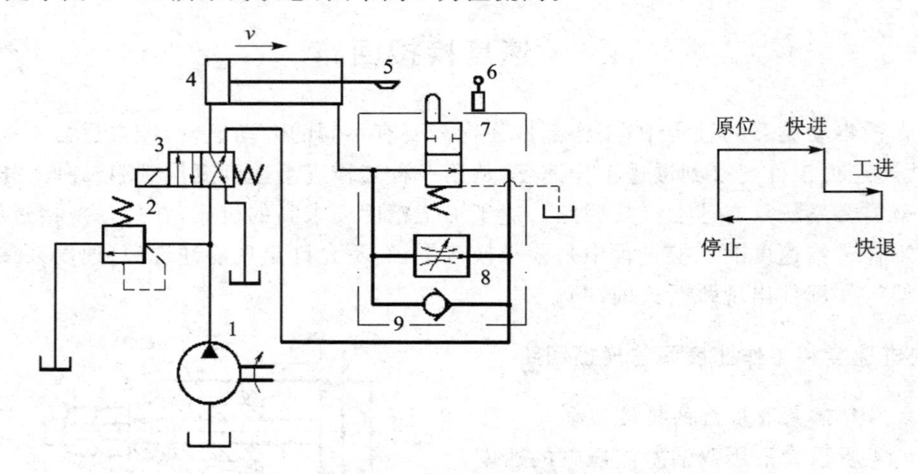

图 4－45 采用行程阀的速度换接回路

这种换接回路用改变行程挡块的斜度来调整换接过程的快慢，因此速度换接比较平稳，换接位置较准确。但行程阀的安装位置不灵活，需要较长的管路，连接也不够方便。若改用电磁阀来代替二位二通行程阀 7，安装位置就方便多了，但换接位置精度和平稳性要差。在机床液压系统中采用行程阀的速度换接回路的情况较多。

2. 两种工作速度之间的换接回路

(1) 两个调速阀并联的速度换接回路

图 4－46 所示为定量泵 1 和溢流阀 2 组成的定量供油系统，图中两个调速阀并联实现两种工作进给速度换接的回路，在图示位置，液压泵输出的压力油经调速阀 3 和电磁阀 5 进入执行元件，执行元件得到了由调速阀 3 所控制的第一种工作进给速度。当需要第二种工作速度

时，电磁阀 5 通电切换，使调速阀 4 接入回路，压力油经调速阀 4 和电磁阀 5 的右位进入执行元件。这种速度换接回路的特点是：调速阀 3、4 的开口可以单独调整，互不影响；当一个调速阀工作时，另一个则处于非工作状态。当一个调速阀停止工作没有油流通过时，它的减压阀处于完全打开的位置，因此当它被突然接入回路时，减压阀口由完全打开到关小的动作过程会造成执行元件出现突然前冲现象，使速度换接不够平稳，故应用较少。

(2) 两个调速阀串联的速度换接回路

图 4－47 所示为两个调速阀串联的速度换接回路，在图示位置，压力油经调速阀 3 和电磁阀 5 进入执行元件，其运动速度由调速阀 3 控制。当电磁阀 5 通电切换时，调速阀 4 接入回路，压力油经调速阀 3 和 4 进入执行元件，其运动速度由调速阀 4 控制。调速阀 4 的开口量应调得比调速阀 3 小，否则将不起作用。这种回路在调速阀 4 没起作用之前，调速阀 3 一直处于工作状态，它在速度换接开始的瞬间限制着进入调速阀 4 的流量，因此速度换接比较平稳。图 4－47 中，1 为定量泵，2 为溢流阀。

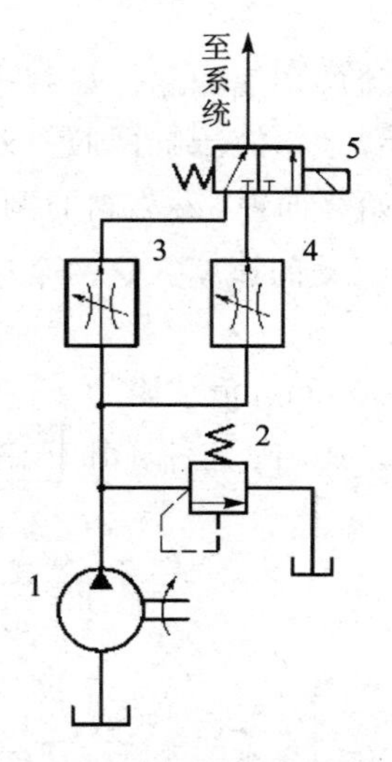

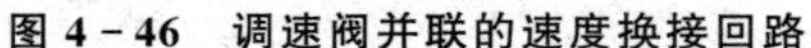

图 4－46　调速阀并联的速度换接回路

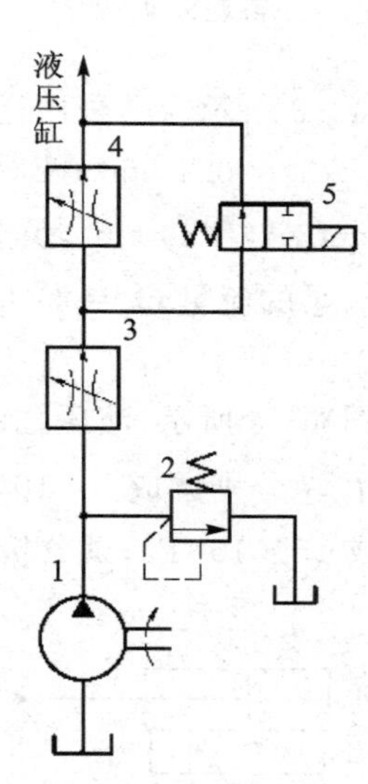

图 4－47　调速阀串联的速度换接回路

习　题

1. 习题图 4－1 所示为采用标准液压元件的行程换向阀 A、B 及带定位机构的液动换向阀 C 组成的自动换向回路，试说明其自动换向过程。

2. 若单出杆液压缸的两腔有效工作面积相差很大，当有杆腔进油无杆腔回油得到快速运动时，无杆腔的回油量很大。为避免选用流量很大的二位四通电磁阀，常增加一个大流量的液控单向阀旁路排油。试用单出杆液压缸（双作用式）、二位四通电磁阀、液控单向阀及压力油源画出其回路图。

3. 液压缸 A 和 B 并联，要求液压缸 A 先动作，速度可调，且当液压缸 A 的活塞运动到终点后，液压缸 B 才动作。试问习题图 4－2 所示的回路能否实现所要求的顺序动作？为什么？在不增加元件数量（允许改变顺序阀的控制方式）的情况下，应如何改进？

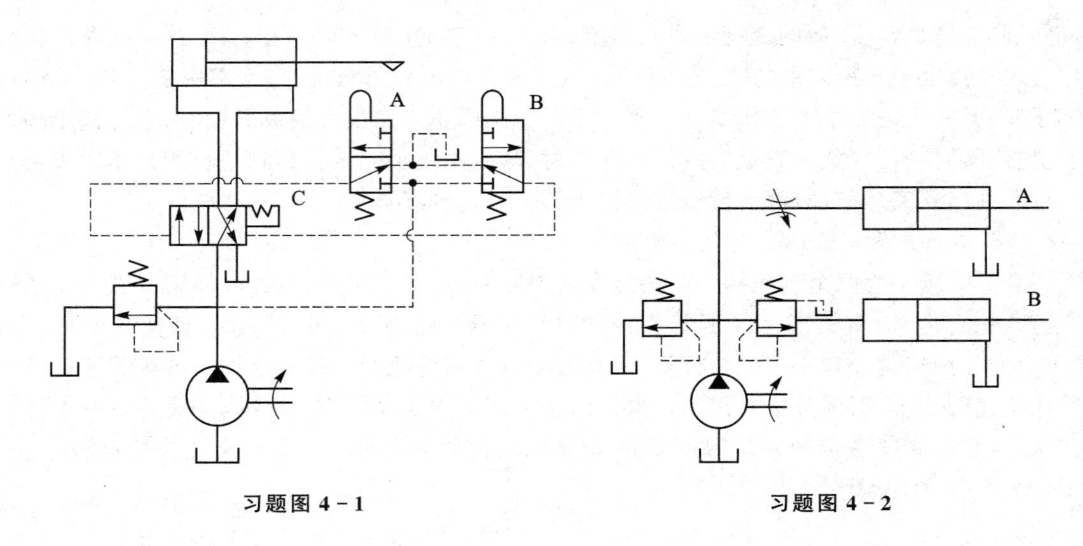

习题图 4-1　　习题图 4-2

4. 习题图 4-3 所示为一采用进油路与回油路同时节流的调速回路。设两个节流阀的开口面积相等：$a_1=a_2=0.1\ \text{cm}^2$，两阀的流量系数均为 $C_d=0.62$，液压缸两腔有效工作面积分别为 $A_1=100\ \text{cm}^2$，$A_2=50\ \text{cm}^2$，负载 $F_L=5\ 000\ \text{N}$，方向始终向左，溢流阀的调定压力 $p_Y=p_p=20\times10^5\ \text{Pa}$，泵的流量 $Q_p=25\ \text{L/min}$。试求活塞往返运动的速度。这两个速度有无可能相等？

5. 如习题图 4-4 所示，液压缸的有效工作面积 $A_1=50\ \text{cm}^2$，负载阻力 $F_L=5\ 000\ \text{N}$，减压阀的调定压力 p_J 分别调成 $5\times10^5\ \text{Pa}$、$20\times10^5\ \text{Pa}$ 或 $25\times10^5\ \text{Pa}$，溢流阀的调定压力分别调成 $30\times10^5\ \text{Pa}$ 或 $15\times10^5\ \text{Pa}$，试分析该活塞的运动情况。

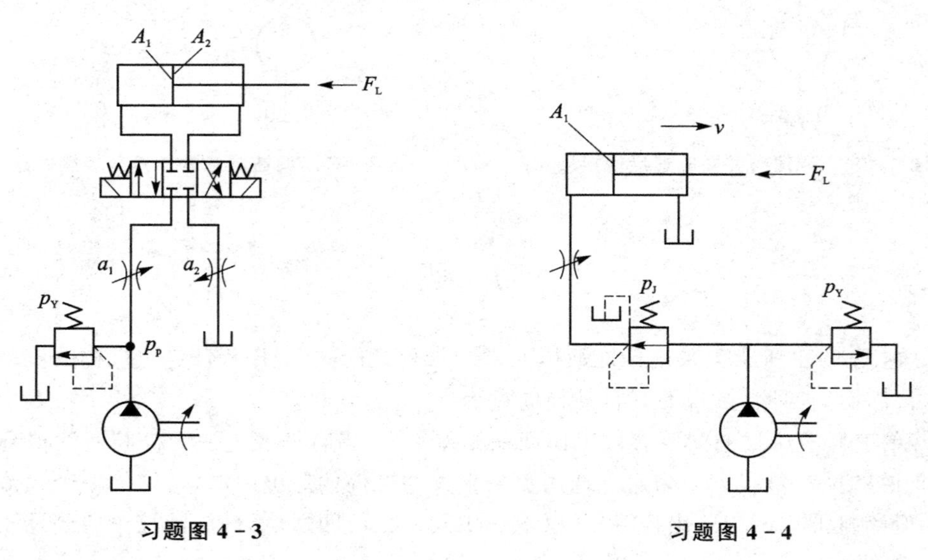

习题图 4-3　　习题图 4-4

6. 如习题图 4-5 所示，溢流阀和两个减压阀的调定压力分别为 $p_{Y1}=45\times10^5\ \text{Pa}$，$p_{J1}=35\times10^5\ \text{Pa}$，$p_{J2}=20\times10^5\ \text{Pa}$；负载 $F_L=1\ 200\ \text{N}$；活塞有效工作面积 $A_1=15\ \text{cm}^2$，减压阀全开口时的局部损失及管路损失可略去不计。试确定活塞在运动中和到达终端位置时 a、b

和 c 点处的压力。当负载加大到 $F_L=4\ 200$ N 时，这些压力有何变化？

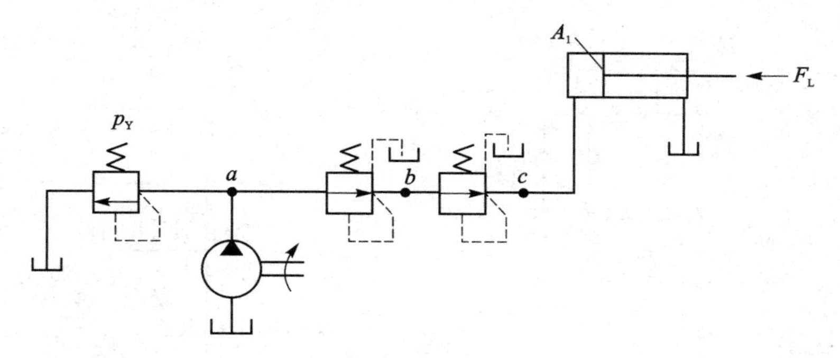

习题图 4-5

7. 在图 4-23 所示的进口节流调速回路中，液压缸的有效工作面积 $A_1=2A_2=50\ cm^2$，$Q_p=10$ L/min，溢流阀的调定压力 $p_p=24\times10^5$ Pa，节流阀为薄壁小孔型，其过流断面积为 $A_T=0.02\ cm^2$，取 $C_d=0.62$，油液密度 $\rho=900\ kg/m^3$。只考虑液流通过节流阀的压力损失，其他损失不计。试分别按 $F_L=10\ 000$ N、5 500 N 和 0 三种负载情况，计算液压缸的运动速度和速度刚度。

8. 在习题图 4-6 所示的回路中，已知液压缸直径 $D=100$ mm，活塞杆直径 $d=70$ mm，负载 $F_L=25\ 000$ N。

(1) 为使节流阀前后压差 Δp_T 为 3×10^5 Pa，溢流阀的调定压力应为多少？

(2) 若溢流阀的调定压力不变，当负载降为 $F_L=15\ 000$ N 时，节流阀前后压差 Δp_T 为多少？

(3) 若节流阀开口面积为 0.05 cm^2，允许活塞的最大前冲速度为 5 cm/s，则活塞能承受的最大负切削力是多少？

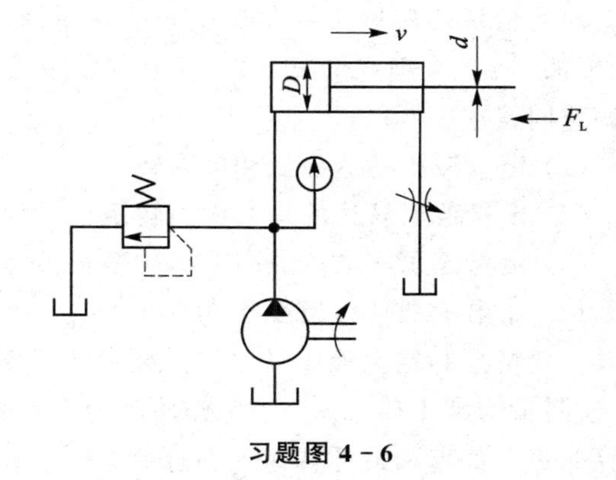

习题图 4-6

(4) 当节流阀的最小稳定流量为 50 cm^3/min 时，该回路的最低稳定速度为多少？

(5) 若将节流阀改装在进油路上，在液压缸有杆腔接油箱时，活塞的最低稳定速度是多少？与(4)的最低稳定速度相比说明什么问题？

9. 如习题图 4-7 所示，泵的流量 $Q_p=25$ L/min，负载 $F_L=40\ 000$ N，溢流阀的调定压力 $p_Y=54\times10^5$ Pa，液压缸的工作速度 $v=18$ cm/min，不考虑管路损失和液压缸的摩擦损失。试计算：

(1) 工进时液压回路的效率；

(2) 当负载 $F_L=0$ 时，活塞的运动速度和回油腔的压力。

10. 习题图 4-8 所示为一液压回路。已知液压缸无杆腔有效工作面积 $A_1=100\ cm^2$，泵的流量 $Q_p=63$ L/min，溢流阀的调定压力 $p_Y=50\times10^5$ Pa。分别就负载 $F_L=0$，$F_L=54\ 000$ N 时(不计任何损失)，试求：

(1) 液压缸的工作压力；

（2）活塞的运动速度和溢流阀的溢流流量。

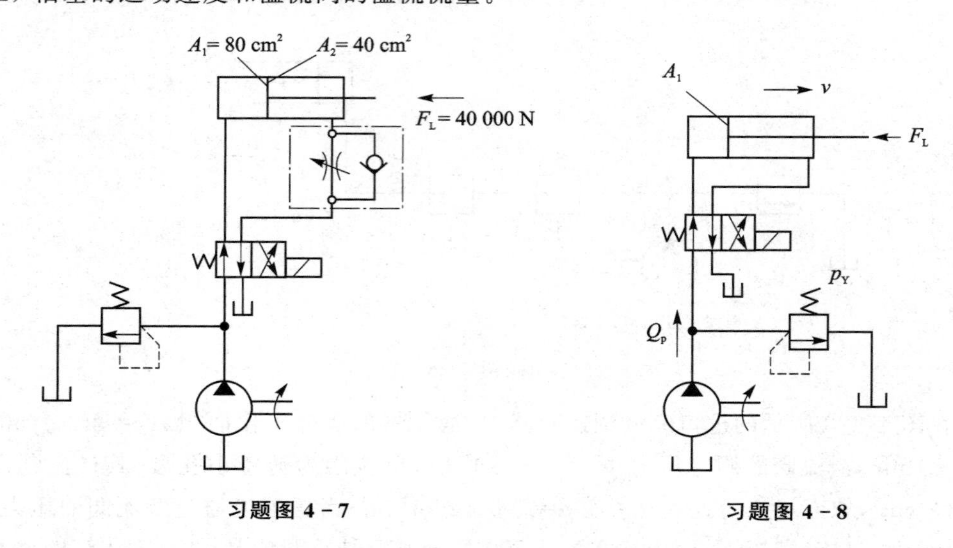

习题图 4-7　　习题图 4-8

11. 由变量泵和定量液压马达组成的调速回路，变量泵排量可在 0～50 cm^3/r 的范围内改变。变量泵的转速为 1 000 r/min，定量液压马达排量 $q_M=50\ cm^3/r$，安全阀调定压力为 100×10^5 Pa。在理想情况下，变量泵和定量液压马达的容积效率和机械效率都是 100%。求此调速回路中：

（1）定量液压马达最低和最高转速；

（2）定量液压马达的最大输出转矩；

（3）定量液压马达的最高输出功率。

12. 在第 11 题中，当压力为 100×10^5 Pa 时，变量泵和定量液压马达的机械效率都是 0.85。变量泵和定量液压马达的泄漏量随工作压力的提高而线性增加，在压力为 100×10^5 Pa 时，泄漏量均为 1 L/min。当工作压力为 100×10^5 Pa 时，重新完成第 11 题中的各项要求，并计算回路在最高和最低转速下的总效率。

13. 在习题图 4-9 所示的回路中，液压缸两腔的有效工作面 $A_1=2A_2$，泵和阀的额定流量均为 Q，在额定流量且各换向阀 1、2、3 通过额定流量 Q 时的压力损失都相同 $\Delta p_1=\Delta p_2=\Delta p_3=\Delta p_n=2\times10^5$ Pa，如果液压缸快进时的摩擦阻力及管道损失都可以忽略不计：

（1）列出回路实现“快进—工进—快退—停止”工作循环时的电磁铁动作顺序表（电磁铁通电者为“+”号，反之为“-”号）。

（2）快进时，通过换向阀 1 的流量是多少？

（3）计算空载时泵的工作压力。

14. 假如要求习题图 4-10 所示的系统实现“快进—工进—快退—原位停止和液压泵卸荷”工作循环，试列出各电磁铁的动作顺序表。

15. 在习题图 4-11 所示的液压系统中，液压缸有效面积 $A_1=A_2=100\ cm^2$，液压缸Ⅰ负载 $F_L=35\ 000$ N，液压缸Ⅱ运动时负载为零。不计摩擦阻力、惯性力和管路损失。溢流阀、顺序阀和减压阀的调定压力分别为 4 MPa、3 MPa 和 2 MPa。求在下列 3 种工况下 A、B 和 C 处的压力：

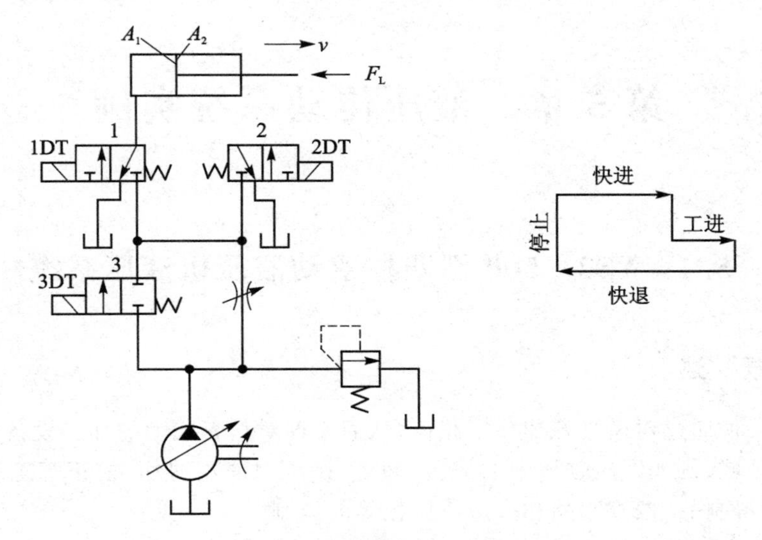

习题图 4-9

(1) 液压泵启动后,两换向阀处于中位;

(2) 1DT 通电,液压缸Ⅰ的活塞移动时及活塞运动到终点时;

(3) 1DT 断电,2DT 通电,液压缸Ⅱ的活塞运动时及活塞碰到固定挡块时。

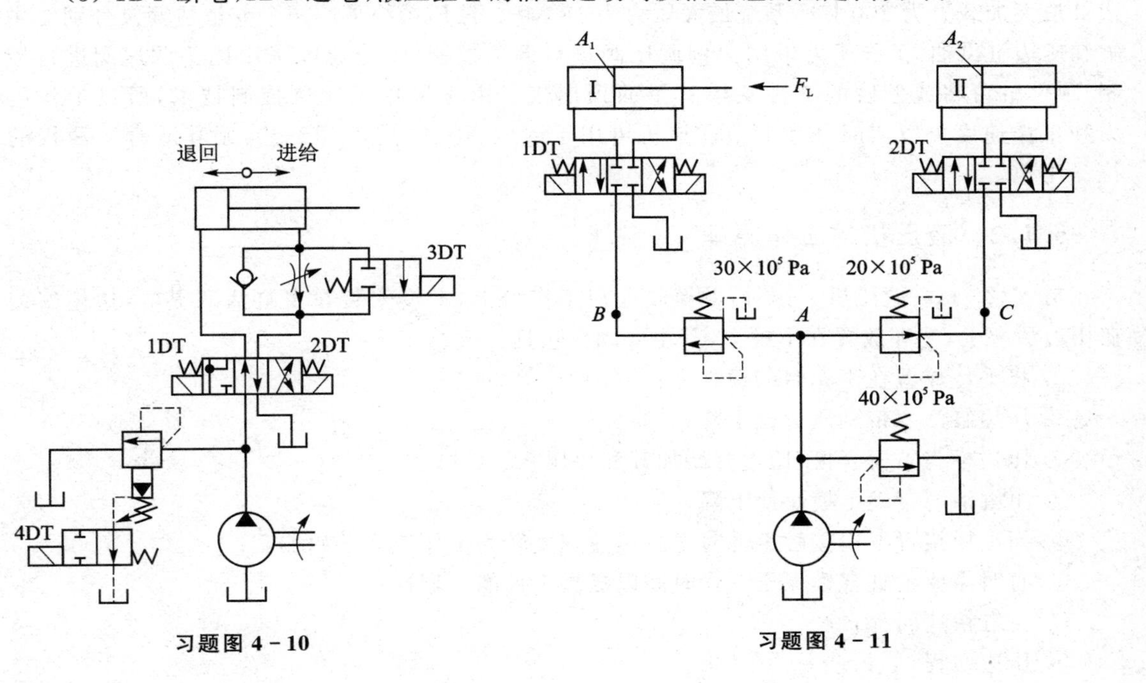

习题图 4-10

习题图 4-11

第5章　液压传动系统实例

5.1　Y32－500型四柱双动液压机液压系统

5.1.1　概　述

液压机是一种通过对模具施加一定载荷，从而实现对材料成型的加工设备，广泛应用于机械工业的许多领域，例如锻压领域中的锻造、冲压、挤压、拉拔、剪切、校正等工艺，同时也可用于粉末冶金、塑料制品、橡胶制品和人造热压板等的压制。

液压机一般由机械系统（机架结构）、液压系统和控制系统3部分组成。

液压机按照工作介质的不同，可分为水压机和油压机两种；按照机架结构不同可分为梁柱组合式、C形单臂式、框架式和钢丝缠绕式等。其中，以梁柱组合式中的三梁四柱式机架应用最为广泛。Y32－500型四柱双动液压机以液压油为工作介质，主缸最大加载力为500 kN，压边缸最大加载力为200 kN，系统最大压力为18 MPa，液压系统采用两个变量柱塞泵分别对主缸和压边缸供油，工作压力采用比例调压阀进行调节控制，工作速度采用比例调速阀进行控制，顶件缸可将成型后的工件从模具里面顶出来。由于采用了比例控制技术，所以工作压力和工作速度可以实时任意调节。该机可用于锻压、压制、校正等工艺，尤其适合于薄板的拉深工艺。

5.1.2　液压机的工作原理

当Y32－500液压机工作时，下模放置在工作台上，上模安装在主缸活塞上，压边模安装在压边活塞上，毛坯放置在下模上，其主要动作包括：

① 将毛坯放置在工作台的模具上；

② 压边缸活塞带动压边模下降；

③ 压边模与下模合模，压边开始加载和保压；

④ 主缸活塞带动上模快速下降；

⑤ 当上模接近下模接触工件时主缸运转速度转为工作速度开始加载；

⑥ 有时需要主缸合模保压一段时间以提高工件的定型性；

⑦ 主缸快速回程；

⑧ 压边回程；

⑨ 顶件缸顶出，取走工件；

⑩ 顶件缸退回。

图5－1所示为Y32－500液压机的结构示意图和工作循环图。

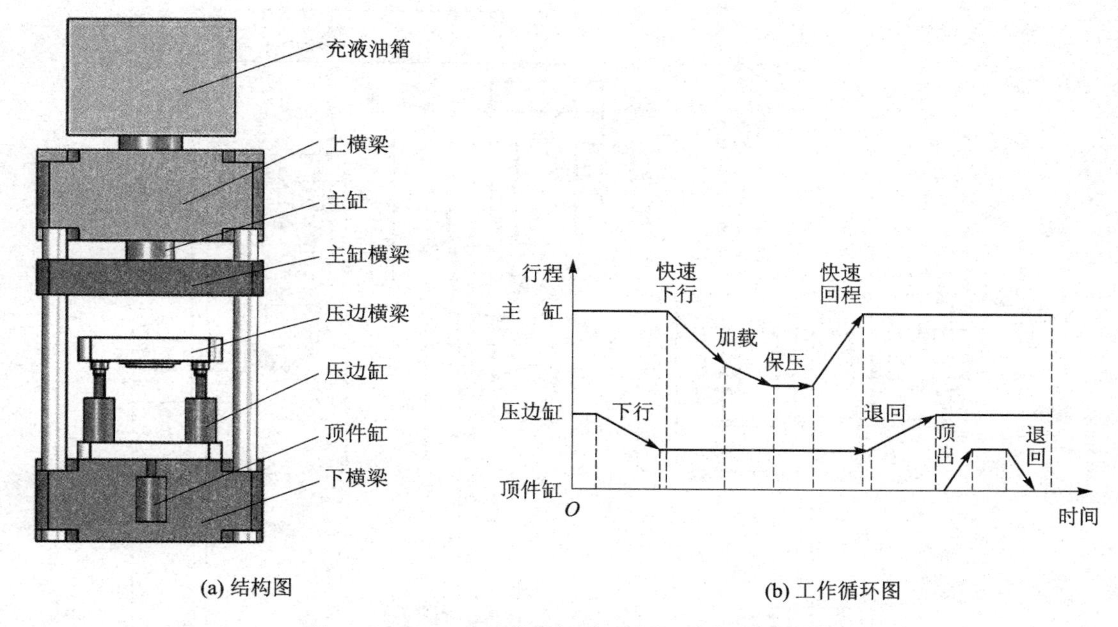

(a) 结构图　　(b) 工作循环图

图 5-1　Y32-500 液压机的示意图和工作循环图

5.1.3　液压系统的工作原理

图 5-2 所示为 Y32-500 液压机的液压原理图，由图可见，该系统有 3 个液压缸，主油缸由变量柱塞泵供油，采用进口节流调速回路，比例调速阀可以实现实时任意速度的控制，主油缸工作压力由电磁溢流阀 12 来调节，为了保证主油缸由于自重作用而下滑，采用液控单向阀来防止主油缸由于顺序阀泄漏而下降。压边缸和顶出缸由两个定量泵供油，当压边缸快速运动时，两个泵同时供油；当压边保压时，仅由其中的高压小流量泵进行供油保压，压边载荷的调节由比例溢流阀实时控制。

1. 主油缸的运动

(1) 主油缸快速下行

当压边开始保压后，此时主油缸在最上面位置，上模尚未接触工件，主缸在泵 1 和重力作用下快速下行，由于泵 1 的流量不足以补充主缸上腔空出的体积，上腔行程真空，此时位于液压机顶部的充液油箱里面的液压油在大气压力的作用下，打开充液阀 30，迅速补充到主缸上腔形成的真空容腔里。

进油路线：

单向变量泵 1→管路滤油器 10→比例调速阀 22→电磁换向阀 23 左→
顺序阀 24→充液油箱 34→充液阀 30→
}—主油缸上腔

回油路线：

主油缸下腔→液控单向阀 27→单向顺序阀 26→电磁换向阀 23 左→冷却器 13→油箱

(2) 主油缸慢速加载

当上模接触工件后，主油缸上腔压力逐渐增大，上腔真空消失，充液阀 30 关闭，主缸开始

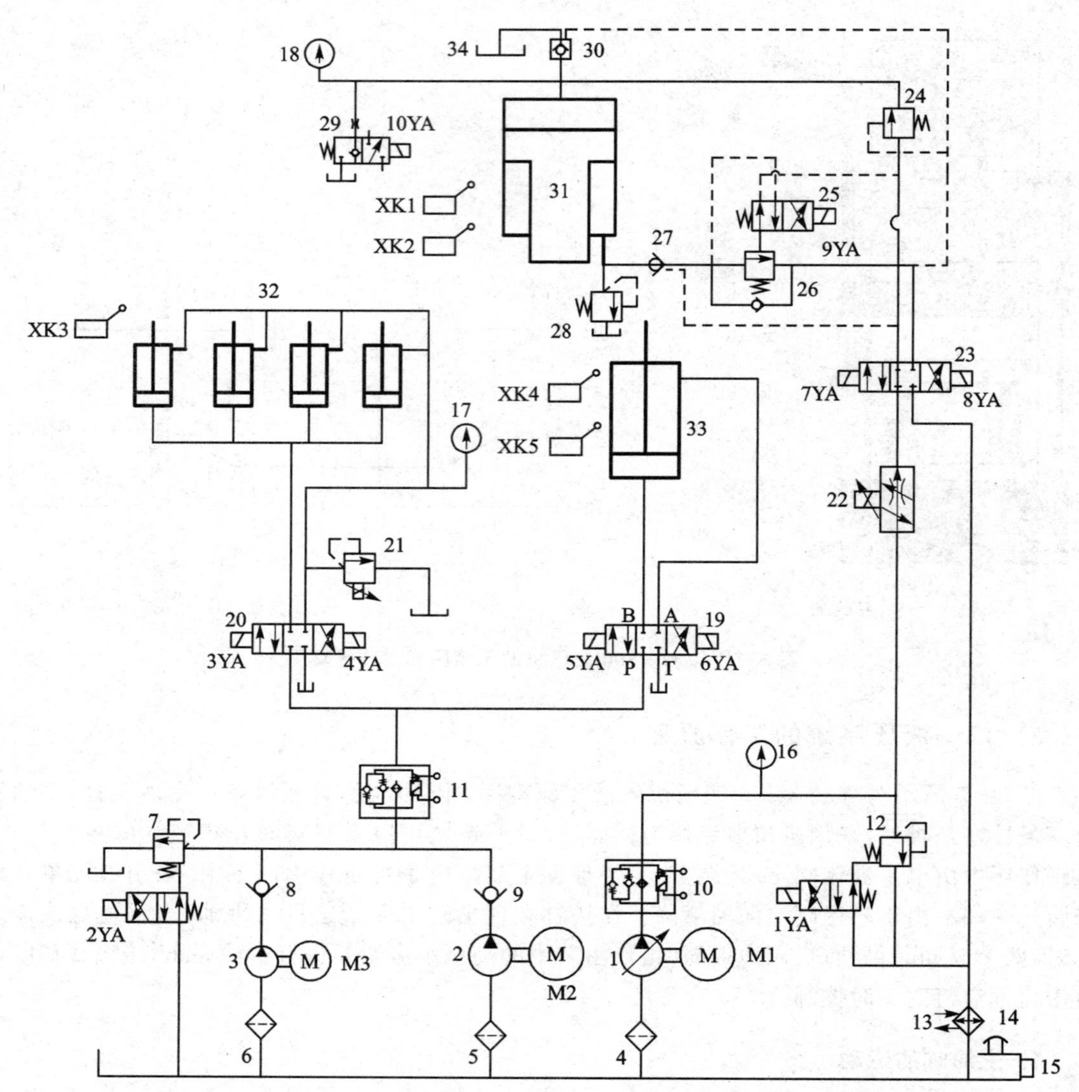

1—单向变量泵；2、3—定量泵；4、5、6—滤油器；7、12—电磁溢流阀；8、9—单向阀；10、11—管路滤油器；13—冷却器；14—空气滤清器；15—液位计；16、17、18—压力表；19、20、23、25—电磁换向阀；21—比例溢流阀；22—比例调速阀；24—顺序阀；26—单向顺序阀；27—液控单向阀；28—安全阀；29—电磁球阀；30—充液阀；31—主油缸；32—压边缸；33—顶件缸；34—充液油箱；XK1、XK2、XK3、XK4、XK5—行程开关

图 5-2 Y32-500 液压机的液压原理图

慢速加载下行。

进油路线：

单向变量泵 1→管路滤油器 10→比例调速阀 22→电磁换向阀 23 左→顺序阀 24→主油缸上腔

回油路线：

主油缸下腔→液控单向阀 27→单向顺序阀 26→电磁换向阀 23 左→冷却器 13→油箱

(3) 主油缸保压

当上模和下模合模保压时，关闭主缸下行电磁阀，对工件进行保压定型。此时，液压油依

靠电磁阀的密封性保压。

(4) 主油缸泄压

达到保压时间后，电磁球阀 29 打开，主油缸上腔压力释放，避免对液压主要回路造成液压冲击。

(5) 主油缸快速回程

主油缸上腔泄压后，主油缸快速返回原位，回油时，充液阀 30 打开，一部分液压油通过充液阀回到充液油箱，其余油液通过电磁换向阀回到油箱。

进油路线：

单向变量泵 1→管路滤油器 10→比例调速阀 22→电磁换向阀 23 右→单向顺序阀 26→液控单向阀 27→主油缸下腔

回油路线：

{主油缸上腔→顺序阀 24→电磁换向阀 23 右→冷却器 13→油箱
主油缸上腔→充液阀 30→充液油箱 34

表 5-1 所列为 Y32-500 液压机电磁铁的动作顺序表，下面分别说明各回路的工作原理。

表 5-1　Y32-500 液压机电磁铁的动作顺序表

电磁铁动作	1YA	2YA	3YA	4YA	5YA	6YA	7YA	8YA	9YA	10YA	M1	M2	M3	发讯元件
压边缸下行	−	+	−	+	−	−	−	−	−	−	−	+	+	继电器
压边缸保压	−	+	−	+	−	−	−	−	−	−	−	−	+	1YJ
主缸快速下行	+	+	−	+	−	−	+	−	−	−	+	−	+	1YJ
主缸慢速加载	+	+	−	+	−	−	+	−	+	−	+	−	+	继电器
主缸保压	−	+	−	+	−	−	−	−	−	−	+	−	+	2YJ
主缸泄压	−	+	−	+	−	−	−	−	−	+	+	−	+	时间继电器
主缸快速回程	+	+	−	+	−	−	−	+	−	−	+	−	+	时间继电器
压边缸退回	−	+	+	−	−	−	−	−	−	−	−	+	+	XK1
顶件缸上行	−	+	−	−	+	−	−	−	−	−	−	+	+	XK3
顶件缸退回	−	+	−	−	−	+	−	−	−	−	−	+	+	XK4

2. 压边缸的运动

(1) 压边缸下行

为提高生产效率，应尽量提高下行速度，因此定量泵 2 和定量泵 3 都要工作。

进油路线：

定量泵 2、定量泵 3→管路滤油器 11→电磁换向阀 20 右→压边缸上腔

回油路线：

压边缸下腔→电磁换向阀 20 右→油箱

(2) 压边保压

当压边缸下行与下模接触后，其压力迅速升高，当压力达到预定值时，压力继电器发出信号，比例调压阀开始自动调压，从而保持压边力的恒定，由于此时流量非常小，所以只需定量泵

3 工作即可。

进油路线：

定量泵 3→管路滤油器 11→电磁换向阀 20 右→压边缸上腔

回油路线：

压边缸下腔→电磁换向阀 20 右→油箱

(3) 压边缸退回

成型结束后，当主油缸活塞回到上极限位置时，触动行程开关 XK1，启动定量泵 2、定量泵 3 工作，压边缸快速退回。

进油路线：

定量泵 2、定量泵 3→管路滤油器 11→电磁换向阀 20 左→压边缸下腔

回油路线：

压边缸上腔→电磁换向阀 20 左→油箱

3. 顶件缸的运动

(1) 顶件缸上行

主油缸和压边缸回到原位后，由于工件成型后的回弹等作用，工件在模具里面不容易取出，此时顶件缸上行，将工件顶出。

进油路线：

定量泵 2、定量泵 3→管路滤油器 11→电磁换向阀 19 左→顶件缸下腔

回油路线：

顶件缸上腔→电磁换向阀 19 左→油箱

(2) 顶件缸下行

工件顶出后，顶件缸退回原位，一个冲压周期结束。

进油路线：

定量泵 2、定量泵 3→管路滤油器 11→电磁换向阀 19 右→顶件缸上腔

回油路线：

顶件缸下腔→电磁换向阀 19 右→油箱

5.1.4 液压系统的特点

液压系统的特点如下：

① 系统利用主油缸活塞及模具自重实现快速下行，并通过充液阀和安装在液压机顶部的充液油箱实现快速充液，从而减小主油缸液压泵的流量，简化系统回路，降低功率消耗。

② 主油缸回路采用压力补偿型变量柱塞泵，当主油缸开始加载时，系统压力逐渐增大，流量随之逐渐减小；当系统开始保压时，压力保持不变，流量趋近于零。

③ 系统通过比例溢流阀来调节压边载荷，通过比例调速阀来调节主油缸速度，易于实现计算机自动控制，且控制精度高。

④ 主油缸在自重作用下，由于电磁阀密封性较差，主油缸很容易自行下滑，采用液控单向阀后，由于单向阀密封性好，可以较好地解决这个问题。

5.2　组合机床液压系统

5.2.1　概　述

组合机床液压系统主要由通用部件（动力滑台、床身、立柱、回转工作台等）和辅助部分（如定位、夹紧）组成。动力滑台是用以实现进给运动的动力部件，配以各种切削头及支承部件以组成不同类型的组合机床，用以完成钻、扩、铰、镗、锪窝、刮端面、倒角、车端面、铣、攻丝等工序。组合机床动力滑台以速度变换为主，最高工作压力不超过 6.3 MPa。图 5-3 所示为组合机床动力滑台示意图及工作循环图。

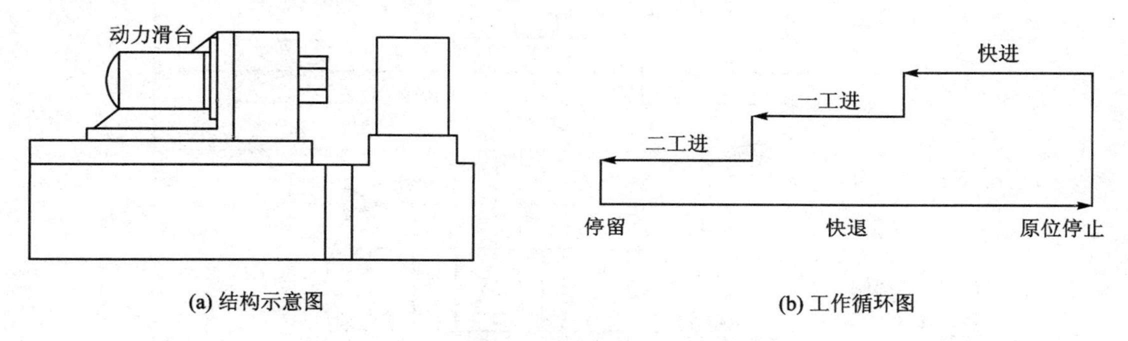

(a) 结构示意图　　(b) 工作循环图

图 5-3　组合机床动力滑台示意图及工作循环图

5.2.2　液压系统及其工作原理

图 5-4 所示为组合机床动力滑台的液压系统工作原理，该系统采用限压式变量泵供油，变量泵与进油路的调速阀组成容积节流调速回路，用电液换向阀控制液压系统的主油路换向，用行程阀实现快进和工进的速度换接。它可实现多种工作循环，下面以快进→一工进→二工进→死挡铁停留→快退→原位停止的自动工作循环为例，说明液压系统的工作原理。

1. 快　进

1YA 通电，液动换向阀处于左位。此时因为滑台空载运行，系统压力不高，顺序阀处于关闭状态，液压缸为差动连接，系统油液流动情况如下：

进油路：

变量泵→单向阀 1→液动换向阀左位→行程阀右位→液压缸左腔

回油路：

液压缸右腔→液动换向阀左位→单向阀 2→行程阀右位→液压缸左腔

2. 一工进

当滑台快进到达预定位置（刀具趋近工件位置）时，挡铁压下行程阀，于是调速阀 1 接入油路，压力油必须经调速阀 1 才能进入液压缸左腔，负载增大，泵压力升高，打开顺序阀，单向阀 2 被高压油封死，此时油路如下：

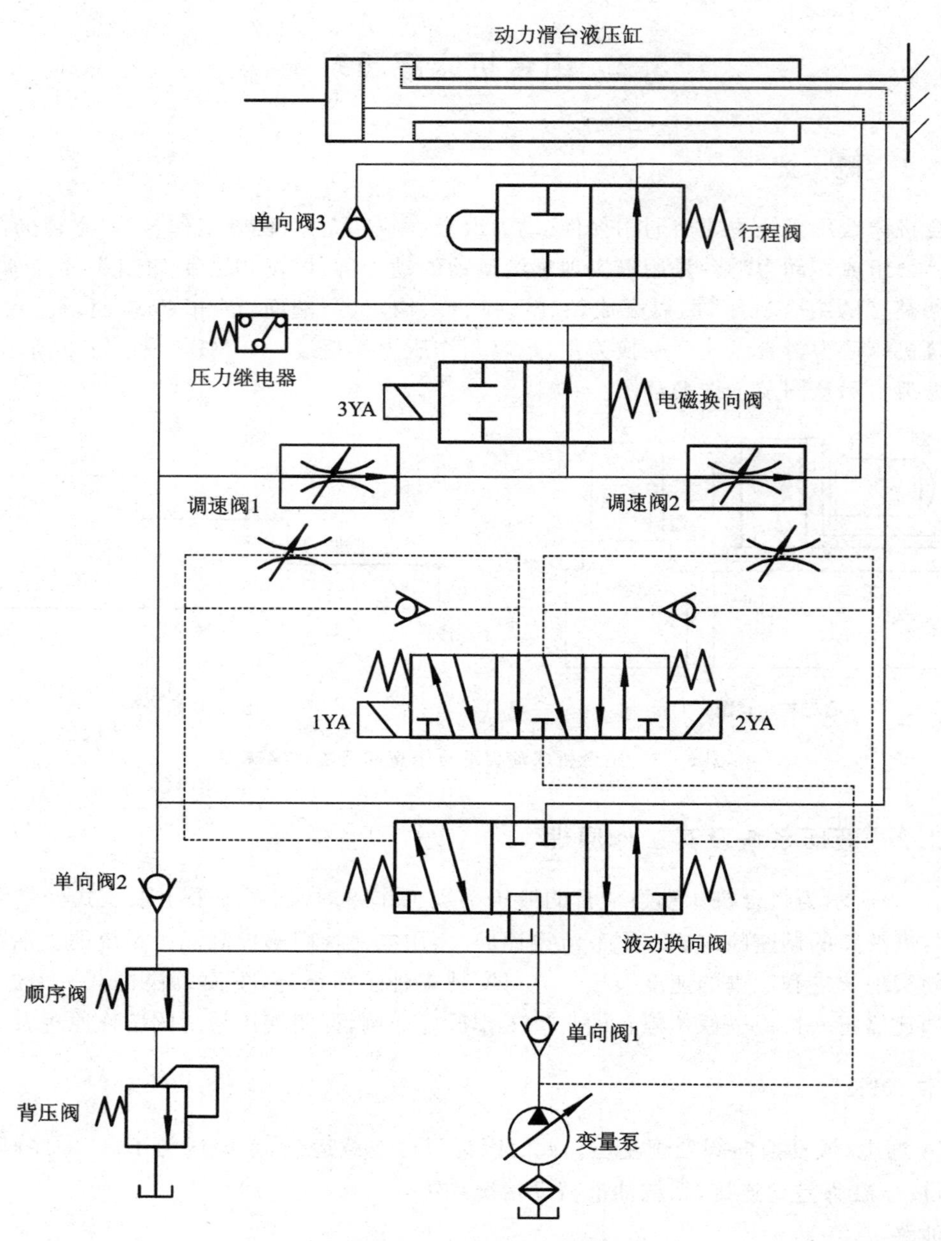

图 5-4 液压系统工作原理

进油路：

变量泵→单向阀 1→液动换向阀左位→调速阀 1→电磁换向阀右位→液压缸左腔

回油路：

液压缸右腔→液动换向阀左位→顺序阀→背压阀→油箱

3. 二工进

当第一工进到位时，滑台上的另一挡铁压下行程开关，电磁铁 3YA 通电，顺序阀仍打开，变量泵输出流量与调速阀2的开口相适应。

进油路：

变量泵→单向阀1→液动换向阀左位→调速阀1→调速阀2→液压缸左腔

回油路：

液压缸右腔→液动换向阀左位→顺序阀→背压阀→油箱

4. 死挡铁停留

当被加工工件为不通孔且轴向尺寸要求严格，或需刮端面等情况时，要求实现死挡铁停留。当滑台二工进到位碰上预先调好的死挡铁时，活塞不能再前进，停留在死挡铁处，停留时间用压力继电器和时间继电器（装在电路上）来调节和控制。

5. 快　退

滑台在死挡铁上停留后，泵的供油压力进一步升高，当压力升高到压力继电器的预调动作压力时（这时压力继电器入口压力等于泵的出口压力，其压力增值主要取决于调速阀2的压差），压力继电器发出信号，使1YA断电，2YA通电，液动换向阀处于右位。这时油路如下：

进油路：

变量泵→单向阀1→液动换向阀右位→液压缸右腔

回油路：

液压缸左腔→单向阀3→液动换向阀右位→油箱

6. 原位停止

当进给缸左退到原位时，挡铁碰行程开关发出信号，使1YA、2YA、3YA断电，液动换向阀处于中位，进给缸停止。此时系统卸荷，油路如下：

变量泵→单向阀1→液动换向阀中位→油箱

5.2.3　液压系统的特点

液压系统的特点如下：

① 系统采用了“限压式变量泵-调速阀-背压阀”式的容积节流调速回路，因此能保证稳定的低速运动、较好的速度刚性和较大的调速范围（约100），背压阀可防止动力滑台发生前冲。

② 系统采用了变量泵和液压缸的差动连接实现快进，能量利用合理。当滑台停止运动时，液动换向阀使液压泵低压卸荷，减少能量损耗。

③ 系统采用了行程阀和顺序阀实现快进与工进的换接，不仅简化了电路，而且使动作可靠，换接精度也比电气控制式高。而两个工进之间的换接，由于两者速度都较低，故采用电磁换向阀完全能保证换接精度。

5.3　飞机液压系统

5.3.1　概　述

飞机液压系统与其他设备的液压系统基本类似，习惯上分为供压（泵源回路）和工作回路两部分，为了保证安全性和可靠性，现代飞机普遍采用余度设计，具有几个独立的液压源，如波音 737 和空客 A320 系列一般有 3 个独立的液压源系统。目前，飞机液压系统的工作回路包括针对起落架、襟翼、减速板(扰流板)、舱门、辅助进气门等的收放回路，以及刹车、前轮转弯、进气锥等的操纵回路。

图 5-5 所示为飞机液压控制部分示意图。

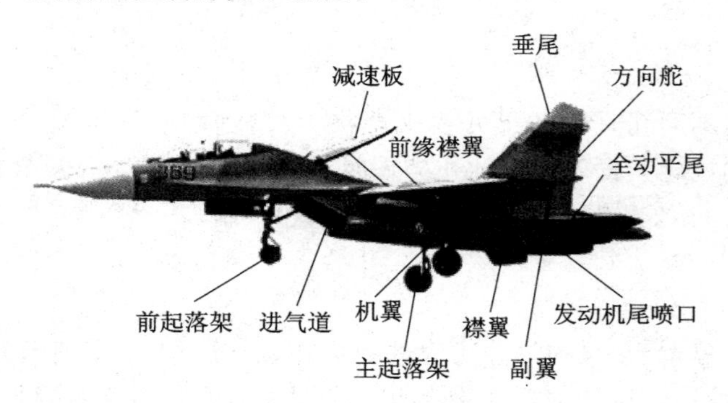

图 5-5 飞机液压控制部分示意图

5.3.2 液压系统及其工作原理

图 5-6 所示为某歼击机全机液压系统原理图，上部分为液压收放系统，下部分为液压助力系统，二者相互独立。为保证助力系统工作可靠，在助力系统能源回路上并联一台应急风动泵作为应急动力源，同时也为起落架应急下放提供动力。

1. 动力源回路

液压动力源由自供油箱、变量柱塞泵、油滤、单向阀、安全阀、蓄能器、煤油-液压油散热器、压力表传感器等组成。由于飞机飞行环境复杂，采用增压油箱可以给油箱里的油液增压，提高效率。

2. 工作回路

(1) 发动机进气量调节回路

发动机进气量调节回路包括进气锥调节回路和辅助进气门收放回路。当飞机高速飞行时，为提高进气效率，采用电液伺服阀控制进气锥的位置，使之随飞行马赫数的变化而变化。当飞机在地面工作或处于起飞状态时，由于飞行速度为零，为保证发动机所需进气量，打开辅助进气门补充进气。

(2) 放气门收放回路

当飞机作超音速飞行时，如果进气道的进气量大于发动机所需进气量，则会发生喘振。通过放气门收放回路打开放气门可以放出多余空气，以防止喘振的发生。

(3) 前轮转弯操纵回路

前轮转弯操纵回路为飞机在地面滑行时提供方向控制，图 5-6 中采用伺服阀控制前轮叶片马达实现偏转。

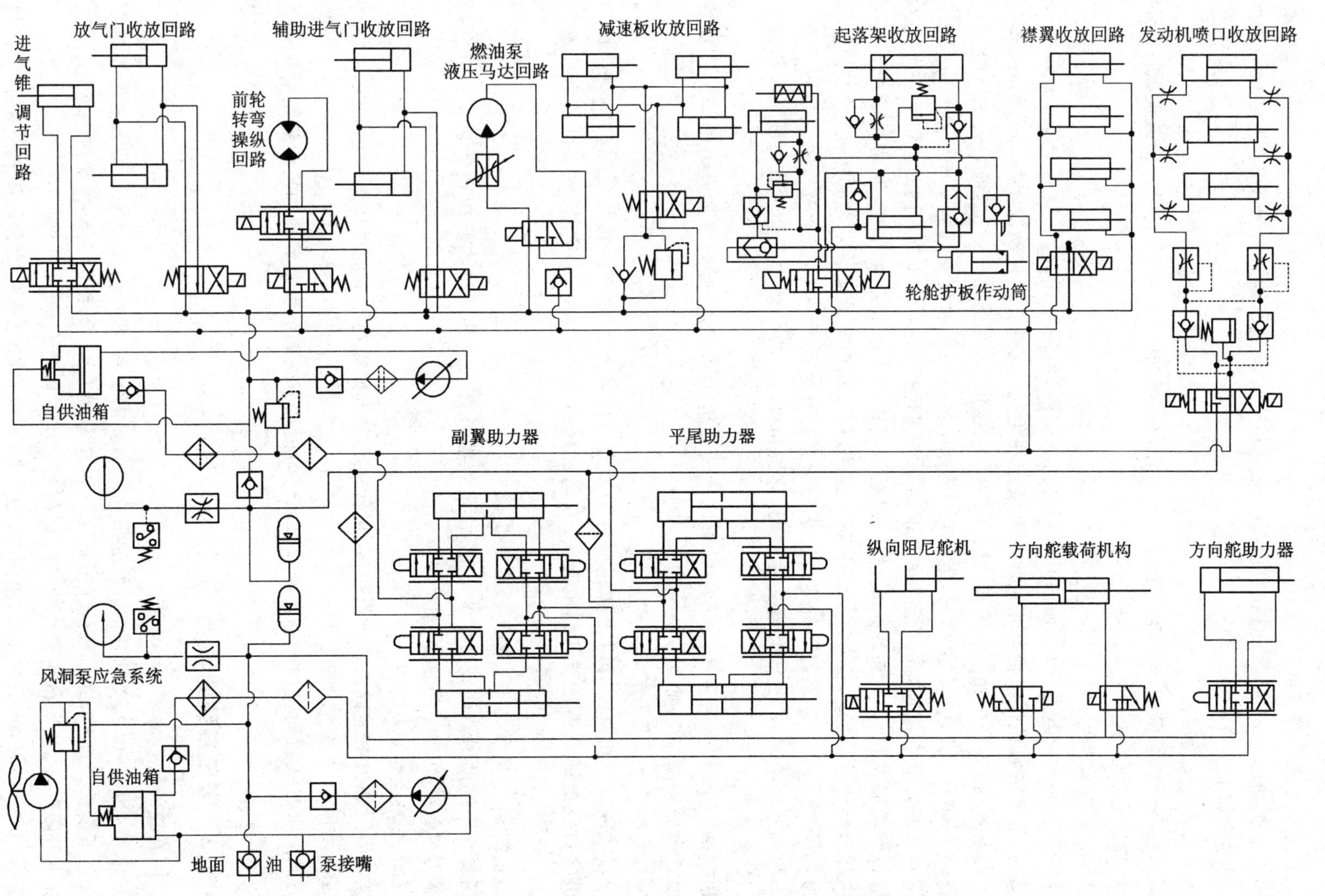

图5-6　某歼击机全机液压系统原理图

(4) 燃油泵液压马达回路

当电磁阀通电时，马达带动燃油泵旋转，调速阀用来满足燃油泵恒速要求，为防止马达反转，在回油管路上装有一个单向阀。

(5) 减速板收放回路

减速板在飞机着陆或空中战术中可以降低升力并增加阻力。对左右对称的减速板要求动作协调，操纵较为简单。

(6) 起落架收放回路

一般飞机在收起起落架时，舱门开锁，舱门作动筒将舱门打开；起落架下位锁作动筒打开下位锁，起落架在收放作动筒作用下收起并锁定在上位，最后舱门作动筒将舱门关闭并锁定。当放下起落架时，顺序则相反：先开舱门，然后开上位锁、放起落架并锁定，最后关上舱门。

在图5-6中，当放下起落架时，电磁阀切换至右位，高压油首先进入顺序作动筒无杆腔，推动活塞运动打开上位锁，同时打开中间油路，从中间油路出来的油分为两路，其中，一路进入轮舱护板作动筒左腔，打开机轮护板；另一路经液压锁进入主起落架左腔，推动活塞放下起落架。主起落架作动筒回油腔出口处有单向节流阀，可以减缓起落架放下时的速度，一方面缓和撞击力，另一方面使起落架放下的速度比机轮护板打开速度慢一些，起延时作用。

当收起起落架时，电磁阀切换至左位，起落架和机轮护板的动作顺序正好和放下时相反。

(7) 襟翼收放回路

根据增升原理，当后缘襟翼放出时，可以增大飞机实际迎角，起到增加升力的作用。襟翼的收放通过作动筒来实现。

(8) 发动机喷口收放回路

通过收缩发动机尾喷口可以防止燃气因不完全膨胀而造成推力损失，提高发动机效率。发动机喷口收放回路由三位四通电磁阀、双向液压锁、热安全阀、定量器、同步活门和作动筒组成。

(9) 副翼、平尾和方向舵助力操纵系统

副翼和平尾助力器作动筒均为双腔，每个腔都有自己的分配机构和单独的泵源。方向舵助力器为单腔结构，由助力操纵系统泵源供压。

(10) 纵向阻尼舵机系统

纵向阻尼舵机由增稳系统进行控制，可保证驾驶员操纵与阻尼舵机操纵的独立性。

(11) 方向舵液压式载荷机构

方向舵液压式载荷机构用于在操纵方向舵时模拟方向舵的气动载荷和松开脚蹬后自动回到中立位置。

5.3.3 液压系统的特点

液压系统的特点如下：

① 余度设计。由于飞机对安全性和可靠性的要求很高，收放液压系统和助力液压系统都配有应急蓄能器。此外，助力系统还并联了一台应急风动泵，为助力系统提供应急能源，当主系统发生故障时，应急系统可供应急放下起落架及机轮应急刹车。

② 由于飞机飞行高度较高，所处环境气压低，所以飞行过程可能会产生剧烈运动。为提高油泵效率，收放液压系统和助力液压系统均采用增压油箱，利用增压活塞将弹簧力及系统压

力给油箱里的油液增压。

习 题

1. 对于 Y32－500 液压机的液压系统(见图 5－2)：

(1) 安全阀 28 的作用是什么？可以去掉吗？

(2) 此液压机的压边横梁采用 4 个压边缸同时动作，请分析其同步性。如果不同步，该如何解决？

(3) 由于顶件缸会和主缸或压边缸发生动作干涉，请问该如何协调？

2. 根据组合机床动力滑台的动作分析完善习题表 5－1 所列的动作循环表。

习题表 5－1

动作名称	快 进	一工进	二工进	停 留	快 退	停 止
1YA						
2YA						
3YA						
电磁换向阀						
液动换向阀						
行程阀						
顺序阀						
单向阀 2						
单向阀 3						
调速阀 1						
调速阀 2						

第6章 液压伺服系统

6.1 液压伺服系统简介

6.1.1 液压伺服系统的工作原理

液压伺服系统是以液压动力元件作驱动装置所组成的反馈控制系统。在这种系统中，输出量(位移、速度、力等)能够自动地、快速而准确地复现输入量的变化规律；与此同时，该系统还对输入信号进行功率放大，因此也是一个功率放大装置。

在此，通过举例说明液压伺服系统的工作原理。图6-1所示是一个简单的液压伺服系统的工作原理图，图中，液压泵4以恒定的压力向系统供油，其供油压力由溢流阀3调节。四边滑阀1作为转换放大元件，将输入的机械信号(阀芯位移)转换成液压信号(流量、压力)输出，并加以功率放大。液压缸2则是执行元件，输入的是压力油的流量，输出的是运动速度(或位移)。滑阀阀体与液压缸缸体刚性连接在一起，构成反馈回路。因此，这是个闭环控制系统。

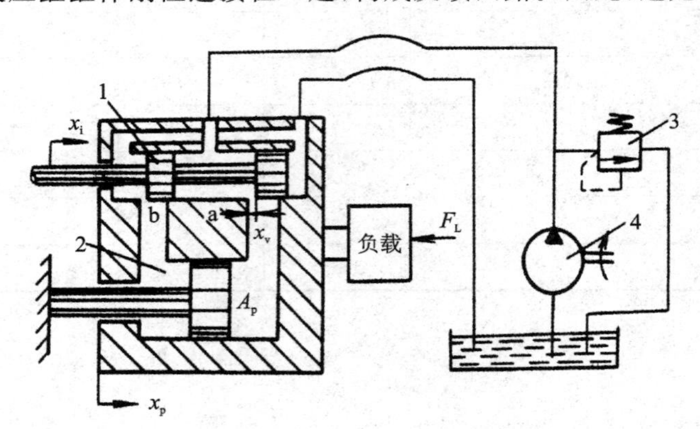

1—滑阀；2—液压缸；3—溢流阀；4—液压泵

图6-1 机液伺服系统的工作原理图

当滑阀阀芯处于阀套中间位置时，阀的4个窗口均关闭(阀芯凸肩宽度与阀套窗口宽度相等)，阀没有流量输出，液压缸不动。如果给阀芯一个输入位移，例如向右移动 x_i，则窗口a、b便有一个相应的开口量 $x_v=x_i$，压力油经窗口a进入液压缸右腔，推动缸体右移，液压缸左腔油液经窗口b回油。在缸体右移的同时，带动阀体也右移，使阀的开口量减小，即 $x_v=x_i-x_p$。当缸体位移 x_p 等于阀芯位移 x_i 时，阀的开口量 $x_v=0$，阀的输出流量为零，液压缸停止运动，处在一个新的平衡位置上，从而完成了液压缸输出位移对阀芯输入位移的跟随运动。如果阀芯反向运动，则液压缸也反向跟随运动。

液压伺服系统的工作原理方框图如图6-2所示。由于阀体与液压缸缸体构成了负反馈，液压缸的输出位移能够连续不断地反馈到阀体上，与滑阀阀芯的输入位移相比较，得出两者之间的位置偏差，这个位置偏差就是滑阀的开口量。滑阀有开口量就有压力油输出到液压缸，驱动液压缸运动，使阀的开口量(偏差)减小，直到输出位移与输入位移相一致为止，即以偏差来消除偏差，这就是反馈控制的原理。在该系统中，移动滑阀阀芯所需要的信号功率很小，而系统的输出功率却可以达到很大，因此这是个功率放大装置。功率放大所需的能量是由液压能源供给的，供给能量的控制是根据伺服系统偏差的大小自动进行的。因此，液压伺服系统也是一个控制液压能源输出的装置。

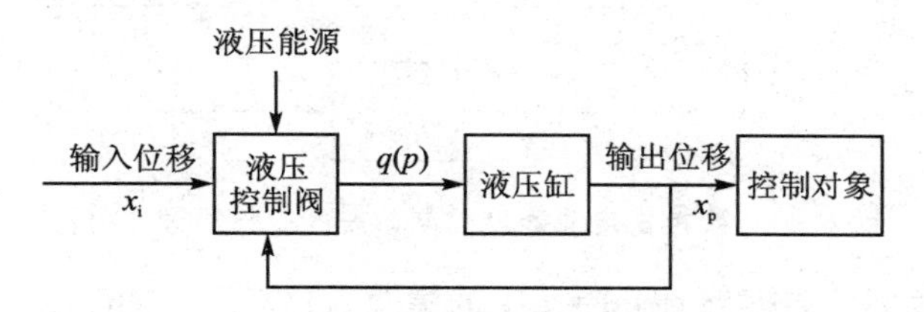

图 6-2　液压伺服系统的工作原理方框图

在图 6-1 所示的系统中，其输出量是位移，故称为位置液压伺服系统。在该系统中，输入信号和反馈信号均由机械构件实现，所以也称为机械液压伺服系统。液压控制元件为滑阀，靠节流原理工作，故也称为节流式或阀控式液压伺服系统。

图 6-3 所示是泵控式电液速度控制系统的原理图。该系统的液压动力元件由变量泵和液压马达组成，变量泵既是液压能源又是液压控制元件。由于操纵变量机构所需的力较大，通常采用一个小功率的液压放大装置作为变量控制机构。如图 6-3 所示的系统采用阀控式电液位置伺服机构(与图 6-1 所示的系统相似)作为泵的变量控制机构。液压马达的输出速度由测速发电机检测，转换为反馈电压信号 u_f，与输入指令电压信号 u_r 相比较，得出偏差电压信号 $u_e = u_r - u_f$，作为变量控制机构的输入信号。

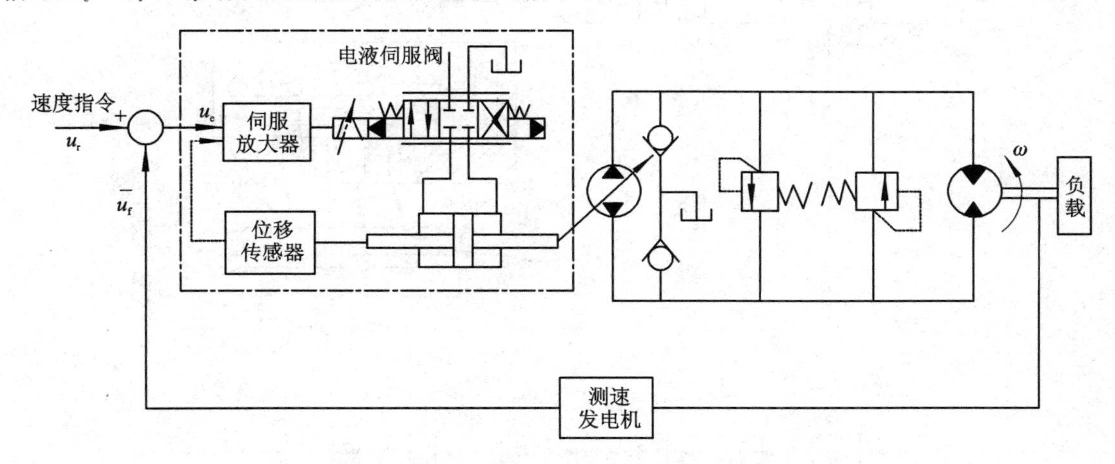

图 6-3　泵控式电液速度控制系统的原理图

当速度指令为 u_{r0} 时，负载以某个给定的转速 ω_0 工作，测速机输出反馈电压 u_{f0}，则偏差电压 $u_{e0} = u_{r0} - u_{f0}$。这个偏差电压对应于一定的液压缸位置，从而对应于一定的泵流量输出，此流量为保持负载转速 ω_0 所需的流量。可见，偏差电压 u_{e0} 是保持工作转度 ω_0 所需要的，因此，这是个有差系统(内部控制回路闭合)。如果负载变化或其他原因引起转速发生变化，则 $u_f \neq u_{f0}$，假如 $\omega > \omega_0$，则 $u_f > u_{f0}$。此时，$u_e = u_{r0} - u_f < u_{e0}$，使液压缸输出位移减小，于是泵输

出流量减小,液压马达转速便自动下调至给定值。反之,如果转速下降,则 $u_f < u_{f0}$,因而 $u_e > u_{e0}$,使液压缸输出位移增大,于是泵输出流量增大,液压马达转速便自动回升至给定值。可见,在速度指令一定时,液压马达转速可保持恒定,不受负载变化等的影响。如果速度指令变化,则液压马达转速也会相应变化。系统的工作原理方框图见图 6-4。

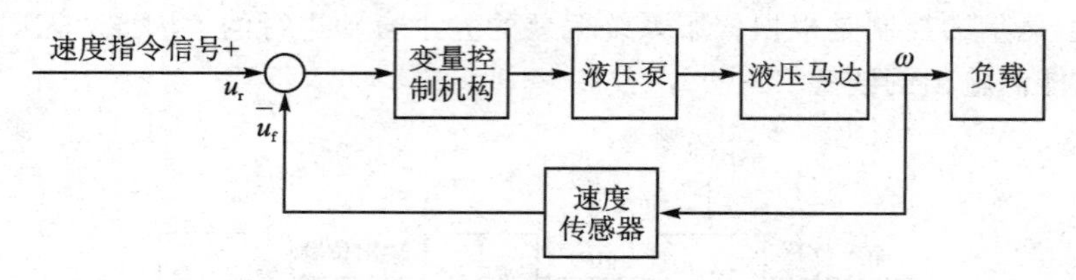

图 6-4 泵控式电液速度控制系统的工作原理方框图

在这个系统中,内部控制回路(图 6-3 中的虚线)可以闭合也可以不闭合。当内部控制回路闭合时,由于消除了液压泵变量液压缸的积分作用,使前置级不再带有积分环节,所以整个系统成为 0 型系统。当内部控制回路不闭合时,整个系统是Ⅰ型系统。

在航空技术中,力或压力的液压伺服控制常用在地面的模拟加载装置中。一种最常用的力控制系统原理图如图 6-5 所示。其中,受载体即被加力的对象是有弹性的物体,如刹车系统的刹车片,飞机或导弹的翼面,也可以是材料试验机上的试样。力控制系统的功能是按给定信号给受力对象施加一个力,故称为施力系统。在图 6-5 中,通过一电液伺服控制系统对受力对象施加一个力,由力传感器测量此力并反馈到输入端与给定信号相比较,用比较信号的误差信号去修正阀芯位移,从而使加载力与给定值基本一致。

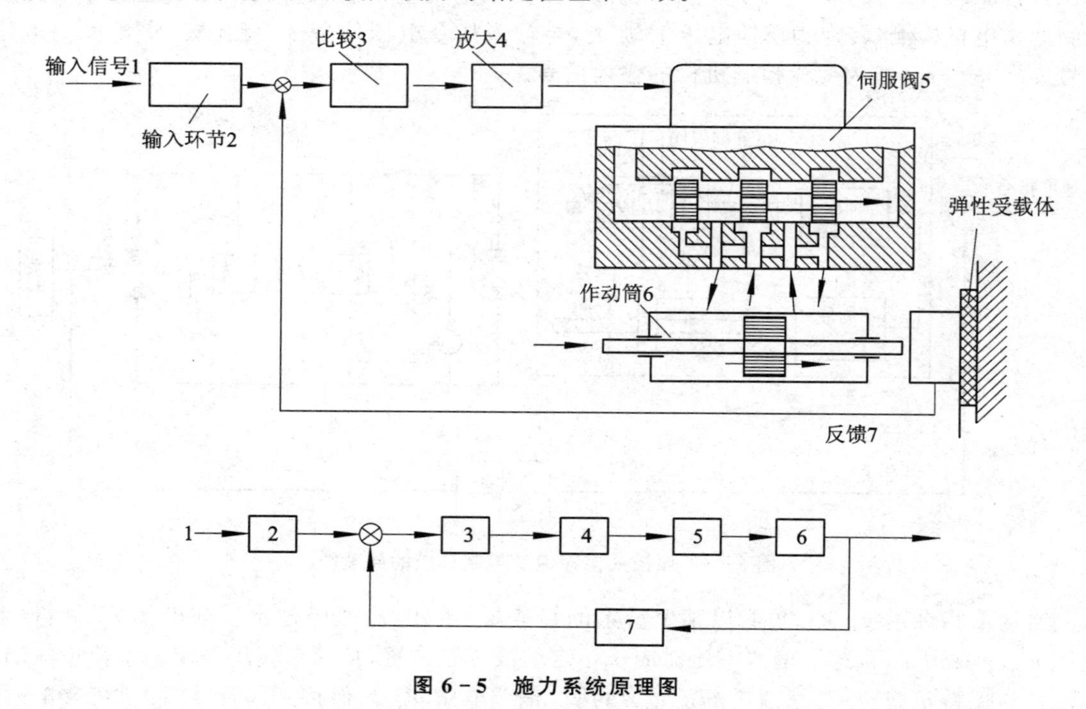

图 6-5 施力系统原理图

除了上述的位置、速度、力的伺服控制外,常用的还有加速度控制,如实验室中用的模拟导弹或飞机控制的振动台,此时所用的反馈传感器是加速度传感器,加速度传感器测出输出轴上的加速度信号并与给定信号相比较，按比较的偏差信号进行控制。

综上所述，液压伺服系统的工作原理与一般伺服系统的工作原理一样，都是按输入信号和反馈信号的差值进行工作的，即按偏差的控制原理工作。对于这种具有反馈的控制，我们称之为伺服控制。伺服系统可以实现被控量按控制信号给定规律变化的控制目的。显然，对没有反馈作用的开环控制来说是达不到目的的，因为它没有修正偏差的能力。液压伺服系统的基本组成有：给定信号、比较器、调节器或称调节机构、执行机构、反馈装置、被控负载及液压能源等。控制调节机构所需的信号功率是很小的，而系统的输出功率可以很大，而如此大功率的输出是靠能源供给的。因此，液压伺服系统也是一种控制原动机能源输出的装置。

6.1.2　液压伺服系统的组成及分类

1. 液压伺服系统的组成

液压伺服系统由以下一些基本元件组成(见图 6－6)：

输入元件：也称指令元件，它给出输入信号(指令信号)加在系统的输入端。该元件可以是机械的、电气的、气动的等，如指令电位器、PLC 和计算机等。

检测反馈元件：测量系统的输出并转换为反馈信号。各种传感器常作为检测反馈元件。

比较元件：将反馈信号与输入信号进行比较，给出偏差信号。

放大转换元件：将偏差信号放大并转换成液压信号(流量或压力)，如伺服放大器、机液伺服阀、电液伺服阀等。

执行元件：产生调节动作加在控制对象上，实现调节任务，如液压缸和液压马达等。

控制对象：被控制的机器设备或物体，即负载。

此外，还可能有各种校正装置以及不包含在控制回路内的动力源装置。

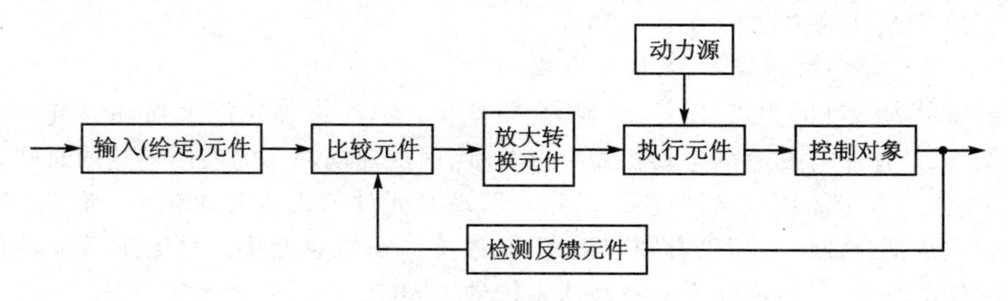

图 6－6　液压伺服系统的组成

2. 液压伺服系统的分类

液压伺服系统可以从以下几方面进行分类：

① 按输入的信号变化规律分类：有定值控制系统、程序控制系统和伺服系统 3 类。其中，当系统输入信号为定值时，称为定值控制系统，其基本任务是提高系统的抗干扰能力；当系统的输入信号按预先给定的规律变化时，称为程序控制系统；伺服系统也称为随动系统，其输入信号是时间的未知函数，输出量能够准确、迅速地复现输入量的变化规律。

② 按输入信号的不同分类：有机液伺服系统、电液伺服系统、气液伺服系统等。

③ 按输出的物理量分类：有位置伺服系统、速度伺服系统、力(或压力)伺服系统等。

④ 按控制元件分类：有阀控系统(节流式)和泵控系统(容积式)。其中,阀控系统又可分为滑阀式、转阀式、喷嘴挡板式、射流管式等。阀控系统是由伺服阀来控制油源流入执行机构的流量,由于包含的容积小,而且供油压力为常值,因此对阀和负载的输入响应很快,但不管负载如何,供油压力总是常值,而且泄漏量较大,故效率较低。泵控系统是由变量泵供油给执行机构的,由于必须逐步建立起压力,同时包含的容积较大,以及排量伺服系统的响应较慢,因此整个系统的响应较慢,但由于压力及流量都与负载所要求的值严格匹配,因此效率较高。机械设备中以阀控系统应用较多。

6.1.3 液压伺服控制的优缺点

液压伺服控制具有很多的优点,从而获得广泛的应用,但也存在一些缺点,而这些缺点限制了它的应用。

1. 液压伺服控制的优点

液压伺服系统与其他类型的伺服系统相比,具有以下优点：

(1) 液压元件的功率-重量比和力矩-惯量比(或力-质量比)大

与电气元件相比较可知,电气元件的最小尺寸取决于最大的有效磁通密度和功率损耗所产生的发热量(与电流密度有关)。最大有效磁通密度受磁性材料的磁饱和限制,而发热量散发又比较困难。因此,电气元件的结构尺寸比较大,功率-重量比和力矩-惯量比小。液压元件功率损耗所产生的热量可由油液带到散热器去散发,它的尺寸主要取决于最大工作压力。由于最大工作压力可以很高,所以液压元件的体积小、质量小,而输出力或力矩却很大,使功率-重量比和力矩-惯量比(或力-质量比)大。一般液压泵的重量只是同功率电动机重量的10%～20%,尺寸为后者的12%～13%。液压马达的功率-重量比一般为相当容量电动机的10倍,而力矩-惯量比为电动机的10～20倍。

(2) 液压动力元件快速性好,系统响应快

由于液压动力元件的力矩-惯量比(或力-质量比)大,所以加速能力强,能高速启动、制动与反向。例如,加速中等功率的电动机需一至几秒,而加速同功率的液压马达的时间只需电动机的1/10左右。由于液压弹簧刚度很大,且液压动力元件的惯量又比较小,所以由液压弹簧刚度和负载惯量耦合成的液压固有频率很高,故系统的响应速度快。与液压系统具有相同压力和负载的气动系统,其响应速度只有液压系统的1/50。

(3) 液压伺服系统抗负载的刚度大,即输出位移受负载变化的影响小,定位准确,控制精度高

由于液压固有频率高,允许液压伺服系统特别是电液伺服系统有较大的开环放大系数,因此可以获得较高的精度和响应速度。另外,由于液压系统中油液的压缩性很小,同时泄漏也很小,故液压动力元件的速度刚度大,组成闭环系统时其位置刚度也大。电动机的开环速度刚度约为液压马达的1/5,电动机的位置刚度接近于零。因此,电动机只能用来组成闭环位置控制系统,而液压马达(或液压缸)却可以用来进行开环位置控制,当然闭环液压位置控制系统的刚度比开环时要高得多。由于气动系统气体受到可压缩性的影响,所以其刚度只有液压系统的1/400。

综上所述,液压伺服系统具有体积小、质量小、控制精度高、响应速度快的优点,这些优点对伺服系统来说是极其重要的。除此以外,液压伺服系统还有一些优点：如液压元件的润滑

性好、寿命长；调速范围宽、低速稳定性好；借助油管动力传输比较方便；借助蓄能器，能量存储比较方便；液压执行元件有直线位移式和旋转式两种，以增加它的适应性；过载保护容易；解决系统温升问题比较方便等。

2. 液压伺服控制的缺点

液压伺服控制的缺点如下：

① 液压元件抗污染能力差，特别是精密的液压控制元件（如电液伺服阀），对工作油液的清洁度要求高。污染的油液会使阀磨损而降低其性能，甚至被堵塞而不能正常工作。这是液压伺服系统发生故障的主要原因。因此，液压伺服系统必须采用精细过滤器。

② 油液的体积弹性模量随油温和混入油中的空气含量的变化而变化，油液的粘度也随油温的变化而变化，因此，油温变化时对系统的性能有很大的影响。

③ 当液压元件的密封设计、制造和使用维护不当时，容易引起外漏，造成环境污染。目前，液压系统仍广泛采用可燃性石油基液压油，其外漏可能引起火灾，所以有些场合不适用。

④ 液压元件制造精度要求高，成本高。

⑤ 液压能源的获得和远距离传输都不如电气系统方便。

6.2　机液伺服阀

液压控制阀是液压伺服系统中的主要控制元件，它的性能直接影响系统的工作特性。由于液压控制阀将小功率的位移信号转换为大功率的液压信号，所以也称为液压放大器。典型的液压控制阀有机液伺服阀和电液伺服阀，本节先讨论机液伺服阀。常见的机液伺服阀有滑阀、喷嘴挡板阀和射流管阀等形式，其中，滑阀的结构形式多样，应用比较普遍。

6.2.1　阀的结构形式

阀可分为3种类型：滑动式、骑座式和分流式，其对应的例子分别为滑阀、挡板阀和射流管阀。这些阀的原理如图6-7所示，用得最广泛的是滑动式滑阀，其典型结构如图6-7(a)～(c)所示。滑阀按液流进入和离开滑阀的“通道”数目、工作边数、凸肩数目、滑阀在中间位置时的开口形式来分类。因为所有的阀都必须有进油通道、回油通道以及至少一个通向负载的通道，所以阀不是三通的就是四通的。三通阀（见图6-7(d)）要求有一个偏压作用在面积不相等的两个活塞面的一边，以控制其反向。一般说来，活塞头一边的面积为活塞杆一边面积的2倍，供油压力作用在较小的面积上，以提供使活塞反向的偏压。四通阀（见图6-7(a)～(c)）总是有两条通向负载的通道。阀芯上的凸肩数从原初的一个到常见的3个或4个，而对于某些特殊的阀，其凸肩数可多达6个。

根据滑阀在中间位置时阀口初始开口量的不同，即阀芯台肩的宽度与阀体沉割槽的宽度的关系，滑阀的开口形式可分为负开口（$x_s<0$）、零开口（$x_s=0$）和正开口（$x_s>0$）3种形式，如图6-8所示。负开口在阀芯开启时存在一个死区且流量特性为非线性，影响精度，故较少采用。正开口在阀芯处于中位时存在较大泄漏，效率低，故一般用于中小功率场合。零开口滑阀的工作精度最高，控制性能最好，在高精度伺服系统中经常采用，但由于在工艺上很难保证，故实际上零开口允许有小于±0.025 mm的微小开口量偏差。

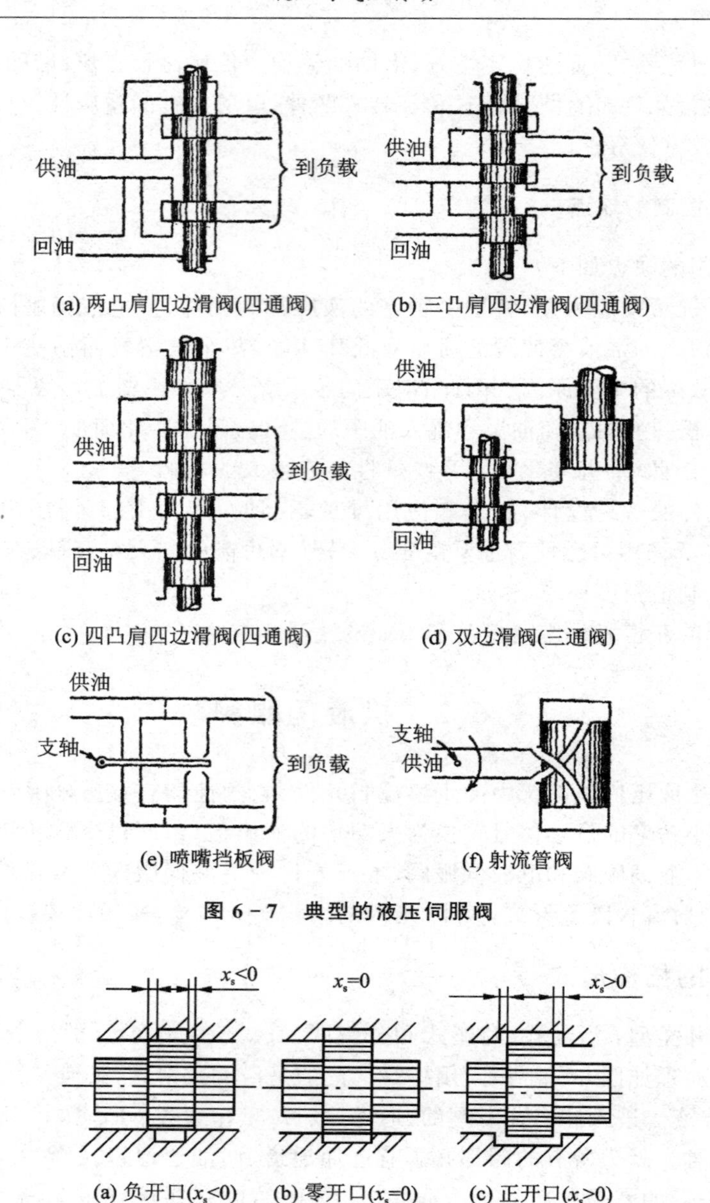

图 6－7　典型的液压伺服阀

图 6－8　滑阀的开口形式

阀的某些特性与其开口的形式有直接的关系，这些特性中最重要的是流量增益。以上 3 种开口形式阀的流量增益曲线如图 6－9 所示。事实上，从零位附近流量增益曲线的形状来确定阀的开口形式比从几何关系的角度来确定要好。零开口阀可通过使其各有关几何尺寸达到严密配合，以便在零位附近具有线性流量增益的办法来获得。但一般都需要一个微小的正重叠量，以补偿径向间隙的影响。

由于大多数的四通阀着重要得到线性流量增益，所以都做成零开口的。由于负开口阀的流量增益特性具有死区，因而是不理想的。因为死区导致稳态误差，并且有时还可能引起游隙，从而产生稳定性问题。正开口阀可以用于要求有一个连续的液流以便使油液维持合适温度的场合，同时也可以用于要求有恒定流量的系统。不过，由于其具有在零位时有较大的功率损耗、正开口区以外流量增益降低以及压力灵敏度较低等缺点，从而使其只限于用在某些特殊的场合。对于使用正开口阀的系统，其增益必须根据阀在零位时的增益来调整，因为在靠近零位处流量增益较大。因此，当阀偏离零位时，对系统的误差和带宽都将有不利的影响，因为此时流量增益降低了。正开口阀的这个特性是最不理想的。

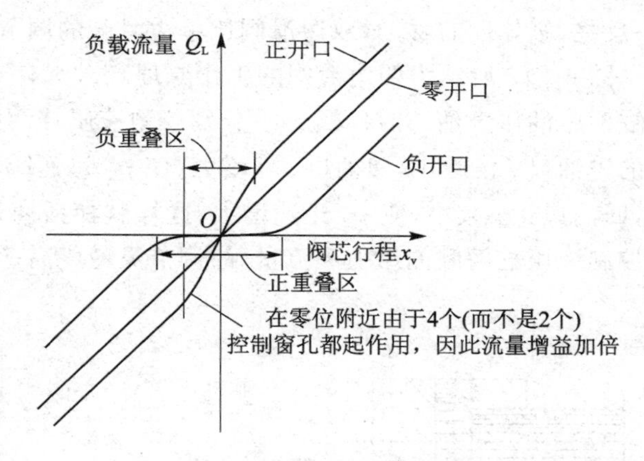

图 6-9　不同开口形式的流量增益

因为制造滑阀时要求有精确的配合公差，因此，相对来说成本是较高的；另外，滑阀对油液的污染也较为敏感。对于挡板阀(见图 6-7(e))，公差的要求就没有那么严格，因而从成本及抗污染这两方面来看都是具有吸引力的。挡板阀广泛地在二级电液伺服阀和机液伺服阀中作为第一级使用。菌状阀基本上都是两通阀，因而只限于用作止回阀和溢流阀，因为在这类阀中不要求液流反向。

射流管阀(见图 6-7(f))由于零位流量大、特性不易预测以及响应较慢等原因，使得其使用范围没有挡板阀那样广泛。这种阀的主要优点是，它对油液的污染不敏感。但是，由于特性更易预测的挡板阀也具有相似的性能，因而其往往被优先采用。

6.2.2　滑　阀

由于滑阀阀口节流特性较稳定，流量大小调整方便，制造上容易实现精密的加工尺寸，所以应用很广，尤其是在液压伺服系统中。根据滑阀控制边(起节流作用的工作棱边)数目的不同，可分为单边滑阀、双边滑阀和四边滑阀。

图 6-10 所示为单边滑阀的工作原理。滑阀控制边的开口量 x_s 控制着液压缸右腔的压力和流量，从而控制液压缸运动的速度和方向。来自泵的压力油进入单杆液压缸的有杆腔，通过活塞上的小孔 a 进入无杆腔，压力由 p_s 降为 p_1，再通过控制滑阀唯一的节流边流回油箱。在液压缸不受外载作用的条件下，$p_1A_1=p_sA_2$。当阀芯根据输入信号向左移动时，开口量 x_s 增大，无杆腔压力减小，于是 $p_1A_1<p_sA_2$，缸体向左移动。因为缸体和阀体连接成一个整体，故阀体左移又使开口量 x_s 减小(负反馈)，直至平衡。

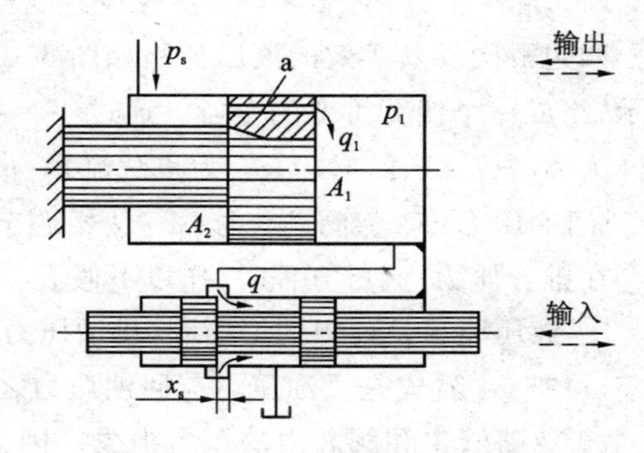

图 6-10　单边滑阀的工作原理

图 6-11 所示为双边滑阀的工作原理。压力油一路直接进入液压缸有杆腔，另一路经滑阀左控制边的开口 x_{s1} 和液压缸无杆腔相通，并经滑阀右控制边的开口 x_{s2} 流回油箱。当滑阀向左移动时，x_{s1} 减小，x_{s2} 增大，液压缸无杆腔压力 p_1 减小，两腔受力不平衡，缸体向左移

动;反之,缸体向右移动,双边滑阀比单边滑阀的调节灵敏度高,工作精度高。

图 6-12 所示为四边滑阀的工作原理。滑阀有 4 个控制边,开口 x_{s1}、x_{s2} 分别控制进入液压缸两腔的压力油,开口 x_{s3}、x_{s4} 分别控制液压缸两腔的回油。当滑阀向左移动时,液压缸左腔的进油口 x_{s1} 减小,回油口 x_{s3} 增大,使 p_1 迅速减小;与此同时,液压缸右腔的进油口 x_{s2} 增大,回油口 x_{s4} 减小,使 p_2 迅速增大,这样就使活塞迅速左移。与双边滑阀相比,四边滑阀同时控制液压缸两腔的压力和流量,故调节灵敏度高,工作精度也高。

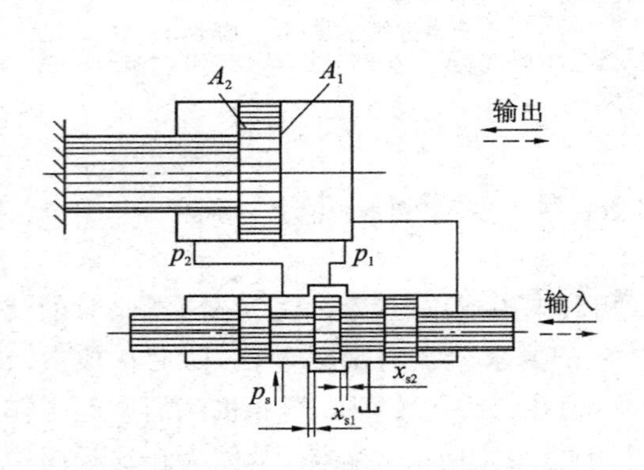

图 6-11 双边滑阀的工作原理

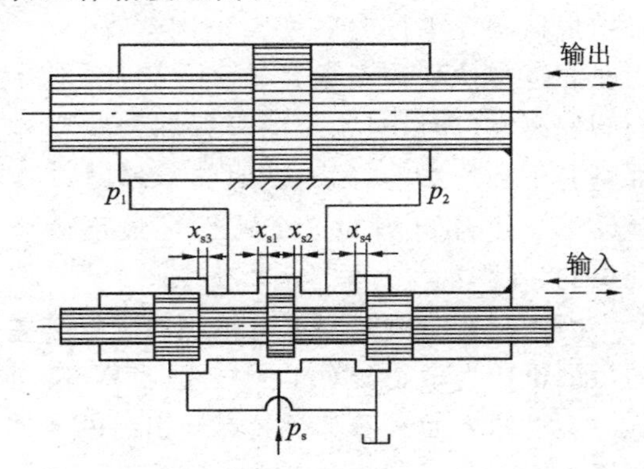

图 6-12 四边滑阀的工作原理

由上述可知,单边、双边和四边滑阀的控制作用是相同的,均起到换向和调节的作用。控制边数越多,控制质量越好,但其结构工艺性差。通常情况下,四边滑阀多用于精度要求较高的系统,单边、双边滑阀用于精度要求一般的系统。

1. 四边滑阀的一般静态特性

滑阀的静态特性即压力-流量特性,是指稳态情况下,阀的负载流量 q_L、负载压力 p_L 和阀芯位移 x_v 三者之间的关系。

(1) 滑阀压力-流量方程的一般表达式

四边滑阀及其等效的液压桥路如图 6-13 所示,阀的 4 个可变节流口以 4 个可变的液阻表示,组成一个四臂可变的全桥。通过每一桥臂的流量为 $q_i(i=1,2,3,4)$;通过每一桥臂的压降为 $\Delta p_i(i=1,2,3,4)$;q_L 为负载流量;p_L 表示负载压降;p_s 为供油压力;q_s 为供油流量;p_0 为回油压力;x_v 为阀芯位移;w_v 为滑阀节流口的面积梯度。

在推导压力-流量方程时,作以下假设:

① 液压能源是理想的恒压源,供油压力 p_s 为常数。另外,假设回油压力 p_0 为零,如果不为零,可把 p_s 看成是供油压力与回油压力之差。

② 忽略管道和阀腔内的压力损失。因为管道和阀腔内的压力损失与阀口处的节流损失相比很小,所以可以忽略不计。

③ 假定液体是不可压缩的。因为考虑的是稳态情况,液体密度变化量很小,所以可以忽略不计。

④ 假定阀的各节流口流量系数相等,即 $C_{d1}=C_{d2}=C_{d3}=C_{d4}=C_d$。

由于对称性,$A_1=A_3$,$A_2=A_4$,且 $A_1(x_v)=A_2(-x_v)$,$A_3(x_v)=A_4(-x_v)$,则可得

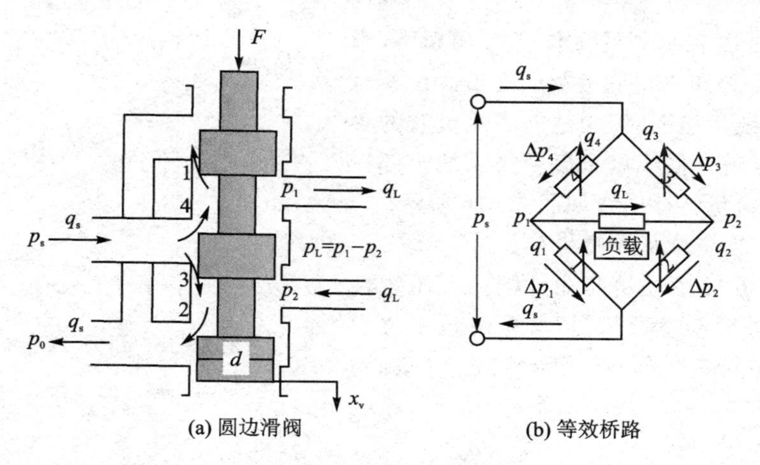

图 6-13　四边滑阀及等效桥路

$$q_L = C_d A_2 \sqrt{\frac{1}{\rho}(p_s - p_L)} - C_d A_1 \sqrt{\frac{1}{\rho}(p_s + p_L)} \tag{6-1}$$

$$q_s = C_d A_2 \sqrt{\frac{1}{\rho}(p_s - p_L)} + C_d A_1 \sqrt{\frac{1}{\rho}(p_s + p_L)} \tag{6-2}$$

(2) 滑阀的静态特性曲线

阀的静态特性也可以用静态特性曲线表示。通常，滑阀的静态特性曲线由实验求得，对某些理想滑阀也可以由解析的方法求得。

1）流量特性曲线

阀的流量特性是指负载压降等于常数时，负载流量与阀芯位移之间的关系，即 $q_L|_{p_L=C} = f(x_v)$，C 为常数，其图形表示即为流量特性曲线。负载压降 $p_L=0$ 时的流量特性称为空载流量特性，相应的曲线为空载流量特性曲线，如图 6-14 所示。

2）压力特性曲线

阀的压力特性是指负载流量等于常数时，负载压降与阀芯位移之间的关系，即 $p_L|_{q_L=C} = f(x_v)$，C 为常数，其图形表示即为压力特性曲线。通常所指的压力特性是指负载流量 $q_L=0$ 时的压力特性，其曲线如图 6-15 所示。

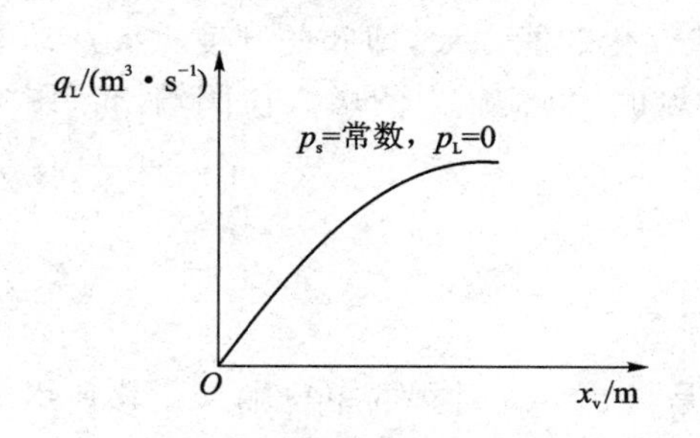

图 6-14　空载流量特性曲线

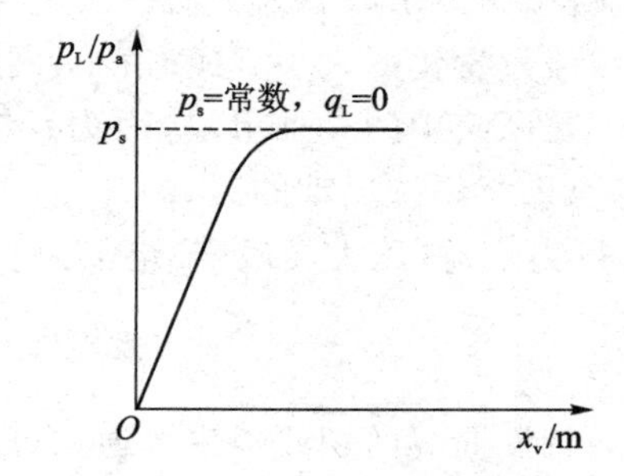

图 6-15　压力特性曲线

3）压力-流量特性曲线

阀的压力-流量特性曲线是指当阀芯位移 x_v 一定时，负载流量 q_L 与负载压降 p_L 之间关系的图形描述；而压力-流量特性曲线族则全面描述了阀的稳态特性。阀在最大位移下的压力-

流量特性曲线可以表示阀的工作能力和规格，当负载所需要的压力和流量能够被阀在最大位移时的压力-流量曲线所包围时，阀就能满足负载的要求，由压力-流量特性曲线族可以获得阀的全部性能参数。压力-流量特性曲线如图 6-16 所示。

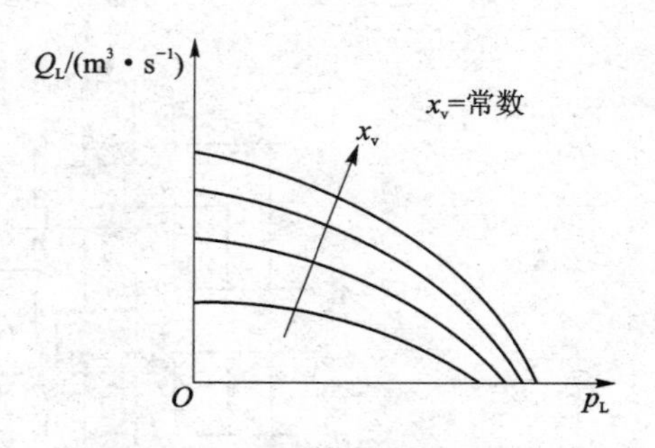

图 6-16 压力-流量特性曲线

（3）阀的线性化分析和阀的系数

阀的压力-流量特性是非线性的。利用线性化理论对系统进行动态分析时，必须将这个方程线性化。在某一特定工作点 $q_{LA}=f(x_{vA},p_{LA})$ 附近展成泰勒级数为

$$q_L=q_{LA}+\left.\frac{\partial q_L}{\partial x_v}\right|_A\Delta x_v+\left.\frac{\partial q_L}{\partial p_L}\right|_A\Delta p_v+\cdots$$

如果把工作范围限制在工作点 A 附近，则高阶无穷小可以忽略，上式可写成

$$q_L-q_{LA}=\Delta q_L=\left.\frac{\partial q_L}{\partial x_v}\right|_A\Delta x_v+\left.\frac{\partial q_L}{\partial p_L}\right|_A\Delta p_v \tag{6-3}$$

这是压力-流量特性方程以增量形式表示的线性化表达式。

下面我们定义阀的 3 个系数。

① 流量增益定义为

$$K_q=\frac{\partial q_L}{\partial x_v} \tag{6-4}$$

它是压力-流量特性曲线在某一点的切线斜率。流量增益表示负载压降一定时，阀单位输入位移所引起的负载流量变化的大小。其值越大，阀对负载流量的控制就越灵敏。

② 流量-压力系数定义为

$$K_c=-\frac{\partial q_L}{\partial p_L} \tag{6-5}$$

它是压力-流量特性曲线的切线斜率冠以负号。对于任何结构形式的阀，$\frac{\partial q_L}{\partial p_L}$都是负的，冠以负号使流量-压力系数总为正值。流量-压力系数表示阀的开口度一定时，负载压降变化所引起的负载流量变化的大小。K_c 值小，阀抵抗负载变化的能力大，即阀的刚度大。从动态的观点看，K_c 是系统中的一种阻尼，因为系统振动加剧时，负载压力的增大使阀输给系统的流量减小，这有助于系统振动的衰减。

③ 压力增益（压力灵敏度）定义为

$$K_p=\frac{\partial p_L}{\partial x_v} \tag{6-6}$$

它是压力特性曲线的切线斜率。通常，压力增益是指 $q_L=0$ 时阀的单位输入位移所引起的负载压力变化的大小。此值大，阀对负载压力的控制灵敏度就高。

因为$\frac{\partial p_L}{\partial x_v}=-\frac{\partial q_L}{\partial x_v}\cdot\frac{\partial q_L}{\partial p_L}$，所以阀的 3 个系数之间有以下关系：

$$K_p=\frac{K_q}{K_c} \tag{6-7}$$

定义了阀的系数以后，压力-流量特性方程的线性化表达式可写为

$$\Delta q_L = K_q \Delta x_v - K_c \Delta p_L \tag{6-8}$$

阀的 3 个系数是表示阀静态特性的 3 个性能参数。这些系数在确定系统的稳定性、响应特性和稳态误差时是非常重要的。流量增益直接影响系统的开环增益，因而对系统的稳定性、响应特性、稳态误差有直接影响。流量-压力系数直接影响阀控执行元件（液压动力元件）的阻尼比和速度刚度。压力增益表示阀控执行元件组合启动大惯量或大摩擦力负载的能力。

阀的系数值随阀的工作点的变化而变化。最重要的工作点是压力-流量特性曲线的原点（$q_L = p_L = x_v = 0$），因为反馈控制系统经常在原点附近工作。而此处阀的流量增益最大（矩形阀口），因而系统的开环增益也最高；但阀的流量-压力系数最小，所以系统的阻尼比也最低。因此，压力-流量特性曲线的原点对系统稳定性来说是最关键的一点。一个系统在这一点能稳定工作，则在其他的工作点也能稳定工作，故通常在进行系统分析时以原点处的静态放大系数作为阀的性能参数。在原点处的阀系数称为零位阀系数，分别以 K_{q0}、K_{c0}、K_{p0} 表示。

2. 零开口四边滑阀的静态特性

(1) 理想零开口四边滑阀的静态特性

理想滑阀是指径向间隙为零、工作边锐利的滑阀。讨论理想滑阀的静态特性可以不考虑径向间隙和工作边圆角的影响，因此，阀的开口面积和阀芯位移的关系比较容易确定。理想滑阀的压力-流量特性方程可以用解析的方法求得。

1) 理想零开口四边滑阀的压力-流量方程

理想零开口四边滑阀及其等效的液压桥路如图 6-17 所示。假设理想零开口四边滑阀是匹配且对称的，因此可以直接利用前面分析结果得出理想零开口四边滑阀的压力-流量特性方程。

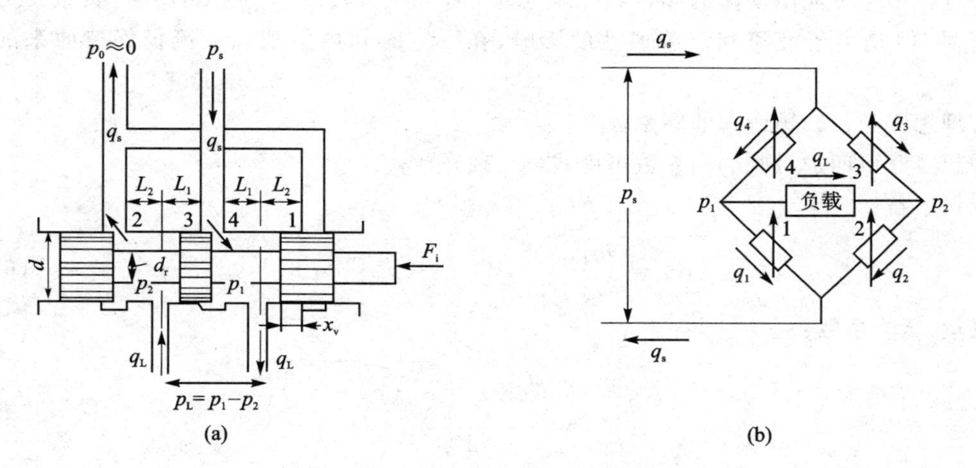

图 6-17　理想零开口四边滑阀

由于是理想零开口滑阀，所以当阀芯处于阀套的中间位置时，4 个控制节流口全部关闭。当阀芯左移 x_v 时，$x_v > 0$，此时 $A_1 = A_3 = 0$，由式(6-1)得

$$q_L = C_d A_2 \sqrt{\frac{1}{\rho}(p_s - p_L)} \tag{6-9}$$

当阀芯右移时，$x_v<0$，$A_2=A_4=0$，由式(6-1)得

$$q_L=-C_dA_1\sqrt{\frac{1}{\rho}(p_s+p_L)} \tag{6-10}$$

其中，负号表示负载流量反向。因为阀是匹配对称的，所以 $A_2(x_v)=A_1(-x_v)$，可将式(6-9)和式(6-10)合并为

$$q_L=C_d|A_2|\frac{x_v}{|x_v|}\sqrt{\frac{1}{\rho}\left(p_s-\frac{x_v}{|x_v|}p_L\right)} \tag{6-11}$$

这就是匹配且对称的节流阀口的理想零开口四边滑阀的压力-流量特性方程。

若节流阀口为矩形，其面积梯度均为 W，则

$$q_L=C_dWx_v\sqrt{\frac{1}{\rho}\left(p_s-\frac{x_v}{|x_v|}p_L\right)} \tag{6-12}$$

为了使方程具有通用性，将其化成无因次形式，即

$$\bar{q}_L=\bar{x}_v\sqrt{1-\frac{x_v}{|x_v|}\bar{p}_L} \tag{6-13}$$

式中：$\bar{x}_v$ 为无因次阀芯位移，$\bar{x}_v=\dfrac{x_v}{x_{vm}}$，其中，$x_{vm}$ 为阀芯最大位移；$\bar{p}_L$ 为无因次负载压力，$\bar{p}_L=\dfrac{p_L}{p_s}$；$\bar{q}_L$ 为无因次负载流量，$\bar{q}_L=\dfrac{q_L}{q_{0m}}$，其中 $q_{0m}=C_dWx_{vm}\sqrt{\dfrac{1}{\rho}p_s}$ 为阀芯最大位移时的空载流量。

无因次压力-流量特性曲线如图6-18所示。因为阀窗口是匹配且对称的，所以压力-流量特性曲线对称于原点。图6-18中的Ⅰ、Ⅲ象限是马达工况区，Ⅱ、Ⅳ象限是泵工况区，只有在瞬态过程中才可能出现。例如，当 x_v 突然减小，液压缸对负载进行制动时，负载压力突然改变符号，但是由于液流和负载惯性的影响，在一定时间内负载和液流仍保持原来的运动方向。

2)理想零开口四边滑阀的阀系数

理想零开口四边滑阀的阀系数可由式(6-12)求得。

流量增益：

$$K_q=\frac{\partial q_L}{\partial x_v}=C_dW\sqrt{\frac{1}{\rho}(p_s-p_L)} \tag{6-14}$$

流量-压力系数：

$$K_c=\frac{\partial q_L}{\partial p_L}=\frac{C_dWx_v\sqrt{\frac{1}{\rho}(p_s-p_L)}}{2(p_s-p_L)} \tag{6-15}$$

压力增益：

$$K_p=\frac{\partial p_L}{\partial x_v}=\frac{2(p_s-p_L)}{x_v} \tag{6-16}$$

理想零开口四边滑阀的零位阀系数为

$$K_{q0}=C_dW\sqrt{\frac{p_s}{\rho}} \tag{6-17}$$

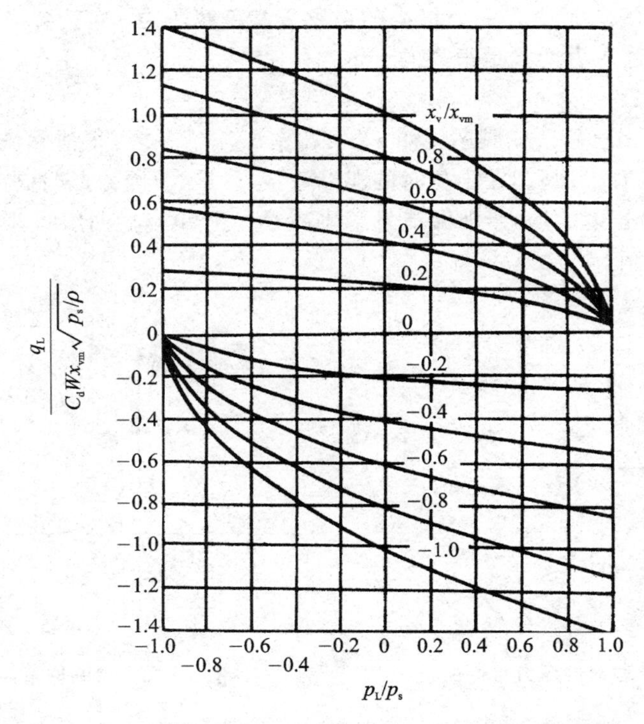

图 6－18　理想零开口四边滑阀无因次压力-流量特性曲线

$$K_{c0}=0 \tag{6-18}$$

$$K_{p0}=\infty \tag{6-19}$$

由式(6－17)可以看出，理想零开口四边滑阀的零位流量增益取决于供油压力 p_s 和面积梯度 W，当 p_s 一定时，仅由面积梯度 W 决定，因此 W 是这种阀的最重要的参数。由于 p_s 和 W 是很容易控制的量，因而零位流量增益也比较容易计算和控制。零位流量增益直接影响系统的稳定性，由于 K_{q0} 值容易计算和控制，因此可使液压伺服系统具有可靠的稳定性。按式(6－17)计算出的 K_{q0} 值与实际零开口四边滑阀的零位流量增益值比较一致，但由式(6－18)和式(6－19)计算出的 K_{c0} 和 K_{p0} 值与实际零开口阀的试验值却相差很大，原因是没有考虑阀芯与阀套之间径向间隙的影响，而实际零开口阀存在泄漏流量。

(2) 实际零开口四边滑阀的静态特性

实际零开口滑阀因有径向间隙，往往还有很小的正的或负的重叠量，同时阀口工作边也不可避免地存在小圆角，因此在中位附近某个微小位移范围内(例如，$|x_v|<0.025$ mm)，阀的泄漏不可忽略，泄漏特性决定了阀的性能。而在此范围以外，由于径向间隙等影响可以忽略，所以理想的和实际的零开口滑阀的特性才相吻合。

实际零开口滑阀中位附近的特性(零区特性)可以通过实验确定。参看图 6－16，假设阀的节流窗口是匹配和对称的，将其负载通道关闭($q_L=0$)，在负载通道和供油口分别接上压力表，在回油口接流量计或量杯，通过实验可得 3 条特性曲线，如下：

1) 压力特性曲线

当供油压力 p_s 一定时，改变阀的位移 x_v，测出相应的负载压力 p_L，根据测得的结果可作出压力特性曲线，如图 6－19 所示。该曲线在原点处的切线斜率就是阀的零位压力增益。由

图 6－19 可以看出，阀芯只要有一个很小的位移 x_v，负载压力 p_L 就会很快增加到供油压力 p_s，说明这种阀的零位压力增益是很高的。

2）泄漏流量曲线

当供油压力 p_s 一定时，改变阀芯位移 x_v，测出泄漏流量 q_1，可得泄漏流量曲线，如图 6－20 所示。由该曲线可以看出，阀芯在中位时的泄漏流量 q_c 最大，因为此时阀的密封长度最短，随着阀芯位移回油密封长度的增大，泄漏流量急剧减小。泄漏流量曲线可用来度量阀芯在中位时的液压功率损失大小。

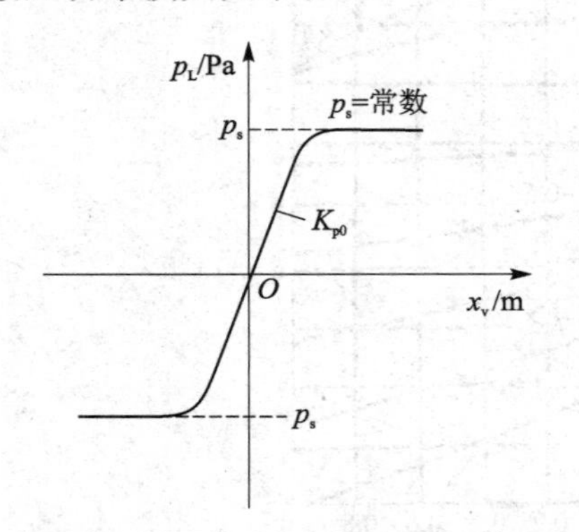

图 6－19　切断负载时的压力特性曲线

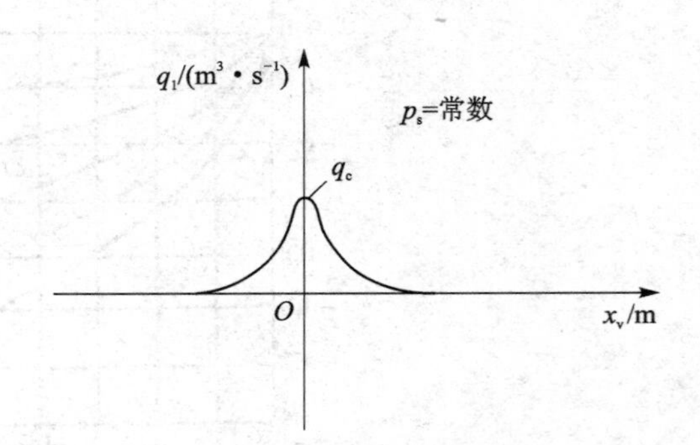

图 6－20　泄漏流量曲线

3）中位泄漏流量曲线

如果使阀芯处于阀套的中间位置不动，改变供油压力 p_s，测量出相应的泄漏流量 q_c，则可得中位泄漏流量曲线，如图 6－21 所示。

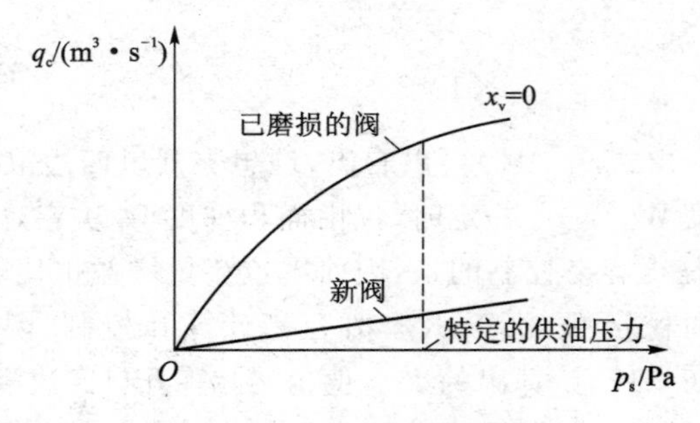

图 6－21　中位泄漏流量曲线

中位泄漏流量曲线除可用来判断阀的加工配合质量外，还可用来确定阀的零位流量-压力系数。由式(6－1)和式(6－2)可得

$$\frac{\partial q_s}{\partial p_s}=-\frac{\partial q_L}{\partial p_L}=K_c \qquad (6-20)$$

这个结果对任何一个匹配且对称的阀都是适用的。在切断负载时，泄漏流量 q_1 就是供油流量 q_s，因为中位泄漏流量曲线是在 $q_L=p_L=x_v=0$ 的情况下测出的。由式(6－20)可知，在特定供油压力下的中位泄漏流量曲线的切线斜率就是阀在该供油压力下的零位流量-压力系数。

上面介绍了如何用实验方法来测定阀的零位压力增益和零位流量-压力系数，下面利用式(6－20)所示的关系给出实际零开口四边滑阀 K_{c0} 和 K_{p0} 的近似计算公式。

由图 6－20 可以看出，新阀的中位(零位)泄漏流量小，且流动为层流型的；已磨损的旧阀(阀口节流边被液流冲蚀)的中位泄漏流量增大，且流动为紊流型的。阀磨损后在特定供油压力下的中位泄漏流量虽然急剧增加，但曲线斜率的增加却不大，即流量-压力系数变化不大(2～3 倍)。因此，可按新阀状态来计算阀的流量-压力系数。

层流状态下液体通过锐边小缝隙的流量公式可写为

$$q=\frac{\pi b^2 W}{32\mu}\Delta p \tag{6-21}$$

式中：b 为节流孔高度；W 为节流孔宽度；μ 为油液的动力粘度；Δp 为节流口两边的压力差。

阀的零位泄漏流量为两个窗口（见图 6－18 中的Ⅲ、Ⅳ两个窗口）泄漏流量之和。零位时每个窗口的压降为 $p_s/2$，泄漏流量为 $q_c/2$。在层流状态下，零位泄漏流量为

$$q_c=q_s=\frac{\pi r_c W}{32\mu}p_s \tag{6-22}$$

式中：r_c 为阀芯与阀套间的径向间隙。

由式(6－20)和式(6－22)可求得实际零开口四边滑阀的零位流量-压力系数为

$$K_{c0}=\frac{q_c}{p_s}=\frac{\pi r_c W}{32\mu} \tag{6-23}$$

实际零开口四边滑阀的零位压力增益可由式(6－17)和式(6－23)求得：

$$K_{p0}=\frac{K_{q0}}{K_{c0}}=\frac{32\mu C_d\sqrt{\dfrac{p_s}{\rho}}}{\pi r_c^2} \tag{6-24}$$

式(6－24)表明，实际零开口阀的零位压力增益主要取决于阀的径向间隙值，而与阀的面积梯度无关。实际零开口四边滑阀的零位压力增益可以达到很大的数值。为了对零位压力增益有一个数量概念，下面做一个典型计算。取 $\mu=1.4\times10^{-2}$ Pa·s，$\rho=870$ kg/m^3，$C_d=0.62$，$r_c=5\times10^{-6}$ m，由式(6－24)可得

$$K_{p0}=1.2\times10^8\sqrt{p_s}$$

当 $p_s=70\times10^5$ Pa 时，$K_{p0}=3.175\times10^{11}$ Pa/m。实践证明，当供油压力为 70×10^5 Pa 时，10^{11} Pa/m 这个数量级是很容易达到的。

式(6－23)和式(6－24)只是近似的计算公式，实验研究证明，由此得到的计算值与实验值是比较吻合的。

6.2.3　射流管阀

图 6－22 所示为射流管阀的工作原理。射流管阀由射流管 1 和接收板 2 组成，射流管可绕 O 轴左右摆动一个不大的角度，接收板上有两个并列的接收孔 a、b，它们分别与液压缸两腔相通。压力油从管道进入射流管后从锥形喷嘴射出，经接收孔进入液压缸两腔。当射流管处于两接收孔的中间位置时，两接收孔内油液的压力相等，液压缸不动。当输入信号使射流管绕 O 轴向左摆动一小角度时，进入孔 b 的油液压力就比进入孔 a 的油液压力大，液压缸向左移动。由于接收板和缸体连接在一起，所以接收板也向左移动，形成负反馈，当射流管又处于两接收孔中间位置时，液压缸停止运动。

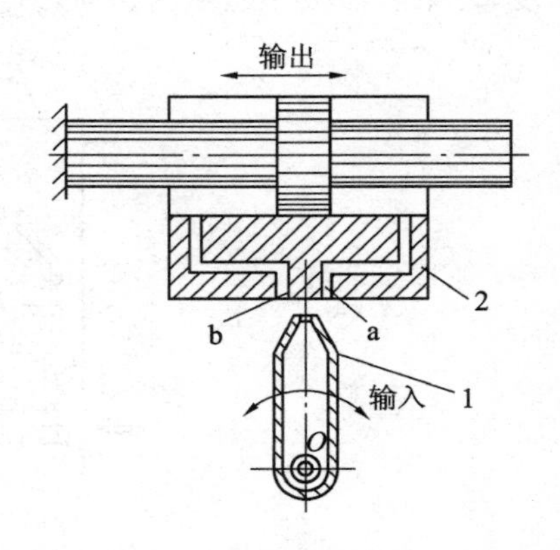

1—射流管；2—接收板

图 6－22　射流管阀的工作原理

射流管阀的优点是结构简单、动作灵敏、工作可靠。它的缺点是：射流管运动部件惯性较

大、工作性能较差；射流能量损耗大、效率较低；供油压力过高时易引起振动。这种控制只适用于低压小功率场合。

6.2.4 喷嘴挡板阀

喷嘴挡板阀有单喷嘴和双喷嘴两种，两者的工作原理基本相同。图 6－23 所示为双喷嘴挡板阀的工作原理，它主要由挡板 1、喷嘴 2 和 3、固定节流小孔 4 和 5 等元件组成。挡板和两个喷嘴之间形成两个可变的节流缝隙 δ_1 和 δ_2。当挡板处于中间位置时，两缝隙所形成的节流阻力相等，两喷嘴腔内的油液压力相等，即 $p_1=p_2$，液压缸不动。压力油经固定节流小孔 4 和 5 的孔道、缝隙 δ_1 和 δ_2 流回油箱。当输入信号使挡板向左偏摆时，可变缝隙 δ_1 关小，δ_2 开大，p_1 上升，p_2 下降，液压缸缸体向左移动。因负反馈作用，当喷嘴跟随缸体移动到挡板两边对称位置时，液压缸停止运动。

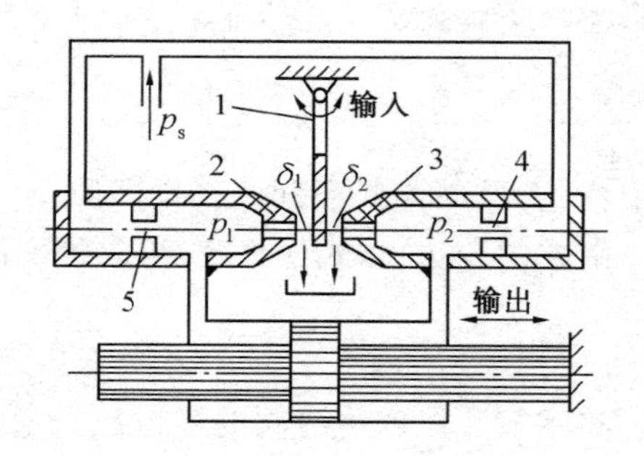

1—挡板；2、3—喷嘴；4、5—固定节流小孔

图 6－23 双喷嘴挡板阀的工作原理

喷嘴挡板阀的优点是结构简单、加工方便、运动部件惯性小、反应快、精度和灵敏度高；缺点是能量损耗大、抗污染能力差。喷嘴挡板阀常用作多级放大伺服控制元件中的前置级。

6.2.5 机液伺服阀的应用

车床液压仿形刀架是机液伺服系统，本小节将结合图 6－24 来说明它的工作原理和特点。液压仿形刀架倾斜安装在车床溜板 5 的上面，工作时随溜板纵向移动。样件 12 安装在床身后侧支架上固定不动。液压泵站置于车床附近。仿形刀架液压缸的活塞杆固定在刀架的底座上，缸体 6、阀体 7 和刀架连成一体，可在刀架底座的导轨上沿液压缸轴向移动。滑阀阀芯 10 在弹簧的作用下通过杆 9 使杠杆 8 的触销 11 紧压在样件上。当车削圆柱面时，溜板 5 沿床身导轨 4 纵向移动。杠杆触销在样件上方 ab 段内水平滑动，为了抵抗切削力，滑阀阀口有一定的开度，刀架随溜板一起纵向移动，刀架在工件 1 上车出 AB 段圆柱面。

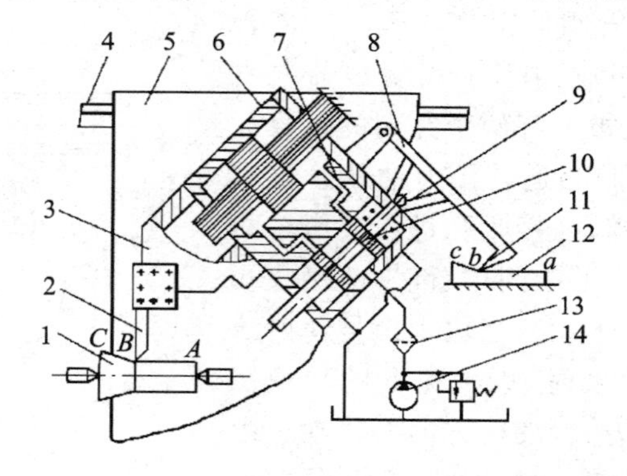

1—工件；2—车刀；3—刀架；4—导轨；5—溜板；6—缸体；7—阀体；8—杠杆；
9—杆；10—阀芯；11—触销；12—样件；13—滤油器；14—液压泵

图 6－24 车床液压仿形刀架的工作原理

当车削圆锥面时，触销沿样件 bc 段滑动，使杠杆向上偏摆，从而带动阀芯上移，打开阀口，压力油进入液压缸上腔，推动缸体连同阀体和刀架轴向后退。阀体后退又逐渐使阀口关小，直至关小到抵抗切削力所需的开度为止。在溜板不断地做纵向运动的同时，触销在样件 bc 段上不断抬起，刀架也就不断地做轴向后退运动，此两运动的合成就使刀具在工件上车出 BC 段圆锥面。

其他曲面形状或凸肩也都是在切削过程中由两个速度合成形成的，如图 6-25 所示，图中 v_1、v_2 和 v 分别表示溜板带动刀架的纵向运动速度、刀具沿液压缸轴向的运动速度和刀具的实际合成速度。从仿形刀架的工作过程可以看出，刀架液压缸（液压执行元件）是以一定的仿形精度按照触销输入位移信号的变化规律而动作的，所以仿形刀架液压系统是液压伺服系统。

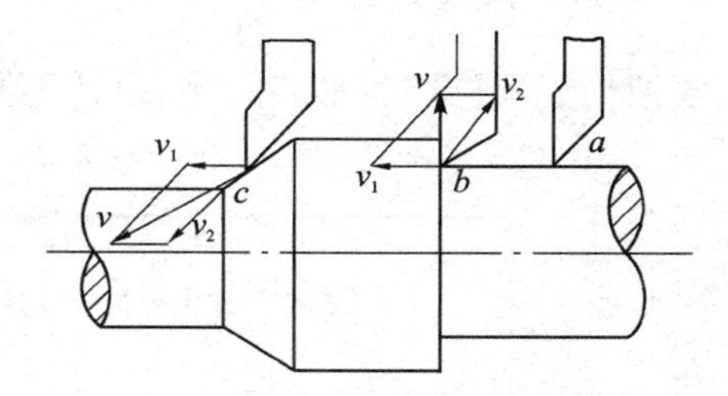

图 6-25　进给运动合成示意图

6.3　电液伺服阀

电液伺服阀既是电液转换元件，又是功率放大元件，其用于连接系统的电气部分与液压部分，能够将输入的微小电气信号转换为大功率的液压信号（流量与压力）输出，实现电、液信号的转换与放大以及对液压执行元件的控制。作为电液伺服系统的关键部件，它的性能及正确使用直接关系到整个系统的控制精度和响应速度，也直接影响系统工作的可靠性和寿命。根据输出液压信号的不同，电液伺服阀可分为电液流量控制伺服阀和电液压力控制伺服阀两大类。

电液伺服阀控制精度高、响应速度快，是一种高性能的电液控制元件，因此在液压伺服系统中得到广泛应用。

6.3.1　电液伺服阀的组成、分类及结构

1. 电液伺服阀的组成

电液伺服阀通常由力矩马达（或力马达）、液压放大器、反馈机构（或平衡机构）3 部分组成。

力矩马达或力马达的作用是把输入的电气控制信号转换为力矩或力，控制液压放大器运动。而液压放大器的运动又去控制液压能源流向液压执行机构的流量或压力。力矩马达或力马达的输出力矩或力很小，在阀的流量比较大时，无法直接驱动功率级阀运动，此时需要增加液压前置级，将力矩马达或力马达的输出加以放大，再去控制功率级阀，这就构成二级或三级电液伺服阀。第一级的结构形式有单喷嘴挡板阀、双喷嘴挡板阀、滑阀、射流管阀和射流元件等。功率级几乎都是采用滑阀。

在二级或三级电液伺服阀中，通常采用反馈机构将输出级（功率级）的阀芯位移、输出流量或输出压力以位移、力或电信号的形式反馈到第一级或第二级的输入端，也有反馈到力矩马达衔铁组件或力矩马达输入端的。平衡机构一般用于单级伺服阀或二级弹簧对中式伺服阀。平

衡机构通常采用各种弹性元件，是一个力-位移转换元件。

伺服阀输出级所采用的反馈机构或平衡机构是为了使伺服阀的输出流量或输出压力获得与输入电气控制信号成比例的特性。由于反馈机构的存在，使伺服阀本身成为一个闭环控制系统，提高了伺服阀的控制性能。

2. 电液伺服阀的分类

电液伺服阀的结构形式很多，可按不同的分类方法进行分类，如表 6-1 所列。

表 6-1 电液伺服阀的分类

按液压放大器的级数分类	(1) 单级； (2) 两级； (3) 三级
按第一级阀的结构形式分类	(1) 滑阀； (2) 单喷嘴挡板阀； (3) 双喷嘴挡板阀； (4) 射流管阀； (5) 偏转板射流阀
按反馈的形式分类	(1) 滑阀位置反馈： ① 机械位置反馈； ② 位置力反馈； ③ 位置电反馈； ④ 直接位置反馈； ⑤ 弹簧对中式。 (2) 负载压力反馈： ① 静压反馈； ② 动压反馈。 (3) 负载流量反馈
按力矩马达是否浸泡在油中分类	(1) 干式； (2) 湿式

(1) 按液压放大器的级数分类

按液压放大器的级数分类，可分为单级、两级和三级电液伺服阀。

单级伺服阀：此类阀结构简单、价格低廉，但由于力矩马达或力马达输出力矩或力小、定位刚度低，使阀的输出流量有限，对负载动态变化敏感，阀的稳定性在很大程度上取决于负载动态，所以容易产生不稳定状态。该类阀只适用于低压、小流量和负载动态变化不大的场合。

两级伺服阀：此类阀克服了单级伺服阀的缺点，是最常用的形式。

三级伺服阀：此类阀通常是由一个两级伺服阀作前置级控制第三级功率滑阀，功率级滑阀阀芯位移通过电气反馈形成闭环控制，实现功率级滑阀阀芯的定位。三级伺服阀通常只用在大流量(200 L/min 以上)的场合。

(2) 按第一级阀的结构形式分类

按第一级阀的结构形式分类，可分为滑阀、单喷嘴挡板阀、双喷嘴挡板阀、射流管阀和偏转板射流阀。

滑阀：此类阀作第一级。其优点是流量增益和压力增益高，输出流量大，对油液清洁度要求较低；缺点是结构工艺复杂，阀芯受力较大，阀的分辨率较低、滞环较大，响应慢。

单喷嘴挡板阀：此类阀作第一级，因特性不好很少使用。

双喷嘴挡板阀：因特性较好，采用较多。其优点是挡板轻巧灵敏，动态响应快，双喷嘴挡板阀结构对称，双输入差动工作，压力灵敏度高，特性线性度好，温度和压力零漂小，挡板受力小，所需输入功率小。其缺点是喷嘴与挡板间的间隙小，易堵塞，坑污染能力差，对油液清洁度要求高。

射流管阀：此类阀作第一级，其最大的优点是抗污染能力强。射流管阀的最小通流尺寸较喷嘴挡板阀和滑阀大，不易堵塞，抗污染性好。另外，射流管阀压力效率和容积效率高，可产生较大的控制压力和流量，提高了功率级滑阀的驱动力，使功率级滑阀的抗污染能力增强。当射流喷嘴堵塞时，滑阀也能自动处于中位，具有“失效对中”能力。其缺点是：射流管阀特性不易预测，射流管惯性大、动态响应较慢，性能受油温变化的影响较大，低温特性稍差。

(3) 按反馈的形式分类

按反馈的形式分类，可分为滑阀位置反馈、负载压力反馈和负载流量反馈 3 种。所采用的反馈形式不同，伺服阀的稳态压力-流量特性也不同，如图 6-26 所示。利用滑阀位置反馈和负载流量反馈得到的是流量控制伺服阀，阀的输出流量与输入电流成比例。利用负载压力反馈得到的是压力控制伺服阀，阀的输出压力与输入电流成比例。负载流量与负载压力反馈伺服阀由于结构比较复杂使用的比较少，而滑阀位置反馈伺服阀用得最多。

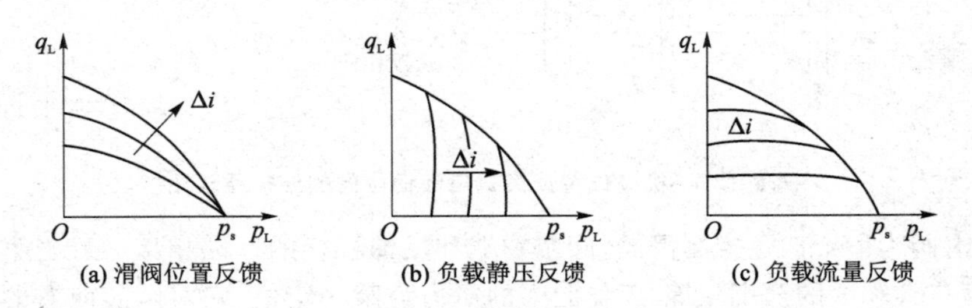

图 6-26 不同的反馈形式伺服阀的压力-流量特性曲线

滑阀位置反馈：此类阀又可分为位置力反馈、直接位置反馈、机械位置反馈、位置电反馈和弹簧对中式。其中，机械位置反馈是将功率级滑阀的位移通过机械机构反馈到前置级；位置电反馈是通过位移传感器将功率级滑阀的位移反馈到伺服放大器的输入端，实现功率级滑阀阀芯定位；弹簧对中式是靠功率级滑阀阀芯两端的对中弹簧与前置级产生的液压控制力相平衡，实现滑阀阀芯的定位，阀芯位置属开环控制。这种伺服阀结构简单，但精度较低。

负载压力反馈：此类阀又可分为静压反馈和动压反馈两种。通过静压反馈可得到压力控制伺服阀和压力-流量伺服阀，通过动压反馈可得到动压反馈伺服阀。

(4) 按力矩马达是否浸泡在油中分类

按力矩马达是否浸泡在油中分类可分为湿式和干式两种。其中，湿式的可使力矩马达受到油液的冷却，但油液中存在的铁污物会使力矩马达特性变坏；干式的则可使力矩马达不受油液污染的影响。目前的伺服阀都采用干式的。

3. 典型电液伺服阀的结构

图 6－27 所示是机械位置反馈式电液伺服阀的具体结构原理图，它的第一级是一个三通滑阀，有内外两个阀套，外阀套是固定的，内阀套是活动的，阀芯由左右两个力矩马达的差动作用带动。阀套的右端有一个环形腔 1，它与供油压力 p_s 相通，产生一个推动力使内阀套始终向右边紧贴反馈杠杆。工作窗口 2 和 3 有一定预开度，高压油通过窗口 2 进入第二级滑阀的左端工作腔 4，同时又经过窗口 3 到达回油口，使工作腔 4 中有一定的压力。

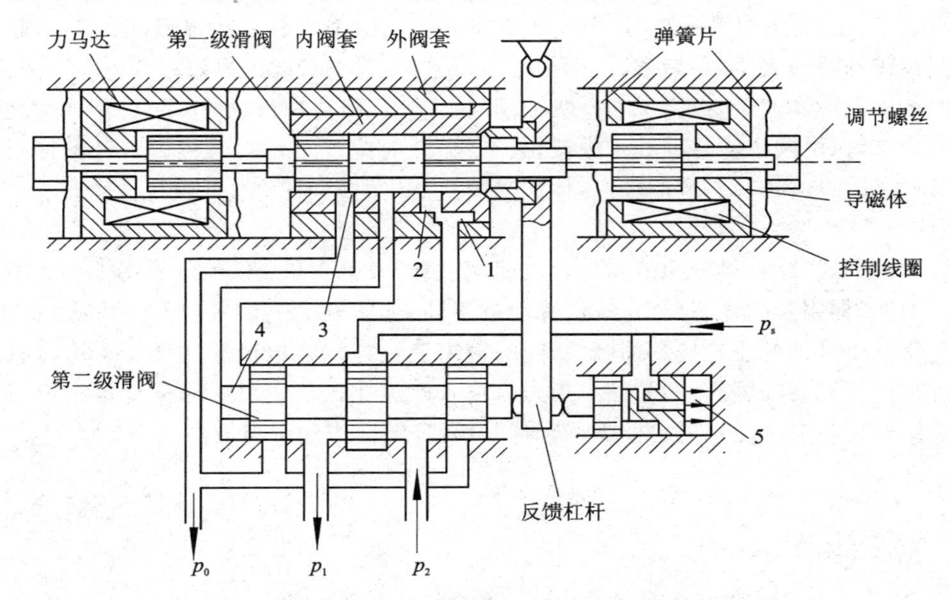

图 6－27　机械位置反馈式电液伺服阀的结构原理图

第二级滑阀为一个四边控制滑阀，阀芯右端和反馈杠杆的下端相接触。当第一级滑阀处于中位时，窗口 2 和 3 的开度相等，工作腔 4 的压力为某一定值，它对阀芯向右的推动力正好与供油压力 p_s 在恒压油室 5 中对阀芯形成的向左的推动力相等，使第二级阀芯处于平衡状态。

当有差动控制电流输入而使第一级阀芯向右移动时，窗口 2 开大，窗口 3 关小，使工作腔 4 中的压力升高，推动第二级阀芯向右运动。此运动通过反馈杠杆反馈到第一级内阀套上，使内阀套在环形腔 1 的压力下也随反馈杠杆向右运动，使窗口 2、3 的开度重新相等，起到位置反馈的作用。此时工作腔 4 中的压力恢复到原来值，第二级阀芯便在一定位置停下来而有一定开度，被第二级滑阀控制的高压油便可推动负载。当差动电流反向时，伺服阀便反向动作。

这种伺服阀在工作时，在一个力矩马达线圈中加上一个等幅高频（280 周/秒）的交流信号，使第一级阀芯处于高频振动状态，以消除干摩擦、非线性和堵塞凝聚等现象，提高灵敏度。这种伺服阀有泄漏量小的优点，因而适用于液压源容量有限的情况。

电气反馈式电液伺服阀的结构原理图如图 6－28 所示。第一级滑阀由力矩马达控制，第二级滑阀的运动通过位移传感器（一般多用感应变压器式）及解调放大器反馈到电子功率放大器上。由于解调放大器的增益很容易调节，所以在大流量的阀中或者要求调节反馈比的系统中，常采用这种结构。当采用这种结构时，需要一套附加的电气装置。

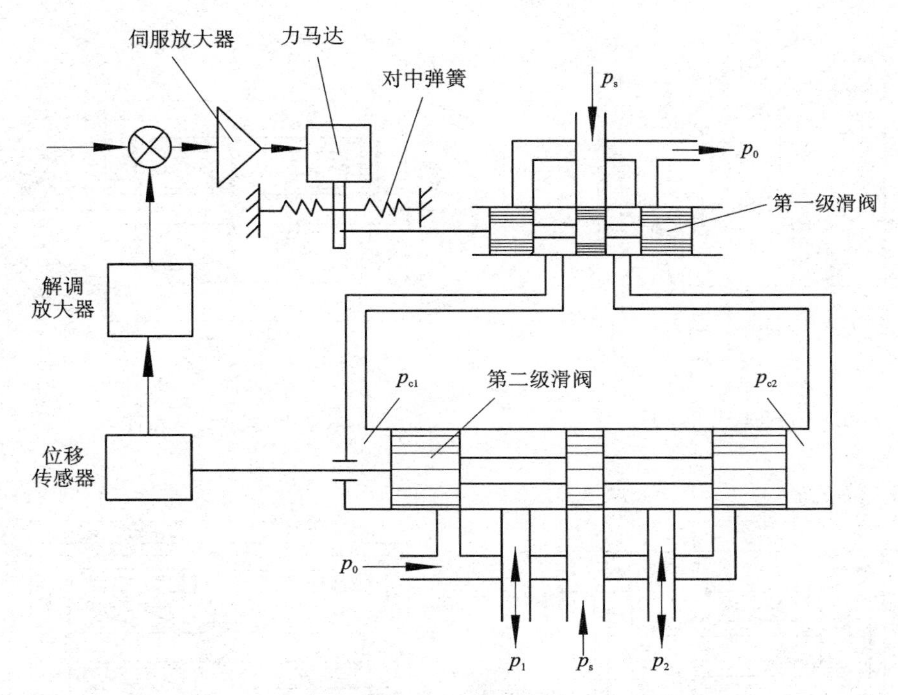

图 6－28　电气反馈式电液伺服阀的结构原理图

6.3.2　力矩马达

电液伺服阀中力矩马达的作用是将电信号转换为机械运动,因而它是一种电气机械转换器。电气机械转换器利用电磁原理工作,它一般具有由永久磁铁或激磁线圈产生的极化磁场,电的控制信号通过控制线圈产生控制磁场,两个磁场之间的相互作用产生与控制信号成比例并能反应控制信号极性的力或力矩,从而使其运动部分产生直线位移形式或转角形式的机械运动。

1. 力矩马达的分类

① 按可动件的结构形式可分为动圈式与动铁式,前者的运动部分是控制线圈(见图 6－29(a)),它是基于载流导体在磁场中受力的原理工作的;后者的运动部分是衔铁(见图 6－29(b)～(h),它是基于磁通通过气隙时产生电磁吸力的原理工作的。动铁式的电气机械转换器按照其衔铁运动方向与工作气隙的磁通方向的关系又可分为两类:一类是衔铁运动方向与工作气隙的磁通方向平行的动铁式力马达或力矩马达(见图 6－29(b)、(e)、(f)、(h),另一类是衔铁运动方向与工作气隙的磁通方向垂直的动铁式力马达或力矩马达(见图 6－29(c)、(d)、(g))。这两类力马达或力矩马达的输出静特性有所不同。

② 按照其运动形式的不同,通常将产生直线位移输出的电气机械转换器称为力矩马达(见图 6－29(a)、(c)、(g)),将产生转角输出的电气机械转换器称为力矩马达(见图 6－29(b)、(d)、(e)、(f)、(h))。

③ 按照其产生极化磁场的方法不同,又可分为永磁式(见图 6－29(a)、(b)、(c)、(e)、(f))、激磁式(见图 6－29(d))和非激磁式(见图 6－29(g)、(h))的电气机械转换器。永磁式利

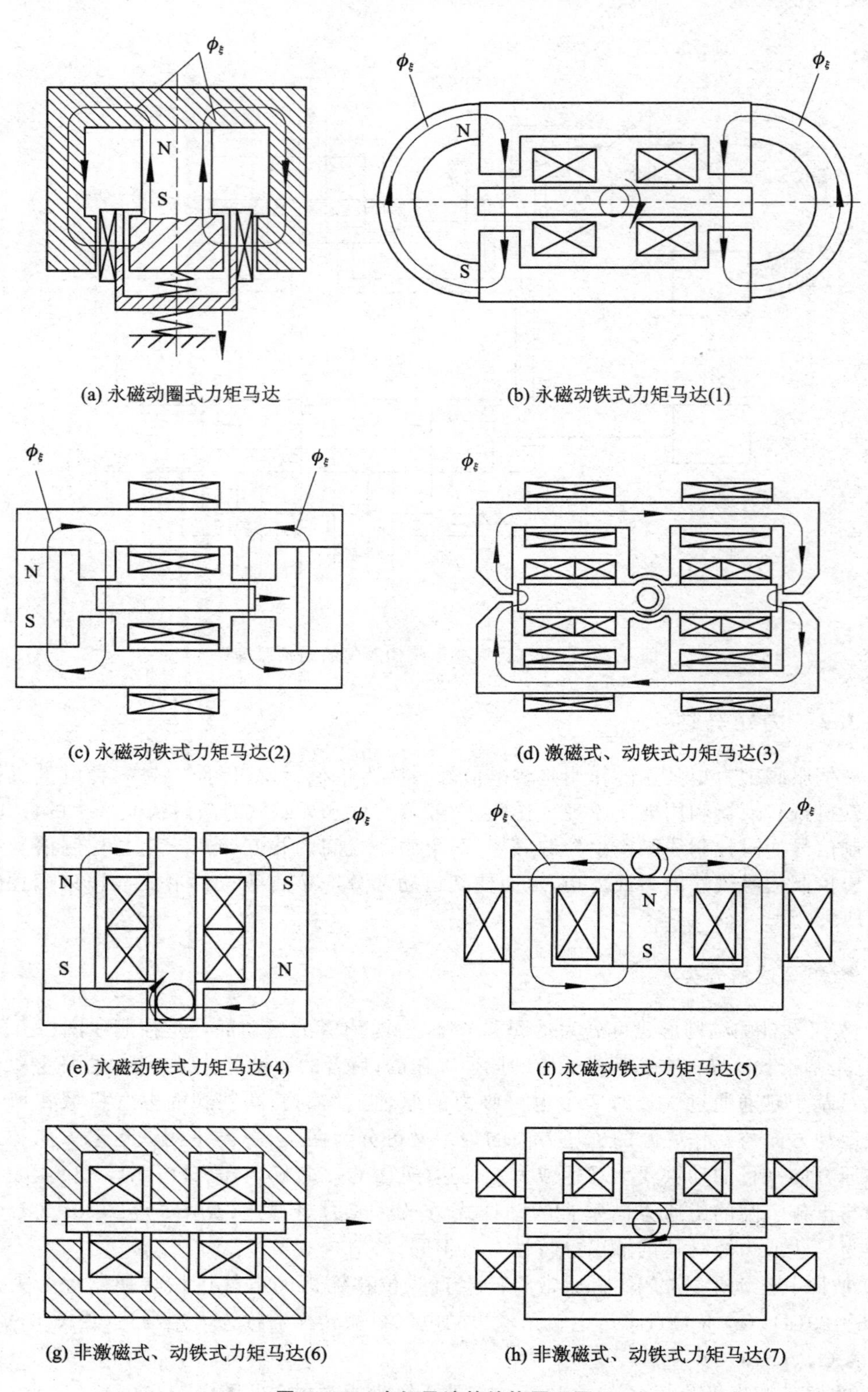

(a) 永磁动圈式力矩马达

(b) 永磁动铁式力矩马达(1)

(c) 永磁动铁式力矩马达(2)

(d) 激磁式、动铁式力矩马达(3)

(e) 永磁动铁式力矩马达(4)

(f) 永磁动铁式力矩马达(5)

(g) 非激磁式、动铁式力矩马达(6)

(h) 非激磁式、动铁式力矩马达(7)

图 6-29　力矩马达的结构原理图

用永久磁铁建立极化磁场，其特点是结构紧凑，但能获得的极化磁通较小；激磁式利用恒定电流通过激磁线圈建立极化磁场，可获得较大的极化磁通，但需要有单独的激磁电源；非激磁式必须用推挽放大器与两个控制线圈连接成差动电路工作，利用线圈中的常值电流产生极化磁通。

2. 永磁动铁式力矩马达

图 6-30 所示为一种比较常用的永磁动铁式力矩马达，它是一种衔铁端部运动方向与工作气隙磁通方向平行的动铁式力矩马达，由永久磁铁、上导磁体、下导磁体、衔铁、控制线圈、弹簧管等组成。永久磁铁将上下导磁体一个磁化为北极，一个磁化为南极。两个控制线圈套在衔铁之上。衔铁两端与上下导磁体（磁极）形成 4 个工作气隙 1、2、3、4。弹簧管是衔铁的弹性支座，衔铁固定在弹簧管上端，可以做微小的转动。上下导磁体除作为磁极外，还为永久磁铁产生的极化磁通和控制线圈产生的控制磁通提供磁路。

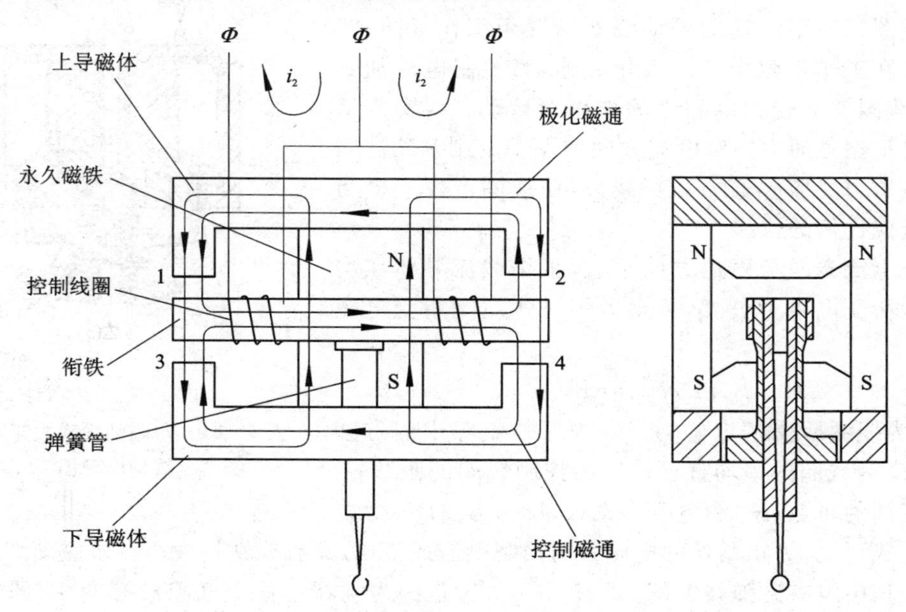

图 6-30　永磁动铁式力矩马达的结构原理图

我们知道，在磁路里当磁通通过气隙时，便在气隙处产生电磁吸力，电磁吸力的大小与磁通大小有关。力矩马达由于结构上是左右对称的，因此当没有控制电流输入时，即 $i_1=i_2$ 时，永久磁铁将在 4 个工作气隙中形成大小相等的极化磁通，使衔铁两端所受的电磁吸力相同而处于力平衡状态，衔铁保持在中立位置。当有控制电流通过线圈时，即 $i_1=i_2$ 时，便在衔铁上形成控制磁通。控制磁通也通过 4 个工作气隙。假定极化磁通是由上向下通过 4 个工作气隙的，而 $i_1>i_2$，使控制磁通在衔铁上由左向右通过，则在工作气隙 1、4 中的两个磁通相加，而在工作气隙 2、3 中的两个磁通相减，使工作气隙 1、4 中的磁通大于工作气隙 2、3 中的磁通。由于工作气隙的磁通越大产生的电磁吸力也越大，因此衔铁左端电磁吸力的合力向上，而右端电磁吸力的合力向下，使衔铁受到一个顺时针方向的电磁力矩而顺时针转动。衔铁的转动使弹簧管产生弹性变形，形成一个与电磁力矩方向相反的力矩。衔铁转角越大，弹簧管的变形也越大，其力矩也就越大。当弹簧管的力矩达到与电磁力矩平衡时，衔铁即停止转动，并保持在此转角上。控制电流越大（i_1、i_2 之差越大），则电磁力矩越大，衔铁的转角也越大。弹簧管保证了衔铁的转角正比于控制电流。如果力矩马达有负载，则形成负载力矩作用在衔铁上。负载力矩和弹簧管的力矩加在一起与电磁力矩平衡。

如果控制电流的极性相反，即 $i_1<i_2$，则控制磁通在衔铁上将由右向左通过。这样，由于控制磁通改变了方向，工作气隙 2、3 中的磁通将大于工作气隙 1、4 中的磁通，衔铁所受的电磁力矩将是逆时针方向的，并做逆时针转动。可见，衔铁的转动方向反映了控制电流的极性。这种能够反映极性的力矩马达称为极化式的力矩马达。显然，力矩马达能够反映极性，是因为有极化磁场的缘故。

3. 永磁动圈式力矩马达

图 6－31 所示是一种常见的永磁动圈式力矩马达的结构原理图。力矩马达的可动线圈悬置于工作气隙中，永久磁铁在工作气隙中形成极化磁通，当控制电流加到线圈时，线圈就会受到电磁力的作用而运动。线圈的运动方向可根据磁通方向和电流方向按左手定则判断。线圈上的电磁力克服弹簧力和负载力，使线圈产生一个与控制电流成比例的位移。

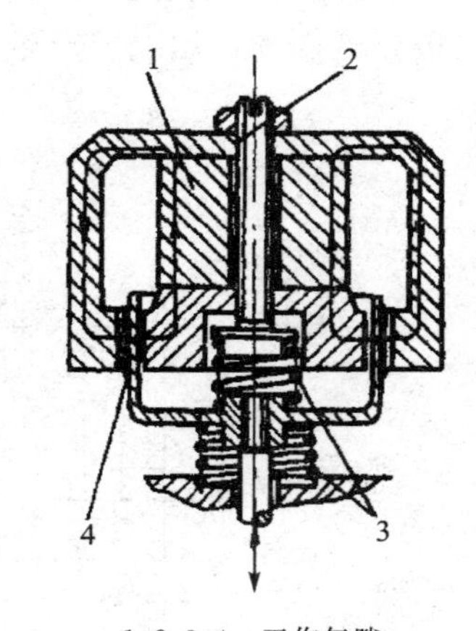

1、2、3、4—工作气隙

图 6－31 永磁动圈式力矩马达的结构原理图

由于电流方向与磁通方向垂直，根据载流导体在均匀磁场中所受电磁力公式，可得力矩马达线圈所受电磁力为

$$F=B_g\pi DN_c i_c=K_t i_c$$

式中：F 为线圈所受的电磁力；B_g 为工作气隙中的磁感应强度；D 为线圈的平均直径；N_c 为控制线圈的匝数；i_c 为通过线圈的匝数；K_t 为电磁力系数，$K_t=B_g\pi DN_c$。

由上式可见，力矩马达的电磁力与控制电流成正比，具有线性特性。在永磁动圈式力矩马达的力方程中没有磁弹簧钢度，即 $K_m=0$。这是因为它在工作中气隙没有变化，即气隙的磁阻不变。

4. 动铁式力矩马达与动圈式力矩马达的比较

动铁式力矩马达与动圈式力矩马达不同之处在于：

① 动铁式力矩马达因磁滞影响而引起的输出位移滞后比动圈式力矩马达大。

② 动圈式力矩马达的线性范围比动铁式力矩马达宽，因此，动圈式力矩马达的工作行程大，而动铁式力矩马达的工作行程小。

③ 在同样的惯性下，动铁式力矩马达的输出力矩大，而动圈式力矩马达的输出力矩小。动铁式力矩马达因输出力矩大，所以支承弹簧刚度可取得大，使衔铁组件的固有频率高；而动圈式力矩马达的弹簧刚度小，所以动圈组件的固有频率低。

④ 减小工作气隙的长度可提高动圈式力矩马达和动铁式力矩马达的灵敏度，但动圈式力矩马达受动圈尺寸的限制，而动铁式力矩马达受静不定的限制。

⑤ 在相同功率情况下，动圈式力矩马达比动铁式力矩马达体积大，但动圈式力矩马达的造价低。

综上所述，在要求频率高、体积小、质量小的场合，多采用动铁式力矩马达；而在尺寸要求不严格、频率要求不高，又希望价格低的场合，往往采用动圈式力矩马达。

6.3.3 伺服阀的工作原理及特性

在此以力反馈电液伺服阀为例进行介绍。

1. 力反馈电液伺服阀的工作原理

力反馈两级电液伺服阀的结构原理图如图 6－32 所示，这是目前广泛应用的一种结构形式。它由电磁和液压两部分组成，其中，电磁部分是永磁动铁式力矩马达，它由永久磁铁 1、导磁体 2 和 6、衔铁 3、控制线圈 4 和弹簧管 5 等组成；液压部分是结构对称的二级液压放大器，前置级是由双喷嘴 7、挡板 11 与固定节流孔 9 组成的双喷嘴挡板阀，功率级是四通滑阀 8，滑阀 8 通过反馈杆 10 与衔铁挡板组件相连。

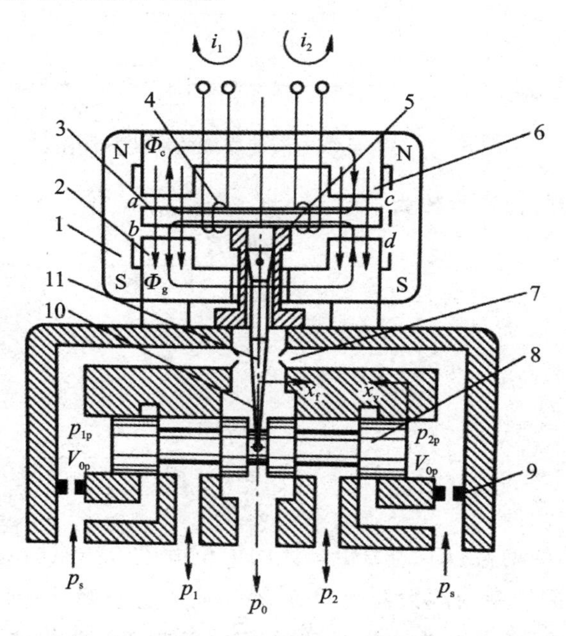

图 6－32　力反馈两级电液伺服阀的结构原理图

当无控制电流时，衔铁由弹簧管支撑在上、下导磁铁的中间位置，挡板也处于两个喷嘴的中间位置，滑阀阀芯在反馈杆小球的约束下处于中位，阀无液压输出。当有差动控制电流 $\Delta i = i_1 - i_2$ 输入时，在衔铁上产生逆时针方向的电磁力矩，使衔铁挡板组件绕弹簧转动中心逆时针方向偏转，弹簧管和反馈杆产生变形，挡板偏离中位。这时，喷嘴挡板阀右间隙减小而左间隙增大，引起滑阀右腔控制压力 p_{2p} 增大，左腔控制压力 p_{1p} 减小，推动滑阀阀芯左移。同时带动反馈杆端部小球左移，使反馈杆进一步变形。当反馈杆和弹簧管变形产生的反力矩与电磁力矩相平衡时，衔铁挡板组件便处于一个平衡位置。在反馈杆端部左移进一步变形时，挡板的偏移减小，趋于中位。当阀芯两端的液压力与反馈杆变形对阀芯产生的反作用力以及滑阀的液动力相平衡时，阀芯停止运动，取得一个平衡位置。阀的输出位移与控制电流成比例。在负载压差一定时，阀的输出流量也与控制电流成比例。所以，这是一种流量控制伺服阀。

这种伺服阀由于衔铁和挡板均在中位附近工作，所以线性好；同时对力矩马达的线性要求也不高，允许滑阀有较大的工作行程。

2. 力反馈电液伺服阀的传递函数

一般情况下，力矩马达控制回路的转折频率和滑阀液压固有频率远大于力矩马达的固有频率，所以力矩马达控制线圈的动态和滑阀的动态可忽略。作用在挡板上的压力反馈的影响比力反馈的小得多，所以压力反馈回路也可以忽略。这样，力反馈电液伺服阀的方框图可简化成图 6－33 所示的形式。

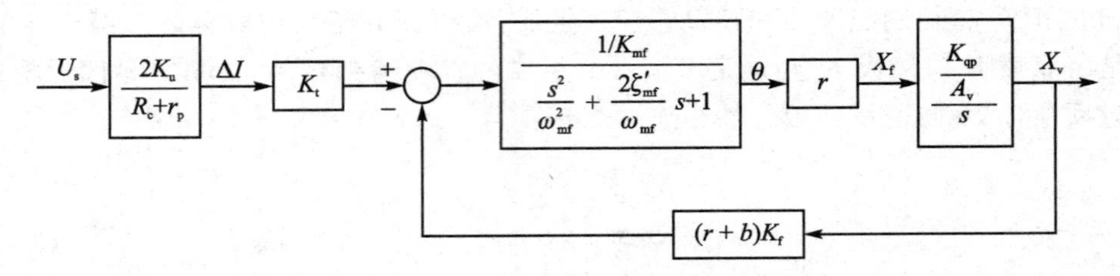

图 6－33 力反馈电液伺服阀的简化方块图

力反馈电液伺服阀的传递函数为

$$\frac{X_V}{U_g}=\frac{\dfrac{2K_uK_t}{(R_c+r_p)(r+b)K_f}}{\left(\dfrac{s}{K_{vf}}+1\right)\left(\dfrac{s^2}{\omega_{mf}^2}+\dfrac{2\zeta'_{mf}}{\omega_{mf}}s+1\right)} \tag{6-25}$$

或

$$\frac{X_V}{U_g}=\frac{K_aK_{xv}}{\left(\dfrac{s}{K_{vf}}+1\right)\left(\dfrac{s^2}{\omega_{mf}^2}+\dfrac{2\zeta'_{mf}}{\omega_{mf}}s+1\right)} \tag{6-26}$$

式中：K_u 为放大器各边的增益；K_t 为力矩马达的中位电磁力矩系数；K_f 为反馈杆的刚度；R_c 为线圈电阻；r_p 为线圈回路中的放大器内阻；r 为喷嘴中心至弹簧管回转中心的距离；b 为反馈杆小球到喷嘴的中心距离；ω_{mf} 为力矩马达的固有频率；ζ'_{mf}为由机械阻尼和电磁阻尼产生的阻尼比；K_{vf} 为力反馈回路开环放大系数；K_a 为伺服放大器增益，其中 $K_a=\dfrac{2K_u}{R_c+r_p}$；$K_{xv}$ 为伺服阀增益，其中 $K_{xv}=\dfrac{K_t}{(r+b)K_f}$。

伺服阀通常以电流 Δi 作输入参量，以空载流量 $q_0=K_qx_v$ 作输出参量。此时，伺服阀的传递函数可表示为

$$\frac{Q_0}{\Delta I}=\frac{K_{sv}}{\left(\dfrac{s}{K_{vf}}+1\right)\left(\dfrac{s^2}{\omega_{mf}^2}+\dfrac{2\zeta'_{mf}}{\omega_{mf}}s+1\right)} \tag{6-27}$$

式中：K_{sv} 为伺服阀的流量增益，其中 $K_{sv}=\dfrac{K_t K_q}{(r+b)K_f}$。

在大多数电液伺服系统中，伺服阀的动态响应往往高于动力元件的动态响应。为了简化系统的动态特性分析与设计，伺服阀的传递函数可以进一步简化，一般可用二阶振荡环节表示。如果伺服阀二阶环节的固有频率远大于动力元件的固有频率，伺服阀传递函数还可用一阶惯性环节表示，当伺服阀的固有频率远大于动力元件的固有频率时，伺服阀可看成比例环节。

二阶近似的传递函数可由下式估计：

$$\frac{Q_0}{\Delta I}=\frac{K_{sv}}{\dfrac{s^2}{\omega_{sv}^2}+\dfrac{2\zeta_{sv}}{\omega_{sv}}s+1} \tag{6-28}$$

式中：ω_{sv} 为伺服阀固有频率；ζ_{sv} 为伺服阀阻尼比。

在由式(6-25)计算的或由实验得到的相频特性曲线上，取相位滞后 90°所对应的频率作为 ω_{sv}。阻尼比 ζ_{sv} 可由两种方法求得，如下：

① 根据二阶环节的相频特性公式，即

$$\varphi(\omega)=\arctan\frac{2\zeta_{sv}\dfrac{\omega}{\omega_{sv}}}{1-\left(\dfrac{\omega}{\omega_{sv}}\right)^2}$$

由频率特性曲线求出每一相角 φ 所对应的 ζ_{sv} 值，然后取平均值。

② 由自动控制原理可知，对各种不同的 ζ 值，都有一条对应的相频特性曲线。将伺服阀的相频特性曲线与此对照，通过比较确定 ζ_{sv} 值。

一阶近似的传递函数可由下式估计：

$$\frac{Q_0}{\Delta I}=\frac{K_{sv}}{1+\dfrac{s}{\omega_{sv}}} \tag{6-29}$$

式中：ω_{sv} 为伺服阀转折频率，$\omega_{sv}=K_{vf}$ 或取频率特性曲线上相位滞后 45°所对应的频率。

3. 电液伺服阀的特性和主要性能指标

电液伺服阀是一个非常精密而又复杂的伺服控制元件，它的性能对整个系统的性能影响很大，因此要求十分严格。下面就电液伺服阀的特性及主要性能指标进行介绍。

(1) 静态特性

电液流量伺服阀的静态性能，可根据测试所得到负载流量特性、空载流量特性、压力特性、内泄漏特性等曲线和性能指标加以评定。

1) 负载流量特性(压力-流量特性)

负载流量特性曲线如图 6-34 所示，它完全描述了伺服阀的静态特性。但要测得这组曲线却相当麻烦，特别是在零位附近很难测出精确的数值，而伺服阀却正好是在此处工作。因此，这些曲线主要还是用来确定伺服阀的类型和估计伺服阀的规格，以便与所要求的负载流量和负载压力相匹配。

伺服阀的规格也可由额定电流 I_n、额定压力 p_n、额定流量 q_n 来表示。

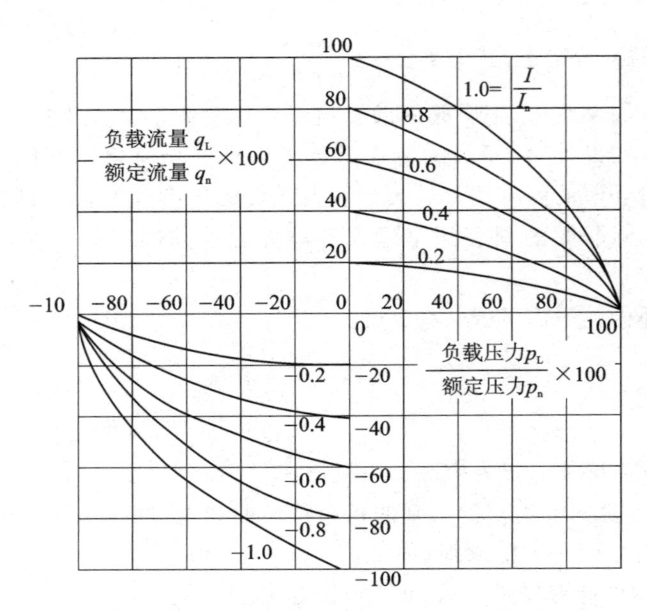

图 6-34 伺服阀的压力-流量特性曲线

- 额定电流 I_n：为产生额定流量对线圈任一极性所规定的输入电流(不包括零偏电流)，单位为 A。当规定额定电流时，必须规定线圈的连接形式。
- 额定压力 p_n：在额定工作条件下的供油压力，或称为额定供油压力，单位为 Pa。
- 额定流量 q_n：在规定的阀压降下，对应于额定电流的负载流量，单位为 m^3/s。通常，在空载条件下规定伺服阀的额定流量，此时阀压降等于额定供油压力，也可在负载压降等于 2/3 供油压力的条件下规定额定流量，这样规定的额定流量对应阀的最大功率输出点。

2) 空载流量特性

空载流量特性曲线(简称流量曲线)是输出流量与输入电流呈回环状的函数曲线，见图 6-35。它是在给定的伺服阀压降和负载压降为零的条件下，使输入电流在正、负额定电流值之间以阀的动态特性不产生影响的循环速度作一完整的循环所描绘出来的连续曲线。

流量曲线中点的轨迹称为名义流量曲线(见图 6-35)，这是零滞环流量曲线。阀的滞环通常很小，因此可以把流量曲线的任一侧当作名义流量曲线使用。

流量曲线上某点或某段的斜率就是阀在该点或该段的流量增益。从名义流量曲线的零流量点向两极各作一条与名义流量曲线偏差最小的直线，这就是名义流量增益曲线，见图 6-36。两个极性的名义流量增益曲线斜率的平均值就是名义流量增益，单位为 $m^3/s\cdot A$。

伺服阀的额定流量与额定电流之比称为额定流量增益。

流量曲线非常有用，它不仅给出了阀的极性、额定空载流量、名义流量增益，而且还可以从中得到阀的线性度、对称度、滞环、分辨率，并揭示阀的零区特性。

- 线性度：流量伺服阀名义流量曲线的直线性。以名义流量曲线与名义流量增益线的最大偏差电流值与额定电流的百分比表示，见图 6-36。线性度通常小于 7.5%。
- 对称度：阀的两个极性的名义流量增益的一致程度。用两者之差与较大者的百分比表示，见图 6-36。对称度通常小于 10%。

● 滞环：在流量曲线中，产生相同输出流量的往、返输入电流的最大差值与额定电流的百分比，见图 6-35。伺服阀的滞环一般小于 5%。

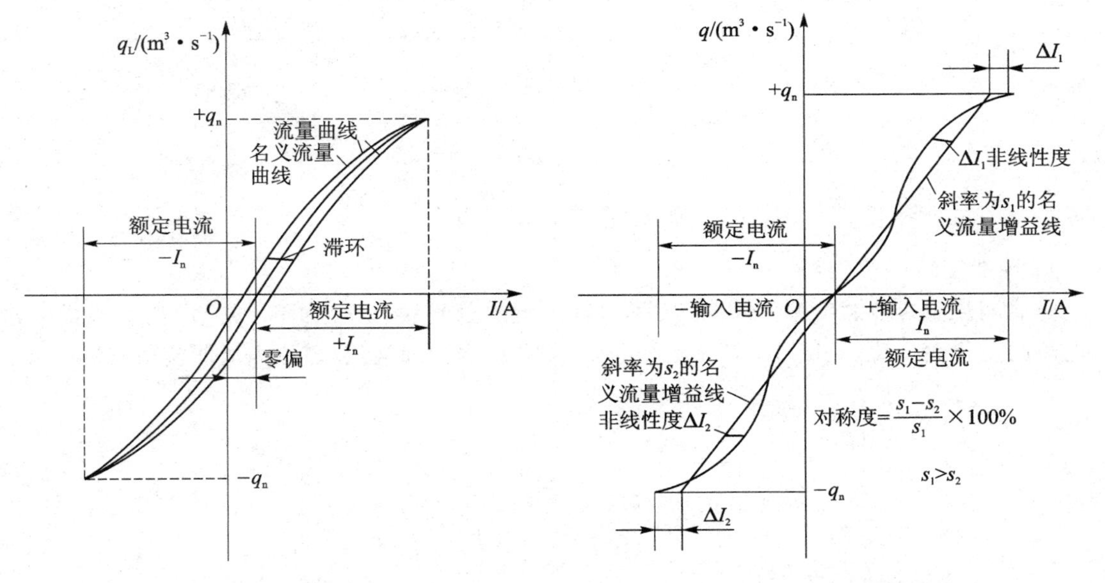

图 6-35　流量曲线　　　　图 6-36　名义流量增益、线性度和对称度

滞环产生的原因，一方面是力矩马达磁路的磁滞，另一方面是伺服阀中的游隙。磁滞回环的宽度随输入信号的大小而变化。当输入信号减小时，磁滞回环的宽度将减小。游隙是由于力矩马达中机械固定处的滑动以及阀芯与阀套间的摩擦力产生的。如果油是脏的，则游隙会大大增加，有可能使伺服系统不稳定。

● 分辨率：使阀的输出流量发生变化所需的输入电流的最小变化值与额定电流的百分比，称为分辨率。通常，分辨率规定为从输出流量的增加状态回复到输出流量减小状态所需电流最小变化值与额定电流之比。伺服阀的分辨率一般小于1%。分辨率主要由伺服阀中的静摩擦力引起。

● 重叠：伺服阀的零位是指空载流量为零的几何零位。伺服阀经常在零位附近工作，因此零区特性特别重要。零位区域是输出级的重叠对流量增益起主要影响的区域。伺服阀的重叠用两极名义流量曲线近似直线部分的延长线与零流量线相交的总间隔与额定电流的百分比表示，见图 6-37。伺服阀的重叠分 3 种情况，即零重叠见图 6-37(a)、正重叠见图 6-37(b)和负重叠见图 6-37(c)。

● 零偏：为使阀处于零位所需的输入电流值(不计阀的滞环的影响)，以额定电流的百分比表示，见图 6-35。零偏通常小于 3%。

3) 压力特性

压力特性曲线是输出流量为零(两个负载油口关闭)时，负载压降与输入电流呈回环状的函数曲线，见图 6-38。负载压力对输入电流的变化率就是压力增益，单位为 Pa/A。伺服阀的压力增益通常规定为最大负载压降的±40%之间，负载压降对输入电流曲线的平均斜率(见图 6-38)。压力增益指标为输入 1%的额定电流时，负载压降应超过 30%的额定工作压力。

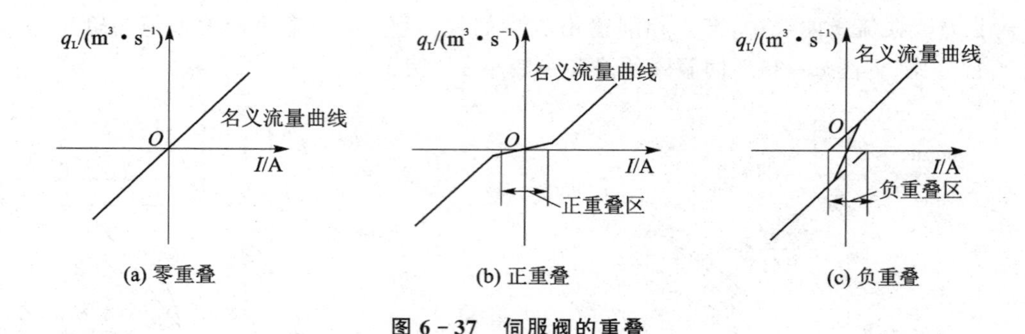

图 6－37　伺服阀的重叠

4）内泄漏特性

内泄漏流量是负载流量为零时，从回油口流出的总流量，单位为 m^3/s。内泄漏流量随输入电流的变化而变化，见图 6－39。当阀处于零位时，内泄漏流量（零位内泄漏流量）最大。

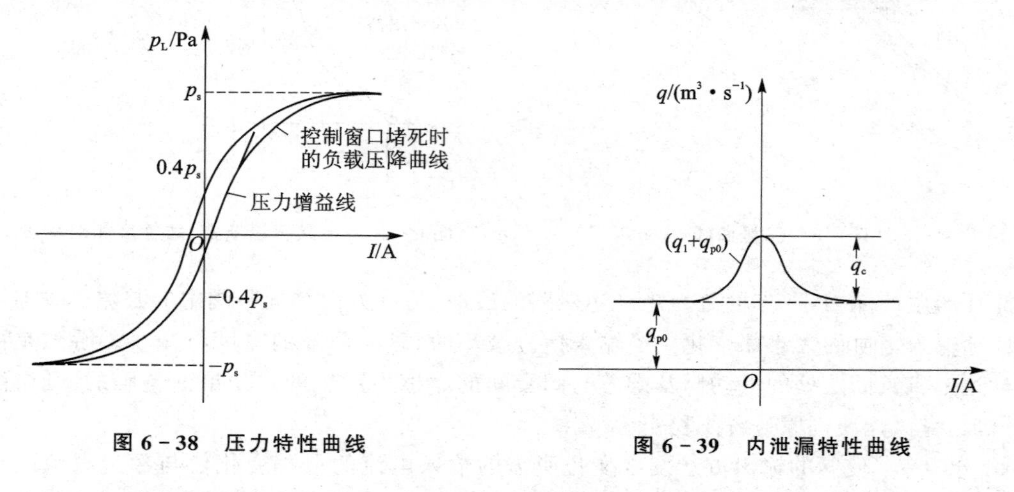

图 6－38　压力特性曲线

图 6－39　内泄漏特性曲线

对于两级伺服阀，内泄漏流量由前置级的泄漏流量 q_{p0} 和功率级泄漏流量 q_1 组成。功率滑阀的零位泄漏流量 q_c 与供油压力 p_s 之比可作为滑阀的流量-压力系数。零位泄漏流量对新阀可作为滑阀制造质量的指标，对旧阀可反映滑阀的磨损情况。

5）零　漂

零漂是指工作条件或环境变化所导致的零偏变化，以其对额定电流的百分比表示。通常规定有供油压力零漂、回油压力零漂、温度零漂、零值电流零漂等。

- 供油压力零漂：供油压力在 70%～100%额定供油压力的范围内变化时，零漂小于 2%。
- 回油压力零漂：回油压力在 0～20%额定供油压力的范围内变化时，零漂应小于 2%。
- 温度零漂：工作油温每变化 40 ℃，零漂小于 2%。
- 零值电流零漂：零值电流在 0～100%额定电流范围内变化时，零漂小于 2%。

（2）动态特性

电液伺服阀的动态特性可用频率响应或瞬态响应表示，一般用频率响应表示。

电液伺服阀的频率响应是输入电流在某一频率范围内作等幅变频正弦变化时，空载流量与输入电流的复数比。其频率响应如图 6－40 所示。

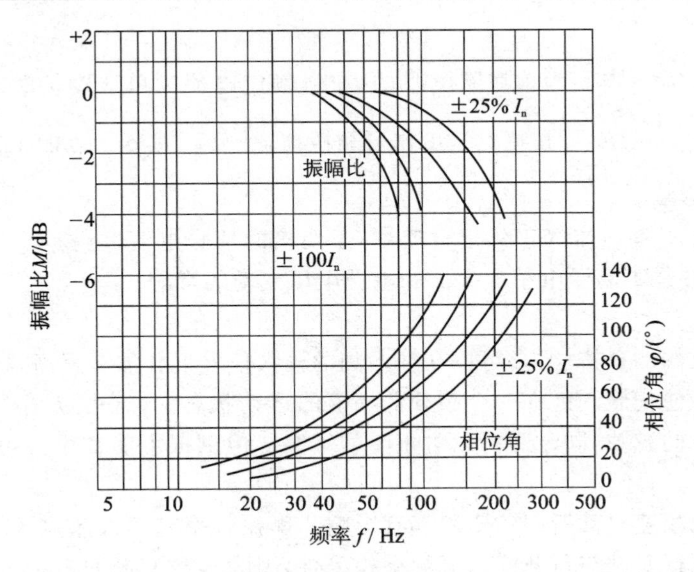

图 6-40　电液伺服阀的频率响应

伺服阀的频率响应随供油压力、输入电流幅值、油温和其他工作条件的变化而变化。通常在标准实验条件下进行实验，推荐输入电流的峰值为额定电流的一半（±25%额定电流），基准（初始）频率通常为 5 Hz 或 10 Hz。

伺服阀的频宽通常以幅值比为−3 dB（输出流量为基准频率时输出流量的 70.7%）时所对应的频率作为幅频宽，以相位滞后 90°时所对应的频率作为相频宽。

频宽是伺服阀响应速度的度量。伺服阀的频宽应根据系统的实际需要加以确定，频宽过低会限制系统的响应速度，过高会使高频干扰传到负载上去。

伺服阀的幅值比一般不允许大于+2 dB。

（3）输入特性

1）线圈接法

伺服阀有两个线圈，可根据需要采用图 6-41 中的任何一种接法。

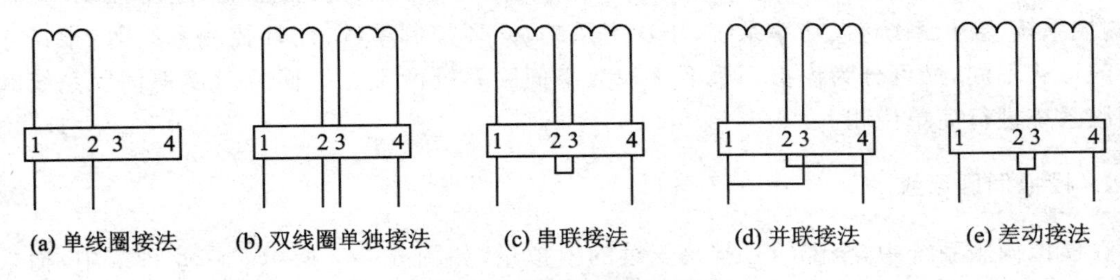

图 6-41　伺服阀线圈的接法

- 单线圈接法：输入电阻等于单线圈电阻，线圈电流等于额定电流，电控功率 $P=I_n^2R_c$。单线圈接法可减小电感的影响。
- 双线圈单独接法：一只线圈接输入，另一只线圈可用于调偏、接反馈或引入颤振信号。
- 串连接法：输入电阻为单线圈电阻 R_c 的两倍，额定电流为单线圈时的一半，电控功率为 $P=\frac{1}{2}I_n^2R_c$。串联连接的特点是额定电流和电控功率小，但易受电源电压变动的影响。

- 并联接法：输入电阻为单线圈电阻的一半，额定电流为单线圈接法时的额定电流，电控功率 $P=\frac{1}{2}I_n^2R_c$。其特点是工作可靠性高，一只线圈坏了也能工作，但易受电流电压变动的影响。
- 差动接法：差动电流等于额定电流，等于两倍的信号电流，电控功率 $P=I_n^2R_c$。差动接法的特点是不易受电子放大器和电源电压变动的影响。

2）颤　振

为了提高伺服阀的分辨能力，可以在伺服阀的输入信号上叠加一个高频低幅值的电信号，即颤振信号。颤振使伺服阀处在一个高频低幅值的运动状态中，这可以减小或消除伺服阀中由于干摩擦所产生的游隙，同时还可以防止阀的堵塞。但颤振不能减小力矩马达磁路所产生的磁滞影响。

颤振的频率和幅度对其所起的作用都有影响。颤振频率应大大超过预计的信号频率，而不应与伺服阀或执行元件与负载的谐振频率相重合，因为这类谐振的激励可能引起疲劳破坏或者使所含元件饱和。颤振幅度应足够大以使峰间值刚好填满游隙宽度，这相当于主阀芯运动约为 2.5 μm。颤振幅度又不能过大，以致通过伺服阀传到负载。颤振信号的波形采用正弦波、三角波或方波，其效果是相同的。

6.4　电液伺服系统举例

电液伺服系统综合了电气和液压两方面的特长，具有控制精度高、响应速度快、输出功率大、信号处理灵活、易于实现各种参量的反馈等优点。因此，其在负载质量大又要求响应速度快的场合使用最为合适，其应用已遍及国民经济和军事工业的各个技术领域。

6.4.1　电液伺服系统的类型

电液伺服系统的分类方法很多，可以从不同的角度分类，如位置控制、速度控制、力控制等，阀控系统、泵控系统，大功率系统、小功率系统，开环控制系统、闭环控制系统等；根据输入信号的形式不同，又可分为模拟伺服系统和数字伺服系统两类。下面就对模拟伺服系统和数字伺服系统进行简单说明。

1. 模拟伺服系统

在模拟伺服系统中，全部信号都是连续的模拟量，如图 6－42 所示。在此系统中，输入信号、反馈信号、偏差信号及其放大、校正都是连续的模拟量。电信号可以是直流量，也可以是交流量。直流量和交流量相互转换可以通过调制器或解调器完成。

模拟伺服系统重复精度高，但分辨能力较低（绝对精度低）。伺服系统的精度在很大程度上取决于检测装置的精度，而模拟式检测装置的精度一般低于数字式检测装置，所以模拟伺服系统的分辨能力低于数字伺服系统的分辨能力。另外，模拟伺服系统中微小信号容易受到噪声和零漂的影响，因此，当输入信号接近或小于输入端的噪声和零漂时，就不能进行有效的控制了。

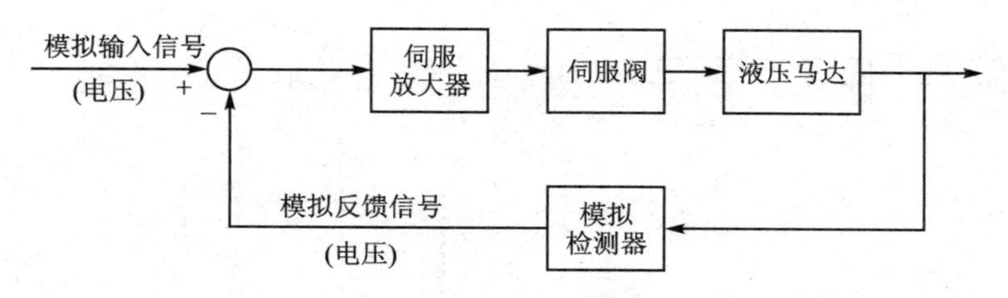

图 6-42　模拟伺服系统方框图

2. 数字伺服系统

在数字伺服系统中，全部信号或部分信号都是离散参量，因此，数字伺服系统又分为全数字伺服系统和数字-模拟伺服系统两种。在全数字伺服系统中，动力元件必须能够接收数字信号，可采用数字阀或电液步进马达。数字-模拟伺服系统如图 6-43 所示。数控装置发出的指令脉冲与反馈脉冲相比较后产生数字偏差，经数-模转换器把信号变为模拟偏差信号电压，后面的动力部分不变，仍是模拟元件。系统输出通过数字检测器(模-数转换器)变为反馈脉冲信号。

数字检测装置有很高的分辨能力，所以数字伺服系统可以得到很高的绝对精度。数字伺服系统的输入信号是很强的脉冲电压，受模拟量的噪声和零漂的影响很小。所以，当要求较高的绝对精度而不是重复精度时，常采用数字伺服系统。此外，它还能运用数字计算机对信息进行存储、解算和控制，在大系统中实现多环路、多参量的实时控制，因此有着广阔的发展前景。但是，从经济性、可靠性方面来看，简单的伺服系统仍以采用模拟型控制为宜。

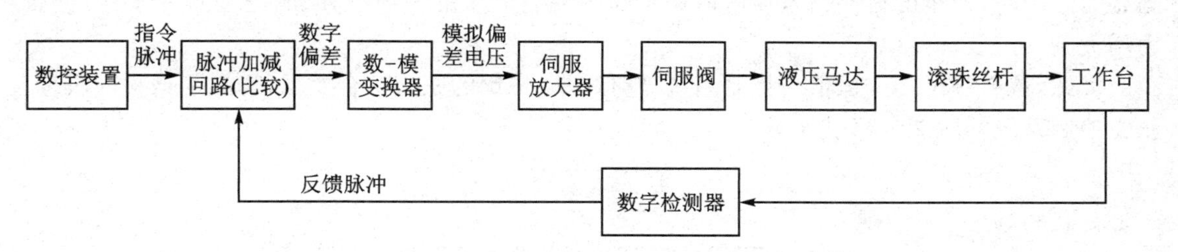

图 6-43　数字-模拟伺服系统方框图

6.4.2　钢带张力控制液压伺服系统

在带钢生产过程中，经常要求控制钢带的张力(例如在热处理炉内进行热处理时)，因此对薄带材的连续生产提出了高精度恒张力的控制要求。这种系统是一种定值控制系统。图 6-44 所示为钢带张力控制液压伺服系统的工作原理。

热处理炉内的钢带张力由带钢牵引辊组 2 和带钢加载辊组 8 来确定。用直流电动机 D1 作牵引，直流电动机 D2 作为负载，以造成所需张力。由于在系统中各部件惯量大，因此时间滞后大，精度低不能满足要求，故在两辊组之间设置一液压伺服张力控制系统来控制精度。其工作原理是：在转向辊 4 左右两侧下方各设置一力传感器 5，把它作为检测装置，力传感器 5 检测所得到的信号的平均值与给定信号值相比较，当出现偏差信号时，信号经电放大器放大后输入电液伺服阀 7。如果实际张力与给定值相等，则偏差信号为零，电液伺服阀 7 没有输出，

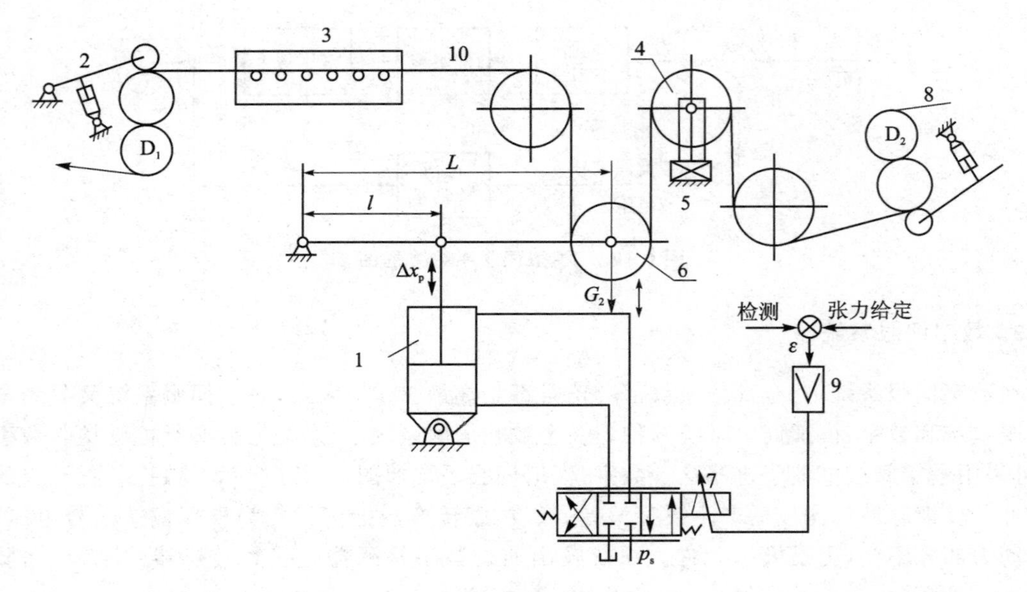

1—液压缸；2—牵引辊组；3—热处理炉；4—转向辊；5—力传感器；
6—浮动辊；7—电液伺服阀；8—加载辊组；9—放大器；10—钢带

图 6-44 钢带张力控制液压伺服系统的工作原理

液压缸 1 保持不动，张力调节浮动辊 6 不动。当张力增大时，偏差信号使电液伺服阀 7 有一定的开口量，供给一定的流量，使液压缸 1 向上移动，浮动辊 6 上移，使张力减少到一定值；反之，当张力减少时，产生的偏差信号使电液伺服阀 7 控制液压缸 1 向下移动，浮动辊 6 下移，使张力增大到一定值。

因此，该系统是一个恒值力控制系统，它保证了带钢的张力符合要求，提高了钢材的质量。张力控制系统的职能方框图如图 6-45 所示。

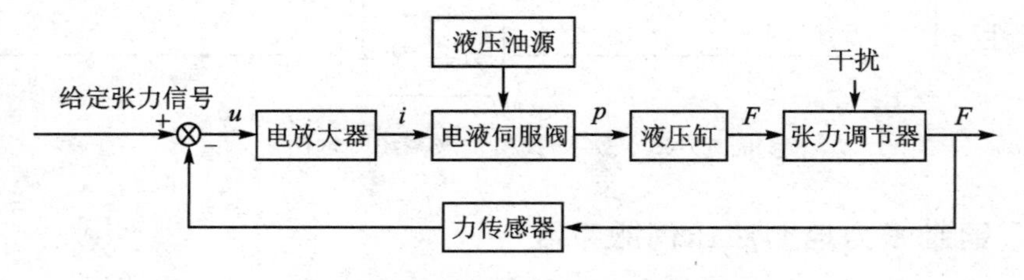

图 6-45 张力控制系统的职能方框图

习 题

1. 试比较正开口、零开口、负开口滑阀式机液伺服阀的优缺点。
2. 试分析图 6-24 所示的车床液压仿形刀架的工作原理和特点。
3. 试比较机液伺服系统和电液伺服系统的优缺点。

第7章　液压系统的设计与计算

7.1　液压系统的设计内容和步骤

液压系统是整机的一个组成部分，如飞机有飞机的液压系统、机床有机床的液压系统、挖掘机有挖掘机的液压系统。在整机中液压系统通常起驱动和控制作用，如飞机起落架就是由液压系统驱动和控制收放的。

液压系统的设计内容和步骤大致如下：

① 明确设计要求；

② 草拟液压系统图；

③ 计算主要参数；

④ 选择液压元件；

⑤ 估算液压系统的性能；

⑥ 绘制工作图，编写技术文件。

设计要求是液压系统设计的原始文件，通常用下列指标表示：

① 主机的类型、主机提供的空间和主机对液压系统的重量要求；

② 负载的性质、大小和变化范围；

③ 执行元件的运动方式和运动过程；

④ 系统工作的可靠性、安全性要求；

⑤ 工作环境；

⑥ 经济性要求；

⑦ 其他要求。

在设计要求中，既有定量要求（可用数据定量表示），也有定性要求（不能用数据定量表示）。在进行液压系统设计时应全面考虑各种设计要求，以满足主机的需要，同时，应对设计要求给予足够的重视，以免在设计的开始就留有隐患。如果根据设计制造出的液压系统不能满足设计要求，则将造成很大的浪费。设计时根据主机类型的不同，应采取不同的设计规范和标准，如设计飞机液压系统时应采用航空标准。

设计要求确定之后，就可以根据设计要求草拟液压系统图。此时设计的液压系统图只是一个原理图，只是定性地实现了设计要求所规定的功能和液压系统所需要的一些必要功能。在原理图中包含所有必需的液压元件以及它们的拓扑关系，但所选择的液压元件仅反映其基本功能，并没有具体的型号。草拟液压系统图时应尽可能采用已知的、成熟的基本液压回路来实现特定的功能。

为了进一步选择具体的液压元件，需要进行计算以确定液压系统的主要工作性能参数。液压系统的主要工作性能参数指的是执行元件的工作压力和执行元件的最大流量等。液压系统的工作特性（液体压力只随负载的变化而变化，与流量无关；负载的运动速度只随输入流量的变化而变化,与压力无关)是计算液压系统主要工作性能参数的依据。执行元件的工作压力通常可以根据负载的大小或设备的类型查阅相应的手册进行选择。在个别情况下,通过手册选择的工作压力可能无法满足主机的要求。比如,主机能够提供的空间较小,但通过从手册中选择的工作压力计算出的液压缸截面却超过了主机提供的空间。此时,就需要根据主机提供的空间来设计液压缸截面,然后再根据液压缸截面积和负载的大小来计算工作压力。在飞机的翼稍处机翼厚度较小,因此在设计舰载机折叠翼的液压系统时就有可能出现类似的情况。执行元件的最大流量可以根据执行元件的最大速度和面积计算得到。在确定了执行元件的工作压力和执行元件的最大流量之后,还需要计算出各液压元件的压力和流量,以便选择液压元件的规格尺寸。

在选择液压元件时既要充分考虑设计要求,也要考虑经济性,过高的性能将导致浪费,过低的成本有可能满足不了性能的需要。选定了液压元件的具体型号之后,草拟的液压系统图就成了可以在工程中应用的液压系统图。

液压系统图确定之后,还需要对系统的性能进行估算,主要估算的内容是系统的效率和发热等。

完成以上工作后,最后的工作就是绘制工作图,编写技术文件。工作图包括液压系统图、元件配置图、泵站装配图和管路装配图等;技术文件有设计说明书、系统的工作原理说明书和使用说明书等。

7.2 液压系统的设计计算实例——蜂窝夹层板热压机液压系统

蜂窝夹层板通常由两个高强度材料的薄壁表面层(承力层)以及在表面层之间并与之相连接的小刚度蜂窝芯组成。蜂窝夹层结构具有一系列的优点,其中最重要的优点就是承力层的稳定性高和结构的弯曲刚度大。除此之外,夹层结构还具有高质量的外表面,较小的结构重量,良好的隔热性能、能量吸收性能和疲劳性能等。蜂窝夹层结构可以用来制造火箭的箭体,飞机的机身、雷达罩和舱盖等。

7.2.1 设计要求

蜂窝夹层板是制造蜂窝芯的中间产品,蜂窝芯的一般制造过程如下:

① 在清洗机上对铝箔进行表面处理;

② 铝箔在涂胶机上涂胶条并按一定长度剪断,再把剪断的铝箔按顺序叠合;

③ 在热压机上对叠合好的铝箔进行热压固化形成蜂窝夹层板;

④ 按需要的宽度剪裁蜂窝夹层板;

⑤ 剪裁好的蜂窝夹层板经过拉伸机拉伸即形成蜂窝。

简易蜂窝夹层板热压机的设计要求如下:

① 蜂窝夹层板的最大尺寸:1 500 mm×500 mm×400 mm;

② 最大固化压力:$p_0=0.5$ MPa;

③ 最高固化温度:$t=200$ ℃;

④ 最长固化(保温、保压)时间:24 h;

⑤ 上工作台快进速度:$v_{快进}=0.5$ m/min;

⑥ 上工作台工进速度：$v_{工进}=0.1\ \mathrm{m/min}$；

⑦ 压力均匀；

⑧ 工件不能受到污染；

⑨ 成本不易过高，实现功能即可。

1. 草拟原理图

图7-1所示是根据设计要求草拟的原理图。为了实现压力均匀的要求，设置了两个液压缸；采用三位四通电液阀控制活塞的正反向运动；采用出口节流调速实现工进；采用二位二通电磁换向阀实现快进和工进的切换；为了实现保压的要求，系统添加了一个手摇泵用于补压；单向阀用于保压时的密封；溢流阀起安全阀的作用；压力表用于观察保压时的压力变化。

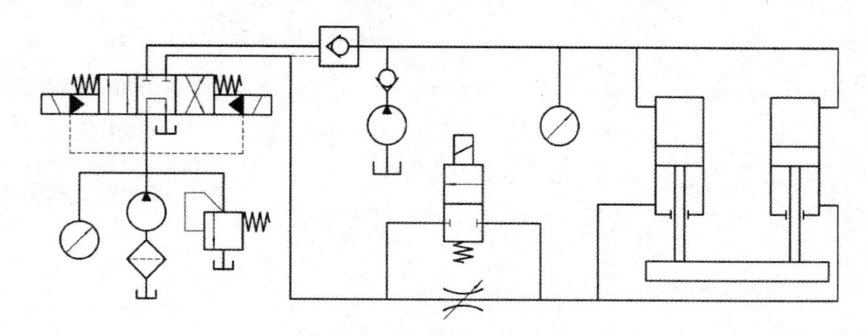

图7-1　蜂窝夹层板热压机液压系统原理图

2. 该系统的工作过程

启动：液压泵由电动机驱动，经过滤器从油箱吸取油液。此时电液阀处于中位，从液压泵出口流出的液压油经过电液阀的中位流回油箱。

快进：此时电液阀处于左位。从液压泵出口流出的液压油经过电液阀的左位，通过液控单向阀进入液压缸上腔，推动活塞向下运动。液压缸下腔的油液通过二位二通电磁换向阀，再经过电液阀的左位流回油箱。

工进：二位二通电磁换向阀换向，处于截止状态。液压缸下腔的油液通过节流阀，再经过电液阀的左位流回油箱。

保压：在保压过程中如果压力低于允许值，则使用手摇泵补压。

快退：此时电液阀处于右位。从液压泵出口流出的液压油经过电液阀的右位，通过二位二通电磁换向阀进入液压缸下腔，推动活塞向上运动。此时，液控单向阀控制油口处于高压状态，液控单向阀导通。液压缸上腔的油液通过液控单向阀，再经过电液阀的右位流回油箱。

7.2.2　主要参数的计算

1. 确定工作压力 *p*

工作台面积：

$$S=(1.5\times 0.5)\ \mathrm{m^2}=0.75\ \mathrm{m^2}$$

总负载：

$$F = p_0 S = (0.5 \times 10^6 \times 0.75)\ \text{N} = 375\ 000\ \text{N}$$

工作压力 p 根据负载大小及机器的类型来初步确定，综合考虑各种条件并参考手册后取液压缸工作压力为 10 MPa。

2. 计算液压缸内径 D 和活塞杆直径 d

由于液压系统采用双液压缸，因此活塞的平衡方程可写为

$$\frac{\pi}{4}D^2 p_1 = \frac{F}{2} + \frac{\pi}{4}(D^2 - d^2) p_2 + F_{fc} \tag{7-1}$$

$$D^2 = \frac{4\left(\dfrac{F}{2} + F_{fc}\right)}{\pi p_1} + (D^2 - d^2)\frac{p_2}{p_1} \tag{7-2}$$

式中：p_1 为液压缸工作压力；p_2 为液压缸回油腔背压力；F 为最大的外负载；F_{fc} 为液压缸密封处摩擦力，常用公式 $F + F_{fc} = F/\eta_{cm}$ 计算，其中，η_{cm} 为液压缸的机械效率，一般情况下 $\eta_{cm} = 0.9 \sim 0.97$。将 η_{cm} 代入式(7-2)，可求得 D 为

$$D = \sqrt{\frac{(4 - 2\eta_{cm})F}{\pi p_1 \eta_{cm}\left\{1 - \dfrac{p_2}{p_1}\left[1 - \left(\dfrac{d}{D}\right)^2\right]\right\}}} \tag{7-3}$$

取 d/D 为 0.5，取 η_{cm} 为 0.95，忽略背压力 p_2，则

$$D = \sqrt{\frac{(4 - 2 \times 0.95) \times 0.375 \times 10^6}{\pi \times 10 \times 10^6 \times 0.95}}\ \text{m} = 0.162\ \text{m} = 162\ \text{mm} \tag{7-4}$$

通过查阅液压手册，将液压缸内径圆整为标准系列直径 $D = 160$ mm，活塞杆直径取标准系列值 $d = 80$ mm。

3. 计算在各工作阶段液压缸所需的流量

计算在各工作阶段液压缸所需的流量，分别如下：

$$Q_{快进} = \frac{\pi}{4}D^2 v_{快进} = \left(\frac{\pi}{4} \times 0.16^2 \times 0.5 \times 1\ 000\right)\ \text{L/min} = 10\ \text{L/min} \tag{7-5}$$

$$Q_{工进} = \frac{\pi}{4}D^2 v_{工进} = \left(\frac{\pi}{4} \times 0.16^2 \times 0.1 \times 1\ 000\right)\ \text{L/min} = 2\ \text{L/min} \tag{7-6}$$

4. 确定液压泵的工作压力、流量以及选择泵的规格

(1) 确定泵的工作压力

考虑正常工作中进油管路有一定的压力损失，所以泵的工作压力为

$$p_p = p_1 + \sum \Delta p \tag{7-7}$$

式中：p_p 为液压泵最大工作压力；p_1 为执行元件最大工作压力；$\sum \Delta p$ 为进油管路中的压力损失，初算时简单系统取 0.2～0.5 MPa，复杂系统取 0.5～1.5 MPa，本系统取 0.5 MPa。所以，

$$p_p = (10 + 0.5)\ \text{MPa} = 10.5\ \text{MPa} \tag{7-8}$$

(2) 确定泵的流量

液压泵的最大流量应为

$$Q_{\mathrm{p}} \geqslant K_{\mathrm{L}} \sum (Q)_{\max} \tag{7-9}$$

式中:Q_{p} 为液压泵的最大流量;$\sum (Q)_{\max}$ 为同时动作的各执行元件所需流量和的最大值;K_{L} 为系统泄漏系数,一般取 $K_{\mathrm{L}}=1.1 \sim 1.3$,现取 $K_{\mathrm{L}}=1.2$。所以,

$$Q_{\mathrm{p}} \geqslant K_{\mathrm{L}} \sum (Q)_{\max} = (1.2 \times 2 \times 10)\ \mathrm{L/min} = 24\ \mathrm{L/min} \tag{7-10}$$

7.2.3 液压元件的选择

1. 液压缸

液压缸内径为 $D=160$ mm,活塞杆直径为 $d=80$ mm,故选择的液压缸为 HSG. L-160/80. E-1。

2. 泵

根据基本参量计算,泵流量 $Q_{\mathrm{p}}=24$ L/min,查阅有关手册,现选用 CBN-E314 型齿轮泵。该泵的基本参数:额定压力为 16 MPa,额定转速为 2 000 r/min,驱动功率为 9.2 kW。

3. 溢流阀

溢流阀的主要作用是防止系统过载,保护泵和油路系统的安全及保持油路系统的压力恒定。根据流量、压力等技术参数,并考虑经济性因素,最终决定使用 DG-02-C-22 型溢流阀。

4. 单向阀和液控单向阀

液控单向阀具有良好的单向密封性能,在液压系统中应用很广,常用于执行元件需要长时间保压、锁紧等情况,也用于防止立式液压缸停止时自动下滑。根据压力及流量要求,单向阀选择 CIT-03-04-50,液控单向阀选择 CPT-03-04-05。

5. 节流阀

节流阀的主要作用是在定量泵的液压系统中与溢流阀配合,组成节流调速回路,即进口、出口和旁路节流调速回路,调节执行元件的速度;或者与变量泵和安全阀组合使用,也可作背压阀使用。本系统取 SRT-03 型节流阀。

6. 三位四通阀

根据本系统的工作需要及压力和流量要求,选择 DSHG-01-3C60-1* 型三位四通阀。

7. 二位二通阀

根据流量选择 DSG-01-2B 型二位二通阀。

8. 油　管

根据实际需要选择钢制硬管。对于吸油管，管内油液速度 $v \leqslant 1.5$ m/s，取 $v=1$ m/s；对于压油管，管内油液速度 $v \leqslant 2 \sim 5$ m/s，取 $v=3$ m/s。吸油管材料选用 20＃钢，压油管选用 1Cr18Ni9Ti。

(1) 计算油管内径

吸油管直径：

$$d_{吸} \geqslant 4.6 \times \sqrt{\frac{Q}{v_{吸}}} = \left(4.6 \times \sqrt{\frac{24}{1}}\right)\ \mathrm{mm} = 22.54\ \mathrm{mm}$$

取 $d_{吸}=25$ mm。

压油管直径：

$$d_{压} \geqslant 4.6 \times \sqrt{\frac{Q}{v_{压}}} = \left(4.6 \times \sqrt{\frac{24}{3}}\right)\ \mathrm{mm} = 13.01\ \mathrm{mm}$$

取 $d_{压}=15$ mm。

(2) 计算油管壁厚

对于压油管，

$$\delta = \frac{pd}{2[\sigma]} = \frac{10.5 \times 15}{2 \times 86.67}\ \mathrm{mm} = 0.91\ \mathrm{mm}$$

式中：δ 为钢管壁厚；d 为钢管内径；p 为工作压力；$[\sigma]$为许用应力。

而吸油管的内压力远远小于压油管，两种油管统一取 1 mm 即可满足要求。

对于钢管，有 $[\sigma]=\sigma_b/n$，n 取 6。所以，对于 1Cr18Ni9Ti，$[\sigma]=(520/6)$ MPa = 86.67 MPa。

(3) 计算雷诺数

油管内油液流速为

$$v_{压} = \frac{Q}{A} = \frac{24}{60 \times 1\,000 \times \frac{\pi}{4} \times 0.015^2} = 2.26\ \mathrm{m/s}$$

雷诺数：

$$Re = \frac{v_{压}\, d_{压}}{v} = \frac{2.26 \times 0.015}{15 \times 10^{-6}} = 2\,260 < Re_c = 2\,320$$

式中：Re 为雷诺数；Re_c 为临界雷诺数；v 为油液的运动粘度；$v_{压}$ 为压油管内油液流速；$d_{压}$ 为压油管内径。

所以，油液属于层流，而非紊流。

9. 油　箱

油箱设计要点：设备停止时油能返回油箱；操作时油面保持适当高度；能散发操作时的热量；分离出油中的空气和杂质；有效容积 V 应为泵流量的 3 倍以上；油箱侧壁应设置与壁等高的油位指示计；吸油管与回油管应尽量远离；防锈、防凝水，油箱内壁应用好的耐油涂料。

本系统为高压液压系统，液压油箱有效容量按泵每分钟流量的 7～10 倍来确定。这里取

油箱容量为 $V = 8Q_{泵} = 192$ L。

10. 滤油器

选择滤油器时主要考虑以下几个因素：

(1) 流体的性质

构成滤油器的滤芯、附件及壳体的材料，是必须与过滤液“亲密接触”的，因此，先要确定液体是酸性的、碱性的还是中性的。

(2) 流　量

根据系统的流量选择滤油器的规格。

(3) 温　度

过滤器的温度影响流体的粘度、壳体的腐蚀速度以及过滤液与过滤材料的相溶性。随着温度的升高，液体的粘度通常会降低，我们可以根据工作温度来确定液体的温度，以便合理地选择滤芯元件。

(4) 过滤精度

一般来说，选择高精度滤油器可以大大提高液压系统工作的可靠性和元件寿命。但是，滤油器的过滤精度越高，滤油器的滤芯元件往往堵塞越快，滤芯材料的清洗以及更换周期就越短，成本就越高。所以，在选择滤油器时，应根据具体情况合理地选择滤油器的过滤精度，以达到所需要的油液清洁度。

根据以上分析，并且考虑实际需要和经济性要求，对照各种技术性能参数，最终决定采用 TLW－50 型滤油器。

11. 电动机

已知泵的驱动功率为 9.2 kW，根据实际需要和工程要求，初步决定将系统工作所需功率定为 10 kW。由于电动机与泵采用的是立式连接，故决定选用 Y160M1－2 型电动机，采用立式安装的 B5 型结构，转速为 2 930 r/min。

第8章　气压传动概述

气压传动的应用历史非常悠久。早在公元前，埃及人就开始利用风箱产生压缩空气用于助燃。后来，人们懂得利用空气作为工作介质传递动力做功，如古代利用自然风力推动风车、带动水车提水灌溉，利用风能航海。从18世纪的产业革命开始，气压传动逐渐被应用于各行各业中，如矿山用的风钻、火车的刹车装置、汽车的自动开关门等。而气压传动应用于一般工业中的自动化或人力替代则是近几十年的事情。

气压传动与控制称为“气动技术”，简称“气动”。气动技术是以空气压缩机为动力源，以压缩空气为工作介质，进行能量传递或信号传递的工程技术，是实现各种生产控制、自动控制的重要手段。在人类追求与自然界和平共处的今天，研究并大力发展气动技术，对于全球环境与资源保护有着相当特殊的意义。随着工业机械化和自动化的发展，气动技术越来越广泛地应用于各个领域，特别是成本低廉、结构简单的气动自动装置更是得到了广泛应用，在工业自动化中具有非常重要的地位。

目前，世界各国都把气压传动作为一种低成本的工业自动化手段应用于工业领域，国内外自20世纪60年代以来，随着工业机械化和自动化的发展，气动技术也得到了快速发展。气压传动元件的发展速度已经超过了液压元件，气动技术已成为一个独立的技术领域。

8.1　气压传动系统的工作原理和组成

1. 气压传动系统的工作原理

气压传动系统是利用控制压缩机将电动机或其他原动机输出的机械能转变为空气的压力能，然后在各控制元件的控制和辅助元件的配合下，通过执行元件将空气的压力能转化为机械能，从而完成直线或回转运动并对外做功。

2. 气压传动系统的组成

典型的气压传动系统一般由以下部分组成：

(1) 气压发生装置

它将原动机输出的机械能转变为空气的压力能。目前最常用的气压发生装置是空气压缩机。

(2) 控制元件

控制元件用来控制压缩空气的压力、流量和流动方向，以保证执行元件具有一定的输出力和速度，并按设计的程序正常工作，如压力阀、流量阀、方向阀和逻辑阀等。

(3) 执行元件

执行元件是将空气的压力能转换为机械能的能量转换装置，如气缸和气马达。

(4) 辅助元件

辅助元件是用于辅助保证气动系统正常工作的一些装置，如过滤器、干燥器、油水分离器、消声器、油雾器、管接头等。

8.2　气压传动的优缺点

1. 气压传动的优点

① 空气随处可取且取之不尽，节省了购买、存储、运输介质的费用和麻烦；用后的空气直接排入大气，对环境无损害，不必设置回收管路，因而也不存在介质变质、补充和更换等问题。

② 因空气粘度小(约为液压油的万分之一)，在管路内流动阻力小，压力损失小，所以便于压缩空气的集中供气和远距离输送。即便有泄漏，也不会像液压油那样污染环境。

③ 与液压传动相比，气动反应快，动作迅速，维护简单，管路不易堵塞。

④ 气动元件结构简单，制造容易，便于实现标准化、系列化、通用化。

⑤ 气动系统对工作环境适应性好，特别是在易燃、易爆、多尘埃、强磁、辐射、振动等恶劣工作环境中工作时，其安全可靠性优于液压、电子和电气系统。

⑥ 空气具有的可压缩性使气动系统容易实现过载保护，还便于压缩空气的存储，以备急需。

⑦ 压缩空气排气时因膨胀而温度降低，因而气动设备在常温条件下即便长期运行也不会发生过热现象。

2. 气压传动的缺点

① 空气具有可压缩性，当载荷变化时，气动系统的动作速度稳定性较差。

② 气动系统的工作压力较低(一般为0.4～0.8 MPa)，又因执行元件的结构尺寸不宜过大，因而输出的功率较小。

③ 气动信号传递的速度与光、电信号速度相比要慢很多，故不宜用于要求高传递速度的复杂回路中；但对一般的机械设备，气动信号的传递速度是能够满足要求的。

④ 排气噪声大，大多数情况下都需要加消声器。

8.3　气压传动技术的应用

气压传动以压缩空气为工作介质，具有防火、防爆、防电磁干扰，抗振动、冲击和辐射，无污染，结构简单，工作可靠等特点，所以气动技术与液压、机械、电气和电子技术一起，互相补充，已发展成为实现生产过程自动化的一个重要手段，在机械工业、冶金工业、轻纺食品工业、化工、交通运输、航空航天、国防建设等各个部门已得到广泛的应用。

① 机械制造业。其中包括机械加工生产线上零件的加工和组装，如工件搬运、转位、定位、夹紧、进给、装卸、装配、清洗、检测等工序；冷却、润滑液的控制等；铸造生产线上的造型、捣固、合箱等。

② 汽车制造业。其中包括焊装生产线、车体部件自动搬运与固定、自动焊接、夹具、输送

设备、组装线、涂装线、发动机生产线、轮胎生产装备等方面。

③ 电子IC及电器行业。如用于硅片的搬运，元器件的插装与锡焊，彩电、冰箱的装配生产线等。IC芯片的制造工艺条件、制造环境的要求非常苛刻，在IC芯片的制造中采用了大量高真空“无尘”超净洁的气动元件。

④ 石油、化工、介质管道运输运送业。用管道输送介质的自动化流程绝大多数都采用气动控制，如石油提炼加工、气体加工、化肥生产等。

⑤ 轻工食品包装业。其中包括各种半自动或全自动包装生产线，如酒类、油类、煤气罐装，聚乙烯、化肥和各种食品的包装等。

⑥ 机器人。如装配机器人、喷漆机器人、搬运机器人，以及爬墙、焊接机器人等。

⑦ 其他。如车辆刹车装置、车门启闭装置、颗粒物质筛选装置、鱼雷导弹自动控制装置等。

气动技术还应用在气动喷气织布机、自动清洗机、冶金机械、印刷机械、建筑机械、农业机械、制鞋机械、塑料制品生产线、人造革生产线、玻璃制品加工线等许多场合。目前，各种气动工具的广泛使用也是气动技术应用的一个组成部分。

8.4 气压传动技术的发展趋势

气压传动技术是一门既涉及传动技术又涉及控制技术的综合性技术。气压传动技术在未来一段时间内的主要发展方向集中在器件的高精度、小型化、复合化、智能化、集成化和节能化等方面。近年来，随着微电子和计算机技术的引入，以及新材料、新技术、新工艺的开发和应用，气动元器件和气压传动技术迎来了新的发展空间。气压传动技术已经突破了传统的设计、制造理念，正在各个方面进行创新发展，在IC、生物制药、医疗设备等高新技术领域也将扮演重要角色。气压传动技术的发展趋势有如下方面：

1. 小型化

小型化是气压传动技术的主要发展趋势。微型气动元件不但用于机械加工及电子制造业，而且用于制药业、医疗设备、包装设备等方面。气动元件的小型化降低了功耗，节省了能源，并能更好地与微电子技术相结合。

2. 组合化及集成化

最常见的组合为带阀和开关的气缸。在物料搬运中，还使用了气缸和摆动气缸、气动夹头及真空吸盘的组合体，同时配有电磁阀和程控器，具有结构紧凑、占用空间小、行程可调的特点。

3. 精密化

目前，开发的非圆活塞气缸、带导杆气缸等可减小普通气缸活塞工作时的摆转；为了使气缸精确定位，开发了制动气缸，通过采用传感器、比例阀等实现反馈控制，定位精度达到0.01 mm。在精密气缸方面，已经开发了0.3 mm/s低速气缸和承载力为0.01 N的微小气缸。在气源处理中，过滤精度达0.01 mm、过滤效率为99.999 9%的过滤器以及灵敏度为0.001 MPa的减压阀均已开发成功。

4. 高速化

目前，国产气缸的活塞速度范围为 50～1 000 mm/s，与国际水平还有一定差距，需要进一步努力，希望在不久的将来达到国外同类产品的水平。

5. 智能化

智能气动是指集成了微处理器，并且具有处理指令和程序控制功能的元件或单元。最典型的智能气动是内置可编程控制器的阀岛，以阀岛和现场总线技术相结合实现气电一体化，该技术是目前气压传动技术智能化的一个发展方向。气压传动技术的发展也体现在气动产品的智能化上，要求其具有判断推理、逻辑思维和自主决策的能力。世界许多国家的著名气动公司都在从事这方面的研究，智能阀岛和气动工业机器人就是其最有代表性的产品。

6. 真空技术

真空技术是气动领域中的一个重要分支。在工业生产中，吸盘机械手已经得到广泛应用，因此，很多气动企业都非常重视真空元器件的开发研制工作。

7. 节能、环保及绿色化

经济的发展给地球的生态环境、能源状况等带来了一系列的问题，环境保护和节约能源现在已经成为衡量一个国家能否可持续发展的重要标志。气动技术作为工业自动化的一个重要组成部分，承担起节约能源和环境保护的责任是义不容辞的。

习　题

1. 简述气压传动的特点。
2. 简述气压传动的发展趋势。

第 9 章　气压传动基础知识

9.1　空气的物理性质

9.1.1　空气的组成

自然界的空气由若干种气体混合组成，主要由氮气(N_2)、氧气(O_2)及少量氩气(Ar)和二氧化碳(CO_2)等组成。空气可分为干空气和湿空气两种形态，其中含有水蒸气的空气称为湿空气，大气中的空气基本上都是湿空气；不含有水蒸气的空气称为干空气。

9.1.2　空气的基本状态参数

气体常用的状态参数有 6 个：温度 T、体积 V、压力 p、内能、焓、熵。其中，前 3 个参数可以测量，称为基本状态参数，有了这 3 个基本状态参数就可以算出其他 3 个状态参数。根据 3 个基本状态参数可规定空气的两个状态：基准状态和标准状态。

基准状态：温度为 0 ℃，压力为 101.3 kPa 的干空气状态。基准状态下空气的密度 $\rho=1.293\ kg/m^3$。

标准状态：温度为 20 ℃，相对湿度为 65%，压力为 0.1 MPa 的干空气状态。标准状态下空气的密度 $\rho=1.185\ kg/m^3$。

9.1.3　空气的其他物理性质

1. 密　度

单位体积 V 内的空气质量 m，称为空气的密度，以 ρ 表示，即

$$\rho=\frac{m}{V} \tag{9-1}$$

空气的密度与温度、压力有关，因此，干空气的密度计算式为

$$\rho=\rho_0\cdot\frac{273}{273+t}\cdot\frac{p}{0.101\ 3} \tag{9-2}$$

式中：p 为绝对压力(MPa)；ρ_0 为基准状态下干空气的密度(kg/m^3)；$273+t$ 为绝对温度(K)。

湿空气的密度计算式为

$$\rho=\rho_0\cdot\frac{273}{273+t}\cdot\frac{p-0.003\ 78\varphi p_b}{0.101\ 3} \tag{9-3}$$

式中：p 为湿空气的全压力(MPa)；p_b 为温度 t 时饱和空气中水蒸气的分压力(MPa)；φ 为空气的相对湿度(%)。

2. 空气的粘度

空气的粘度受温度影响变化较大,受压力变化的影响极小,通常可以忽略。空气粘度随温度变化而变化,温度升高,粘度增大;反之,温度降低,粘度减小。

3. 气体的压缩性

气体分子间的距离大,内聚力小,故分子运动的平均自由路径大。因此,分子的体积容量易随压力和温度发生变化。气体的体积受压力和温度变化的影响极大,与液体和固体相比较,气体体积易变。气体体积随温度和压力的变化规律遵循气体状态方程。

4. 湿度和含湿量

(1) 湿　度

湿空气所含水分的程度用湿度来表示。湿度的表示方法有两种:绝对湿度和相对湿度。湿空气不仅会腐蚀元件,而且还会对系统工作的稳定性带来不良影响,因此各种气动元件对压缩空气的含水量都有明确的规定,而且常采用相应的措施去除空气中的水分。

1) 绝对湿度

每立方米空气中所含水蒸气的质量,称为湿空气的绝对湿度,用 χ 表示,即

$$\chi = \frac{m_s}{V} \tag{9-4}$$

或由气体状态方程导出

$$\chi = \rho_s = \frac{p_s}{R_s T} \tag{9-5}$$

式中:m_s 为湿空气中水蒸气的质量(kg); V 为湿空气的体积(m^3);p_s 为水蒸气的分压力(Pa);T 为绝对温度(K);ρ_s 为水蒸气的密度(kg/m^3);R_s 为水蒸气的气体常数,$R_s = 462.05$ N·m/(kg·K)。

2) 饱和绝对湿度

在某一温度下,1 m^3 饱和湿空气所含水蒸气的质量,称为该温度下的饱和绝对湿度,用 χ_b 表示,即

$$\chi_b = \rho_b = p_b / R_s T \tag{9-6}$$

式中:ρ_b 为饱和湿空气中水蒸气的密度(kg/m^3);p_b 为饱和湿空气中水蒸气的分压力(Pa)。

3) 相对湿度

在相同温度和压力的条件下,绝对湿度和饱和绝对湿度之比称为该温度下的相对湿度,用 φ 表示,即

$$\varphi = \frac{\chi}{\chi_b} \times 100\% = \frac{p_s}{p_b} \times 100\% = \frac{\rho_s}{\rho_b} \times 100\% \tag{9-7}$$

φ 值在 0~100%之间,干空气的相对湿度为 0,饱和湿空气的相对湿度为 100%。φ 值越小,表示湿空气吸收水蒸气的能力越强。因此,绝对湿度说明湿空气中含有水蒸气的多少,相对湿度说明湿空气所具有的吸收水蒸气的能力。

(2) 含湿量

含湿量分为质量含湿量和容积含湿量两种,分别介绍如下:

1）质量含湿量

每千克质量的干空气中所混合的水蒸气的质量，称为质量含湿量，用 d 表示，即

$$d = m_s / m_g \tag{9-8}$$

式中：m_s 为水蒸气质量(kg)；m_g 为干空气质量(kg)。

2）容积含湿量

每立方米的干空气中所混合的水蒸气的质量，称为容积含湿量，用 d' 表示，即

$$d' = \frac{m_s}{V_g} = \frac{d \cdot m_g}{V_g} = d\rho_g \tag{9-9}$$

式中：ρ_g 为干空气的密度(kg/m^3)。

空气中水蒸气的含量是随温度的变化而变化的。当温度下降时，水蒸气的含量下降；当温度升高时，水蒸气的含量增加。因此，降低进入气动装置空气的温度，对于减少空气中的含水量是有利的。

9.2 气体状态方程

9.2.1 理想气体的状态方程

没有粘性的气体称为理想气体，一定质量的理想气体，在状态变化的某一稳定瞬时，其压力、温度和密度之间的关系称为理想气体状态方程，即

$$pV = mRT \quad 或 \quad \frac{pV}{T} = 常数 \quad 或 \quad p = \rho RT \tag{9-10}$$

式中：p 为气体的绝对压力(Pa)；V 为气体的体积(m^3)；m 为气体的质量(kg)；ρ 为气体的密度(kg/m^3)；T 为绝对温度(K)；R 为气体常数(Pa)，干空气的 R=287.1 N·m/(kg·K)，水蒸气的 R=462.05 N·m/(kg·K)。

理想气体状态方程适用于绝对压力在 20 MPa 以下，绝对温度在 253 K 以上的空气、氧气、氮气、二氧化碳等气体，不适用于低温状态和高温状态的气体。

9.2.2 气体的状态变化过程及规律

1. 等压过程

一定质量的气体在压力保持不变(ρ=常数)时，从某一状态变化到另一状态的过程称为等压过程。等压过程的状态方程为

$$\frac{V}{T} = 常数 \quad 或 \quad \frac{V_1}{T_1} = \frac{V_2}{T_2} \tag{9-11}$$

式(9-11)表明，压力不变时气体体积与绝对温度成正比，气体吸收或释放热量而发生状态变化。

单位质量的气体获得或释放的热量为

$$Q_p = C_p(T_2 - T_1) \tag{9-12}$$

式中：C_p 为质量定压热容(J/(kg·K))，对于空气，C_p=1 005 J/(kg·K)。

此过程中，单位质量气体膨胀所做功为

$$\int_{V_1}^{V_2} p\,\mathrm{d}V = p(V_2 - V_1) = R(T_2 - T_1) \tag{9-13}$$

2. 等容过程

一定质量的气体在容积保持不变（V＝常数）时，从某一状态变化到另一状态的过程称为等容过程。等容过程的状态方程为

$$\frac{P}{T} = 常数 \qquad 或 \qquad \frac{P_1}{T_1} = \frac{P_2}{T_2} \tag{9-14}$$

式(9－14)表明容积不变时，压力与绝对温度成正比。

在等容变化过程中，气体对外做功为

$$W = \int_{V_1}^{V_2} p\,\mathrm{d}V = 0 \tag{9-15}$$

即气体对外不做功。但绝对温度随压力的增加而增加，提高了气体的内能。单位质量的气体所增加的内能为

$$E_{\mathrm{V}} = C_V(T_2 - T_1) \tag{9-16}$$

式中：C_V 为质量定容热容(J/(kg·K))，对于空气，C_V＝718 J/(kg·K)。

3. 等温过程

一定质量的气体在温度保持不变（T＝常数）时，从某一状态变化到另一状态的过程称为等温过程。等温过程的状态方程为

$$pV = 常数 \qquad 或 \qquad p_1V_1 = p_2V_2 \tag{9-17}$$

即温度不变时，气体压力与气体体积成反比。压力增加，气体被压缩，单位质量的气体所需的功为

$$W = \int_{V_1}^{V_2} p\,\mathrm{d}V = RT\ln\frac{V_2}{V_1} = p_1V_1\ln\frac{p_1}{p_2} = p_2V_2\ln\frac{p_1}{p_2} \tag{9-18}$$

此变化过程温度不变，系统内能无变化，加入系统的热量全部用来做功。

4. 绝热过程

气体在状态变化过程中，系统与外界无热量交换的状态变化过程称为绝热过程。在此过程中，输入系统的热量等于零，即系统靠消耗内能做功。绝热过程的状态方程为

$$pV^k = 常数 \qquad 或 \qquad p/\rho^k = 常数 \tag{9-19}$$

式中；k 为绝热指数，对于不同的气体有不同的值。

单位质量绝热过程气体所做的功为

$$W = \frac{p_1V_1}{k-1}\left[1 - \left(\frac{p_2}{p_1}\right)^{\frac{k-1}{k}}\right] = \frac{R}{k-1}(T_1 - T_2) \tag{9-20}$$

5. 多变过程

不加任何限制条件的气体状态变化过程称为多变过程。实际上，大多数变化过程都属于多变过程。等容、等压、等温、绝热这 4 种变化过程不过是多变过程的特例而已。

$$pV^n = 常数 \qquad 或 \qquad p_1V_1^n = p_2V_2^n \tag{9-21}$$

式中:n 为多变指数。

多变指数 n 为某些特定值时,多变过程可以简化为基本热力学过程。例如:$n=0$,$p_1=p_2$,为等压过程;$n=8$,$\frac{V_1}{V_2}=\left(\frac{p_2}{p_1}\right)^{1/n}=1$,为等容过程;$p_1V_1=p_2V_2$,为等温过程;$n=k=1.4$(空气),$pV^n=$常数,为绝热过程。

多变过程单位质量气体所做的功 W 为

$$W=\frac{R}{n-1}(T_2-T_1) \tag{9-22}$$

9.3 气体的流动特性

9.3.1 气体流动的基本方程

对于气压传动系统中的一维定常流动,忽略粘度和热传导,则只要 4 个参数就能确定流场,即速度、压力、密度和温度,相应的 4 个独立方程为连续性方程、动量方程、能量方程和状态方程。

1. 连续性方程

连续性方程实质上是质量守恒定律在流体力学中的一种表现形式。气体在管道中做定常流动时,流过管道每一过流断面的质量流量都为一定值,即

$$\rho vA = 常数 \qquad 或 \qquad \rho_1v_1A_1=\rho_2v_2A_2 \tag{9-23}$$

式中:ρ 为截面气体密度(kg/m^3);v 为截面气体的流动速度(m/s);A 为截面的管道面积(m^2)。

2. 能量方程(伯努利方程)

在流管的任意截面上,推导出的伯努利方程为

$$\frac{v^2}{2}+gz+\int\frac{dp}{\rho}+gh_w=常数 \tag{9-24}$$

式中:v 为气体的流动速度(m/s);g 为重力加速度(m/s^2);z 为位置高度(m);p 为气体的压力(Pa);ρ 为气体的密度(kg/m^3);h_w 为摩擦阻力损失系数(m)。

9.3.2 声速和马赫数

1. 声 速

声音所引起的波称为声波。声波在介质中的传播速度称为声速,用 c 表示。声波是一种微弱扰动波,因此,微弱扰动的传播速度通常称为声速。对于气体,比值 $dp/d\rho$ 取决于微弱扰动所引起的热力学过程。最早对此进行研究的是牛顿,他认为,微弱扰动引起的温度变化很小,可以忽略不计,按等温过程处理,因而得出

$$c=\sqrt{\frac{\mathrm{d}p}{\mathrm{d}\rho}}=\sqrt{RT} \tag{9-25}$$

按式(9－25)计算的 0 ℃情况下空气中声音的传播速度为 280 m/s,但当时实际测量的声音传播速度为 330 m/s,两者相差超过 17%。牛顿曾解释为空气中灰尘和水分影响了声音的传播。后来拉普拉斯纠正了这一理论的错误,认为声波的传播过程是绝热的,又因为是微弱扰动,所以可视为等熵过程,即

$$c=\sqrt{\frac{\mathrm{d}p}{\mathrm{d}\rho}}=\sqrt{k\frac{p}{\rho}}=\sqrt{kRT} \tag{9-26}$$

声速反映了流体的可压缩性,声速值的大小与流体种类和所处的状态有关。对于某种气体,它仅是温度的函数,因此,声速值也是气体的状态参数之一。在同一流场中,由于各点的温度随气体速度的变化而变化,故各点的声速值也不同,所以有当地声速之称。

2. 马赫数

在气体动力学中,常用气体流速与当地声速之比作为一个重要参数,称为马赫(Mach)数,即

$$Ma=\frac{V}{c} \tag{9-27}$$

其中,$Ma<1$ 为亚声速流动;$Ma=1$ 为声速流动;$Ma>1$ 为超声速流动。

9.3.3　气体通过收缩喷嘴(小孔)的流动

气动元件和管道的流通能力可以用公式表示,还可以用有效截面积值来描述。

对于图 9－1,节流孔的有效截面积 A 与孔口实际截面积 A_0 之比称为收缩系数,以 α 表示,即

$$\alpha=\frac{A}{A_0} \tag{9-28}$$

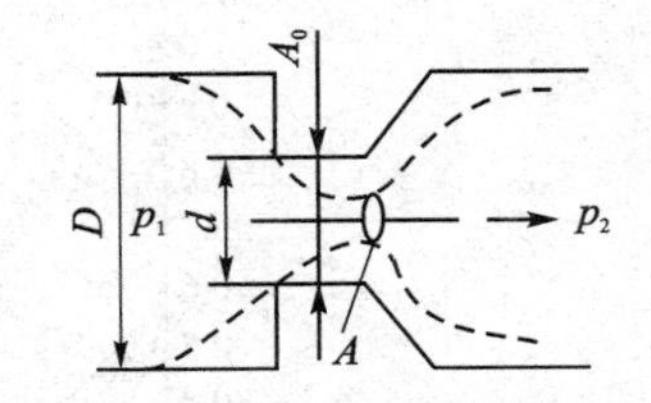

图 9－1　节流孔的有效面积

① 对于圆形节流孔,设节流孔直径为 d,节流孔上游直径为 D_0,则节流孔口面积 $A_0=\pi d^2/4$。令 $\beta=(d/D)^2$,根据 β 值可以从图 9－2 中查取收缩系数 α 的值,便可计算有效面积 A。

② 对于气流通过直径为 d、长度为 l 的管道,其有效截面积为

$$A=\alpha' A_0$$

式中:α'为收缩系数,在图 9－3 中可以查取。

当系统中有若干元件串联时,合成有效截面积 A_R 用式(9－29)计算:

$$\frac{1}{A_R^2}=\frac{1}{A_1^2}+\frac{1}{A_2^2}+\cdots+\frac{1}{A_n^2}=\sum_{i=1}^{n}\frac{1}{A_i^2} \tag{9-29}$$

式中:$A_1,A_2,\cdots,A_n$ 为各元件的有效截面积。

当系统中有若干元件并联时,合成有效截面积为

$$A_R=A_1+A_2+\cdots+A_n=\sum_{i=1}^{n}A_i \tag{9-30}$$

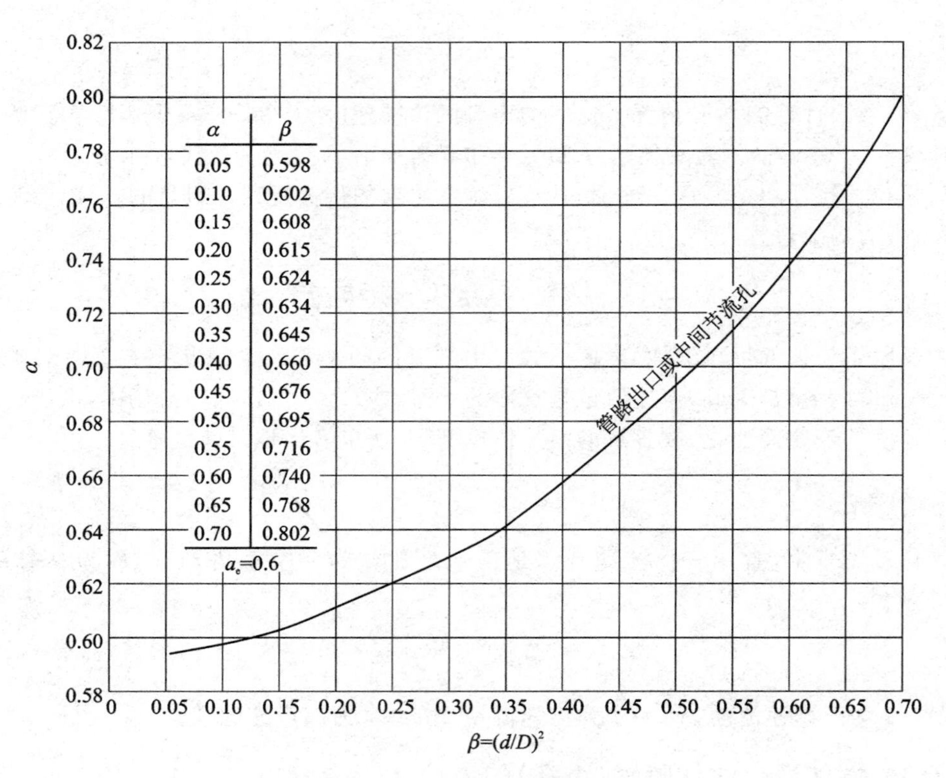

图 9-2　节流孔的收缩系数 α

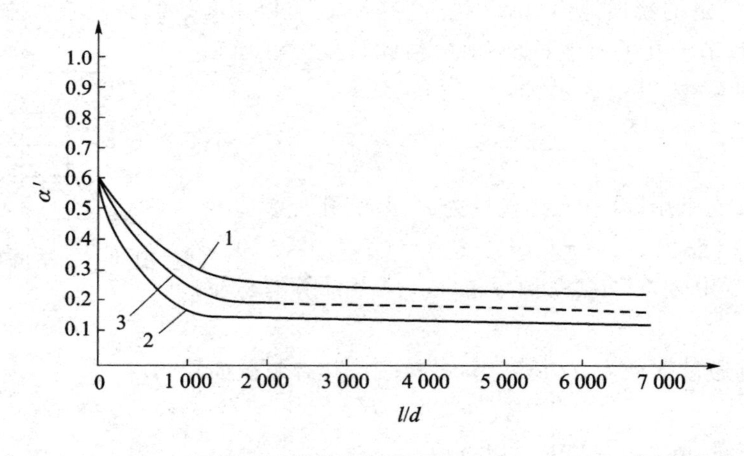

1—$d=11.6$ mm 的具有涤纶编织物的乙烯软管；2—$d=2.52$ mm 的尼龙管；

3—$d=(0.25\sim1)$in 的瓦斯管(1 in=25.4 mm)

图 9-3　管路的收缩系数

9.3.4　气动元件和管道的流量

气流通过气动元件，使元件进口压力 p_1 保持不变，出口压力 p_2 降低。当气流压力之比 $p_1/p_2>1.893$ 或 $p_2/p_1<0.528$(其中 p_2 为出口绝对压力(MPa))时，流速在声速区。自由

(基准)状态的流量为

$$q_z = 113.4Ap_1\sqrt{273/T_1} \tag{9-31}$$

当 $p_2/p_1>0.528$ 或 $p_1/p_2<1.893$ 时,流速在亚声速区。自由(基准)状态的流量为

$$q_z = 234A\sqrt{\Delta p \cdot p_1} \cdot \sqrt{273/T_1} \tag{9-32}$$

式中:A 为有效截面积(mm^2);p_1 为进口绝对压力(MPa);Δp 为压力差(MPa);T_1 为进口气体绝对温度(K);q_z 为基准状态流量(L/min)。

习　题

1. 在常温 20 ℃下,将空气从 0.4 MPa(绝对压力)压缩到 1 MPa(绝对压力),试计算温度 Δt 为多少?

2. 求标准状态下空气的密度。

3. 在室温 20 ℃下把压力为 2 MPa 的压缩空气通过有效截面积 25 mm^2 的阀口,充入容积为 100 L 的气罐中,当压力由 0.25 MPa 上升到 0.4 MPa 时,充气时间及气罐的温度 T_2 为多少?当降至室温后罐内的压力为多少?

第 10 章　气源装置与气动元件

10.1　气源装置

气动系统是以压缩空气作为工作介质的。气源装置是为气动设备提供满足要求的压缩空气动力源，由气压发生装置、压缩空气的净化处理装置和传输管路等组成。典型的气源装置如图 10-1 所示。

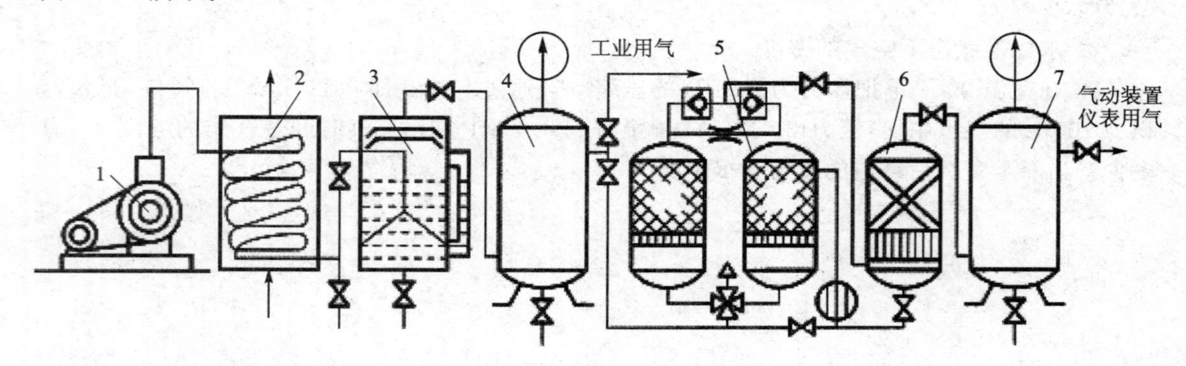

1—空气压缩机；2—后冷却器；3—油水分离器；4、7—储气罐；5—干燥器；6—过滤器

图 10-1　典型的气源装置

10.1.1　气压发生装置

空气压缩机简称空压机，是气压发生装置。空压机是将原动机的机械能转化为压缩空气的压力能的转换装置。

空压机的种类很多，按工作原理可分为容积式空压机和速度式空压机。

① 容积式空压机。气体压力的提高是由于空压机内部的工作容积被缩小，使单位体积内气体分子的密度增加而形成的。容积式空压机根据结构的不同又可分为活塞式空压机、叶片式空压机和螺杆式空压机。

② 速度式空压机。气体压力的提高是由于气体分子在高速流动时突然受阻而停滞下来，使动能转化为压力能而形成的。速度式空压机根据结构的不同又可分为离心式空压机和轴流式空压机。

常用空压机的工作原理如下所述。

1. 活塞式空压机的工作原理

活塞式空压机的工作原理如图 10-2 所示，活塞和连杆是固定连接在一起的，气缸上开有进气阀和排气阀。当连杆在外力作用下向外伸出时，活塞也向下移动，使气缸内体积增加，压力小于大气压，这时排气阀在内外压差的作用下被封死，同时进气阀在此压差的作用下自动打开，空气便从进气阀进入气缸。当连杆在外力的作用下向内退回时，活塞也向上移动，使气缸内体积减小，压力大于大气压，这时进气阀在内外压差的作用下被封死，同时排气阀在此压差的作用下自动打开，将压缩空气排入储气罐。

连杆连续的伸出和退回动作可以带动活塞的上下往复运动，从而能不断地产生压缩空气。连杆及活塞的往复运动可以由电动机带动的曲柄滑块机构完成。这种类型的空压机只由一个过程就将吸入的大气压空气压缩到所需要的压力，因此称为单级活塞式空压机。

单级活塞式空压机通常用于需要0.3～0.7 MPa压力范围的气动系统，若空气压力超过0.7 MPa，空压机内将产生大量的热量，从而使空压机的效率大大降低。因此，当输出压力较高时，应采用多级压缩。多级压缩可降低排气温度，提高效率，并增加排气量。

工业使用的活塞式空压机通常是两级压缩的。图10-3所示为两级活塞式空压机。经一级压缩后的热空气通过冷却器后温度被大大降低，从而提高了效率，降温后的压缩空气再经二级压缩后达到最终的压力。

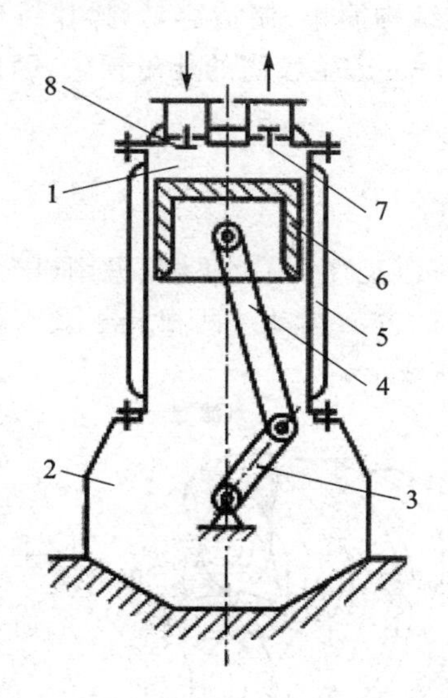

1—气缸；2—曲轴箱；3—曲轴；4—连杆
5—冷却水套；6—活塞；7—排气阀；8—进气阀

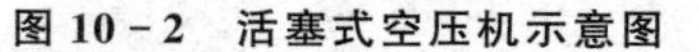

图10-2　活塞式空压机示意图

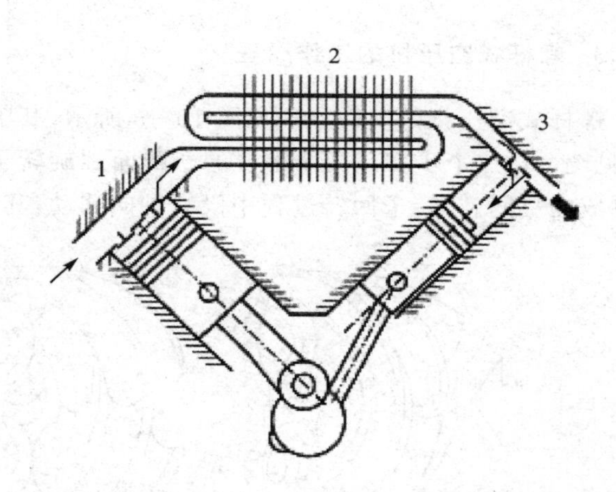

1—一级压缩；2—中间冷却器；3—二级压缩

图10-3　两级活塞式空气压缩机

2. 叶片式空压机的工作原理

叶片式空压机的工作原理如图10-4所示。

把转子偏心安装在定子内，叶片插在转子的放射状槽内滑动。叶片、转子和定子内表面构成了密封容积，当转子按图10-4所示顺时针方向旋转时，右侧的密封容积逐渐变小，由此从进气口吸入的空气就逐渐被压缩排出。这样，在回转过程中不需要活式空压机中有吸气阀和排气阀。在转子的每一次回转中，将根据叶片的数目多次进行吸气、压缩和排气，所以输出压力的脉动较小。

通常情况下，叶片式空压机需使用润滑油对叶片、转子和机体内部进行润滑、冷却和密封，所以排出的压缩空气中含有大量的油分，因此在排气口需要安装油水分离器和冷却器，以便把油分从压缩空气中分离出来，进行冷却并循环使用。

通常所说的无油空压机，是指用石墨或有机合成材料等自润滑材料作为叶片材料的空压机，运转时无须添加任何润滑油，压缩空气不被污染，满足了无油化的要求。

为此，在进气口设置空气流量调节阀，根据排出气体压力的变化自动调节流量，使输出压力保持恒定。

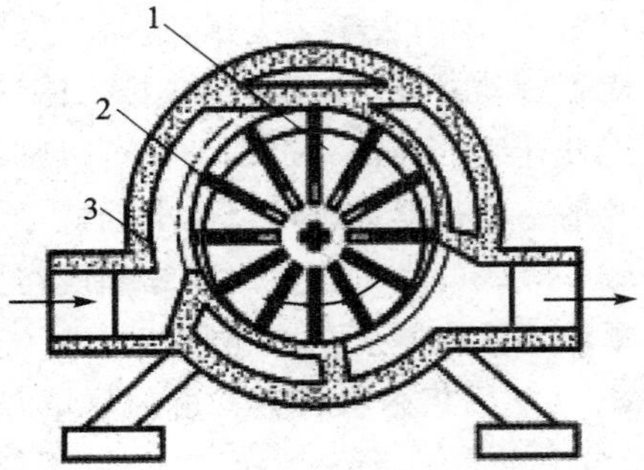

1—叶片；2—转子；3—定子

图 10－4 叶片式空压机的工作原理

叶片式空压机的优点是能连续排出脉动小的额定压力的压缩空气，所以，一般无须设置储气罐，并且其结构简单，制造容易，操作维修简便，运转噪声小。其缺点是叶片、转子和机体之间机械摩擦较大，产生较高的能量损失，因而效率较低。

3. 螺杆式空压机的工作原理

螺杆式空压机的工作原理如图 10－5 所示，其中包括吸气（见图(a)）、压缩（见图(b)）、排气（见图(c)）三个步骤。两个啮合的凸凹面螺旋转子以相反的方向运动。两根转子及壳体三者围成的空间，在转子回转过程中没有轴向移动，其容积逐渐减小。

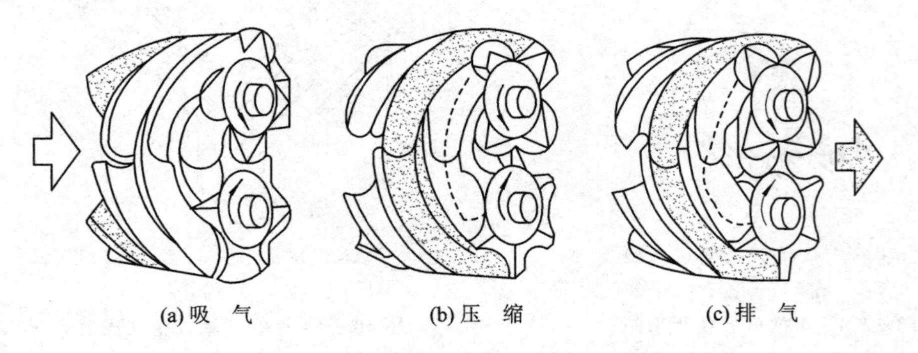

(a) 吸　气　　(b) 压　缩　　(c) 排　气

图 10－5 螺杆式空压机的工作原理

这样，从进气口吸入的空气逐渐被压缩，并从出口排出。当转子旋转时，两转子之间及其转子与机体之间均有间隙存在。由于其吸气、压缩和排气等行程均由转子旋转产生，因此输出压力脉动小，可不设置储气罐。由于其工作过程中需要进行冷却、润滑及密封，所以在其出口处要设置油水分离器。

螺杆式空压机的优点是排气脉动小，输出流量大，无须设置储气罐，结构中无易损件，寿命长，效率高。其缺点是，制造精度要求高。由于结构刚度的限制，螺杆式空压机只适用于中低压系统。

10.1.2　空气净化处理装置

1. 后冷却器

空压机输出的压缩空气温度高达 120～170 ℃，在这样的高温下，空气中的水分完全呈现气态，如果进入气动元件中，则会腐蚀元件，必须将其清除。后冷却的作用就是将空压机出口的高温压缩空气冷却到 40～50 ℃，将大量水蒸气和变质油雾冷凝成液态水滴和油滴，以便将其清除。后冷却器有风冷式和水冷式两类。

风冷式后冷却器如图 10－6 所示，它是靠风扇加速空气流动，将热空气管道中的热量带走，从而降低压缩空气的温度。与水冷式相比，它不需要循环冷却水，占地面积小，使用及维护方便，但经风冷却后的压缩空气出口温度比环境温度高 15 ℃左右，且处理气量少。

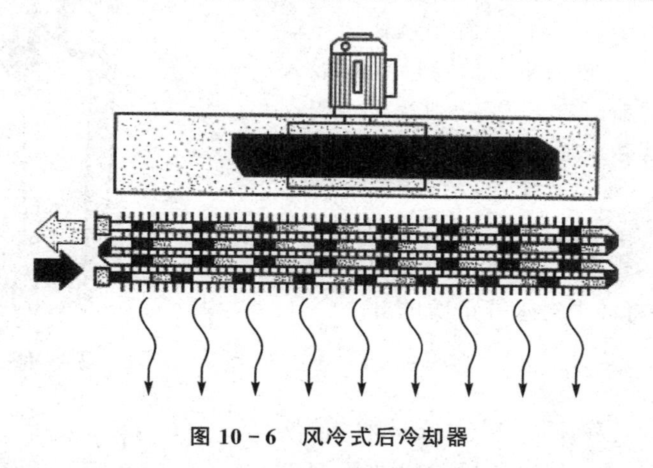

图 10－6　风冷式后冷却器

水冷式后冷却器如图 10－7 所示，它是通过强迫冷却水沿着压缩空气流动方向的反方向流动来进行冷却的，与风冷式相比，它散热面积大，热交换均匀，经水冷后的压缩空气出口温度比环境温度高 10 ℃左右。在后冷却器的最低处应设置手动或自动排水器，以排除冷凝水和油滴。

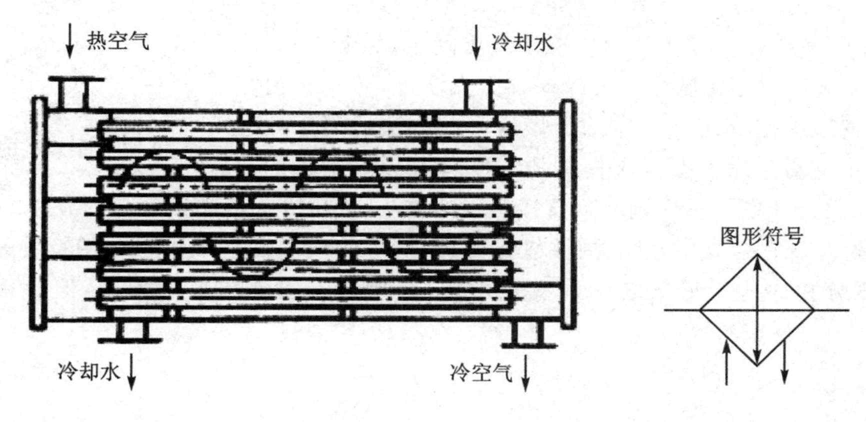

图 10－7　水冷式后冷却器

2. 过滤器

过滤器的作用是滤除压缩空气中的杂质、液态水滴和油滴。

过滤器与减压阀、油雾器一起称为气源调节装置，通常为无管化、模块化、组合式元件，是气动系统中不可缺少的辅助装置。普通过滤器的结构如图 10－8 所示，当压缩空气从输入口进入后，被引入导流片 1，导流片上有许多成一定角度的缺口，迫使空气沿切线方向旋转，空气中的冷凝水、油滴、灰尘等杂质受离心力作用被甩到存水杯 2 的内壁上，并流到底部沉积起来。然后，气体通过滤芯 4 进一步清除其中的固态粒子，洁净的空气便从输出口输出。挡水板 3 的作用是防止积存的冷凝水再混入气流中。为保证过滤器正常工作，必须及时将积存于存水杯中的污水等杂质通过排水阀排放掉，可采用手动或自动排水阀来及时排放。自动排水阀多采用浮子式，其原理是当积水到一定高度时，浮子上升，打开排水阀进气阀门，杯中气压推开排水阀活塞，打开排水阀并将杯中污水等杂质排出。

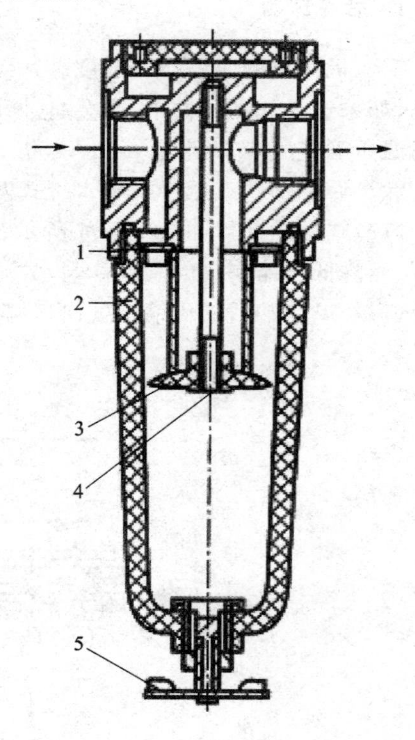

1—导流片；2—存水杯；3—挡水板；
4—滤芯；5—手动排水阀

图 10－8　过滤器结构

3. 干燥器

干燥器是吸收和排除压缩空气中的水分，使湿空气变成干空气的装置。从空压机输出的压缩空气经过后冷却器、过滤器和储气罐的初步净化处理后已能满足一般气动系统的使用要求，但对一些精密机械、仪表等装置，为防止初步净化后的气体中的温气对精密机械、仪表产生锈蚀，还要进行干燥和精过滤。图 10－9 所示为干燥器的图形符号。

压缩空气的干燥方法主要有冷冻法和吸附法，如下：

① 冷冻法。它是使压缩空气冷却到露点温度，然后析出相应的水分，使压缩空气达到一定的干燥度。此方法适用于处理低压、大流量并对干燥度要求不高的压缩空气。压缩空气的冷却除用冷冻设备外也可采用制冷剂直接蒸发的方法，或用冷却液间接冷却的方法。

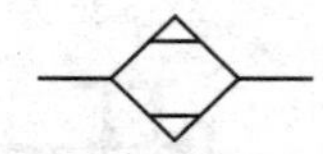

图 10－9　干燥器的图形符号

② 吸附法。它是利用硅胶、活性氧化铝、焦炭等物质表面能吸附水分的特性来清除水分的。由于水分和这些干燥剂之间没有化学反应，所以不需要更换干燥剂，但必须定期再生干燥。

4. 储气罐

储气罐的作用如下：

① 存储一定量的压缩空气，可在停电时维持短时间内供气。

② 短时间内消耗大气量时可作为补充气源使用。

③ 消除系统的压力脉动,使供气平稳。

④ 可降低空压机的启动、停止频率。

⑤ 通过自然冷却进一步分离压缩空气中的水分和油分。

储气罐的容积按空压机功率而定。储气罐一般为圆筒形焊接结构,有立式和卧式两种。图 10 - 10 所示为立式储气罐。

储气罐属压力容器,所以应遵守压力容器的有关规定。

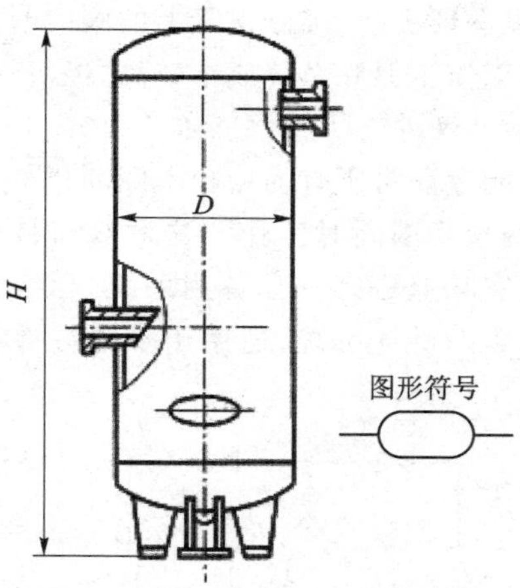

图 10 - 10　立式储气罐及其图形符号

10.1.3　管路系统

将压缩空气从空压机输送到气动设备上都是通过管路来完成的。

1. 管路系统的分类

管路系统按照所属区域可分为 3 类:

① 压缩空气站内的气源管路;

② 室外厂区管路;

③ 车间内管路。

2. 管路系统的设计

设计管路时,主要考虑以下几个方面的要求:

① 必须满足压力和流量的要求;

② 必须保证空气干燥净化的质量要求;

③ 必须满足供气可靠性的要求。

一般对进入气动装置的管路称为主干管路,多为金属管,装置内的管路多为塑料或尼龙软管,从主管路到气动装置的管路为支管路。所有管路系统根据实际情况因地制宜地安排,尽量与其他管网(如水管、煤气管、暖气管网等)、电线等统一协调布置。

3. 管路系统的布置

管路布置形式主要有以下 3 种:

① 单树枝状管网。如图 10 - 11 所示,此供气系统简单、经济性好,适合于间断供气的厂矿或车间采用,但该系统中的阀门等附件容易损坏,尤其开关频繁的阀门更易损坏。图 10 - 11 中两个串联的阀门的作用是为了克服这一缺点所采取的措施,其中一个用于经常动作,另一个正常使用时始终处于开启状态。当经常动作的阀门需要更换检修时,另一个阀门才关闭,使之与系统切断,不致影响整个系统。

② 环状管网。如图 10 - 12 所示,这种系统供气可靠性比单树枝状管网高,而且压力较稳定,末端压力损失较小。当支管上有一个阀门损坏需要检修时,可将环形管道上两侧的阀门关

闭，以保证更换、维修支管上的阀门时整个系统能正常工作。但此系统成本较高，经济性不好。

③ 双树枝状管网。如图 10－13 所示，这种系统能保证对所有的用户不间断供气。正常状态下，两套管网同时工作。这种双树枝状管网供气系统实际上是有一套备用系统，相当于两套单树枝状管网供气系统，适用于不允许停止供气等特殊的用户。

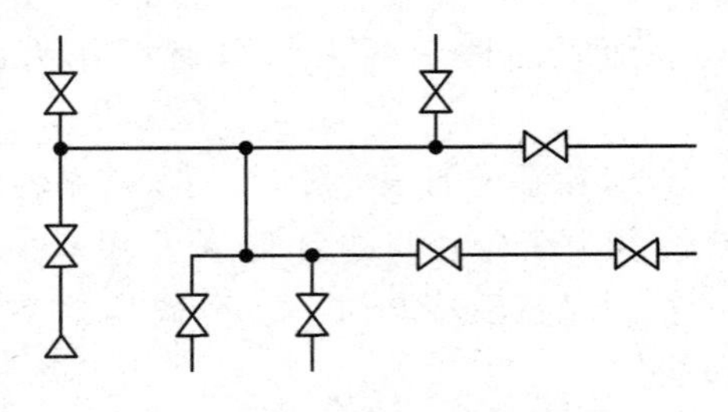

图 10－11 单树枝状管网

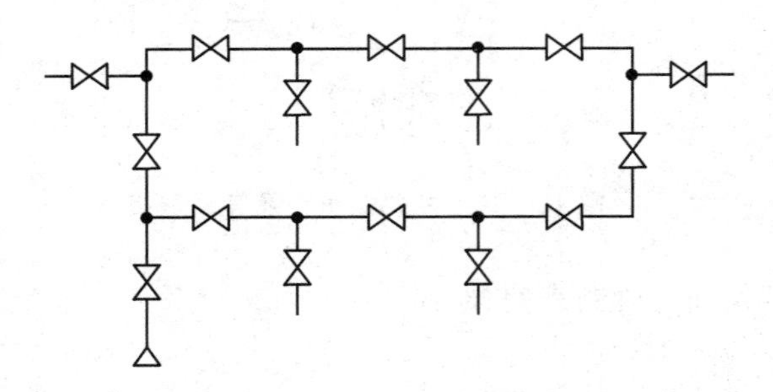

图 10－12 环状管网

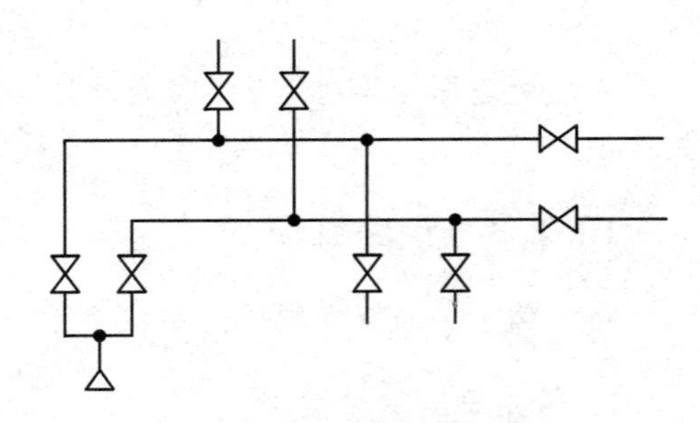

图 10－13 双树枝状管网

10.2 气动执行元件

气动执行元件是将气体的压力能转换成机械能并将其输出的装置，它驱动机构做直线往复运动或回转运动，其输出为力或转矩。与液压执行元件类似，气动执行元件也可以分成气缸和气动马达两大类。

10.2.1 气 缸

气缸有多种形式，按其结构特点可分为活塞式气缸和薄膜式气缸两种；按运动形式可分为直线运动气缸和摆动气缸两类；按气缸的安装形式可分为固定式气缸、轴销式气缸、回转式气缸、嵌入式气缸 4 种。

1. 普通气缸

普通气缸是指最常用的气缸，其缸筒内只有一个活塞和一根活塞杆，有单作用和双作用两种形式。这种气缸常用于无特殊要求的场合。

(1) 单活塞杆单作用气缸

单活塞杆单作用气缸只在活塞一侧可以通入压缩空气使其伸出或缩回，另一侧是通过呼吸孔开放在大气中的，其剖面结构与原理如图 10－14 所示。与单作用液压缸一样，这种气缸只能在一个方向上做功，活塞的反方向动作是靠施加外力来实现的，所以称为单作用气缸。

(2) 单活塞杆双作用气缸

单活塞杆双作用气缸的往返运动均通过压缩空气来实现，其结构如图 10－15 所示，由于没有弹簧复位部分，所以双作用气缸可以获得更长的有效行程和稳定的输出力。但双作用气

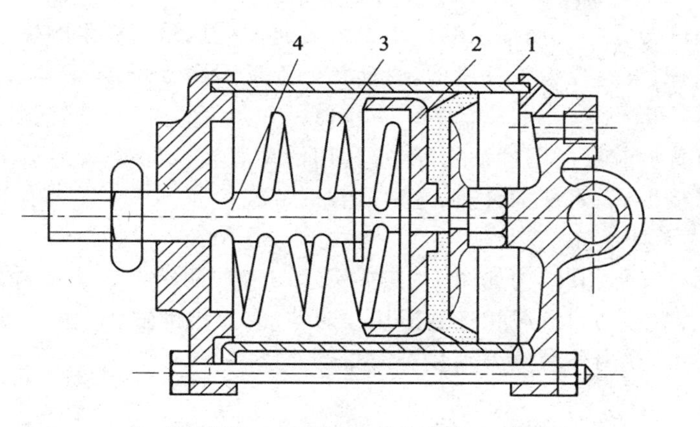

1—进排气口；2—活塞；3—复位弹簧；4—活塞杆

图 10－14　单活塞杆单作用气缸结构原理图

缸是利用压缩空气直接作用在活塞上实现伸缩运动的，由于其回缩时压缩空气的有效作用面积较小，所以产生的收缩力要小于伸出时产生的推力。

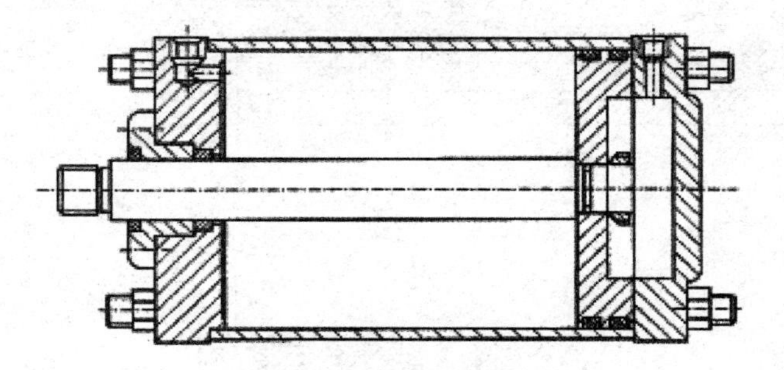

图 10－15　单活塞杆双作用气缸结构原理图

2. 特殊气缸

在普通气缸的基础上，通过改变或增加气缸的部分结构，可以设计开发出多种形式的特殊气缸。

(1) 气动手爪

这种执行元件是一种变形气缸，它可以用来抓取物体，实现机械手的动作。其特点是：所有结构都是双作用的，能实现双向抓取，抓取力矩恒定，气缸两侧可安装非接触式检测开关，有多种安装、连接方式。在自动化系统中，气动手爪常应用在搬运、传送工件机构中抓取、拾放物体。

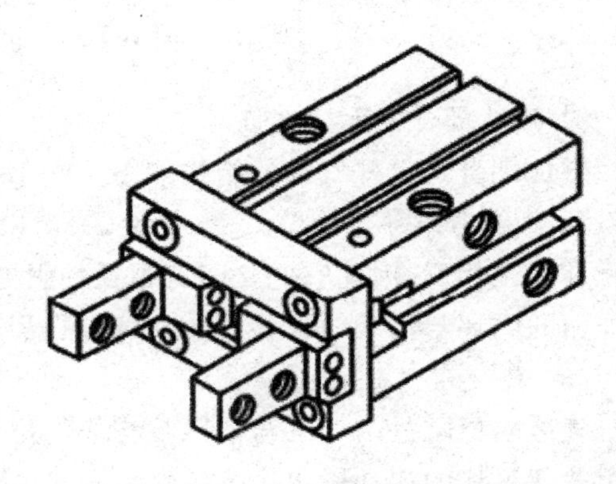

图 10－16　平行开合气缸

气动手爪有平行开合气缸（见图 10－16）、肘节摆动开合手爪、两爪、三爪和四爪等类型，其中，两爪中又有平开式和支点开闭式两种，驱动方式有直线式和旋转式。气动手爪的开闭一般是通过气缸活塞产生的往复直线运动带动与手爪相连的曲柄连杆、滚轮或齿轮等机构,驱动各个手爪同步做开、闭运动。

(2) 无杆气缸

无杆气缸没有普通气缸的刚性活塞杆,它利用活塞直接或间接地实现往复直线运动。无杆气缸主要有机械接触式、磁性耦合式、绳索式和钢带式 4 种。

1) 机械接触式无杆气缸

它常简称为无杆气缸,其结构如图 10－17 所示。气缸两端设置有缓冲装置,缸筒体上沿轴向开有一条槽,活塞带动与负载相连的滑块一起移动,且借助缸体上的一个管状沟槽防止转运。为防泄漏和防尘,在内外两侧分别装有密封带。

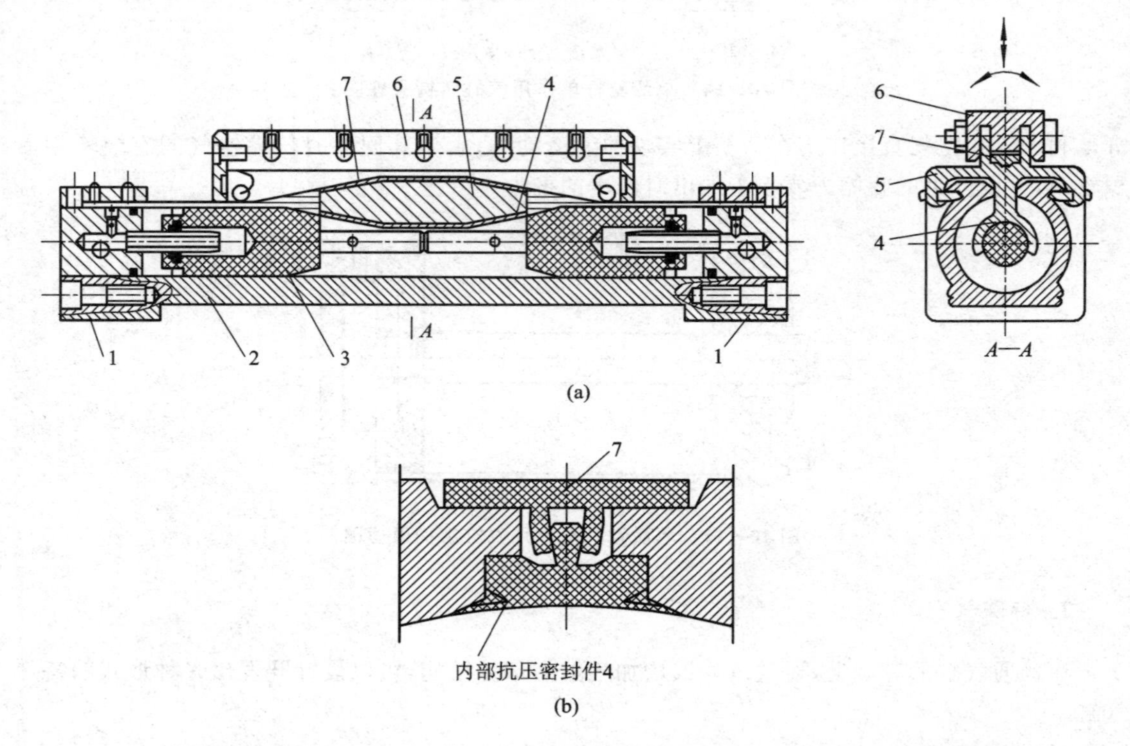

1—左、右缸盖;2—缸筒;3—无杆活塞;4—内部抗压密封件;5—活动舌片;6—导架;7—外部防尘密封件

图 10－17　机械接触式无杆气缸

2) 磁性耦合式无杆气缸

磁性耦合式无杆气缸的结构如图 10－18 所示。其活塞上安装了一组高磁性的稀土永久内磁环 4,磁力线穿过薄壁缸筒(非导磁材料)与套在缸筒外面的另一组外磁环 2 作用,由于两组磁环极性相反,因此它们之间有很强的吸力。当活塞在气压作用下移动时,通过磁场带动缸筒外面的磁环与负载一起移动。在气缸行程两端设有空气缓冲装置。

(3) 气液阻尼缸

气液阻尼缸是由气缸与液压缸构成的组合缸,由气缸驱动液压缸运动,利用液压缸自调节作用获得平稳的运动输出。这种缸常用于设备的进给驱动装置,克服了单独使用气缸在负载变化较大时易产生的“爬行”和“自移”现象。图 10－19 所示是串联式气液阻尼缸的结构图,它

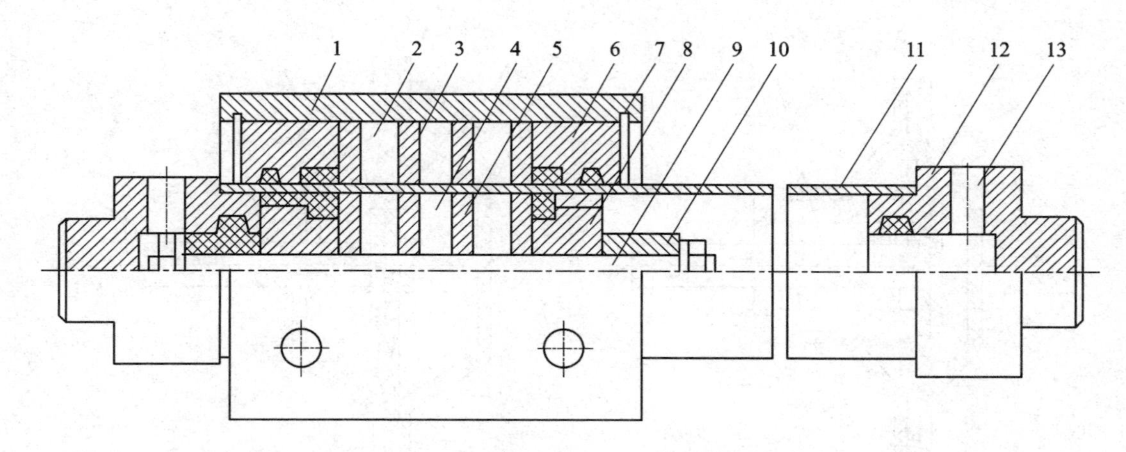

1—套筒；2—外磁环；3—外导磁板；4—内磁环；5—内导磁板；6—压盖；7—卡环；
8—活塞；9—活塞轴；10—缓冲柱塞；11—气缸筒；12—端盖；13—进、排气口

图 10-18　磁性耦合式无杆气缸

是将气缸和液压缸的活塞用同一根活塞杆串联在一起，两缸间用隔板隔开以防空气与油液互窜。在液压缸的进、出口处连接了单向节流阀。当气缸左端进气时，气缸将克服负载阻力，带动液压缸活塞向左运动，液压缸右腔排油，单向阀关闭，液压油只能通过节流阀排入液压缸左腔，调节节流阀开度，控制排油速度，便可调节气液阻尼缸的运动速度。当气缸活塞向左退回时液压缸左腔排油，此时单向阀打开，左腔的油经单向阀直接快速排回右腔，实现快速退回。

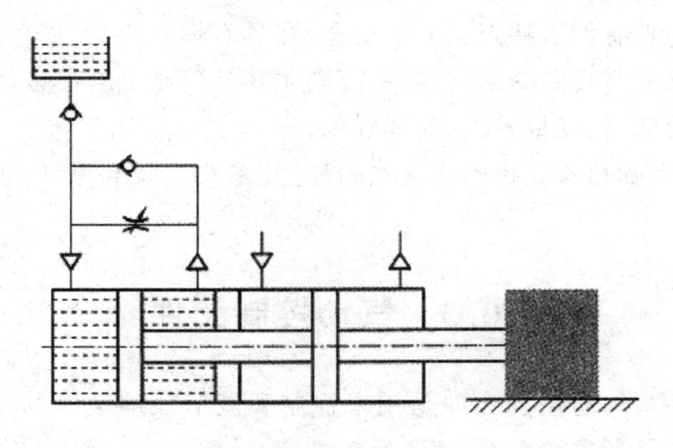

图 10-19　串联式气液阻尼缸的结构图

(4) 薄膜式气缸

薄膜式气缸是用夹织物橡胶或聚氨酯材料制成的膜片作为受压元件。膜片有平膜片和盘形膜片两种。图 10-20 所示为薄膜式气缸的工作原理图。其中，图(a)是单作用式，图(b)是双作用式。它的功能类似于弹簧复位的活塞式气缸，工作时，膜片在压缩空气的作用下推动活塞杆运动。其优点是：结构简单、紧凑、体积小、质量小、密封性好、不易漏气、加工简单、成本低、无磨损件、维修方便等，适用于行程短的场合；缺点是行程短，一般不超过 50 mm，平膜片的行程更短，约为其直径的 1/10。

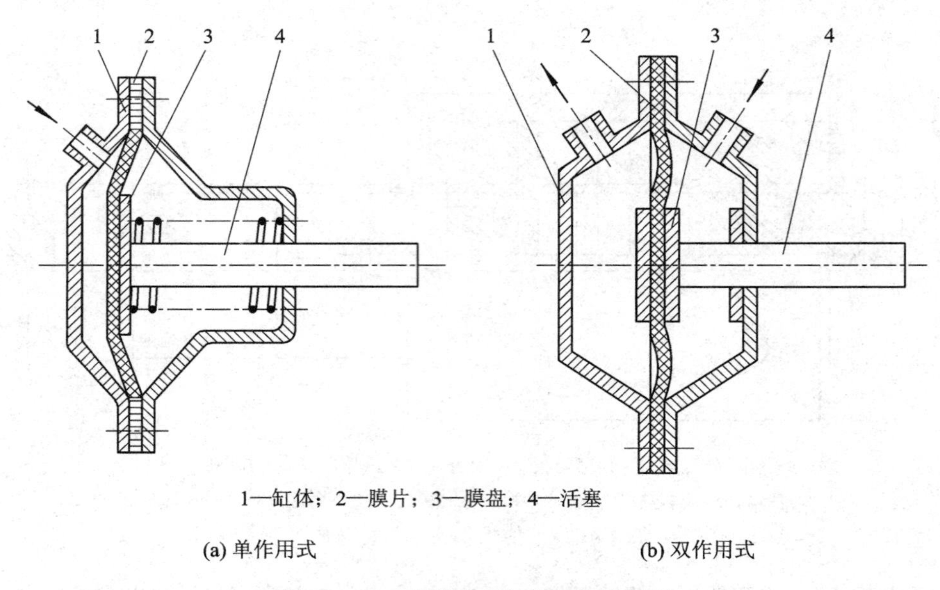

1—缸体；2—膜片；3—膜盘；4—活塞

(a) 单作用式　　(b) 双作用式

图 10-20　薄膜式气缸的工作原理图

10.2.2　气动马达

气动马达是将压缩空气的压力能转换成旋转形式机械能的能量转换装置，输出的力矩驱动负载做连续回转运动。它具有可无级调速、可正反方向旋转、过载保护作用、较高的启动力矩等特点。此外，它还具有如下特点：工作安全，在具有爆炸性的瓦斯工作场所，无引火爆炸的危险，同时能忍受振动与高温的影响；功率范围尤其是转速范围很宽。其缺点是转矩随转速的增大而降低，特性较软，耗气量较大，效率较低。

常用的气动马达有叶片式和径向活塞式两种，其结构原理与液压叶片马达和径向液压马达相同。

10.3　气动控制元件

在气动控制系统中，气动控制元件是用来控制和调节压缩空气的压力、流量和方向的阀类，使气动执行元件获得要求的力、速度和运动方向，并按规定的程序工作。

气动控制阀按其作用和功能的不同可分为方向控制阀、压力控制阀、流量控制阀三大类。另外，还有与方向控制阀基本相同，能实现一定逻辑功能的逻辑元件。

10.3.1　方向控制阀

方向控制阀是用来控制管道内压缩空气的流动方向和气流通断的元件。其工作原理是利用阀芯和阀体之间相对位置的改变来实现通道的接通或断开，以满足系统对通道的不同要求。在方向控制阀中，只允许气流沿一个方向流动的方向控制阀称为单向型方向控制阀，如单向阀、梭阀、双压阀、快速排气阀等；可以改变气流流动方向的方向控制阀称为换向型方向控制阀，简称换向阀。

1. 单向型方向控制阀

(1) 单向阀

单向阀是控制流体只能正向流动,不允许反向流动的阀,又称为逆止阀或止回阀。其主要由阀芯、阀体和弹簧 3 部分组成(见图 10-21)。图 10-21(a)所示是单向阀进气口 P 没有压缩空气时的状态,此时活塞在弹簧力的作用下处于关闭状态,从 A 向 P 方向气体不通;图 10-21(b)所示为进气口 P 有压缩空气进入,气体压力克服弹簧力和摩擦力,单向阀处于开启状态,气流从 P 向 A 方向流动;图 10-21(c)所示为单向阀的图形符号。

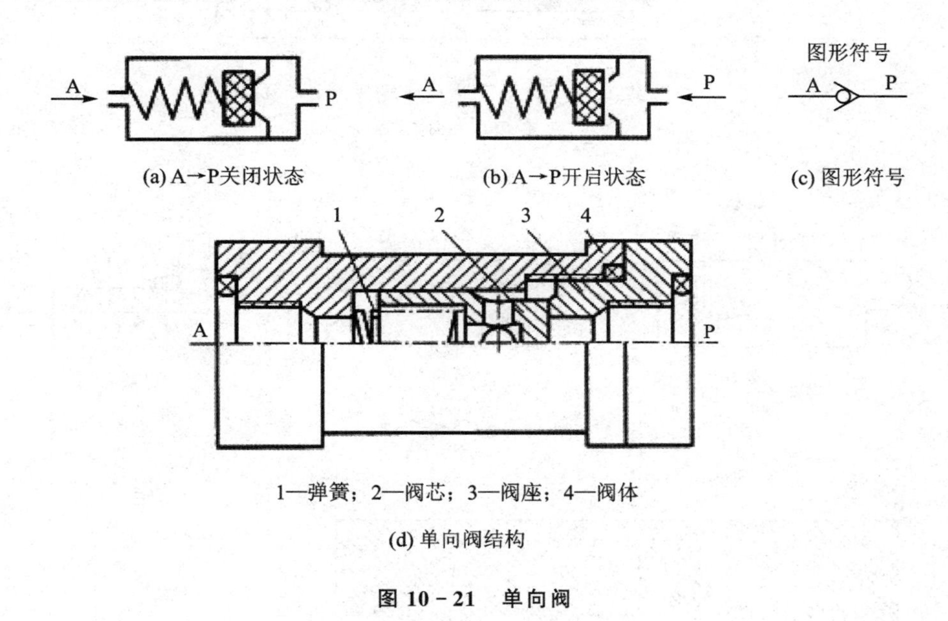

(a) A→P关闭状态　(b) A→P开启状态　(c) 图形符号

(d) 单向阀结构

图 10-21　单向阀

(2) 梭　阀

梭阀相当于是两个单向阀组合的阀,其作用相当于"或"门逻辑功能。梭阀结构和工作原理如图 10-22 所示,它有两个进气口 P_1 和 P_2,一个出口 A,其中 P_1 和 P_2 都可与 A 相通,但 P_1 和 P_2 不相通。无论 P_1 或 P_2 哪一个进气口有信号,A 口都有输出。当 P_1 和 P_2 都有信号输入时,A 口将和较大的压力信号接通;若两边压力相等,则 A 口一般将与先加入信号的输入口接通。

(3) 双压阀

图 10-23 所示为双压阀的结构及图形符号。双压阀也是由两个单向阀组合而成的,其作用相当于"与"门逻辑功能,故又称为与门梭阀。其同样有两个输入口 P_1、P_2 和一个输出口 A。当 P_1 口进气、P_2 口通大气时,阀芯右移,使 P_1、A 口间的通路关闭,A 口无输出;反之,阀芯左移,A 口无输出。只有当 P_1、P_2 口均有输入时,A 口才有输出,当 P_1 口与 P_2 口输入的气压不等时,气压低的通过 A 口输出。双压阀常应用在安全互锁回路中。

(4) 快速排气阀

图 10-24 所示为快速排气阀的工作原理图。当 P 口进气后,阀芯关闭排气 O,P 与 A 相接通,A 口有输出,当 P 口无气体输入时,A 口的气体使阀芯将 P 口封住,A 与 O 相通,气体快

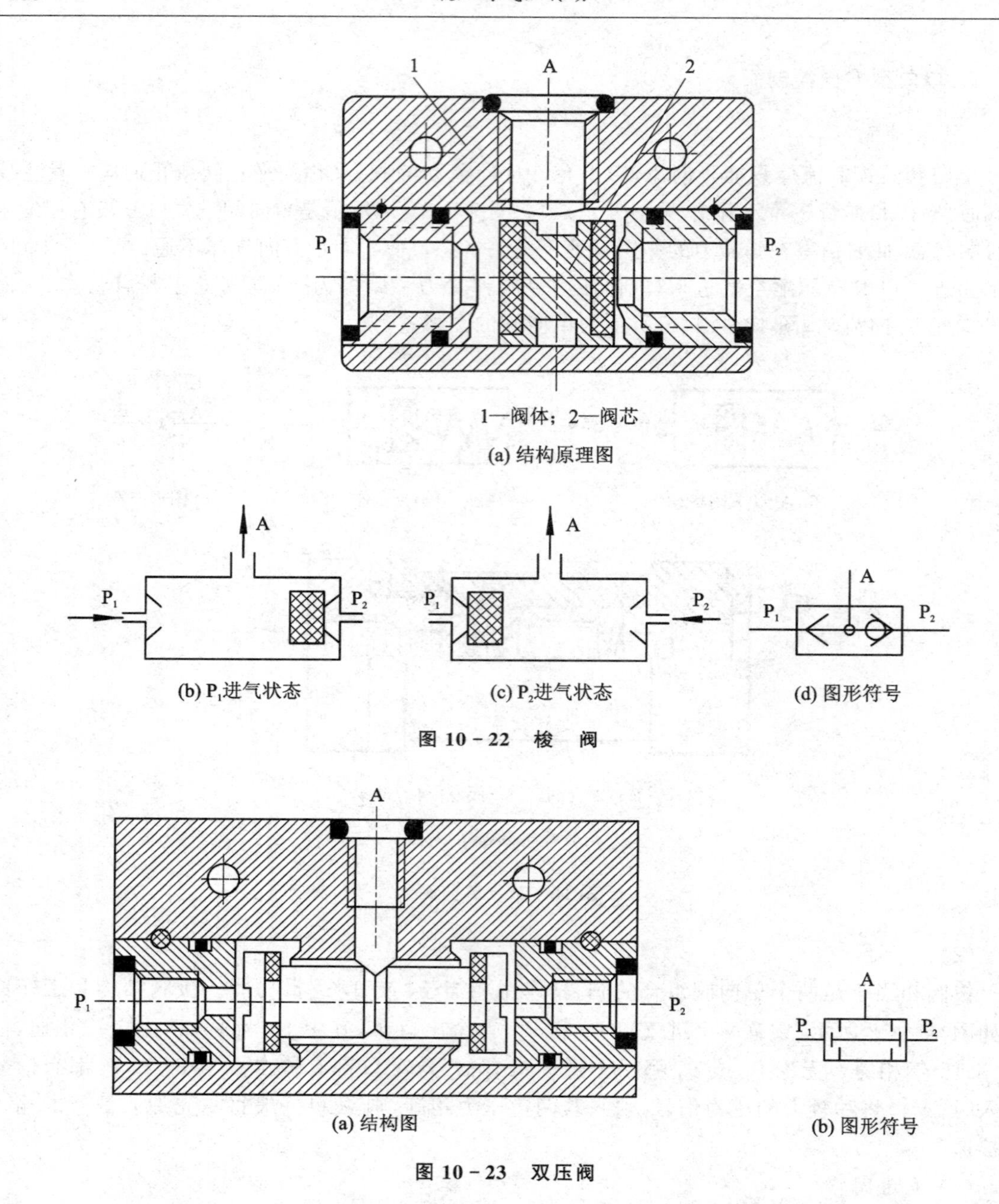

1—阀体；2—阀芯

(a) 结构原理图

(b) P_1进气状态　(c) P_2进气状态　(d) 图形符号

图 10-22　梭　阀

(a) 结构图　(b) 图形符号

图 10-23　双压阀

速排出。快速排气阀用于气缸或其他元件需要快速排气的场合，此时气缸的排气不通过较长的管路和换向阀，而直接由快速排气阀排出，通口流通面积大，排气阻力小。

2. 换向阀

换向阀按控制方式分，主要有气压控制换向阀、电磁控制换向阀、人力控制换向阀和机械控制换向阀等类型。

(1) 气压控制换向阀

气压控制换向阀是以外加的气压信号为动力切换主阀，使控制回路换向或开闭。气压控

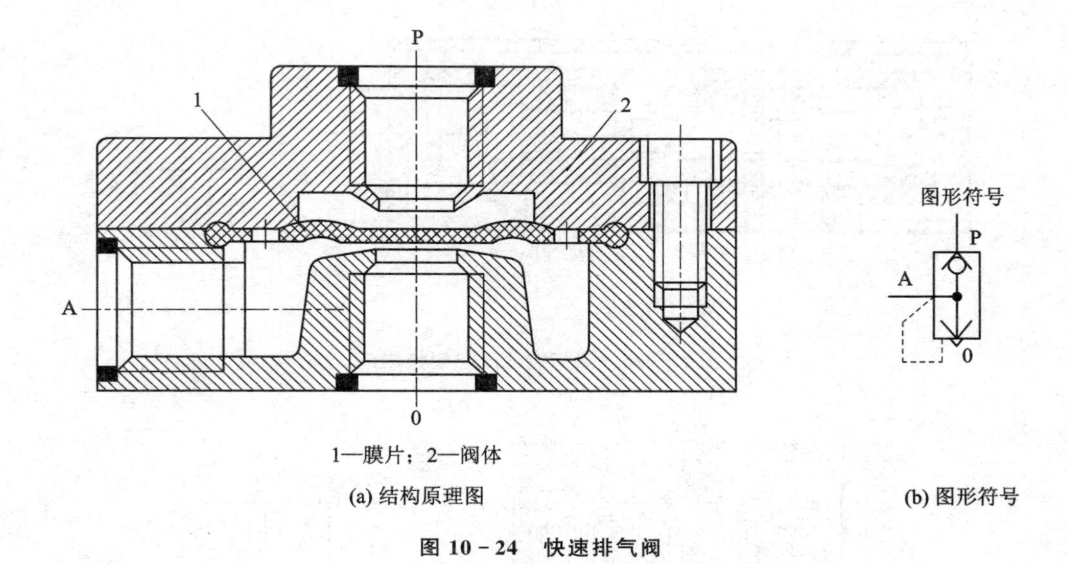

(a) 结构原理图　　(b) 图形符号

图 10-24　快速排气阀

制换向阀适用于易燃、易爆、潮湿和粉尘多的场合，操作安全可靠。气压控制换向阀按施加压力的方式可分为加压控制换向阀、泄压控制换向阀、差压控制换向阀和延时控制换向阀等。

1）加压控制换向阀

加压控制换向阀是一种加在阀芯控制端的压力信号值是渐升的控制阀，当压力升至某一定值时，推动阀芯迅速移动而实现气流换向，阀芯沿着加压方向移动换向。加压控制换向阀分为单气控和双气控两种，图 10-25 所示为双气控加压控制换向阀。

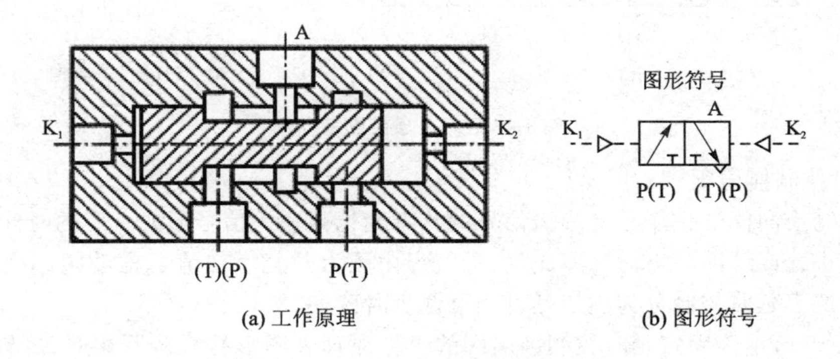

(a) 工作原理　　(b) 图形符号

图 10-25　双气控加压控制换向阀

2）泄压控制换向阀

泄压控制换向阀是一种加在阀芯控制端的压力信号值是渐降的控制阀，当压力降至某一定值时，推动阀芯迅速移动而实现气流换向，阀芯沿着降(泄)压方向移动换向。泄压控制换向阀也有单气控和双气控之分，图 10-26 所示为双气控泄压控制换向阀。

3）差压控制换向阀

差压控制换向阀如图 10-27 所示，它利用阀芯两端受气压作用的有效面积不等，在气压作用下产生的作用力差而使阀芯换向。这种阀也有单气控和双气控两种。

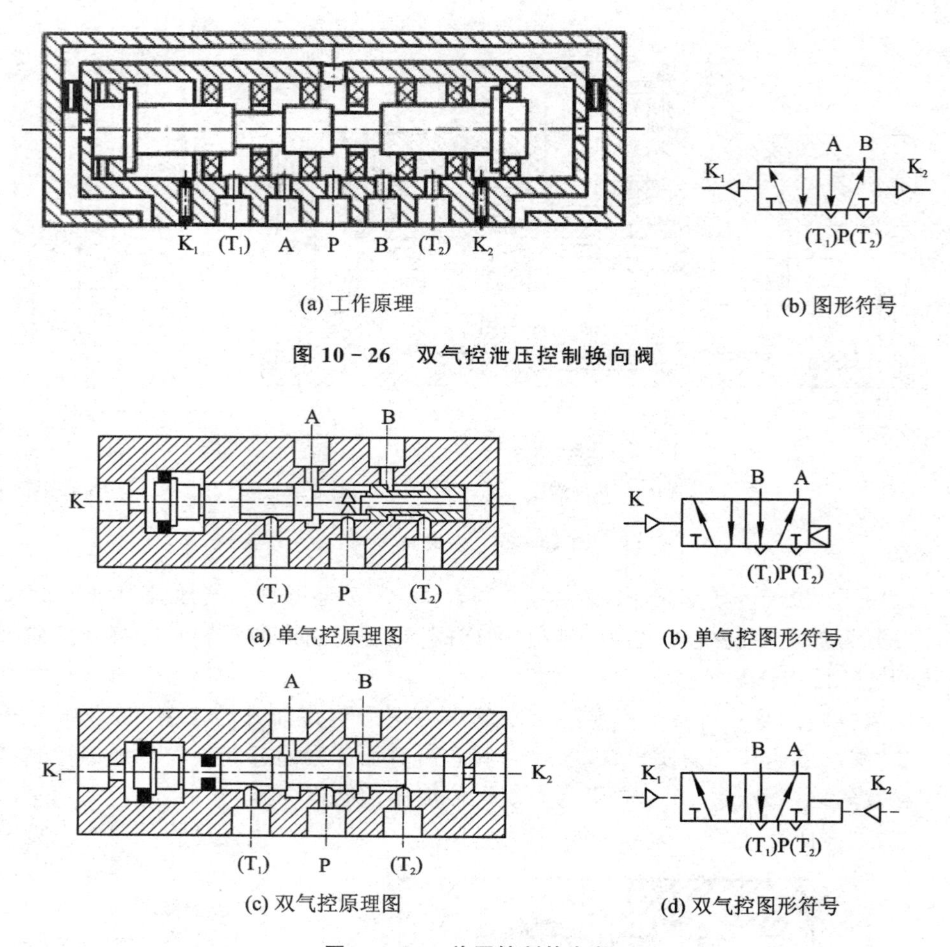

(a) 工作原理 (b) 图形符号

图 10－26 双气控泄压控制换向阀

(a) 单气控原理图 (b) 单气控图形符号

(c) 双气控原理图 (d) 双气控图形符号

图 10－27 差压控制换向阀

4）延时控制换向阀

延时控制换向阀的作用是使输出信号的状态变化与输入信号形成一定的时间差。它是利用气流通过小孔或缝隙后再向气容充气，当气容内压力升至一定值后推动阀芯换向而达到信号延时的目的。延时控制分为固定延时和可调延时两种。

图 10－28 所示为固定延时控制换向阀的工作原理和图形符号。开始时，P 与 A 相通，当 P 口输入气流时，A 口便有气流输出，同时，输入气流经阀芯上的阻尼小孔（固定气阻）不断地向右端的气容腔充气而延时，当气容内压力达到一定值后，推动阀芯左移，使 P 与 A 断开，A 与 T 接通。

图 10－29 所示是二位三通可调延时控制换向阀的工作原理和图形符号，它由延时和换向两部分组成。当 K 口无控制信号输入时，阀芯处于左端，P 与 A 断开，A 与 T 相通排气，A 无输出；当 K 口输入控制信号后，气流从 K 口输入后经可调节流阀节流后充入气容 C 腔，使气容不断充气升压而延时，当 C 腔内压力升至某一定值时，推动阀芯向右移动，使 A 与 T 断开、P 与 A 接通，A 有输出。当 K 口的气控信号消失后，气容内的气体经单向阀迅速排空。调节节流阀（气阻）可改变延时时间，这种阀的延时时间可在 1～20 s 内调节。这种阀有常通延时型

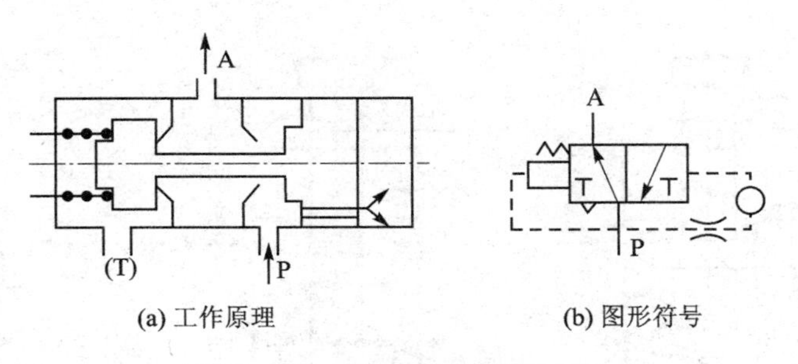

图 10－28　固定延时控制换向阀

和常断延时型两种，图 10－29 所示为常断延时型，若将 P、T 口换接即为常通延时型。

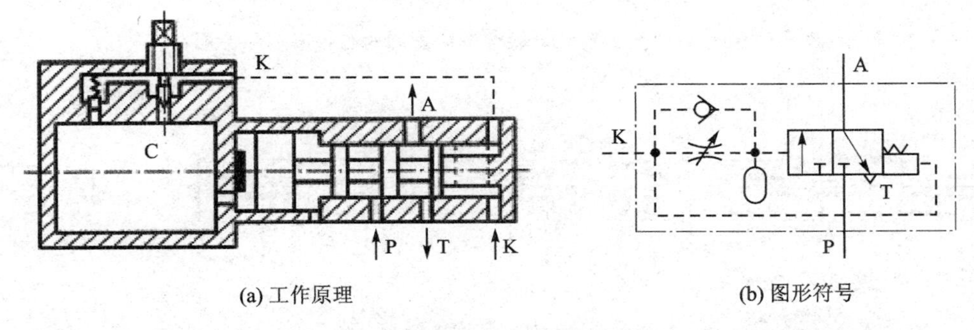

图 10－29　二位三通可调延时控制换向阀的工作原理和图形符号(常断延时型)

(2) 电磁控制换向阀

电磁控制换向阀是气动控制元件中最主要的元件，按动作方式分有直动式电磁控制换向阀和先导式电磁控制换向阀，按所用电源分有直流电磁控制换向阀和交流电磁控制换向阀。

1) 直动式电磁控制换向阀

直动式电磁控制换向阀是利用电磁力直接推动阀芯换向，线圈的数目有单线圈和双线圈，可分为单电控和双电控两种。

直动式电磁控制换向阀的特点是结构简单、紧凑、换向频率高，适用于小型阀。

图 10－30 所示为单电控直动式电磁控制换向阀的工作原理和图形符号。当电磁线圈未通电时，P、A 断开，A、T 相通；当电磁线圈通电时，电磁力通过阀杆推动阀芯向下移动，使 P、A 接通，T、A 断开。

图 10－31 所示为双电控直动式电磁控制换向阀的工作原理和图形符号。当电磁铁 1 通电、电磁铁 3 断电时，阀芯 2 被推至右侧，A 口有输出，B 口排气。若电磁铁 1 断电，阀芯位置不变，仍为 A 口有输出，B 口排气，即阀具有记忆功能，直到电磁铁 3 通电，阀芯被推至左侧，阀被切换，此时 B 口有输出，A 口排气。同样，当电磁铁 3 断电时，阀的输出状态保持不变。使用时两电磁铁不允许同时得电。

2) 先导式电磁控制换向阀

这种阀是由小型直动式电磁控制换向阀和大型气控换向阀构成的。先导式电磁控制换向控制阀是由先导式电磁控制换向阀(一般为直动式电磁控制换向阀)输出的气体压力来操纵主阀阀芯实现阀换向的一种电磁控制阀。它实际上是一种由电磁控制和气压控制(加压、卸压、差压等)组成的复合控制阀，通常也称为先导式电磁气控阀。按该类换向阀有无专门的外接控

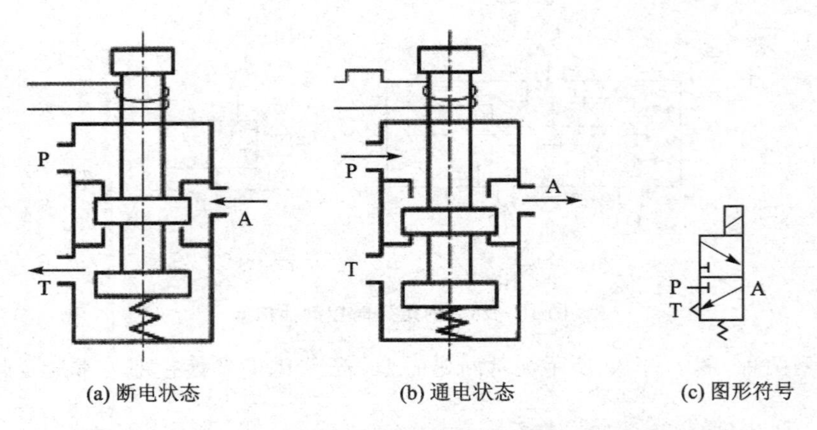

(a) 断电状态　(b) 通电状态　(c) 图形符号

图 10－30　单电控直动式电磁控制换向阀的工作原理和图形符号

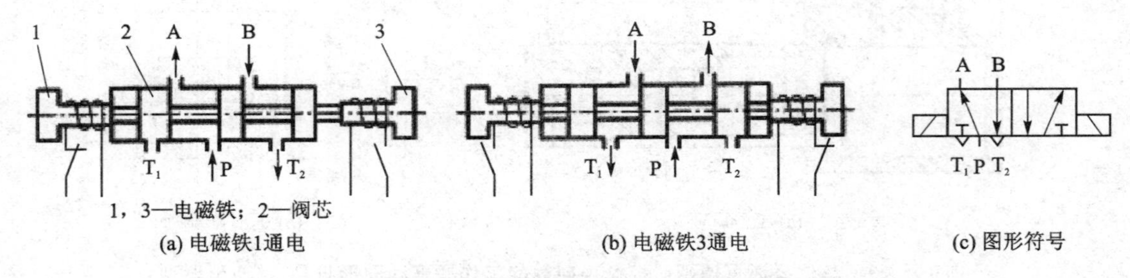

1，3—电磁铁；2—阀芯

(a) 电磁铁1通电　(b) 电磁铁3通电　(c) 图形符号

图 10－31　双电控直动式电磁控制换向阀的工作原理和图形符号

制气口可分为外控式和内控式两种。

图 10－32 所示为二位三通先导式内控电磁控制换向阀，图示位置工作腔 A 通过排气腔 T 排气，当通电时衔铁被吸上，压缩空气经阀杆中间孔到皮碗活塞上腔，把阀芯压下，使进气腔 P 和工作腔 A 相通，切断排气腔 T。

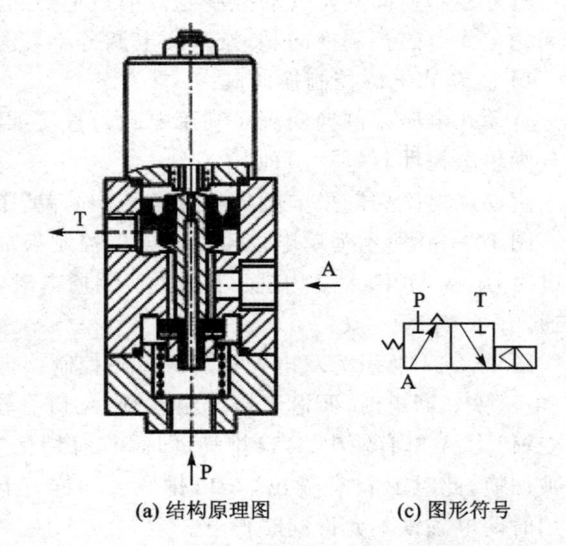

(a) 结构原理图　(c) 图形符号

图 10－32　二位三通先导式内控电磁控制换向阀

(3) 人力控制换向阀

靠人的手或脚操纵杠杆推动滑阀阀芯相对阀体移动，改变工作位置，从而改变通道的通断，这类阀称为人力控制换向阀。人力控制换向阀的结构简单，动作可靠，有的还可以人为地控制阀口的大小，从而控制执行元件的速度。但是，由于这种控制换向阀需要人力操纵，故只适用于间歇动作且要求人工控制的场合。

(4) 机械控制换向阀

靠机械外力使阀芯切换的阀称为机械控制换向阀。它主要是利用执行机构或者其他机构的机械运动，借助阀上的滚轮、凸轮、杠杆或撞块等机构来操作阀杆，驱动阀芯运动实现换向。

3. 方向控制阀的选择

若各种控制阀能保证气动系统准确、可靠地工作，则应满足如下几点：

① 阀的技术条件与使用场合一致。例如，气源压力的大小、电源条件（交直流、电压等）、介质温度、环境温度、湿度、粉尘状况、振动情况等。

② 根据不同的任务要求选择阀的不同机能。

③ 根据执行元件需要的流量，选择阀的通径及连接管径的尺寸。对于直接控制气动执行元件的主阀，需根据执行元件在工作压力状态下的额定流量来选择阀的通径。选用阀的流量应略大于所需要的流量。对于信号阀（手控阀、机控阀），应根据它所控制的阀的远近、控制阀的数量和要求的动作时间等因素来选择阀的通径。

④ 根据使用条件选择阀的结构形式。例如，若是要求泄漏量小，则应选用软质密封的阀；若是气源过滤条件差，则应选用截止阀；若是容易发生爆炸的场合，则应选用气控阀；若是需要远距离控制，则可选用电磁阀。

10.3.2　压力控制阀

在气压传动系统中，控制压缩空气的压力和依靠气体压力来控制执行元件动作顺序的阀统称为压力控制阀。根据阀的控制作用不同，压力控制阀可分为三大类：一类是当输入压力变化时，能保证输出压力不变，如减压阀、定位器等；另一类是用于保持一定的输入压力，如溢流阀等；还有一类是根据不同的压力进行某种控制，如顺序阀、平衡阀等。

1. 减压阀

减压阀用于调节或控制气压变化，并保持降压后的输出压力值稳定在需要的值上，确保系统压力的稳定，其又称为调压阀。

(1) 分　类

减压阀的种类繁多，可按压力调节、排气方式等进行分类。

按压力调节方式可分为直动式减压阀和先导式减压阀两大类。直动式减压阀是利用手柄或旋钮直接调节调压弹簧来改变减压阀输出压力的；先导式减压阀是采用压缩空气代替调压弹簧来调节输出压力的。先导式减压阀又可分为外部先导式和内部先导式两种。

按排气方式可分为溢流式、非溢流式和恒量排气式 3 种。溢流式减压阀的特点是减压过程中从溢流孔中排出少量多余的气体，维持输出压力不变。非溢流式减压阀没有溢流孔，所以使用时回路中要安装一个放气阀，以排出输出侧的部分气体，适用于调节有害气体压力的场合，可防止大气污染。恒量排气式减压阀始终有微量气体从溢流阀座的小孔排出，能更准确地调整压力，一般用于输出压力要求调节精度高的场合。

(2) 减压阀的结构原理

1) 直动式减压阀

直动式减压阀的结构原理如图 10－33 所示，其工作过程是：顺时针方向旋转手柄 1，经过调压弹簧 2、3，推动膜片 5 下移，膜片 5 又推动阀杆 8 下移，进气阀 10 被打开，使出口压力 p_2 增大。同时，输出气压经阻尼器 7 在膜片 5 上产生向上的力。这个作用力总是想把进气阀关小，使出口压力降低，这样的作用称为负反馈。当作用在膜片上的反馈力与弹簧的作用力相平衡时,减压阀便有稳定的压力输出。

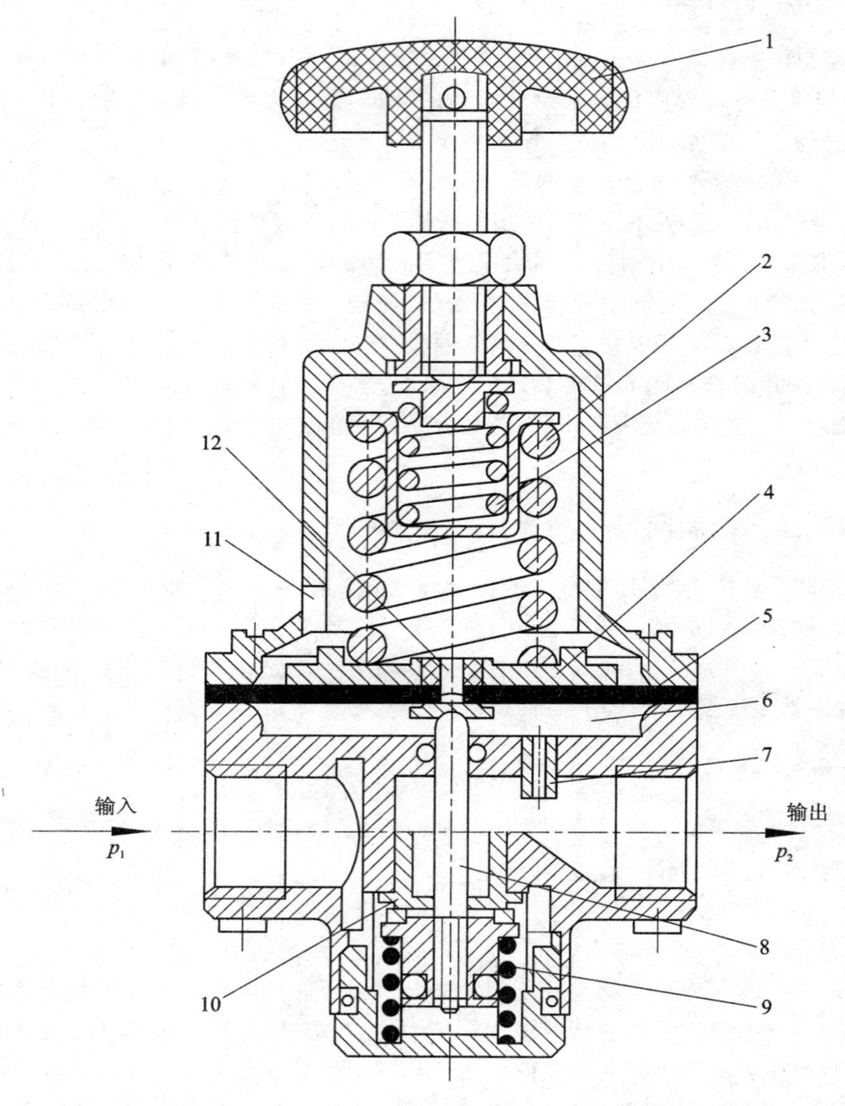

1—手柄;2、3—调压弹簧;4—溢流阀阀座;5—膜片;6—膜片气室;7—阻尼器;
8—阀杆;9—复位弹簧;10—进气阀;11—排气阀;12—溢流孔

图 10-33　直动式减压阀

溢流式减压阀的工作原理是:靠进气阀门的节流作用减压,靠膜片上的力平衡作用和溢流孔的溢流作用稳定输出压力;调节调节旋钮可使输出压力在规定的范围内任意改变。

2)先导式减压阀

当减压阀的输出压力较高(在 0.7 MPa 以上)或配管直径很大(在 20 mm 以上)时,若用直动式减压阀,其调压弹簧必须较硬,阀的结构尺寸较大,调压的稳定性较差。为了克服这些缺点,此时一般宜采用先导式减压阀。先导式减压阀的工作原理和结构与直动式减压阀基本相同,所不同的是,先导式减压阀的调压气体一般是由小型的直动式减压阀供给,用调压气体代替调压弹簧来调整输出压力。先导式减压阀又可分为内部先导式和外部先导式两种。若把小型直动式减压阀装在阀的内部来控制主阀输出压力，则称为内部先导式减压阀，如图 10－34 所示。

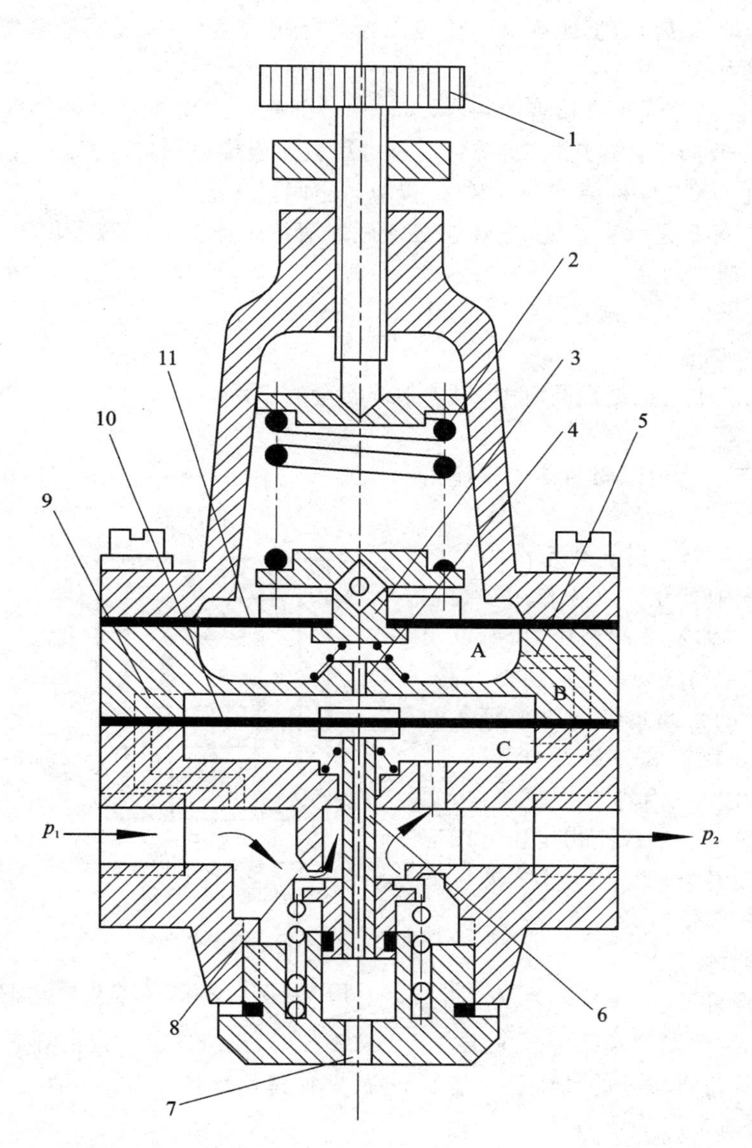

1—旋钮；2—调压弹簧；3—挡板；4—喷嘴；5—孔道；6—阀芯；7—排气口；8—进气阀口；
9—固定节流孔；10、11—膜片；A—上气室；B—中气室；C—下气室

图 10－34　内部先导式减压阀

内部先导式减压阀与直动式减压阀相比增加了由喷嘴 4、挡板 3、固定节流孔 9 及中气室 B 所组成的喷嘴挡板放大环节。当喷嘴与挡板之间的距离发生微小变化时，就会使中气室 B 中的压力发生很明显地变化，从而引起膜片 10 有较大的位移，去控制阀芯 6 的上下移动，使阀门开大或关小，提高了对阀芯控制的灵敏度，即提高了阀的稳压精度。若将其装在主阀的外部，则称为外部先导式减压阀。

(3) 减压阀的选择与使用

① 根据调压精度的不同,选择不同形式的减压阀。如果要求出口压力波动小,就要选择精密减压阀。

② 确定阀的类型后,根据所需最大输出流量选择阀的通径,决定阀的气源压力时应使其大于最高输出压力 0.1 MPa。

③ 在易燃、易爆等人不宜接近的场合,应选用外部先导式减压阀。

④ 减压阀一般都用管式连接,特殊情况也可用板式连接。常与过滤器、油雾器联用,所以一般应考虑采用气动二联件或气动三联件,以节省空间。

⑤ 减压阀一般都是垂直安装,安装前必须做好清洁工作。减压阀不用时就旋松手柄,以免阀内膜片因长期受力而变形。

2. 溢流阀

溢流阀在系统中起限制最高压力、保护系统安全的作用。

(1) 结构原理

图 10-35 所示为溢流阀的结构原理图和图形符号。它由调压弹簧 2、调节手轮 1、阀芯 3 和阀体 4 组成。当气动系统的气体压力在规定范围内时,由于气压作用在阀芯 3 上的力小于高压弹簧 2 的预压力,所以阀门处于关闭状态。当气动系统的压力升高,作用在阀芯 3 上的力超过了调压弹簧 2 的预压力时,阀芯 3 就克服弹簧力向上移动,阀芯 3 开启,压缩空气由排气孔 T 排出,实现溢流,直到系统的压力降至规定压力以下时,阀重新关闭。开启压力的大小靠调压弹簧的预压缩量来实现。

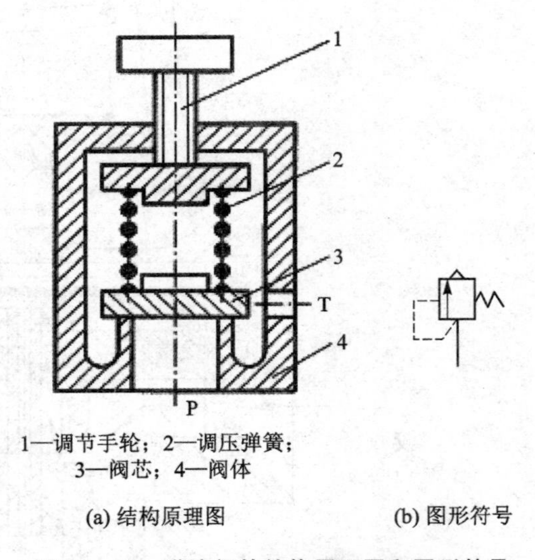

1—调节手轮;2—调压弹簧;
3—阀芯;4—阀体

(a) 结构原理图 (b) 图形符号

图 10-35 溢流阀的结构原理图和图形符号

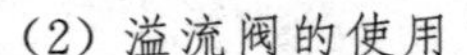

(2) 溢流阀的使用

1) 作调压阀用

此时溢流阀用于调节和稳定系统压力。正常工作时,溢流阀有一定的开启量,使一部分多余气体溢出,以保持进口处的气体压力基本不变,即保持系统压力基本不变。所以,溢流阀的调节压力等于系统的工作压力。

2) 作安全阀用

此时溢流阀用于保护系统。当系统以调整的压力正常工作时,此阀关闭,不溢流。只有在系统因某些原因使系统压力升高到超过工作压力一定数值时,此阀开启,溢流泄压,对系统起到安全保护作用。

3. 顺序阀

顺序阀是依靠气路中压力的作用而控制执行元件顺序动作的阀。其工作原理如图 10-36 所示,当压缩空气从 P 口进入,作用在活塞上的力大于弹簧力时,便将活塞顶起,压缩空气从

A 口输出，然后输出到气缸或气控换向阀，如图 10－36(a)所示。当 P 口进入的压缩空气压力很小，作用在活塞上的力小于弹簧力时，便不能将活塞顶起，这时阀口是关闭的，A 口无气体输出，如图 10－36(b)所示。

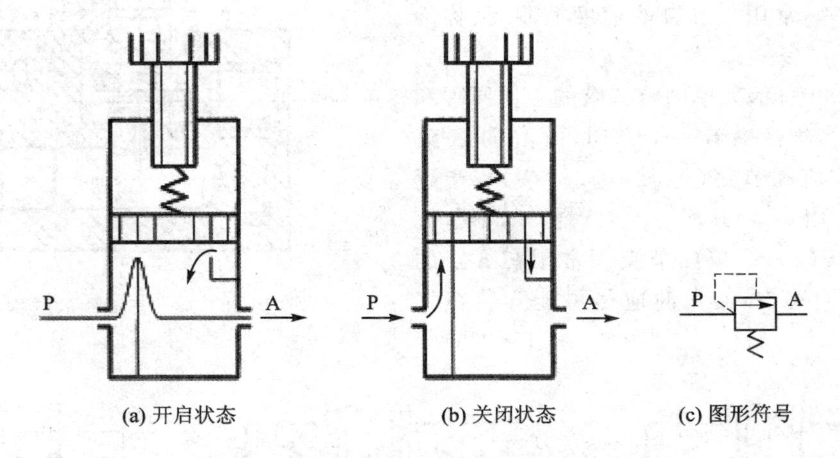

(a) 开启状态　(b) 关闭状态　(c) 图形符号

图 10－36　顺序阀的工作原理和图形符号

10.3.3　流量控制阀

气压传统系统中的流量控制阀与液压传动系统中的流量控制阀一样，也是通过改变阀的流通面积来实现流量控制的，包括节流阀、单向节流阀和排气消声节流阀等。

1. 节流阀

常见的节流口形状如图 10－37 所示。对节流阀调节特性的要求是：流量调节范围大、阀芯的位移量与通过的流量成线性关系。节流阀节流口的形状对调节特性影响较大，对于针阀型，当阀开度较小时调节比较灵敏，当超过一定开度时，调节流量的灵敏度就变差了。三角沟槽型流通面积与阀芯位移量成线性关系。圆柱斜切型的流通面积与阀芯位移量成指数(指数大于 1)关系，能进行小流量精密调节。

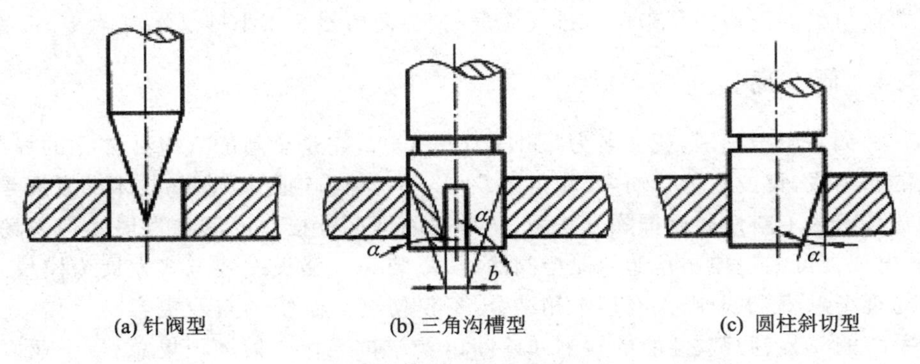

(a) 针阀型　(b) 三角沟槽型　(c) 圆柱斜切型

图 10－37　常用节流口形状

图 10－38 所示为节流阀的结构图。压缩空气由 P 口进入，经过节流口，由 A 口流出。此种节流阀常用于速度控制回路及延时回路。

2. 单向节流阀

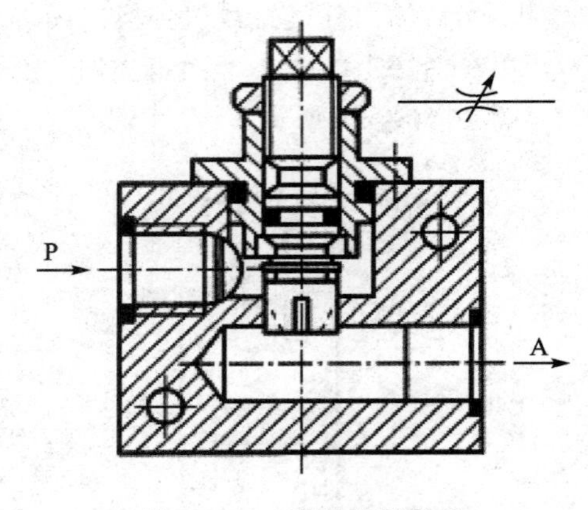

图 10-38 节流阀的结构

单向节流阀是由单向阀和节流阀组合而成的流量控制阀,常用于气缸的速度控制,又称为速度控制阀。

图 10-39 所示为单向节流阀的工作原理和图形符号。当气流沿着一个方向,由 P 向 A 流动时,经过节流阀节流(见图 10-39(a));当反方向流动时,由 A 向 P 流向单向阀打开,不节流(见图 10-39(b))。单向节流阀常用在气缸的调整和延时回路中,使用时应尽可能安装在气缸附近。

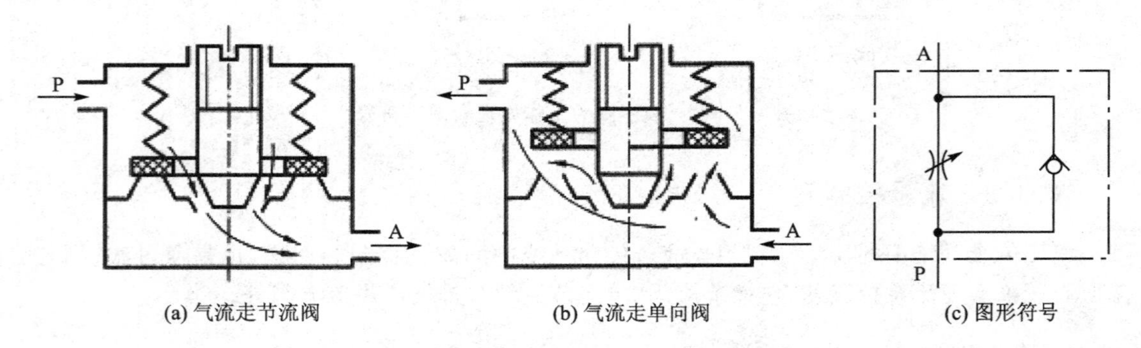

(a) 气流走节流阀 (b) 气流走单向阀 (c) 图形符号

图 10-39 单向节流阀的工作原理和图形符号

3. 排气消声节流阀

排气消声节流阀只能安装在排气口处,用来调节排入大气的流量 q,以改变气动执行元件的运动速度。排气节流阀常带有消声器以减小排气噪声,并能防止环境中的粉尘通过排气口污染元件。图 10-40 所示为排气消声节流阀。排气消声节流阀的工作原理和节流阀相似,也是靠调节节流口处的流通面积来调节排气流量的,由消声器 7 减小排气噪声。

10.3.4 阀 岛

"阀岛"一词来源于德国,英文名为"valve terminal",它是全新的气电一体化的控制单元,由多个电磁阀组成,集成了信号输入/输出以及信号的控制与通信。阀岛技术的发展是伴随着工业自动化技术的不断发展而推陈出新的,从最初的带多针接口的阀岛发展为带现场总线的阀岛,继而出现带可编程控制器的智能型阀岛,从集装阀气路板安装方式发展为模块式阀岛。阀岛技术与现场总线/工业以太网技术相结合,不仅使气动系统的布线更容易,而且还大大简化了复杂系统的安装、调试、性能的检测和诊断以及维护工作。借助现场总线/工业以太网高性能的一体化信息系统,阀岛的气动、电气特性与优势得到充分发挥。

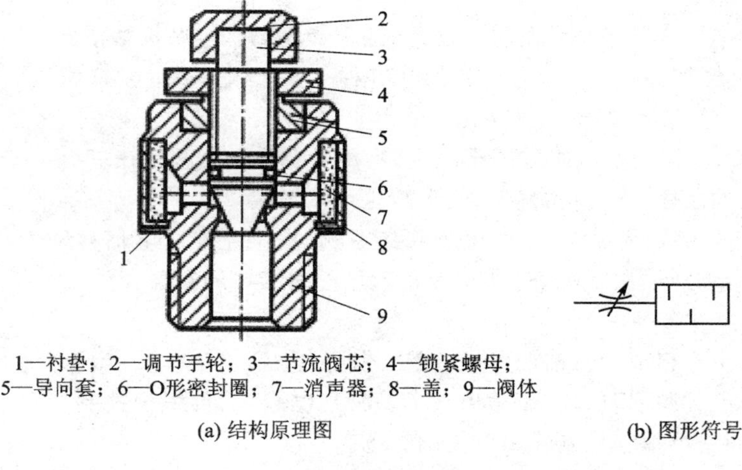

1—衬垫；2—调节手轮；3—节流阀芯；4—锁紧螺母；
5—导向套；6—O形密封圈；7—消声器；8—盖；9—阀体

(a) 结构原理图　　(b) 图形符号

图 10－40　排气消声节流阀

1. 阀岛的类型

(1) 带多针接口的阀岛

可编程控制器的输出控制信号、输入信号均通过一根带多针插头的多股电缆与阀岛相连，而由传感器输出的信号则通过电缆连接到阀岛的电信号输入口上。因此，可编程控制器与电控阀、传感器输入信号之间的接口简化为只有一个多针插头和一根多股电缆。与传统方式实现的控制系统相比可知，采用多针接口型阀岛后系统不再需要接线盒，同时，所有电信号的处理、保护功能(如极性保护、光电隔离、防水等)都已在阀岛上实现，如图 10－41 所示。

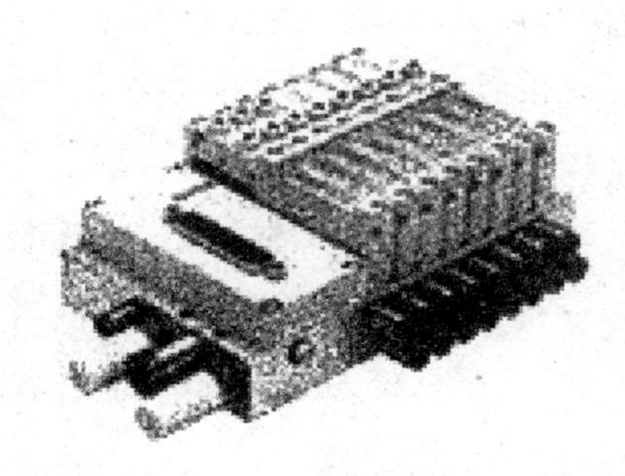

图 10－41　带多针或现场总线接口的阀岛

(2) 带现场总线的阀岛

使用多针接口型阀岛可使设备的接口大为简化，但用户必须根据设计要求自行将可编程控制器的输入/输出口与来自阀岛的电缆进行连接，而且该电缆会随着控制回路的复杂化而加粗，随着阀岛与可编程控制器间的距离增大而加长。为克服这一缺点，出现了新一代阀岛——带现场总线的阀岛。

现场总线的实质是通过电信号的传输方式，以一定的数据格来实现控制系统中信号的双向传输。两个采用现场总线进行信息交换的对象之间只需一根两股或四股的电缆连接，其特点是以一对电缆之间的电位差方式传输。在由带现场总线的阀岛组成的系统中，每个阀岛都带有一个总线输出口，这样，当系统中有多个带现场总线的阀岛或其他带现场总线的设备时可以由近至远地串联连接。

带现场总线阀岛的出现标志着气电一体化技术的发展进入一个新的阶段，为气动自动化系统的网络化、模块化提供了有效的技术手段，因此近年来发展迅速。

(3) 模块式阀岛

在阀岛设计中引入了模块化的设计思想,这类阀岛的基本结构如下:

① 控制模块位于阀岛中央。控制模块有3种基本方式:多针接口型、现场总线型和可编程型。

② 各种尺寸、功能的电磁阀位于阀岛右侧,每2个或1个阀装在带有统一气路、电路接口的阀座上。阀座的次序可以自由确定,其个数也可以增减。

③ 各种电信号的输入/输出模块位于阀岛左侧,提供完整的电信号输入/输出模块产品。有带独立插座、带多针插头、带ASI接口及带现场总线接口的阀岛。

(4) 可编程阀岛

鉴于模块式生产已成为目前的发展趋势,同时注意到单个模块以及许多简单的自动装置往往只有10个以下的执行机构,于是出现了一种集电控阀、可编程控制器及现场总线为一体的可编程阀岛,即将可编程控制器集成在阀岛上。

所谓模块式生产,就是将整台设备分为几个基本的功能模块,每一基本模块与前、后模块间按一定的规律有机地结合。模块化设备的优点是:可以根据加工对象的特点,选用相应的基本模块组成整机。这不仅缩短了设备制造周期,而且还可以使一种模块多次使用,节省了设备投资费用。可编程阀岛在这类设备中广泛应用,每一个基本模块都装有一套可编程阀岛。这样,使用时可以离线对多台模块同时进行可编程控制器用户程序的设计和调试。这不仅缩短了整机调试时间,而且当设备出现故障时可以仅仅调试出故障的模块,从而大大缩短停机维修时间。

2. 阀岛在应用上的优势

阀岛技术的应用不仅有助于终端用户进一步提高设备生产效能,借助全面诊断实现预防性维护,有效降低设备维护成本,而且有助于设备制造商进一步提高所研发设备的附加价值。具体表现为:

① 减少控制柜的体积,有利于减少设备占地空间;

② 简化工程设计,减少设备开发时间,有利于降低设备研发成本;

③ 从设计上节能减排,缩短设备工作循环时间,有利于提高设备综合效能;

④ 缩短设备安装时间,缩短设备交付时间,有利于优化设备项目周期,提高终端客户的满意度。

3. 阀岛技术在轴承自动化清洗线中的应用

轴承是一切有回转动作的设备和装置不可缺少的最关键的部件之一,其性能和质量的好坏直接影响整机设备的性能和使用寿命。提高轴承的清洁度是提高产品质量非常重要的一个环节,为完成钢制冲压轴承脱脂、除锈、脱水、防锈的四大主要目标,具有代表性的自动清洗线通常有13道工序,由气缸实现送料、换位等工序,各个执行机构的动作由电磁阀来控制。因此,该清洗线上需要安装大量的电磁阀,由于每个阀均需要单独的连接电缆,如何减少连接电缆线就成为一个不容忽视的问题,所以在气动系统的设计过程中必须考虑系统的集成化和小型化。本气动系统通过PLC直接控制阀岛来完成清洗任务,其控制系统组成如图10-42所示,主要包括PLC、阀岛以及用于监控和操作的人机界面,在编程调试和配置阶段,还需要一台 PC 来完成相应的工作。另外，一套完整可靠的气动回路是实现最终动作的重要组成部分。

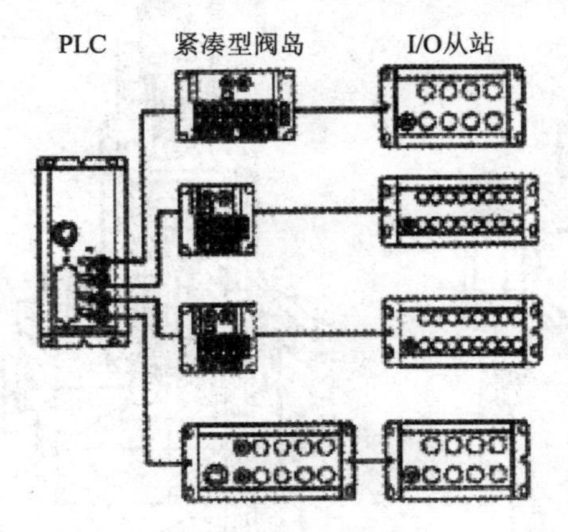

图 10-42　系统配置简图

将基于 Profibus-DP 现场总线的总线型阀岛气动控制技术应用在轴承多工位自动化清洗线中替代传统设计方案，系统集成度比较高，充分发挥了气动设备在自动化系统中的作用。

10.4　气动辅助元件

10.4.1　油雾器

对于现代气动组件，润滑不一定是必须的，它们不需供油润滑就可长期工作，其寿命和特性可完全满足现代机械制造高频率的需要。但对于普通气动件及要求机件做高速运动的地方或在气缸口径较大时，应采用油雾润滑并尽可能将油雾器直接安装于气缸供气管道上，以降低活动机件的磨损，减小摩擦力并避免机件生锈。

图 10-43(a)所示为油雾器的结构图。喷嘴杆上的小孔 2 面对气流，小孔 3 背对气流。当有气流输入时，截止阀 10 上下有压力差而被打开。油杯中的润滑油经吸油管 11、视油器 8 上的节流阀 7 滴到喷嘴杆中，被气流从小孔 3 引射出去，变成油雾，从输出口输出。图 10-43(b)所示为油雾器的图形符号。

这种油雾器可以在不停气的情况下加油。当没有气流输入时，截止阀 10 中的弹簧把钢球顶起，封住加压通道，阀处于截止状态，如图 10-44(a)所示。当正常工作时，压力气体推升钢球进入油杯，油杯内气体的压力加上弹簧的弹力使钢球处于中间位置，截止阀处于工作状态，如图 10-44(b)所示。当进行不停气加油时，拧松加油孔的油塞 9，储油杯中的气压降至大气压，输入的气体把钢珠压到下限位置，使截止阀处于反向关闭状态，如图 10-44(c)所示。由于截止阀 10 和单向阀 6 都被压在各自阀座上，所以封住了油杯的进气道，油杯与主气流隔离，这样就可保证在不停气的情况从加油孔加油。油塞 9 的螺纹部分开有半截小孔，当拧开油塞加油时，不等油塞全部旋开小孔就已先与大气相通，油杯中的压缩空气通过小孔逐渐排空，这样不致造成油、气从加油孔喷出来。补油完毕，重新拧紧油塞。由于截止阀上有一些微小沟槽，压缩空气可通过沟槽泄漏至油杯上腔，使上腔压力不断上升，直到将截止阀及单向阀的钢球从各自阀座上推开，油雾器又处于正常工作状态。

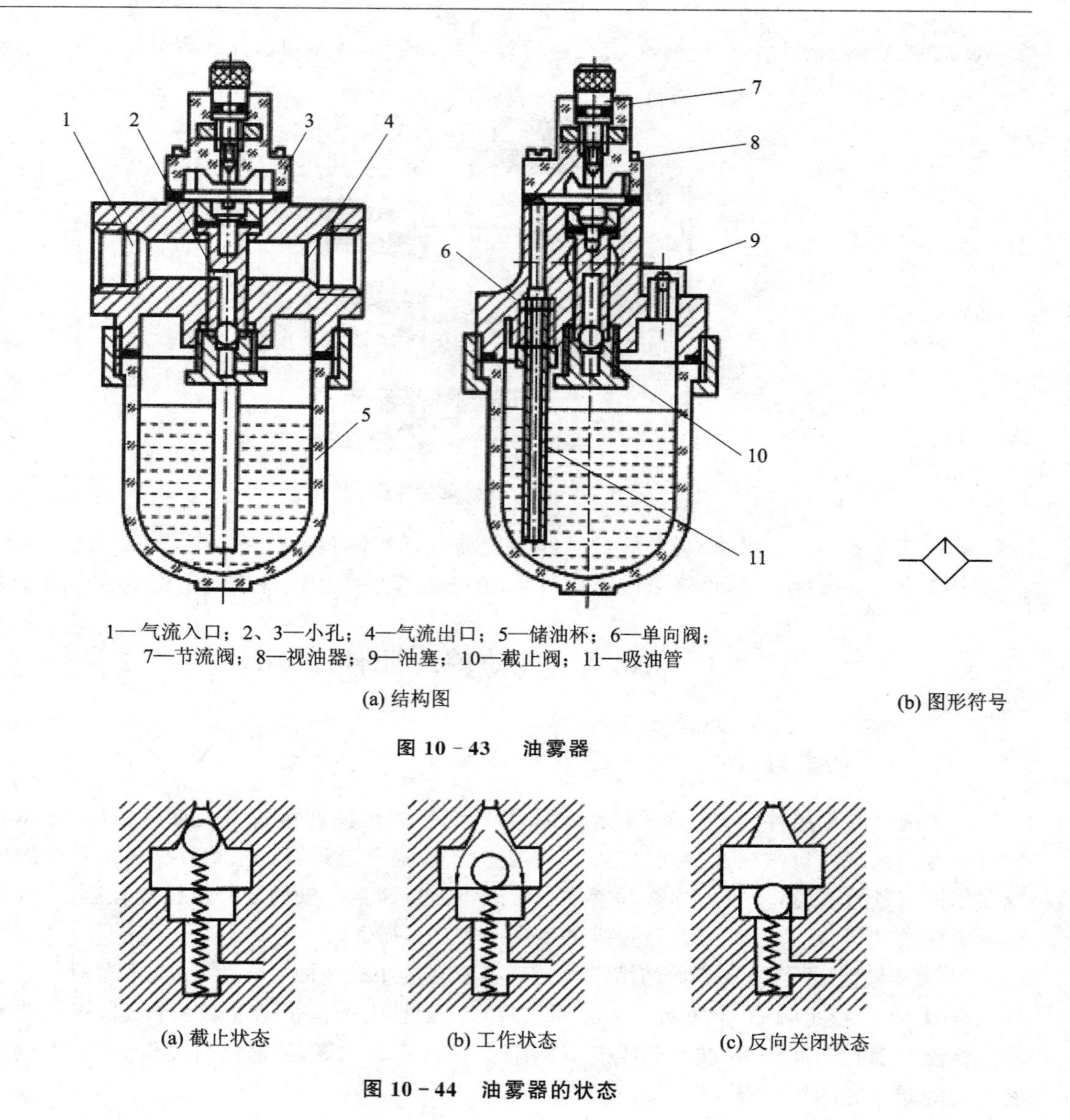

1—气流入口；2、3—小孔；4—气流出口；5—储油杯；6—单向阀；
7—节流阀；8—视油器；9—油塞；10—截止阀；11—吸油管

(a) 结构图　　(b) 图形符号

图 10－43　油雾器

(a) 截止状态　　(b) 工作状态　　(c) 反向关闭状态

图 10－44　油雾器的状态

10.4.2　转换器

气动控制系统与其他自动控制装置一样，有发信、控制和执行部分，其控制部分工作介质为气体，而信号传感部分和执行部分不一定全用气体，可能用电或液体传输，这就要通过转换器来转换。常用的转换器有气电转换器、电气转换器和气液转换器等。

1. 气电转换器及电气转换器

气电转换器是将压缩空气的气信号转变成电信号的装置，即用气信号（气体压力）接通或断开电路的装置，也称为压力继电器。

压力继电器按信号压力的大小可分为低压型（0～0.1 MPa）、中压型（0～0.6 MPa）和高压型（>1.0 MPa）3 种。图 10－45 所示为高中压型压力继电器，气压经 P 口进入 A 室后，膜片6受压产生推力,推动圆盘5和顶杆7克服弹簧2的弹簧力向上移动,同时带动爪枢4,使两个微动开关3发出电信号。旋转定压螺母1,可调节控制压力范围,调压范围分别是0.025～0.5 MPa、0.065～1.2 MPa和0.6～3.0 MPa三种。这种压力继电器结构简单,调压方便。在安装气电转换器时应避免安装在振动较大的地方,且不应倾斜和倒置,以免使控制失灵,产生误动作,造成事故。

电气转换器的作用正好与气电转换器的作用相反,它是将电信号转换成气信号的装置,实际上各种电磁换向阀都可作为电气转换器。

2. 气液转换器

气动系统中常常用到气液阻尼缸或使用液压缸作执行元件,以求获得较平稳的速度,因而就需要一种把气信号转换成液压信号的装置,这就是气液转换器。气液转换器的种类主要有两种:一种是直接作用式,即在一筒式容器内,压缩空气直接作用在液面上,或通过活塞、隔膜等作用在液面上,推压液体以同样的压力向外输出。图10-46所示为气液直接接触式转换器,当压缩空气由上部输入管输入后,经过管道末端的缓冲装置使压缩空气作用在液压油面上,因而液压油即以压缩空气相同的压力,由转换器主体下部的排油孔输出到液压缸,使其动作,气液转换器的储油量应不小于液压缸最大有效容积的1.5倍。另一种气液转换器是换向阀式,它是一个气控液压换向阀,采用气控液压换向器时需要另外备有液压源。

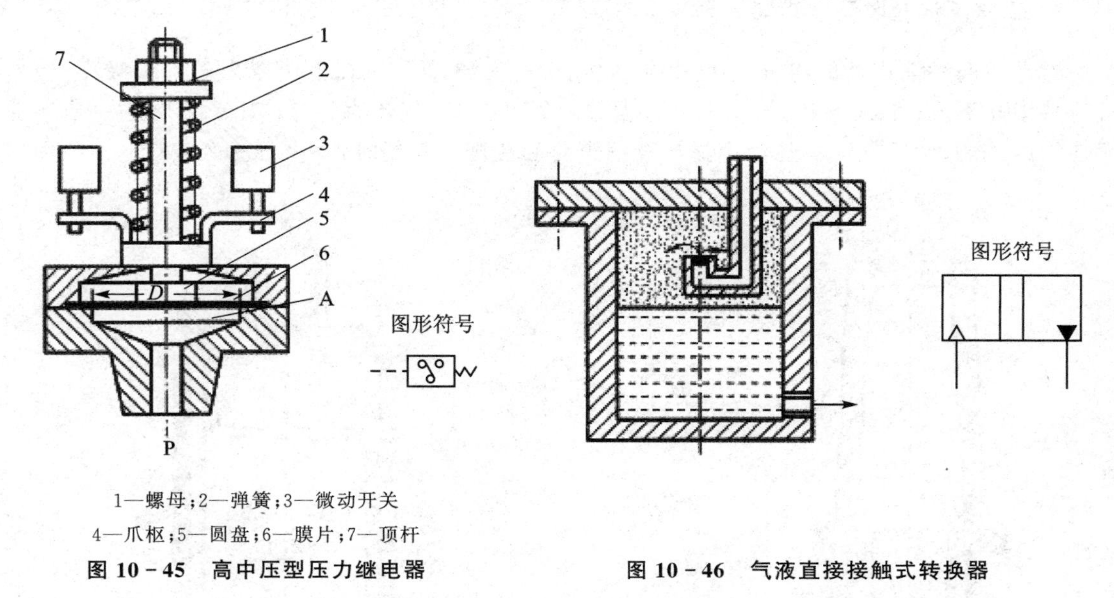

1—螺母;2—弹簧;3—微动开关
4—爪枢;5—圆盘;6—膜片;7—顶杆

图10-45 高中压型压力继电器

图10-46 气液直接接触式转换器

10.4.3 消声器

消声器是指能阻止声音传播而允许气流通过的一种气动元件。气压传动系统一般不设排气管道,用后的压缩空气直接排入大气。这样因气体的急速膨胀及形成涡流等原因,将产生强烈的噪声,排气速度和排气功率越大,噪声也越大,一般可达100～120 dB。噪声会使环境恶化,危害人身心健康。因此,必须设法消除或减小噪声。为此,可在气动系统的排气口,尤其是在换向阀的排气口,装设消声器来降低排气噪声。消声器通过对气流的阻尼或增大排气面积等方法来降低排气速度和排气功率，从而达到降低噪声的目的。常用的消声器有以下几种：

1. 吸收型消声器

吸收型消声器主要依靠吸声材料消声，其结构及图形符号如图 10－47 所示。消声罩 2 为多孔的吸声材料，一般用直径 0.2～0.3 mm 的聚苯乙烯颗粒烧结而成。当消声器的直径大于 20 mm 时，多采用钢珠烧结以增加强度。其消声原理是：当有压气体通过消声罩时，气流受阻，声能量被部分吸收转化为热能，从而降低了噪声强度。

吸收型消声器结构简单，有良好的消除中、高频噪声的性能，能减少大于 20 dB 的声音。气动系统的排气噪声主要是中、高频器声，尤其是高频噪声较多。因此，采用这种消声器是合适的。

2. 膨胀干涉型消声器

膨胀干涉型消声器的原理是使气体膨胀互相干涉而消声。这种消声器呈管状，气流在里面膨胀、扩散、反射和互相干涉，从而削弱了噪声强度。

这种消声器结构简单，排气阻力小，主要用于消除中、低频，尤其是低频噪声。它的缺点是结构较大，不够紧凑。

3. 膨胀干涉吸收型消声器

它是前两种消声器的组合应用，其结构如图 10－48 所示。在消声罩内壁敷设吸声材料，气流从斜孔引入，在 A 室扩散、减速并被器壁反射到 B 室，气流束相互撞击、干涉，进一步减速而使噪声减弱，然后气流在经消声材料及消声套的孔排入大气时，噪声再一次被减弱。

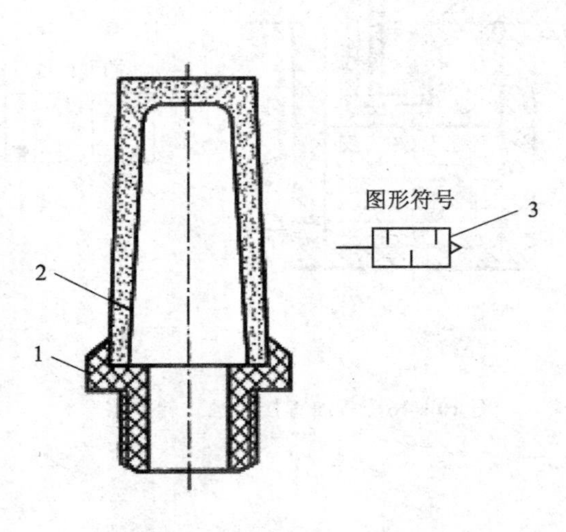

1—连接螺钉；2—消声罩；3—图形符号

图 10－47 吸收型消声器

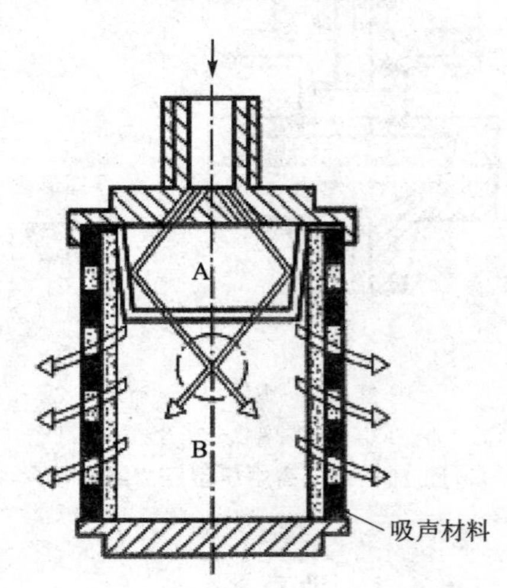

图 10－48 膨胀干涉吸收型消声器

这种消声器的效果比前两种好，低频可消声 20 dB，高频可消声 45 dB。

10.5　真空发生器

真空发生器就是利用正压气源产生负压的一种新型、高效、清洁、经济、小型的真空元器件，这使得在有压缩空气的地方，或在一个气动系统中同时需要正负压的地方获得负压变得十分容易和方便。真空发生器广泛应用在工业自动化中，如机械、电子、包装、印刷、塑料及机器人等领域。真空发生器的传统用途是吸盘配合，进行各种物料的吸附、搬运，尤其适合于吸附易碎、柔软、薄的非铁、非金属材料或球形物体。在这类应用中的一个共同特点就是所需的抽气量小，真空度要求不高且为间歇工作。

10.5.1　真空发生器的工作原理

真空发生器的工作原理是利用喷管高速喷射压缩空气，在喷管出口形成射流，产生卷吸流动，在卷吸作用下，使得喷管出口周围的空气不断地被抽吸走，使吸附腔内的压力降至大气压以下，形成一定真空度。真空发生器如图 10－49 所示。

由流体力学可知，不可压缩空气气体（气体在低速时可近似认为是不可压缩空气）的连续性方程为

$$A_1 v_1 = A_2 v_2 \qquad (10-1)$$

式中：A_1、A_2 为管道的截面积（m^2）；v_1，v_2 为气流速度（m/s）。

由式（10－1）可知，截面积增大，流速减小；截面积减小，流速增大。

对于水平管路，不可压缩空气的伯努利理想能量方程为

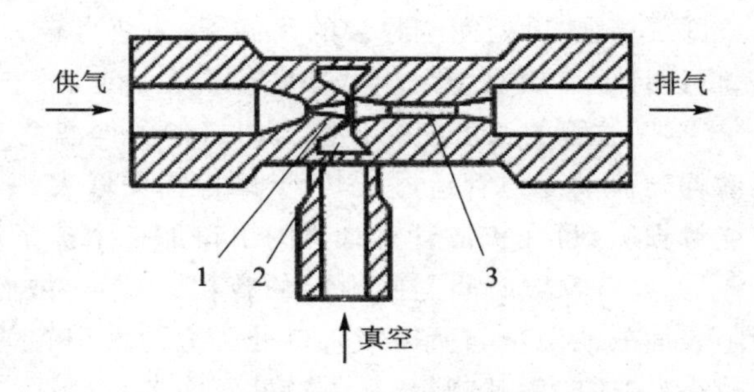

1—喷管；2—吸附腔；3—扩散腔

图 10－49　真空发生器

$$p_1 + \frac{1}{2}\rho v_1^2 = p_2 + \frac{1}{2}\rho v_2^2 \qquad (10-2)$$

式中：p_1、p_2 为截面 A_1、A_2 处相应的压力（Pa）；v_1、v_2 为截面 A_1、A_2 处相应的流速（m/s）；ρ 为空气的密度（kg/m^2）。

由式（10－2）可知，流速增大，压力降低，当 $v_2 \gg v_1$ 时，$p_1 \gg p_2$。当 v_2 增加到一定值时，p_2 将小于一个大气压力，即产生负压。故可用增大流速来获得负压，产生吸力。

按喷管出口马赫数 Ma（出口流速与声速之比）分类，真空发生器可分为亚声速喷管型（$Ma<1$）、声速喷管型（$Ma=1$）和超声速喷管型（$Ma>1$）。亚声速喷管和声速喷管都是收缩喷管，而超声速喷管必须是先收缩后扩张型喷管。为了得到最大吸入流量或最高吸入口处压力，真空发生器都设计成超声速喷管型。

10.5.2　真空发生器的抽吸性能分析

1. 真空发生器的主要性能参数

① 空气消耗量：指从喷管流出的流量 q_{v1}。

② 吸入流量：指从吸口吸入的空气流量 q_{v2}。当吸入口向大气敞开时，其吸入流量最大，称为最大吸入流量 q_{v2max}。

③ 吸入口处压力：记为 p_v。当吸入口被完全封闭(如吸盘吸着工作)，即吸入流量为零时，吸入口内的压力最低，记作 p_{vmin}。

④ 吸着响应时间：吸着响应时间是表明真空发生器工作性能的一个重要参数，它是指从换向阀打开到系统回路中达到一个必要的真空度的时间。

2. 影响真空发生器性能的主要因素

真空发生器的性能与喷管的最小直径、收缩和扩散管的形状、通径及其相应位置和气源压力大小等诸多因素有关。

① 最大吸入流量 q_{v2max} 的特性分析：较为理想的真空发生器的 q_{v2max} 特性要求在常用供给压力范围内($p_{01}=0.4\sim0.5$ MPa)，q_{v2max} 处于最大值，且随着 p_{01} 的变化平缓。

② 吸入口处压力 p_v 的特性分析：较为理想的真空发生器的 p_v 特性要求在常用供给压力范围内($p_{01}=0.4\sim0.5$ MPa)，p_v 处于最小值，且随着 p_{01} 的变化平缓。

③ 在吸入口处完全封装的条件下，为获得较为理想的吸入口处压力与吸入流量的匹配关系，可设计成多级真空发生器串联组合在一起。

④ 扩散管的长度应保证喷管出口的各种波系充分发展，使扩散管道出口截面上能获得近似的均匀流动。但管道过长，管壁摩擦损失增大，一般长为管径的6～10倍较为合理。为了减小能量损失，可在扩散管直管道的出口加一个扩张角为6°～8°的放张段。

⑤ 吸着响应时间与吸附腔的容积(包括扩散腔、吸附管道及吸盘或密闭舱容积等)有关，吸附表面的泄漏量与所需吸入口处压力的大小有关。对于一定吸入口处的压力，吸附腔的容积越小，响应时间就越短；吸入口处压力越高，吸附容积越小，表面泄漏量就越小，则吸着响应时间也越短；吸附容积越大，吸着速度越快，真空发生器的喷嘴直径也应越大。

⑥ 真空发生器在满足使用要求的前提下应减小其耗气量，耗气量与压缩空气的供给压力有关，压力越大，则真空发生器的耗气量就越大。因此，在确定吸入口处压力值的大小时要注意系统的供给压力与耗气量的关系，一般真空发生器所产生的吸入口处压力在20～10 kPa之间。此时供气压力再增加，吸入口处压力也不会降低了，而耗气量却增加了。因此，降低吸入口处压力应从控制流速方面考虑。

⑦ 有时由于工件形状或材料的影响，很难获得较低的吸入口处压力。例如，由于从吸盘边缘或通过工件吸入空气，从而造成吸入口处压力升高。这种情况下，需要正确选择真空发生器的尺寸，使其能够补偿泄漏所造成的吸入口处压力升高的情况。可以通过一个简单的试验来确定泄漏造成的吸入口处压力升高值及泄漏量。试验回路由工件、真空发生器、吸盘和真空表组成，由真空表获得读数，再查真空发生器的性能曲线，可得到泄漏量的大小。当考虑泄漏时，真空发生器的特性曲线对正确确定真空发生器是非常重要的。当有泄漏时确定真空发生器大小的方法如下：把名义吸入流量与泄漏流量相加即可查出真空发生器的大小。

习　题

1. 简述空压机的作用、主要分类及选用原则。
2. 气源调节装置都指什么元件?
3. 简述油雾器的工作原理。
4. 气动执行元件主要有哪几种类型?
5. 气液阻尼缸有何作用? 它的工作原理是什么?
6. 气压传动的方向控制阀主要有哪几种类型?
7. 举出几种逻辑元件,画出它们的图形符号,写出逻辑函数式并说明其功能与用途。

第 11 章　气动基本回路

气动系统一般由最简单的基本回路组成，虽然基本回路相同，但由于组合方式不同，故所得到的系统的性能各有差异。

因此，要想设计出高性能的气动系统，就必须熟悉各种基本回路以及在经过长期生产中所总结出的常用回路。

11.1　方向控制回路

11.1.1　单作用气缸的换向回路

图 11－1(a)所示为由二位三通电磁阀控制的换向回路，通电时，活塞杆伸出；断电时，在弹簧力作用下活塞杆缩回。

图 11－1(b)所示为由三位五通阀电-气控制的换向回路，该阀具有自动对中功能，可使气缸停在任意位置，但定位精度不高、定位时间不长。

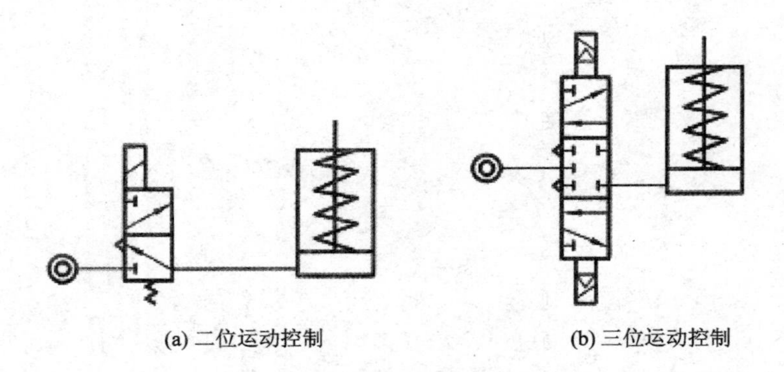

(a) 二位运动控制　　(b) 三位运动控制

图 11－1　单作用气缸换向回路

11.1.2　双作用气缸的换向回路

图 11－2(a)所示为小通径的手动换向阀控制二位五通主阀操纵气缸换向；图 11－2(b)所示为二位五通双电控阀控制气缸换向；图 11－2(c)所示为两个小通径的手动阀控制二位五通主阀操纵气缸换向；图 11－2(d)所示为电-气控制三位五通阀控制气缸换向，该回路有中停功能，但定位精度不高。

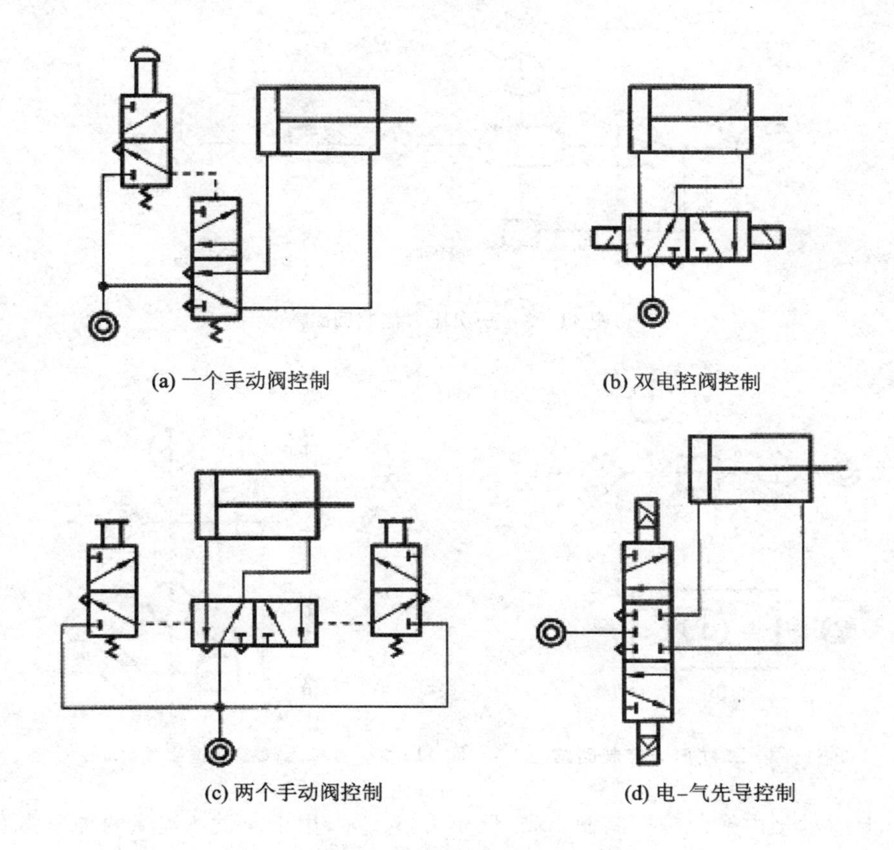

(a) 一个手动阀控制　(b) 双电控阀控制

(c) 两个手动阀控制　(d) 电-气先导控制

图 11-2　双作用气缸换向回路

11.2　压力控制回路

压力控制回路用于调节和控制系统压力，使之保持在某一规定的范围内，常用的有一次压力控制回路，二次压力控制回路，高、低压力控制回路，以及增压回路。

1. 一次压力控制回路

一次压力控制回路用于控制储气罐的压力，使之不超过规定的压力值。控制回路中常采用外控溢流阀（见图 11-3）或电接点压力表来控制空气压缩机的转、停，使储气罐内的压力保持在规定的范围内。

2. 二次压力控制回路

二次压力控制回路主要是气源压力控制，由气动三大件——分水滤气器、减压阀与油雾器组成的压力控制回路，如图 11-4 所示，是气动设备中必不可少的常用回路。

3. 高、低压力控制回路

图 11-5 所示是由减压阀控制输出高、低压力 p_1、p_2，然后分别用于控制不同的执行元件。

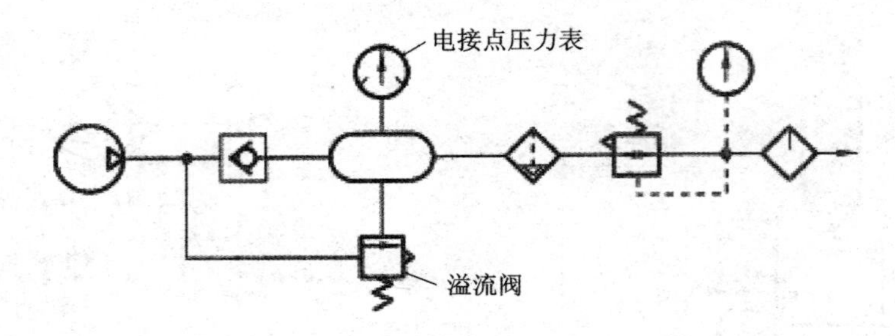

图 11-3 一次压力控制回路

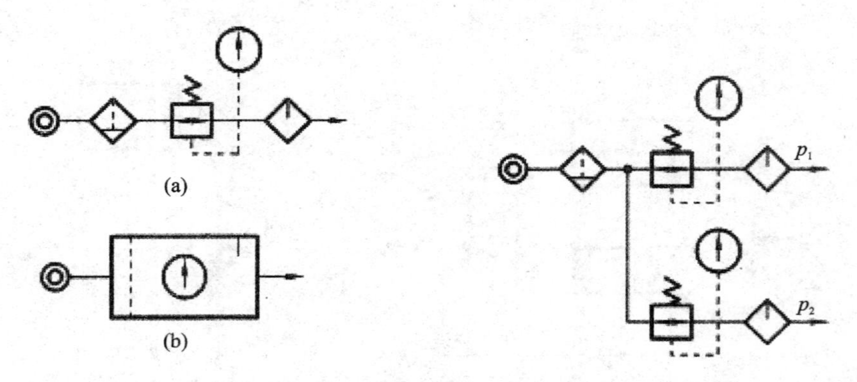

图 11-4 二次压力控制回路

图 11-5 由减压阀控制输出高、低压力 p_1、p_2

图 11-6 所示是由换向阀控制输出高、低压力 p_1、p_2，用于向设备提供两种压力选择。

4. 增压回路

如图 11-7 所示，利用气液增压器 1 把较低的气压变为较高的液压，用于提高气液缸 2 的输出推力。

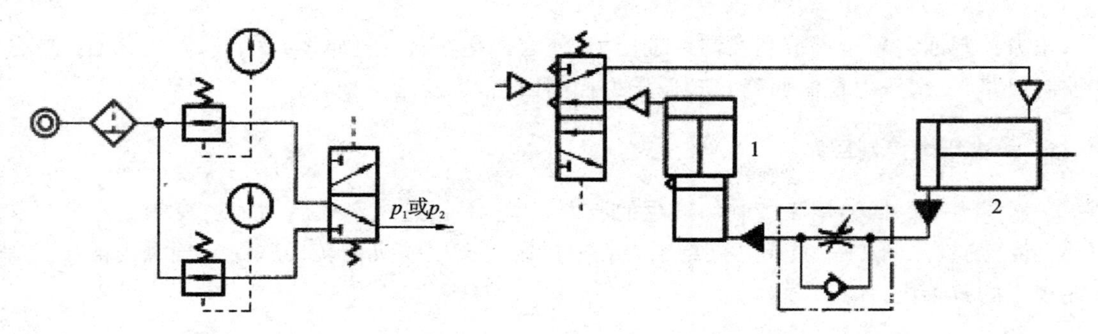

图 11-6 由换向阀控制输出高、低压力 p_1、p_2

图 11-7 气液增压缸增压回路

11.3 速度控制回路

因气动系统所用功率都不大，故常用的速度控制回路主要是节流调速。

11.3.1　单作用气缸的速度控制回路

如图 11－8(a)所示，两个串联的单向节流阀可分别控制活塞杆伸出和缩回的速度。在图 11－8(b)中，气缸活塞上升时节流调速，下降时则通过快速排气阀排气，使活塞杆快速返回。

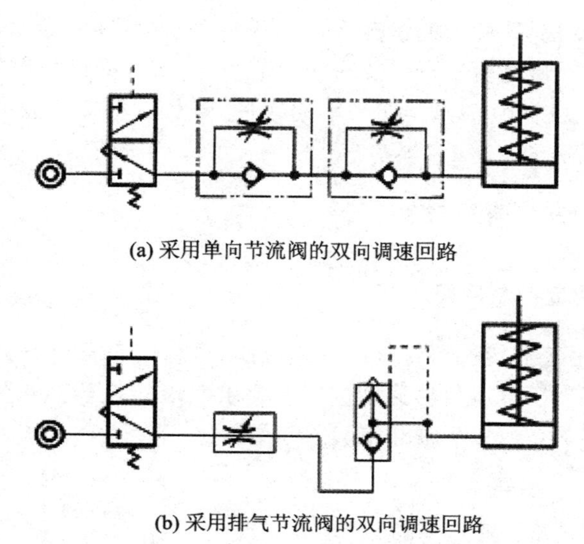

(a) 采用单向节流阀的双向调速回路

(b) 采用排气节流阀的双向调速回路

图 11－8　单作用气缸速度控制回路

11.3.2　双作用气缸的速度控制回路

1. 调速回路

图 11－9(a)所示为采用单向节流阀的双向调速回路，取消图中任意一只单向节流阀，便

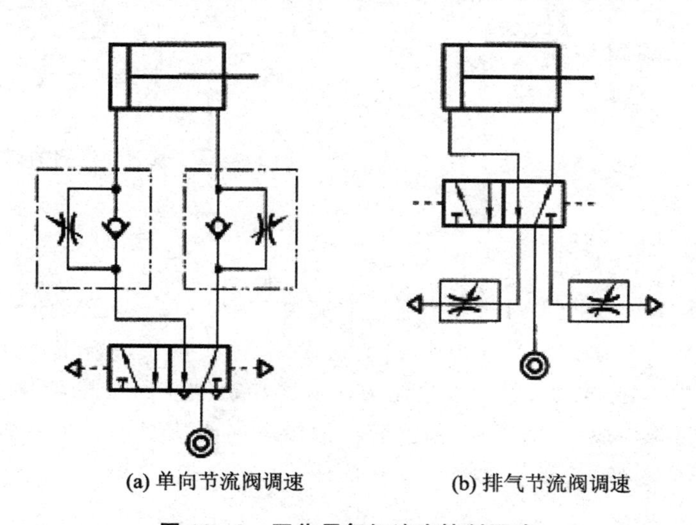

(a) 单向节流阀调速　　(b) 排气节流阀调速

图 11－9　双作用气缸速度控制回路

可得到单向调速回路;图 11－9(b)所示为采用排气节流阀的双向调速回路,它们都是采用排气节流调速方式。当外负载变化不大时,采用排气节流调速方式,进气阻力小,负载变化对速度影响小,比进气节流调速效果要好。

2. 缓冲回路

气缸在行程长、速度快、惯性大的情况下,往往需要采用缓冲回路来消除冲击。图 11－10 所示的回路可实现快进→慢进缓冲→停止→快退的循环,行程阀可根据需要调整缓冲行程,常用于惯性大的场合。图 11－10 中只是实现单向缓冲,若气缸两侧均安装此回路,则可实现双向缓冲。

11.3.3 气液联动的速度控制回路

1. 气液传送器的速度控制回路

图 11－11 所示是用气液转换器将气压变成液压,再利用液压油去驱动液压缸的速度控制回路,调节节流阀,改变液压缸运行的速度。这里要求气液转换器的油量大于液压缸的容积,同时要注意气液间的密封,避免气、油相混。

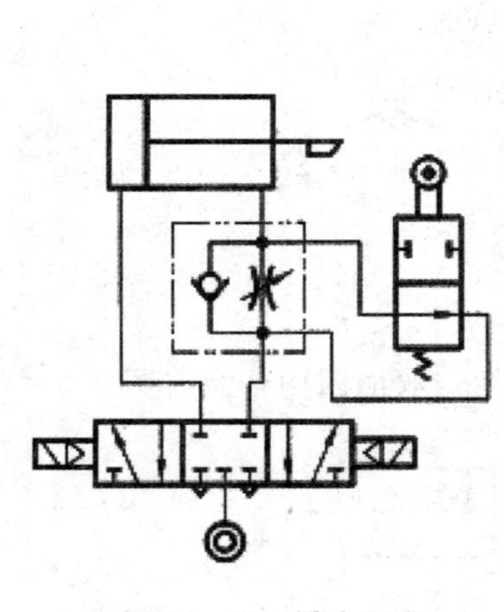

图 11－10　缓冲回路

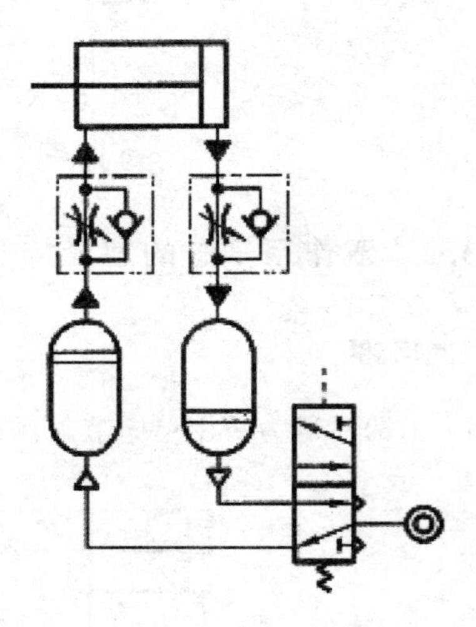

图 11－11　气液传送器的速度控制回路

2. 气液阻尼缸的速度控制回路

如图 11－12 所示,在图 11－12(a)中通过节流阀 1 和 2 可以实现双向无级调速,油杯 3 用以补充漏油。图 11－12(b)所示为液压结构变速回路,可实现快进→工进→快退工况。当活塞快速右行过 A 孔后,液压缸右腔油液只能由 B 孔经节流阀流回左腔,活塞由快进变为工进,直至行程终点;换向阀切换后,活塞左行,左腔油液经单向阀从 C 孔流回右腔,实现快退动作。此回路变速位置不能改变。

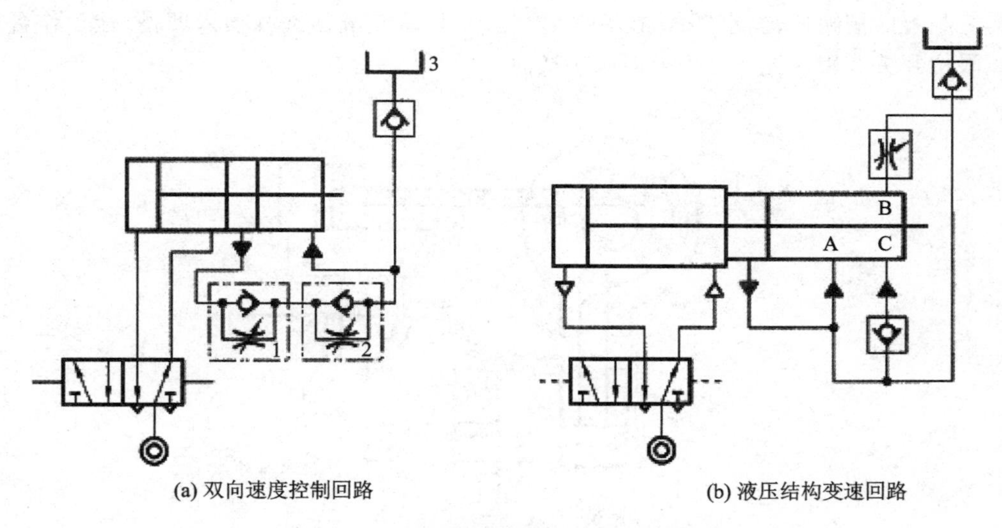

(a) 双向速度控制回路　　(b) 液压结构变速回路

图 11－12　气液阻尼缸的速度控制回路

11.3.4　位置控制回路

1. 用缓冲挡铁的位置控制回路

如图 11－13 所示，气马达 3 带动小车 4 运动，当小车碰到缓冲器 1 时，小车缓冲减速行进一小段距离，只有当小车轮碰到挡铁 2 时，挡铁才强迫小车停止运动。该回路较简单，采用活塞式气马达速度变化缓慢，调整方便，但小车与挡铁频繁碰撞、磨损，会使定位精度下降。

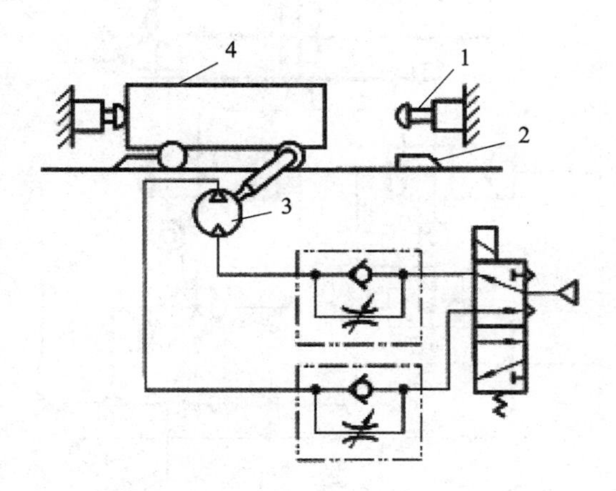

1—缓冲器；2—挡铁；3—气马达；4—小车

图 11－13　用缓冲挡铁的位置控制回路

2. 用间歇转动机构的位置控制回路

如图 11－14 所示，气缸活塞杆前端连齿轮齿条机构，当齿条 1 往复运动时，推动齿轮 3 往复摆动、齿轮上的棘爪摆动，推动棘轮做单向间歇转动，从而使与棘轮同轴的工作台间歇转动。

工作台下装有凹槽缺口，当水平气缸活塞向左运动时，垂直缸活塞杆插入凹槽，让工作台准备定位。限位开关 2 用以控制电磁换向阀 4 换向。

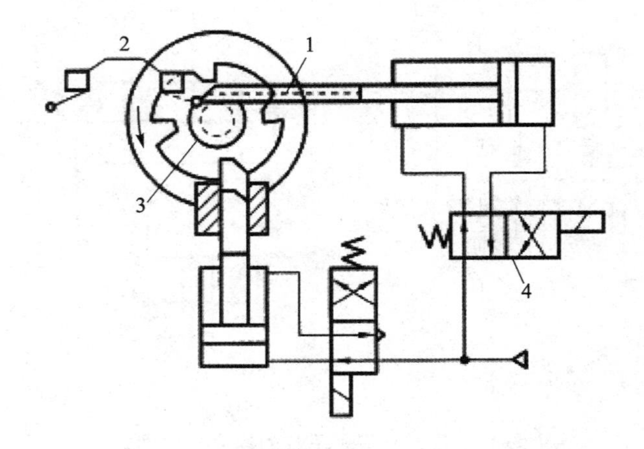

1—齿条；2—限位开关；3—齿轮；4—电磁换向阀

图 11－14　用间歇传动机构的位置控制回路

3. 用多位缸的位置控制回路

图 11－15 所示是用手动阀 1、2、3 经梭阀 6 和 7 控制换向阀 4 和 5，使气缸两个活塞杆收回的状态。当手动阀 2 切换时，两活塞杆一伸一缩；当手动阀 3 切换时，两活塞杆全部伸出。

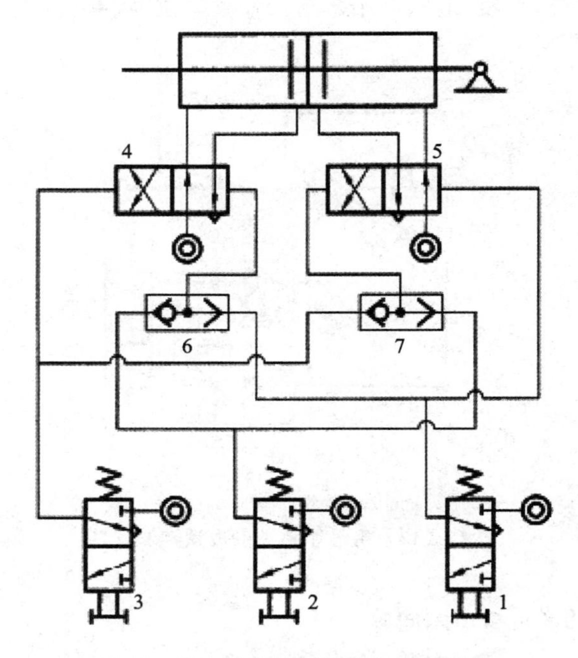

图 11－15　用多位缸的位置控制回路

11.4　真空吸附回路

真空吸附回路是由真空泵或真空发生器产生真空并用真空吸盘吸附物体，以达到吊运物体的目的。

11.4.1　真空泵真空吸附回路

图 11－16 所示为由真空泵组成的真空吸附回路。真空泵 1 产生真空，当电磁阀 7 通电后，产生的真空度达到规定值时，吸盘 8 将工件吸起，真空开关 5 发出信号，进行后面的工作。当电磁阀 7 断电时，真空消失，工件依靠自重与吸盘脱离。在回路中，单向阀 3 用于保持真空罐中的真空度。

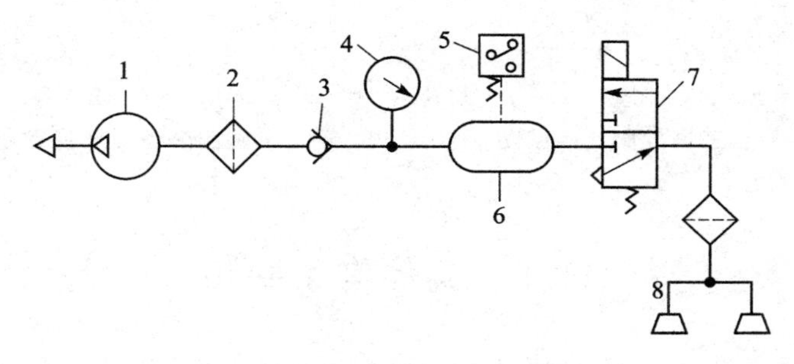

1—真空泵；2—过滤器；3—单向阀；4—压力表；
5—真空开关；6—真空罐；7—电磁阀；8—吸盘

图 11－16　采用真空泵的真空吸附回路

11.4.2　真空发生器真空吸附回路

图 11－17 所示为采用三位三通换向阀控制真空吸附和真空破坏的回路。当三位三通换向阀 4 的 A 端电磁铁通电处于上位时，真空发生器 1 与真空吸盘 7 接通，真空吸盘 7 将工件吸起，真空开关 6 检测真空度并发出信号进行后面的工作。当三位三通换向阀 4 不通电时，真空吸附状态能够被保持。当三位三通换向阀 4 的 B 端电磁铁通电处于下位时，压缩空气进入真空吸盘 7，真空被破坏，吹力使吸盘与工件脱离，吹力的大小由减压阀 2 设定，流量由节流阀 3 设定。回路中，过滤器 5 的作用是防止在抽吸过程中将异物和粉尘吸入发生器。图 11－18 所示为采用真空发生器组件的回路。当电磁阀 1 通电后，压缩空气通过真空发生器 3，由于气流的高速运动产生真空，吸盘 7 将工件吸起，真空开关 5 检测真空度发出信号。当电磁阀 1 断电，电磁阀 2 通电时，真空发生器 3 停止工作，真空消失，压缩空气进入吸盘 7，将工件与吸盘吹开。

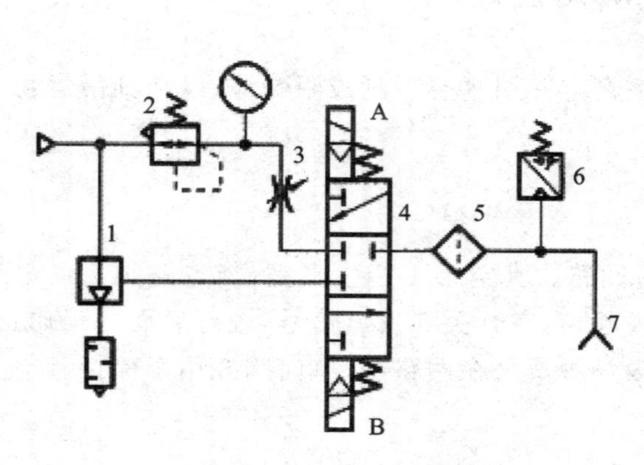

1—真空发生器；2—减压阀；3—节流阀；
4—三位三通换向阀；5—过滤器；6—真空开关；7—真空吸盘

图 11-17 采用三位三通换向阀的回路

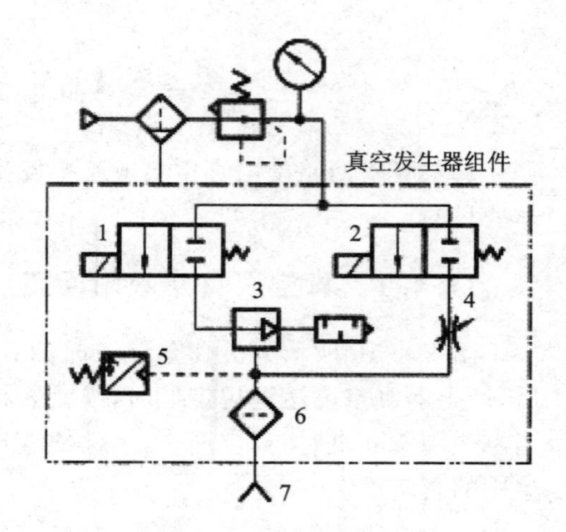

1，2—电磁阀；3—真空发生器；4—节流阀
5—真空开关；6—过滤器；7—吸盘

图 11-18 采用真空发生器组件的回路

11.5 其他常用回路

11.5.1 气液增压及调速回路

图 11-19(a)所示为利用气液增压缸 1 把压力较低的气压变为较高压力的液压去驱动气液缸 A，使其输出推力增大，并实现气液缸 A 单向节流调速的回路。图 11-19(b)所示为利用气液增压缸 1 把较低的气压变为较高的液压力去驱动液压缸 B，以增大液压缸 B 的输出推力，同时实现液压缸 B 双向节流调速的回路。

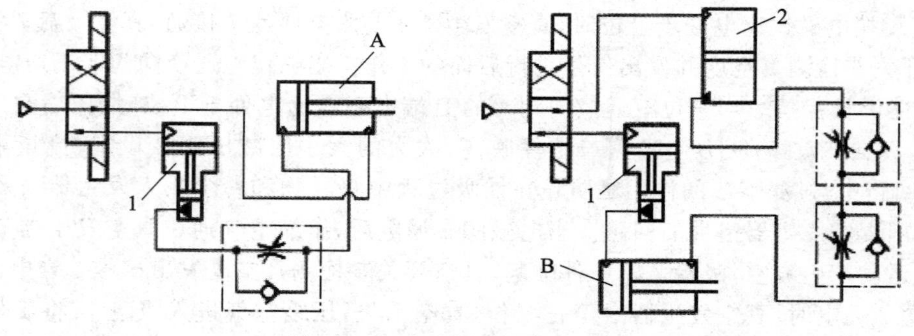

1—增压缸；2—气液传动器；A—气液缸；B—液压缸

(a) 气液增压及单向节流调速　　(b) 气液增压及双向节流调速

图 11-19 气液增压缸及调速回路

11.5.2 过载保护回路

在活塞杆伸出途中，若遇到偶然障碍或其他原因使气缸过载，活塞就自动返回，实现过载

保护。

如图 11－20 所示，当气缸活塞向右运动，左腔压力升高超过预定值时，顺序阀 1 打开，控制气流经梭阀 2 将主阀 3 切换至右位（图示位置），使活塞返回，气缸左腔气体经主阀 3 排出，防止系统过载。

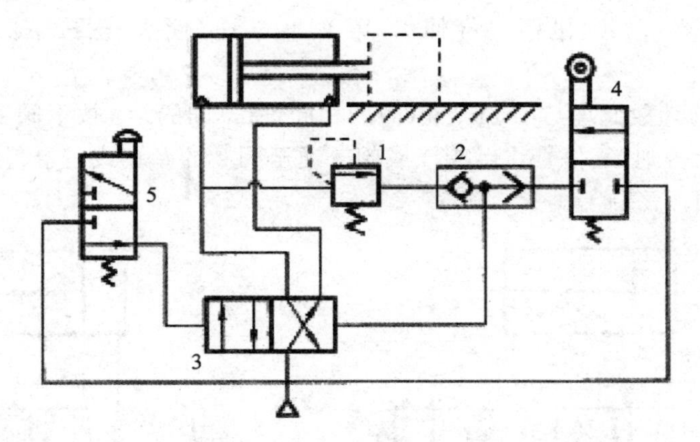

1—顺序阀；2—梭阀；3—主阀；4—行程阀；5—手动阀

图 11－20　过载保护回路

11.5.3　延时回路

图 11－21(a)所示为延时接通回路。当有信号 K 输入时，阀 A 换向，此时气源经节流阀缓慢向气容 C 充气，经一段时间 t 延时后，气容内压力升高到预定值，使主阀 B 换向，气缸活塞开始右行。当信号 K 消失后，气容 C 中的气体可经单向阀迅速排出，主阀 B 立即复位，气缸活塞返回。改变节流口开度，可调节延时换向时间 t 的长短。

将单向节流阀反接即可得到延时断开回路（见图 11－21(b)），其功用正好与上述相反。

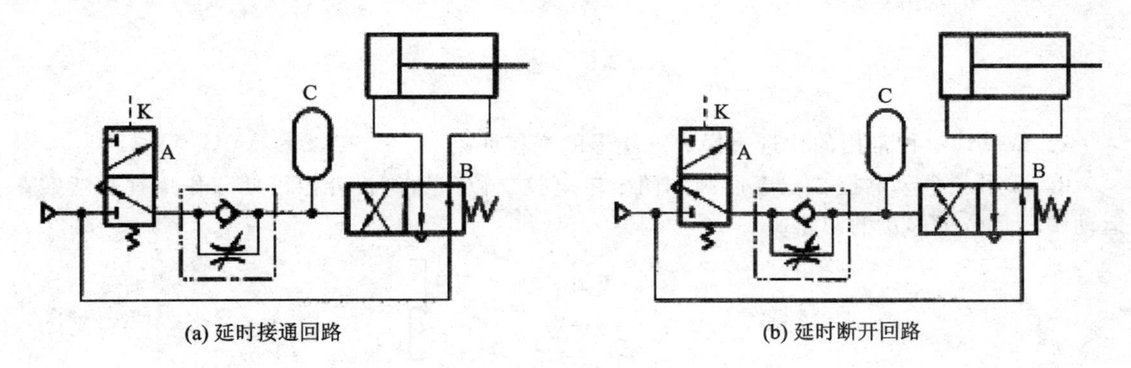

(a) 延时接通回路　　(b) 延时断开回路

图 11－21　延时回路

11.5.4　计数回路

图 11－22 所示为二进制计数回路。在图 11－22(a)中，阀 4 的换向位置取决于阀 2 的位置，而阀 2 的换向位置又取决于阀 3 和阀 5。若按下阀 1，气信号经阀 2 至阀 4 的左端，使阀 4 换至左位，同时使阀 5 切断气路，此时气缸活塞杆伸出；当阀 1 复位后，原通入阀 4 左控制端的

气信号经阀 1 排空，阀 5 复位，于是气缸无杆腔的气体经阀 5 至阀 2 左端，使阀 2 换至左位等待阀 1 的下一次信号输入。当阀 1 第二次按下后，气信号经阀 2 的左位至阀 4 右端，使阀换至右位，气缸活塞杆退回，同时阀 3 将气路切断。待阀 1 复位后，阀 4 右端信号经阀 2、阀 1 排空，阀 3 复位并将气流导至阀 2 左端，使其换至右位，又等待阀 1 下一次信号输入。这样，第 1，3，5，…（奇数）次按下阀 1，则气缸活塞杆伸出；第 2，4，6，…（偶数）次按下阀 1，则气缸活塞杆退回。

图 11－22(b)的计数原理与图 11－22(a)的相同，所不同的是：按下阀 1 的时间不能过长，阀 4 切换后就放开；否则，气信号将经阀 5 或阀 3 通至阀 2 的左端或右端，使阀 2 换位，气缸反行，从而使气缸来回振荡。

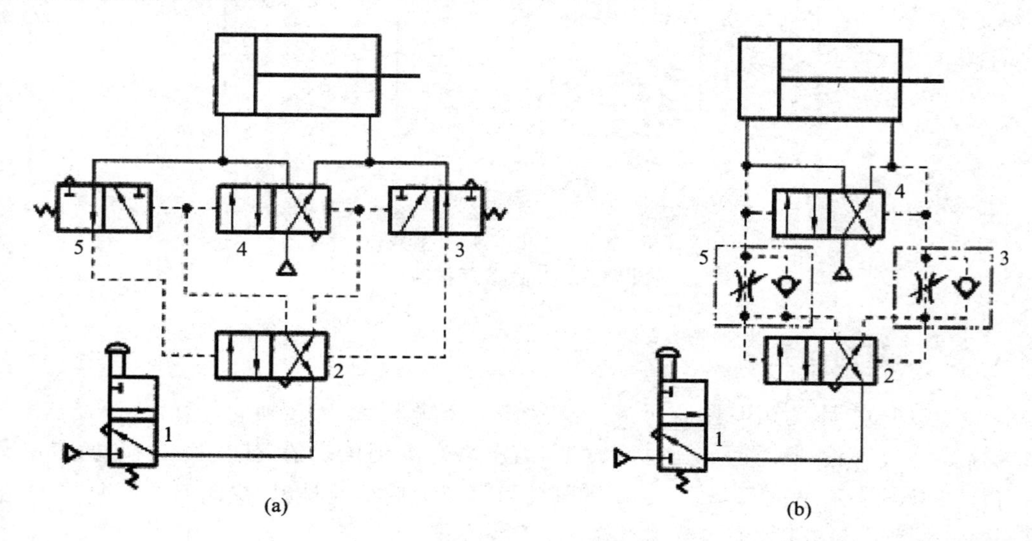

图 11－22 二进制计数回路

习 题

1. 试设计一种常用的快进→慢进→快退的气控回路。

2. 试用一个单电控二位五通阀和两个单电控二位三通阀设计出可使双作用气缸活塞在运动中任意位置停止的回路。

附录　常用液压与气压系统及元件图形符号

常用液压与气压系统及元件图形符号如附表 1～附表 5 所列。

附表 1　基本符号、管路及连接

名　称	符　号	名　称		符　号
液压		气动		
可调性符号		阀的通路和方向		
工作管路		放气装置	连续放气	
控制管路	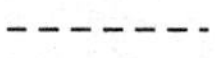		间断放气	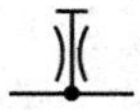
连接管路	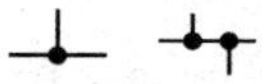		单向放气	
交叉管路	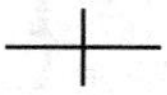	排气口	直接排气	
柔性管路			带连接排气	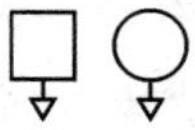
组合元件框线	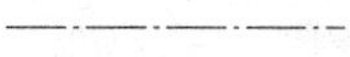	快换接头	带单向阀	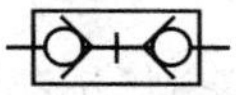
管口在液面以上油箱	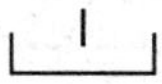		不带单向阀	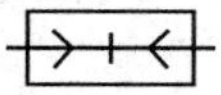
管口在液面以下油箱	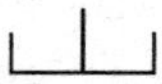	旋转接头	单通路	
管端连接于油箱底部	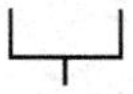		三通路	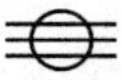
密闭式油箱	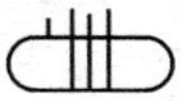	电动机		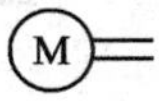 M
液压源		气压源		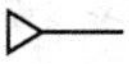

附表 2 控制机构和控制方法

名 称		符 号	名 称		符 号
一般符号		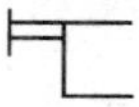	机械控制	顶杆式	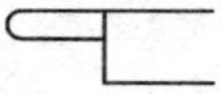
人力控制	按钮式	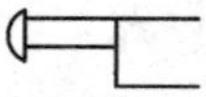	机械控制	可变行程控制式	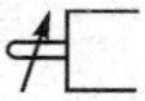
人力控制	拉扭式	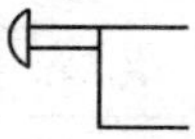	机械控制	弹簧控制	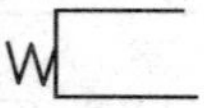
人力控制	手柄式	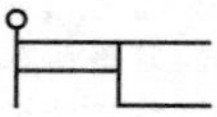	机械控制	滚轮式	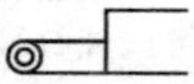
人力控制	踏板式	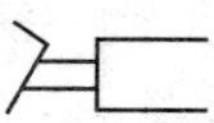	机械控制	单向滚轮式	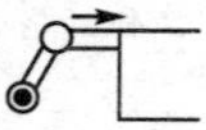
人力控制	双向踏板式	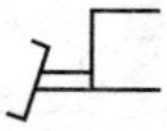	旋转运动电气控制		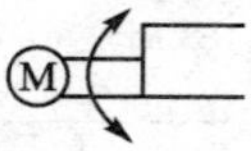
单作用电磁控制		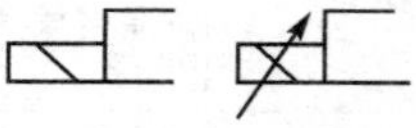	双作用电磁控制		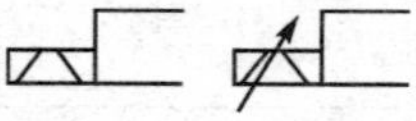
加压或泄压控制		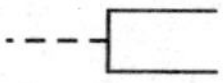	气-液先导控制		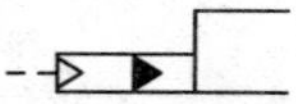
内部压力控制		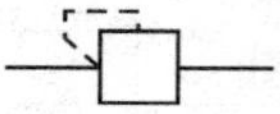	电-液先导控制		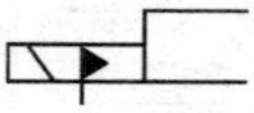
外部压力控制		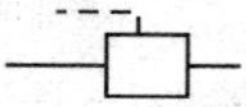	电-气先导控制		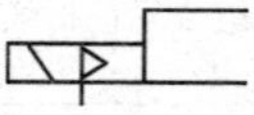
液压先导控制内部泄油		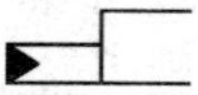	液压先导控制外部泄油		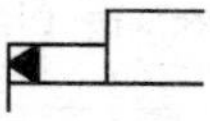
气压先导控制		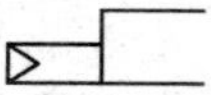	电反馈控制		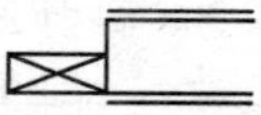
液压二级先导控制		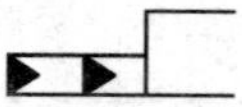	差动控制		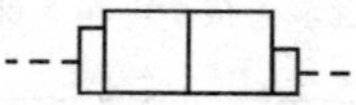

附表 3 泵、马达和缸

名 称	符 号	名 称	符 号
单向定量液压泵	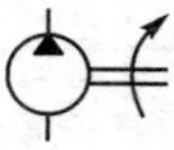	液压整体式传动装置	
双向定量液压泵	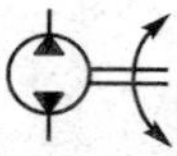	摆动马达	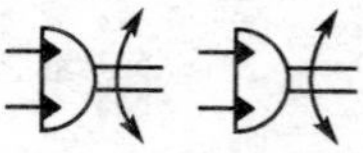

续附表 3

名　称	符　号	名　称	符　号
单向变量液压泵		单作用弹簧复位缸	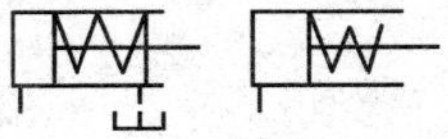
双向变量液压泵		单作用伸缩缸	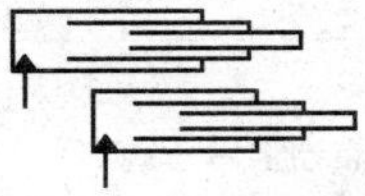
单向定量马达	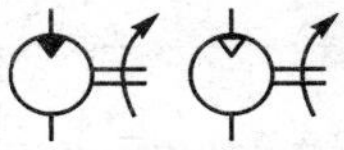	单向变量马达	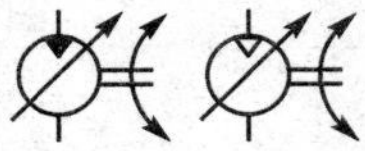
双向定量马达	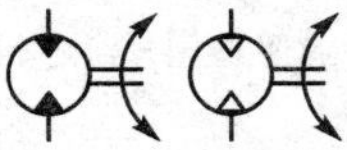	双向变量马达	
定量液压泵-马达		单向缓冲缸	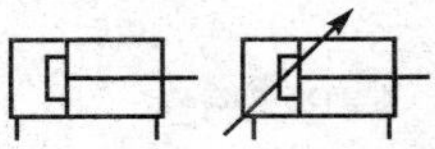
变量液压泵-马达		双向缓冲缸	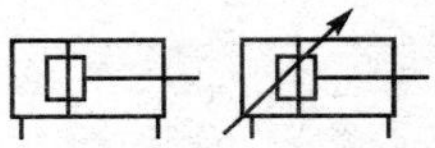
双作用单活塞杆缸	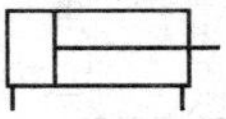	双作用伸缩缸	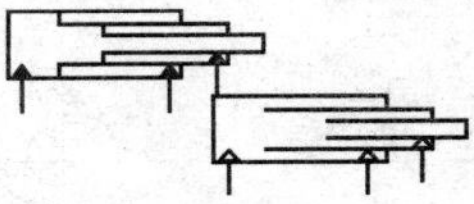
双作用双活塞杆缸	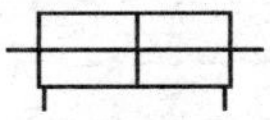	增压缸	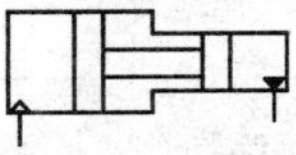

附表 4　控制元件

名　称	符　号	名　称	符　号
直动型溢流阀	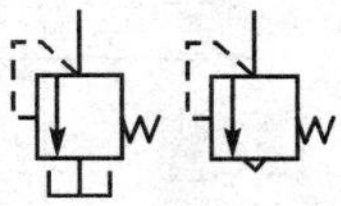	溢流减压阀	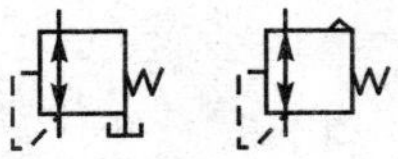
先导型溢流阀	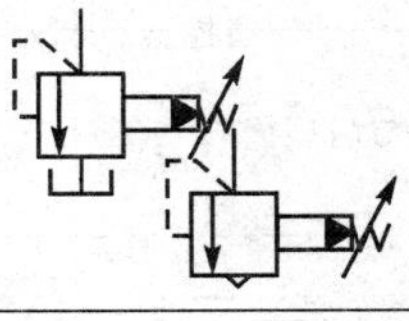	先导型比例电磁溢流减压阀	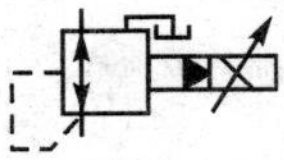
先导型比例电磁溢流阀	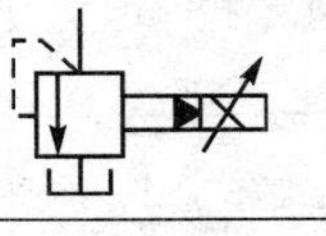	定比减压阀	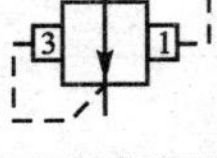 3　1
卸荷溢流阀	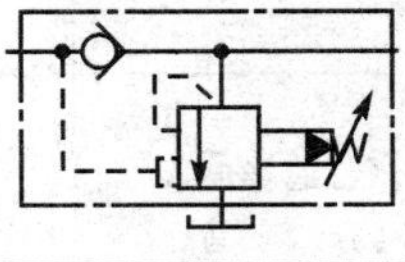	定差减压阀	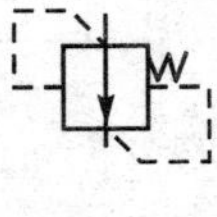

续附表 4

名　称	符　号	名　称	符　号
双向溢流阀	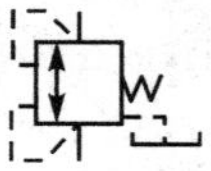	直动型顺序阀	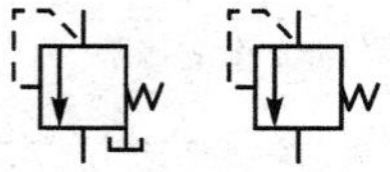
直动型减压阀	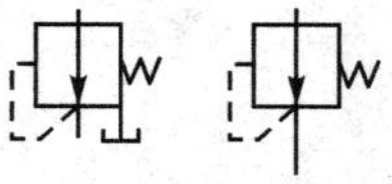	先导型顺序阀	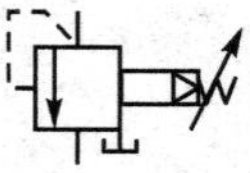
先导型减压阀	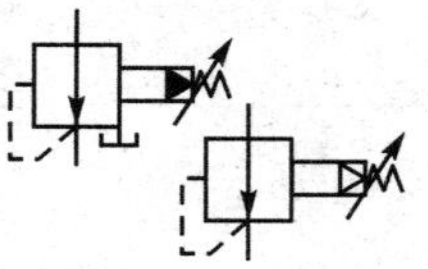	单向顺序阀 (平衡阀)	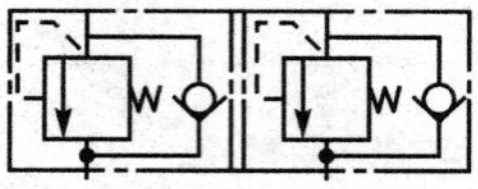
直动型卸荷阀	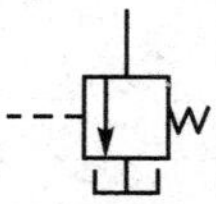	集流阀	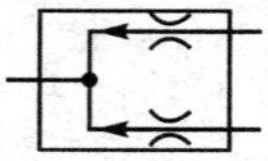
制动阀	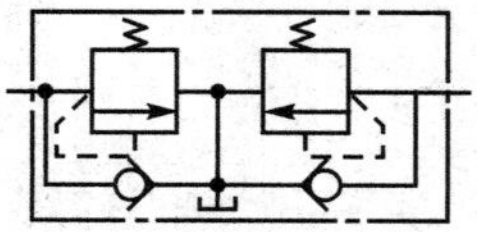	分流集流阀	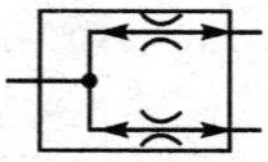
不可调节流阀		单向阀	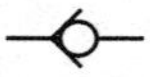
可调节流阀		液控单向阀	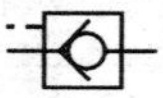
可调单向节流阀	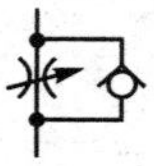	液压锁	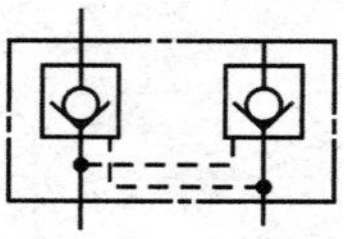
调速阀	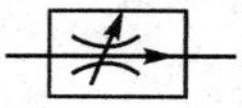	或门型梭阀	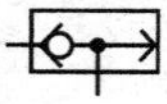
带消声器的节流阀	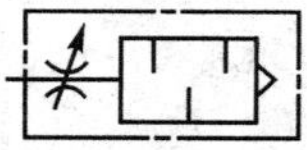	与门型梭阀	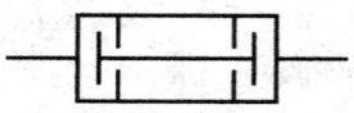
调速阀		快速排气阀	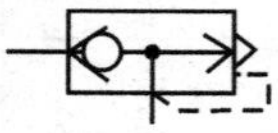
温度补偿调速阀	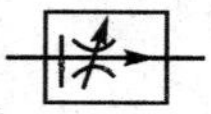	二位二通换向阀	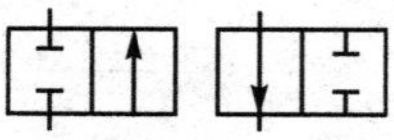
旁通型调速阀	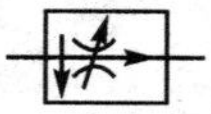	二位三通换向阀	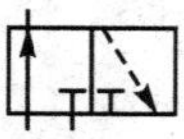

续附表 4

名　称	符　号	名　称	符　号
单向调速阀	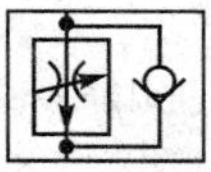	二位四通换向阀	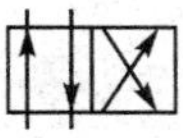
分流阀	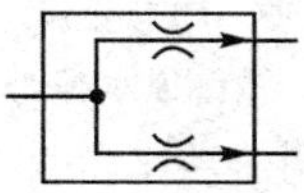	二位五通换向阀	
		四通电磁伺服阀	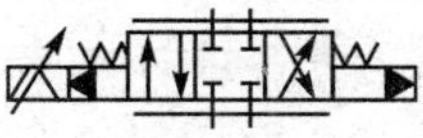
三位四通换向阀	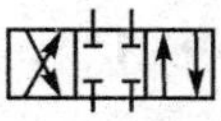	三位五通换向阀	

附表 5　辅助元件

名　称	符　号	名　称	符　号
过滤器	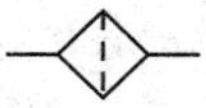	气罐	
磁芯过滤器	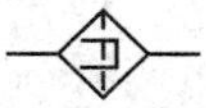	压力计	
污染指示过滤器	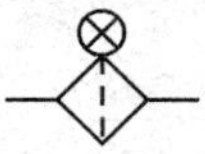	液面计	
分水排水器	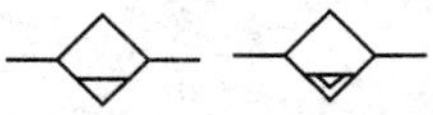	温度计	
空气过滤器	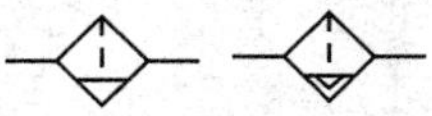	流量计	
除油器		压力继电器	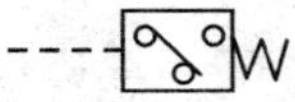
空气干燥器	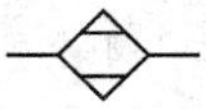	消声器	
油雾器	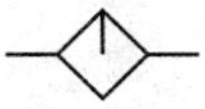	冷却器	
气源调节装置	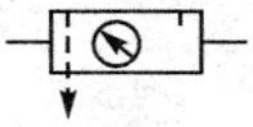	加热器	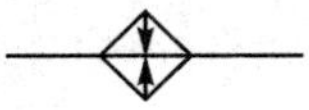
蓄能器		气-液转换器	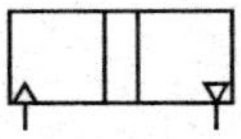

参考文献

[1] 贾铭新. 液压传动与控制[M]. 3 版. 北京：国防工业出版社,2010.
[2] 卢光贤，王立伦. 机床液压传动与控制[M]. 西安:西北工业大学出版社,1999.
[3] 王益群,张伟. 流体传动及控制技术的评述[J]. 机械工程学报,2003,39(10):95-99.
[4] 章宏甲，周邦俊. 金属切削机床液压传动[M]. 南京:江苏科学技术出版社,1980.
[5] 李万平. 计算流体力学[M]. 武汉:华中科技大学出版社,2004.
[6] 大连工学院机械制造教研室. 金属切削机床液压传动[M]. 北京:科学出版社,1985.
[7] 何大钧. 液压传动问答[M]. 成都:四川科学技术出版社,1987.
[8] 络简文，雷宝荪，张卫. 液压传动与控制[M]. 重庆:重庆大学出版社,1994.
[9] 王懋瑶. 液压传动与控制教程[M]. 天津:天津大学出版社,2001.
[10] 王积伟,章宏甲,黄谊. 液压传动[M]. 2 版. 北京:机械工业出版社,2007.
[11] 刘军营,李素玲. 液压传动系统设计与应用实例解析[M]. 北京:机械工业出版社,2011.
[12] 沈兴全. 液压传动与控制[M].北京:国防工业出版社,2013.
[13] 王春行. 液压伺服控制系统[M]. 2 版. 北京:机械工业出版社,1987.
[14] 王占林. 飞机液压传动与伺服控制[M]. 北京:国防工业出版社,1978.
[15] 王占林. 液压伺服控制[M]. 北京:北京航空学院出版社,1987.
[16] 王占林. 近代电气液压伺服控制[M]. 北京:北京航空航天大学出版社,2005.
[17] 刘春生，吴庆宪. 现代控制工程基础[M]. 北京:科学出版社,2011.
[18] GALAL RABIE M. Fluid Power Engineering[M]. New York:McGraw-Hill Company, 2009.
[19] 关景泰. 机电液控制技术[M]. 上海:同济大学出版社,2003.
[20] 杨逢瑜. 电液伺服与电液比例控制技术[M]. 北京:清华大学出版社,2009.
[21] 杨征瑞,花克勤,徐轶. 电液比例与伺服控制[M]. 北京:冶金工业出版社,2009.
[22] 田源道. 电液伺服阀技术[M]. 北京:航空工业出版社,2008.
[23] 梁利华. 液压传动与电液伺服系统[M]. 哈尔滨:哈尔滨工程大学出版社,2005.
[24] 曹玉平,阎祥安. 气压传动与控制[M]. 天津:天津大学出版社,2010.
[25] 姚平喜,唐全波. 液压与气压传动[M]. 武汉:华中科技大学出版社,2015.